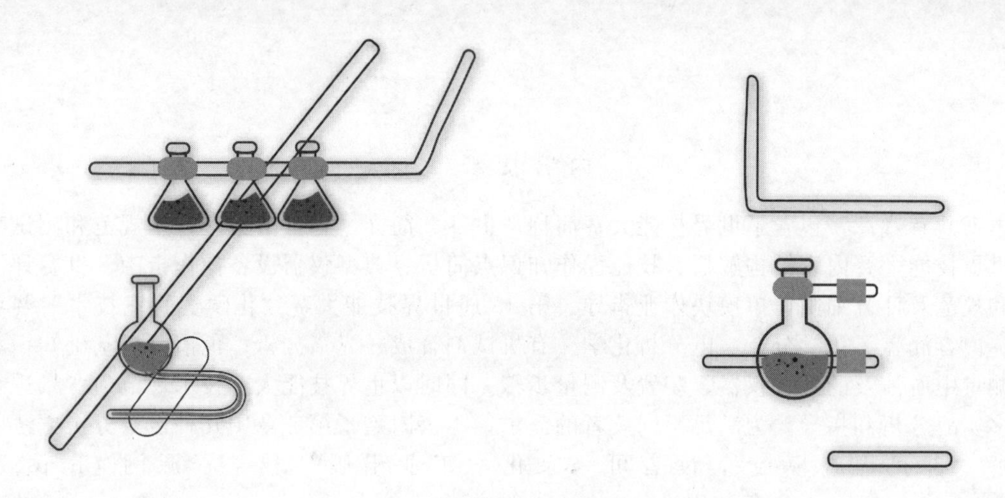

SHIJIE JINENG DASAI
HUAXUE SHIYANSHI JISHU PEIXUN JIAOCAI

世界技能大赛
化学实验室技术培训教材

王炳强　谢茹胜　主编
龙敏南　主审

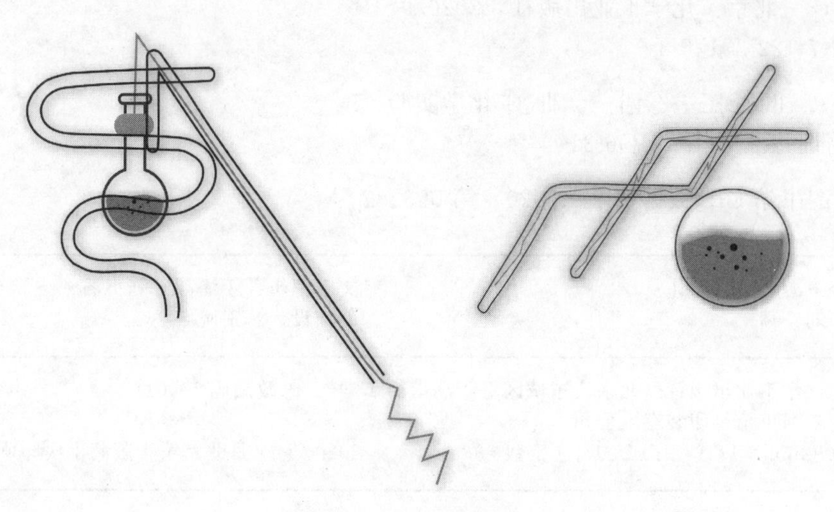

化学工业出版社
·北京·

内容提要

本书共有八章，包含了世界技能大赛简称“世赛”简介、化学实验室技术规范和测试项目、世界技能大赛内容结构解析、技能操作知识点简析、典型仪器设备操作指南、世赛评测策略和规范及评分细则、单模块作业指导、第45届世界技能大赛“化学实验室技术”赛项试题。内容涵盖了化学分析、电分析化学、有机试剂合成、光谱分析、色谱分析基础知识和实验测量中所涉及的各种仪器、装置及测量步骤。同时以世界技能大赛技术规范为背景进行了很多实战分析和指导。为满足不同读者的需求，本书附赠了第三章中几种定量分析方法的电子版“自我检查模板”，读者可登录化学工业出版社教学资源网（http://www.cipedu.com.cn）下载使用。

本书适合参加世界技能大赛“化学实验室技术”项目的学生练习使用，也可以作为“药品检测技术”“工业分析检验”国赛和行业比赛学生的实训教材，还可供药学专业和其他专业分析检测综合实训使用。

图书在版编目（CIP）数据

世界技能大赛化学实验室技术培训教材/王炳强，谢茹胜主编，—北京：化学工业出版社，2020.9

ISBN 978-7-122-37176-8

Ⅰ.①世… Ⅱ.①王…②谢… Ⅲ.①化学实验-实验室-技术培训-教材 Ⅳ.①O6-31

中国版本图书馆CIP数据核字（2020）第096282号

责任编辑：王海燕　蔡洪伟　　文字编辑：于潘芬　陈小滔
责任校对：刘　颖　　装帧设计：王晓宇

出版发行：化学工业出版社（北京市东城区青年湖南街13号　邮政编码100011）
印　　装：三河市延风印装有限公司
787mm×1092mm　1/16　印张20¾　字数538千字　　2020年11月北京第1版第1次印刷

购书咨询：010-64518888　　售后服务：010-64518899
网　　址：http://www.cip.com.cn
凡购买本书，如有缺损质量问题，本社销售中心负责调换。

定　　价：65.00元

前言

世界技能大赛（World Skills Competition，WSC）是迄今全球地位最高、规模最大、影响力最大的职业技能竞赛，被誉为“世界技能奥林匹克”，其竞技水平代表了职业技能发展的世界先进水平，是世界技能组织成员展示和交流职业技能的重要平台。世界技能大赛(简称“世赛”)由世界技能组织（World Skills International，WSI）举办，每两年一届，截至目前已成功举办 45 届。

第 45 届世界技能大赛分为运输与物流、信息与通信技术、社会与个人服务业等六大领域，共设置 52 个比赛项目，新增赛项 4 个，合计 56 个赛项。“化学实验室技术”是新增赛项之一。

本书共有八章，包含了世界技能大赛简介、化学实验室技术规范和测试项目、世界技能大赛内容结构解析、技能操作知识点简析、典型仪器设备操作指南、世界技能大赛评测策略和规范及评分细则、单模块作业指导、第 45 届世界技能大赛“化学实验室技术”赛项试题。内容涵盖了化学分析、电分析化学、有机试剂合成、光谱分析、色谱分析基础知识和实验测量中所涉及的各种仪器、装置及测量步骤。

本书是由“王炳强技术技能大师工作室”全体指导老师参与，结合世界技能大赛技术标准，考虑我国选手的具体情况，满足福建省世赛“化学实验室技术”基地建设和培训需要编写的。选取的编写内容以第 45 届世赛福建选手叶晨烨同学（世赛中国选拔赛第二名）的培训纲要和培训模块为基础，在培训方法和强化技能方面都有一些创新和特色的经验。

本书由王炳强、谢茹胜共同担任主编，龙敏南主审。

王炳强（天津渤海职业技术学院教授、高级工程师，高级技师；福建生物工程职业技术学院特聘教授、湖南化工职业技术学院兼职教授、山东药品食品职业学院特聘教授），教育部“技术技能大师”；全国石油和化工行业“教学名师”；第 45 届世赛“化学实验室技术”上海市培训基地专家组组长；第 45 届、第 46 届世赛“化学实验室技术”福建省培训基地专家组组长；4 次担任全国“工业分析检验”赛项专家组组长；2 次担任全国食品药品行业“药品检测技术”赛项专家组组长，大赛总裁判长；5 次担任天津市国资委系统“化学检验工”职工技能竞赛专家组组长、大赛总裁判长；主编“工业分析检验”赛项指导书和试题集（化学工业出版社出版）；主编“药品检测技术”赛项指导书和试题集（高等教育出版社出版）。

谢茹胜（副教授，福建生物工程职业技术学院），第 45 届世赛“化学实验室技术”中国专家组成员；第 45 届世赛“化学实验室技术”福建省培训教师；6 次担任福建省“工业分析检验”赛项专家组组长、大赛总裁判长。

参加本书编写的指导教师有：曾莉（教授，江西省化学工业学校），黄虹（高级讲师，上海信息技术学校），曾玉香（副教授，天津渤海职业技术学院）。本书由王炳强、谢茹胜进行统稿。

本书在编写中得到福建省职业技能鉴定指导中心、福建生物工程职业技术学院、上海信息技术学校、河南化工技师学院、江西省医药技师学院以及很多兄弟学校的支持和帮助，在此表示衷心的感谢!

本书编写过程中，参考很多专家资料和培训计划及方案，在此表示谢意！由于作者业务能力有限，书中难免会有一些疏漏和不当之处，敬请谅解。

作者

2020年2月

目录

第一章　世界技能大赛简介

第一节　世界技能大赛组织机构和工作目标职责

一、 世界技能大赛组织机构

世界技能组织是世界技能大赛（简称“世赛”）的组织机构，其前身是“国际职业技能训练组织”（IVTO）。20 世纪 50 年代，西班牙和葡萄牙两国发起创立了“国际职业技能训练组织”，目的是感召青年人重视职业技能，引导社会和雇主重视职业技能培训，它们通过举办世界性的竞赛来实现目的。后来，在“国际职业技能训练组织”50 周年会员大会上，“国际职业技能训练组织”易名为“世界技能组织”。

世界技能组织是非政府国际组织，注册地在荷兰。

世界技能组织目前有 82 个成员。

世界技能组织的宗旨是，提升公众对技能人才的认可，展示技能在实现经济发展和个人成功中的重要性。

二、 世界技能组织的目标

① 通过各成员的共同努力，促进世界技能组织的发展。

② 把世界技能大赛作为加强技能认同、促进技能发展的主要方式。

③ 发展一个现代化的、灵活的组织机构，支持世界技能组织的全球性活动。

④ 与政府、非政府组织和所选择的企业发展战略合作伙伴关系，共同为实现组织的目标而努力。

⑤ 传播信息，共享知识、技能标准和世界技能组织的评价标准。

⑥ 建立便利的国际联系网络，为世界技能组织的利益相关者创造更多技能发展和技能创新的机会。

⑦ 鼓励世界技能组织成员和世界范围内的年轻人加强技能、知识和文化的交流。

三、 世界技能组织的工作职责

① 通过技能竞赛、教育培训、技能推广、研究、职业发展与国际合作，把行业、政府

和教育培训机构联系起来，以推动国际性的技能发展，从而确保公众能够获得相对稳定且逐步增长的经济收入，让年轻人拥有自由选择的权利。

② 向青年人及他们的教师、教练和雇主提出挑战，激励他们达到商业、服务业和工业各领域世界一流水平，促进技工教育和职业培训的发展。

③ 每两年举办一届世界技能大赛。

④ 通过研讨、会议和比赛，促进技工教育与职业培训理念和经验的交流。

⑤ 传播世界一流水平的职业能力标准。

⑥ 鼓励年轻人接受与他们职业生涯相关的继续教育和培训。

⑦ 促进全球范围内技工教育与职业培训机构之间的交流和联系。

⑧ 鼓励各成员中青年技能人才之间的交流。

四、 世界技能组织的管理机构

世界技能组织的管理机构是全体大会（General Assembly）和董事会（Board of Directors）。

全体大会是世界技能组织的最高权力机构，由各成员的行政代表与技术代表组成。每个世界技能组织成员应由行政代表或技术代表行使投票权。世界技能组织每年组织召开一次全体大会。

全体大会选举出的董事会由主席、副主席、常务委员会副主任、财务主管组成。此外，董事会还应包括今后两届世界技能大赛主办方的两位成员。董事会成员（选举产生的或当然成员）在组织相关事宜时享有同等权利。董事会向全体大会负责。

常务委员会（Standing Committee）由战略委员会（Strategy Committee）和竞赛委员会（Competitions Committee）组成。

战略委员会由行政代表组成。战略事务副主席负责召集并主持会议。战略委员会根据世界技能组织确定的目标提出可行的战略方针和行动计划。竞赛委员会由技术代表组成。竞赛副主席负责召集并主持会议，处理与竞赛相关的所有事务。

世界技能组织的官员包括主席、战略事务副主席、竞赛副主席、特殊事务副主席、常务委员会副主任、财务主管和首席执行官。

世界技能组织首席执行官由董事会任命，除此之外的所有组织官员均由全体大会选举产生，任期四年。

世界技能组织现任官员如下。

代理主席：克里斯·汉弗莱斯（英国）

战略事务副主席兼战略委员会主任：叶卡杰琳娜·洛什卡列娃（俄罗斯）

竞赛副主席兼竞赛委员会主任：施泰芬·普拉绍尔（奥地利）

特殊事务副主席：林三贵（中国台北）

战略委员会副主任：劳伦斯·盖茨（法国）

竞赛委员会副主任：冯建强（中国香港）

财务主管：特里·库克（加拿大）

首席执行官：大卫·霍伊（澳大利亚）

第二节　世界技能大赛赛项设置

世界技能大赛（World Skills Competition，WSC）是迄今全球地位最高、规模最大、影响力最大的职业技能竞赛，被誉为“世界技能奥林匹克”，其竞技水平代表了职业技能发展的世界先进水平，是世界技能组织成员展示和交流职业技能的重要平台。世界技能大赛由世界技能组织（World Skills International，WSI）举办，每两年一届，截至目前已成功举办45届。

一个国家或地区在世界技能大赛中取得的成绩在一定程度上代表了这个国家或地区的技能发展水平，反映了这个国家或地区的经济技术实力。发达国家特别是制造业强国都高度重视世界技能大赛，参赛得到国家的大力支持和国民的高度关注。

一、 赛项设置

第45届世界技能大赛分为运输与物流、结构与建筑技术、制造与工程技术、信息与通信技术、创意艺术与时尚、社会与个人服务业等六大领域，共设置52个比赛项目，新增赛项4个，合计56个赛项。“化学实验室技术”是新增赛项之一。

赛项设置如表1-1所示：

表1-1　赛项设置一览表

序号	项目	序号	项目
1	飞机维修	29	移动机器人
2	车身修理	30	塑料模具工程
3	汽车技术	31	综合机械与自动化
4	汽车喷漆	32	原型制作
5	重型车辆维修	33	焊接
6	货运代理	34	水处理技术
7	建筑石雕	35	信息网络布线
8	砌筑	36	网络系统管理
9	家具制作	37	商务软件解决方案
10	木工	38	印刷媒体技术
11	混凝土建筑	39	网站设计与开发
12	电气装置	40	时装技术
13	精细木工	41	花艺
14	园艺	42	平面设计技术
15	涂料与装饰(绘画与装饰)	43	珠宝加工
16	抹灰与隔墙系统	44	商品展示技术
17	管道与制暖	45	3D数字游戏艺术
18	制冷与空调	46	烘焙
19	瓷砖贴面	47	美容
20	数控铣	48	糖艺/西点制作
21	数控车	49	烹饪(西餐)
22	建筑金属构造	50	美发
23	电子技术	51	健康与社会照护
24	工业控制	52	餐厅服务
25	工业机械装调	53	网络安全
26	制造团队挑战赛	54	云计算
27	CAD机械设计	55	酒店接待
28	机电一体化	56	化学实验室技术

二、 参赛情况

历届情况如下。

西班牙于1947年进行了第1次尝试——在国内成功举办了第1届全国职业技能大赛，共有约4000名学徒参与其中。随后，经过一系列努力，1950年，西班牙与历史、文化、语言都相似的葡萄牙携手，在西班牙马德里举办了第1届世界技能大赛，世界技能大赛的帷幕正式拉开。

1953年，在西班牙的邀请下，德国、英国、法国等欧洲国家纷纷加入“国际职业技能训练组织”。1954年，由各成员选派的行政代表和技术代表组成的组委会成立，专门负责制定和完善竞赛规则，这种模式沿用至今。从20世纪60年代起，日本、韩国等亚洲国家也先后加入。来自全球不同国家和地区的不同肤色的选手纷纷登上世界技能大赛的舞台，赛事规模日益壮大。时至今日，世界技能大赛已成为真正的世界级技能竞技比赛，世界技能组织各成员国家和地区的青年技术人才齐聚一堂，展示、交流各自的技能，相互学习彼此的经验，分享胜利的喜悦。

1955—1971年，世界技能大赛每年举办一届，自1971年起，基本稳定为每两年举办一届。经过67年的发展，世界技能大赛的参赛规模从1950年2个参赛队24名参赛选手发展到2017年68个参赛队1260余名参赛选手。2019年8月22—27日在俄罗斯喀山举办的第45届世界技能大赛是迄今为止规模最大的技能竞赛，共有69个国家和地区的1355名选手参加。

历届世界技能大赛以在欧洲举办为主，在亚洲举办过7届，即第19届（1970年）日本东京、第24届（1978年）韩国釜山、第28届（1985年）日本大阪、第32届（1993年）中国台北、第36届（2001年）韩国汉城、第39届（2007年）日本静冈和第44届（2017年）阿联酋阿布扎比。此外，在北美洲举办过1届，即第26届（1981年）美国亚特兰大；在拉丁美洲举办过1届，即第43届（2015年）巴西圣保罗。从欧洲到亚洲、美洲，世界技能大赛足迹的延伸充分说明了其创意的成功之处。以技能的比拼、展示、传播为核心，以鼓励青年技术工人成长为己任，世界技能大赛从诞生之日起，就与社会生产具有紧密的联系，满足了社会发展的需求，顺应了历史的潮流。

第三节　第45届世界技能大赛化学实验室技术赛项概况

一、参赛状况

化学实验室技术是2019年世界技能大赛新增赛项，来自各国和地区的9名选手参赛。我国选手在这个赛项的角逐中获得第6名（优胜奖）。

二、比赛内容

比赛设置了6个模块，即：A1样品中甘油含量的测定；B1样品中的总铁含量测定；C1电位滴定法测定磷酸和磷酸二氢钠混合物；D1溴乙烷合成；E1样品中合成染料成分的测定；F1样品中残留有机溶剂含量的测定。

比赛6个模块中涉及的化学方法有：化学分析法、紫外-可见分光光度法、电位滴定法、有机试剂合成、气相色谱法（溶液前处理）、高效液相色谱法（溶液前处理）。

竞赛内容结构见表1-2。

表1-2　竞赛内容结构

模块编号	模块名称	竞赛时间/min	分数		
			评价分	测量分	合计
A1	化学分析法:测定样品中甘油的含量	180	7.10	16.90	24
B1	紫外-可见分光光度法:测定样品中的总铁含量	180	4.90	11.10	16
C1	电位滴定法:测定磷酸和磷酸二氢钠混合物	180	6.00	12.00	18
D1	有机试剂合成:溴乙烷合成	240	3.75	8.25	12
E1	气相色谱法:测定样品中合成染料的成分	240	4.00	8.00	12

续表

模块编号	模块名称	竞赛时间/min	分数		
			评价分	测量分	合计
F1	高效液相色谱法:测定样品中残留有机溶剂的含量	300	5.00	13.00	18
合计		1320	30.75	69.25	100

三、比赛形式

第 45 届世界技能大赛化学实验室技术赛项是采用“循环式”比赛的，也就是说，在一场比赛中，每个选手操作的内容是不同的。这种形式的比赛，与“平铺式”比赛略有不同，选手经过一天的比赛后，能基本熟悉整个比赛的内容。“循环式”比赛对现场设备条件要求相对比较宽松，没有集中的耗能和排放，对赛场来说压力不大，赛场每天都是同样的内容，只是由不同选手操作罢了。

四、赛场区域划分

第 45 届世界技能大赛化学实验室技术赛项场地大致有 9 个区域，即选手实验区域、选手公共办公区域、天平称量区域、加热板加热区域、光谱测定区域、通风橱排风区域、更衣室，以及项目经理室、场地经理室。

五、第 46 届世界技能大赛的形式分析

对于接下来将举行的第 46 届世赛，参加比赛的国家和地区，会从第 45 届的 9 支代表队上升至近 20 支代表队。由于化学实验室技术赛项集中耗能、集中废气排放会给比赛场馆造成很多的不便，同时考虑到大型设备的使用情况，极大可能会采用“循环式”的比赛形式。

比赛的内容估计和第 45 届没有太大的差异。

第四节　第 45 届世界技能大赛化学实验室技术赛项现场分布图

现场分布的情况如图 1-1、图 1-2 所示，在图 1-2 中对重要的几个区域做了标注。

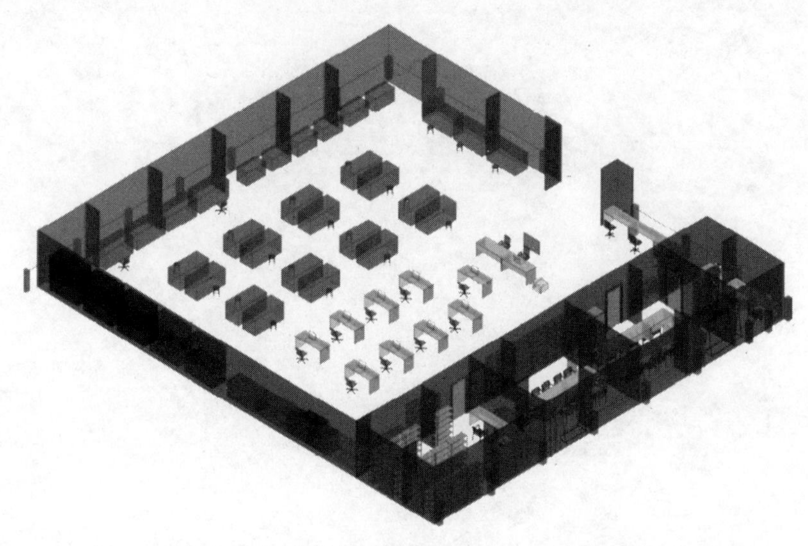

图 1-1　第 45 届世界技能大赛化学实验室技术赛项现场示意图

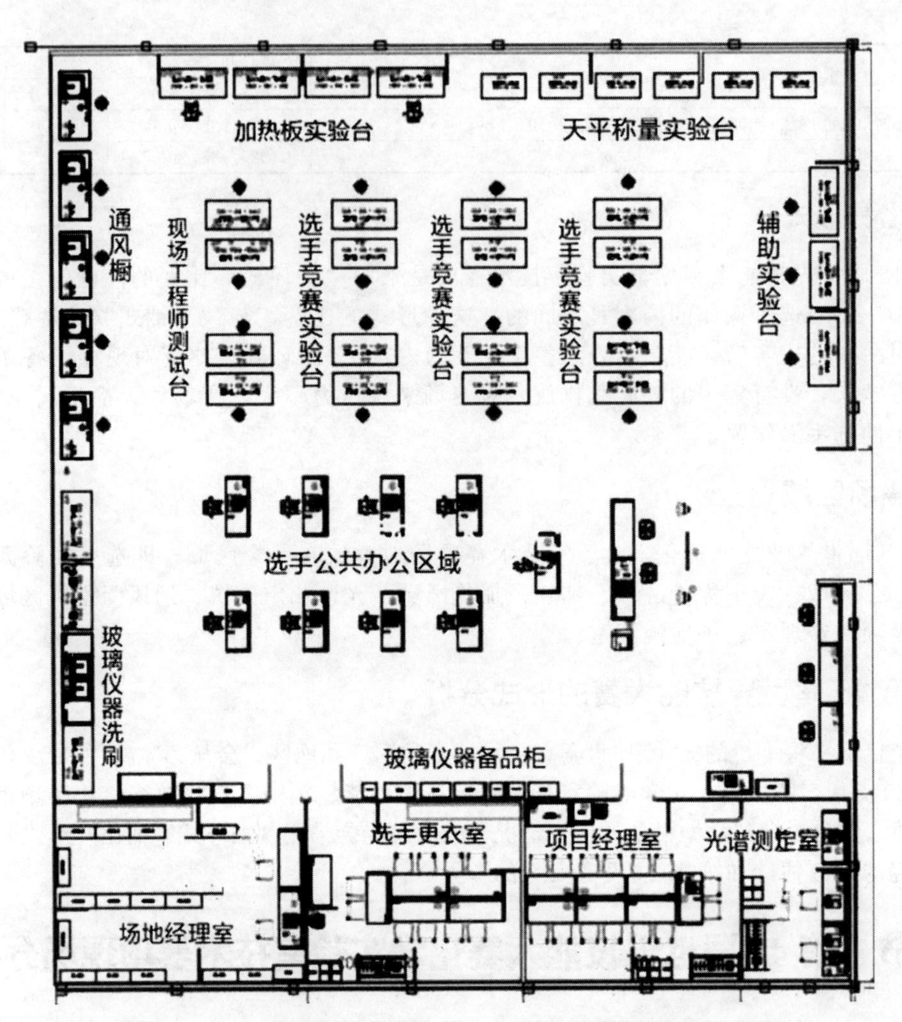

图 1-2　第 45 届世界技能大赛化学实验室技术赛项现场平面图

第二章　化学实验室技术规范和测试项目

第一节　标准规范

化学实验室技术是利用现代化学和物理化学技术对各类天然或合成材料进行定性及定量检测的，是大部分工厂产品质量的基础。化学分析是控制原材料、工艺过程中间体及产物特性与通用标准一致的必要环节。

实验室化学分析人员应能完成实验室分析、化学测试、测量确定、实验室管理、安全预防等工作。

按照世赛“化学实验室技术”标准规范，选手的能力主要包括工作组织和管理，人际沟通交往能力，技巧、步骤和方法，数据处理和保留记录，分析、解读和评估，应用科学方法解决问题，应用化学的趋势，健康和安全措施的应用八个方面的内容。每个方面又分为个人需要了解和理解及个人应具备的能力两个部分。

一、 工作组织和管理

1. 个人需要了解和理解

- 行业内部和外部规章制度等整体情况。
- 内部企业环境，包括个人岗位身份、职业道德实践和行为规范。
- 健康和安全法规、规定及最佳实践方法。
- 基于实验室活动的科学原理。
- 工作规划、时间计划、组织和完成的相关原则。
- 应用化学的理论基础知识，包括如何在实验室工作中应用物理、有机和无机化学。
- 化学和化学相关物质的安全处置、废弃或循环回收的原理和方法。

2. 个人应具备的能力

- 始终保证个人健康和安全，包括穿戴个人防护服和设备。
- 按照相关规定、规范、质量、安全和环境标准进行工作。

- 应用安全数据表、措施和步骤，用于以下工作：
  - ✓ 操作、维护和修理实验室设施、装置和设备；
  - ✓ 操作、维护和处置回收实验室中的化学品。
- 自觉遵守风险管理系统规定，主动地做好以下工作：
  - ✓ 维护良好的实验室卫生；
  - ✓ 按照预算和预算流程，订购和维持一定的材料库存；
  - ✓ 确保电子设备完备可用。
- 检查结构、材料的状态和可用性。
- 独立工作，负责在当前工作角色范围内启动和完成任务。
- 预估完成某项工作所需的时间、成本、资源和材料。
- 开发特定的工作目标和计划，设定目标和指标，优化、组织并完成工作。
- 寻找滞后问题的解决方法和替代方法。
- 根据需求调整活动，并及时告知其他相关人员。

二、 人际沟通交往能力

1. 个人需要了解和理解

- 通信的原则。
- 人际交互的原则。
- 某人工作对他人的影响，尤其是在与多样化和平等相关的方面。
- 与工作角色和行业相关的专业词汇。
- 用于数据呈现的分析方法的意图和目的。
- 报告结果的限制。
- 使用信息技术、管理信息系统和化学环境中的数据库。

2. 个人应具备的能力

- 建立和维持人际关系。
- 与他人协同工作和互动，包括团队内部。
- 为化学工作人员或其他专业人员提供技术支持。
- 在正式场合和非正式场合的沟通技能，包括发言、写作、肢体语言和主动倾听。
- 使用专业术语，包括来自于其他语言的专业术语。
- 从所有相关资源获取信息，根据需要引用资源。
- 阅读和应用技术文档中的内容，与其相关的包括以下几种：
  - ✓ 分析；
  - ✓ 公式；
  - ✓ 分步指令；
  - ✓ 规范要求；
  - ✓ 图表。
- 主动倾听，适当地提问，以完全理解。
- 使用实验室信息和实验室管理系统，包括数字的和纸面的。
- 按照逻辑和相关规定，获取信息和行动响应。
- 为了数据呈现，应用分析技术。
- 使用各种文字和图形向他人传递信息。

• 以适当的科学信息与观众或者受众进行沟通。
• 准备并进行正式或非正式演讲陈述。
• 以恰当的方式，寻求、接受和提供反馈、建设性意见。

三、技巧、步骤和方法

1. 个人需要了解和理解

• 有关化学结构和化学键的无机化学基础。
• 重要物质和合成物的化学知识。
• 有机化学的原理和实践方法。
• 化学反应机理和官能团转化。
• 物理化学的概念和实践方法，包括热力学、反应力学、传导性、电池、电解。
• 实验室技术和科学实验原理。
• 项目管理原理，以及如何应用于实验室工作。
• 分析方法、仪表装置的开发和有效性要求，包括掌握适当的采样方法。
• 实验支持的最新趋势，包括使用工具包。

2. 个人应具备的能力

• 使用适当的科学技术技巧、步骤和方法，进行实验室任务的相关准备。
• 使用指定的仪器和实验室设备，包括必要的校准。
• 评估材料或使用产品的品质。
• 设计或制作实验装置，开发新产品或新工艺。
• 使用特定的方法学，包括标准、操作步骤，完成实验室任务。
• 完成特定的采样任务，包括准备、样品的处理，以及液体和固体混合物中的分离过程。
• 实施清洗和浓缩工艺，例如：
  ✓ 蒸馏；
  ✓ 萃取；
  ✓ 色谱法；
  ✓ 电位分析法；
  ✓ 电导分析法。
• 使用滴定法、体积法、重量法。
• 使用仪器和电分析方法，例如：
  ✓ 光度测定法；
  ✓ 色谱法；
  ✓ 电位滴定法；
  ✓ 电导分析法；
  ✓ 电泳法。
• 设定并进行试验、萃取、测试和分析，使用以下技术：
  ✓ 色谱法；
  ✓ 光谱法；
  ✓ 物理或化学分离技术；
  ✓ 显微镜检查；

✓ 电泳法。

- 确定有机或无机化合物的构成。
- 对有机、无机、高分子化合物应用合成技术。
- 制造和处理、准备化学溶液，遵照标准化公式，或创建经验公式。
- 考虑到对分析程序、方法和设备仪器的有效性需求，包括使用适当的采样方法。

四、 数据处理和保留记录

1. 个人需要了解和理解

- 记录可追溯性和机密性的相关规定。
- 以所有使用形式维护记录安全的程序。
- 有关记录和显示数据的软件功能。
- 确保信息的准确处理。
- 误差和错误的影响。
- 参考和引用所需方法。

2. 个人应具备的能力

对实验室工作进行记录和保留文档，包括使用给定的排版风格、计算机信息技术和统计方法。

- 处理和收集来自自动化数字机器的数字化信息。
- 制作可信的、精确的数据。
- 呈现实验室工作结果，有效地处理问题，书写和口头汇报简洁。
- 书写技术报告，适当地使用图形和图表。
- 检查自身工作，包括汇编整理、分类、计算、制作表格和完成程度。
- 有效地认识错误、不准确和不足之处。
- 整理信息或数据，用于校验或审计。
- 文档存档。

五、 分析、 解读和评估

1. 个人需要了解和理解

- 质量管理的原则。
- 生产过程中质量管理的应用。
- 在科学数据分析中运用数学和分析方法。
- 误差的本质、可能性、来源，误差的类型。
- 质量控制的原理和方法。
- 持续改进的原理和应用。
- 工作角色对心理方面的影响。

2. 个人应具备的能力

- 保持良好的动觉和运动技能。
- 应用个人方法，保持持续的关注和精力集中。
- 遵照相关步骤，符合工作场所的质量标准。
- 分析、解读和评估数据，识别需要深入调查的结果。

- 评估信息，确定是否符合标准。
- 在工作角色职责范围内独立开展工作。
- 识别使用的分析方法得出结果的含义，并判断其重要性。
- 使用适当的计算、统计和数学方法或公式，对问题进行求解。
- 通过分析基本原理、推论确定结果。

六、应用科学方法解决问题

1. 个人需要了解和理解

- 运用科学原理和方法解决问题的原理和应用方法。
- 批判性思维的原理和复杂问题的解决。
- 自身角色的范围和局限，以及其对解决问题的理解和专业知识。

2. 个人应具备的能力

- 当出现问题或疑似问题时，能够正确认知。
- 应用适当的科学方法，识别原因并获得解决方法，以改进工作流程。
- 准备任何种类的化学反应物或溶液。
- 根据具体的测定方案，使用适当的玻璃器皿、设备和仪器进行分析测量。
- 在开始实验方案之前，清洁、校准设备和仪器。
- 取样，包括保存和预处理。
- 遵循化学和生物分析协议，保证质量。
- 清洁和储存使用的设备和仪器。
- 使用适当的分析方法、方案和统计分析来估计未知样品的浓度。
- 提供有关水或废水质量的信息，以确定水或废水化学实验室步骤中任何类型的问题。
- 获取关于水或废水质量的信息，以便在处理步骤中识别和执行预防或纠正措施。
- 提供有关供水或污水质量的信息，以履行法律、法规的各个方面，保证人民的安全和健康。
- 积极寻求个人发展，积极进行学习和自我提升。

七、应用化学的趋势

1. 个人需要了解和理解

- 跨学科的科学规律。
- 在科学发展中应用化学的角色。
- 数字化不断增长的影响。
- 可持续发展日益增加的重要性。
- 新的可能发生的事所衍生的新的职业道德问题。

2. 个人应具备的能力

- 安装、试运行和测试自动化实验室系统。
- 安装和配置程序。
- 开发简单的程序。
- 自动化实验室系统。

- 对自动化实验室系统的优化、调整和变更。
- 维护和保养自动化实验室系统。
- 按规定系统地搜索、确定故障位置，消除自动化实验室系统的错误、缺陷和故障。
- 对于变更进行适当调整，并对管理流程进行相应调整。

八、 健康和安全措施的应用

1. 个人需要了解和理解

- 基本的卫生原则和实践。
- 化学、电力、热力和机械操作风险评估。
- 健康和工作相关的规定。
- 相关危险和安全符号/标志的含义。
- 保健条例、个人防护装备。

2. 个人应具备的能力

- 承认风险。
- 创建/制订安全说明。
- 申请并遵守与工作有关的安全和事故缓解规定。
- 识别工作场所环境中的健康和安全危害以及危险情况，并制订缓解措施、步骤。

第二节 测试项目

一、 测试项目概述

无论单一或一系列独立或相互联系的模块，都可以通过测试项目对世界技能标准规范（WSSS）每个部分进行技能评价。

测试项目和评分方案相结合的目的是：达到标准规范中评价和分数之间的全面、均衡、真实。测试项目、评分方案和标准规范三者之间的关系，将是质量的一个关键指标，而且也与真正的工作表现建立起联系。

测试项目将不包括标准规范范围外或者影响标准规范分值平衡的部分。测试项目将通过实际操作中知识的应用评价对理论知识了解和掌握的程度。

测试项目不会考核世界技能大赛规章制度相关知识。为保证标准规范相关的全方面评估，技术工作文件对所有可能影响测试项目的情况进行了说明。

二、 测试项目格式和结构

测试项目由独立的模块组成，各模块联合起来，考核化学实验室从业人员全方位的工作表现。因此，每个模块的任务和考核重点都互不相同。各个模块不仅仅是一系列的技能测试。

三、 测试项目的设计要求

测试项目将涵盖工作角色的所有特点：包括特定功能和整体角色执行。其既考核传统的方法，也考核现代的数字化方法，以及测试项目所进行工作的目的。通常，在所有的世赛项目中，竞赛重点在于职业本身，而不仅仅是工作。这将是一个挑战，因为化学实验室工作人员通常只擅长某项技术。测试项目可以包括：

- 采样。
- 样品制备。
- 确定材料的常量和化学参数。
- 定性分析。
- 定量分析：
    - ✓ 分光光度法；
    - ✓ 气相色谱法；
    - ✓ 高效液相色谱法；
    - ✓ 重量分析法；
    - ✓ 元素分析法；
    - ✓ 质谱分析法；
    - ✓ 光谱法；
    - ✓ 滴定分析法；
    - ✓ 电化学分析法。
- 无机和有机合成。
- 数据文献和解读。
- 质量管理。
- 工作管理、健康与安全。
- 废物处置。

“化学实验室技术”竞赛将对选手的能力进行测评，具体而言，比赛将通过实用的模块评估选手解决问题的能力、操作准确度和精密度的能力、创造性和创新性的能力。

“化学实验室技术”竞赛将设置工作站（一个任务设置一个工作站，而不是为每名选手都设置一个工作站）。每个工作站将包括一个不同的分析方法，和另外一个额外的在技术规范中的某个任务，以便涵盖世界技能标准规范中的所有内容。对于使用仪器设备（可能来自许多不同的供应商）进行分析的所有任务，其中样品的制备和结果的分析由参赛选手完成，而设备的操作将由技术人员完成。

四、测试项目的开发

测试项目必须采用世界技能组织提供的模板进行提交，文本文件使用 Word 模板，图纸使用 DWG 模板。测试项目模块将由独立的设计者完成。测试项目开发应在赛前 6 个月，并由大赛主办方向选手告知安全和设备的相关要求。在竞赛期间，完成测试项目的独立设计者向专家呈现设计的内容。在此之前，不得向专家（包括首席专家）透露测试项目设计的任何信息。

五、测试项目的审核

测试项目的建议方案（模块）必须被审核和测试，确保在大赛的环境下，具备可行性，可以在规定时间内完成。

六、测试项目的选择

测试项目需按照技术说明中的规范进行独立设计。

七、 测试项目的发布

大赛项目是通过网站进行发布的，具体如下：测试项目不提前进行公布，只在竞赛时公布。

八、 测试项目的协调（竞赛准备）

测试项目的协调将由技能竞赛经理（裁判长）负责。

九、 竞赛期间测试项目的变更

竞赛中的测试项目没有任何变更。

十、 材料或制造商明细

大赛组织者将提供参赛者完成测试项目所需的特定材料和/或制造商提供产品规格，并可从位于专家中心的网站（www. worldskills. org/infrastructure）获得。

大赛准备周之后，大赛组织者将在基础设施列表中上传使用设备的规格。

第三章　世界技能大赛内容结构解析

从第二章中化学实验室技术赛项选手能力分析可以看出，选手应该掌握的基本知识、基本技能是比较多而且繁杂的，但是通过基本考核点、考核层面分析，可以把它归结为6个基本模块和1个健康安全和环境保护模块。6个基本模块是化学分析法测定、紫外-可见光谱法测定、电位滴定法测定、有机试剂合成及提纯、气相色谱法测定、高效液相色谱法测定。我们可以将这7个模块加以拓展，把基本考核点和考核层面串联起来，形成一个考核系统。选手通过模块的训练，全面提升自我操作技能的能力和素养，提高操作水平。本书将7个模块的内容分章节叙述。

第一节　化学分析法测定

在化学分析法测定模块中，应该掌握酸碱滴定法、配位滴定法、氧化还原滴定法、沉淀滴定法的滴定原理及其仪器、试剂（尤其是标准溶液）、实验操作、数据的处理和对结果的数理分析。在化学分析法测定中，要熟悉经常使用的标准溶液的配制和标定，要会使用一般的试剂和指示剂，掌握计算公式中各个符号的真正意义。同时还会判断该方法的可靠性。

一、　典型的酸碱滴定法实例解析

以酸碱滴定法测定样品溶液中的混合碱含量为例的实例分析。

1. 试题：　酸碱滴定法测定混合碱含量

（1）盐酸（0.1mol/L）标准滴定溶液的标定

① 操作步骤：

a. 0.1mol/LHCl溶液的配制。用量杯量取9mL浓盐酸，倾入预先盛有200mL水的容量瓶中，加水稀释至1000mL，摇匀，待标定。

b. 标定。【第一种方法】用溴甲酚绿-甲基红混合指示液指示终点（国标法）。以减量法称取于270～300℃高温炉中灼烧至恒重的工作基准试剂无水碳酸钠0.2g（称准至0.0002g），溶于50mL水中，加10滴溴甲酚绿-甲基红指示液，用欲标定的HCl标准滴定溶液将溶液滴定至由绿色变为暗红色，煮沸2min，加盖具有钠石灰管的橡胶塞，冷却后继续滴定直至溶液呈暗红色，读数并记录，平行测定3次，同时做空白试验。

【第二种方法】用甲基橙指示液指示终点。以减量法称取于 270～300℃高温炉中灼烧至恒重的工作基准试剂无水碳酸钠 0.2g（称准至 0.0002g），并将其置于 250mL 锥形瓶中，加 25mL 水溶解，再加 1～2 滴甲基橙指示液，用欲标定的 0.1mol/LHCl 标准滴定溶液进行滴定，溶液由黄色转变为橙色时即为终点。读数并记录，平行测定 3 次，同时做空白试验。

② 计算：

$$c(\mathrm{HCl})=\frac{m\times 1000}{(V_1-V_0)\times M}$$

式中　$c(\mathrm{HCl})$——HCl 标准滴定溶液的浓度，mol/L；

V_1——滴定时消耗 HCl 标准滴定溶液的体积，mL；

V_0——空白试验滴定时消耗 HCl 标准滴定溶液的体积，mL；

m——Na_2CO_3 基准物的质量，g；

M——$\frac{1}{2}Na_2CO_3$ 的摩尔质量，g/mol。

（2）混合碱的测定

① 操作步骤：

准确称取 1.5～2.0g 碱试样于 250mL 烧杯中，加水使之溶解后，定量转入 250mL 容量瓶中，用水稀释至刻度线，充分摇匀。

用移液管移取 25.00mL 试液于锥形瓶中，加 2 滴酚酞指示液，用 0.1mol/LHCl 标准滴定溶液滴定至溶液由红色恰好变为无色，记下 HCl 溶液用量 V_1，然后，加入 1～2 滴甲基橙指示液，继续用 HCl 标准滴定溶液滴定，直至溶液由黄色变为橙色。记下 HCl 溶液用量 V_2(终读数减去 V_1)。平行测定 3 次。

根据 V_1、V_2 判断混合碱组成，并计算各组分的含量。

② 计算：

a. 若 $V_1>V_2$，混合碱则为 NaOH 和 Na_2CO_3 的混合物。

$$w(\mathrm{NaOH})=\frac{c(\mathrm{HCl})(V_1-V_2)\times 10^{-3}\times M(\mathrm{NaOH})}{m\times\frac{25}{250}}\times 100\%$$

$$w(\mathrm{Na_2CO_3})=\frac{c(\mathrm{HCl})\times 2V_2\times 10^{-3}\times M\left(\frac{1}{2}\mathrm{Na_2CO_3}\right)}{m\times\frac{25}{250}}\times 100\%$$

b. 若 $V_1<V_2$，混合碱则为 Na_2CO_3 和 $NaHCO_3$ 的混合物。

$$w(\mathrm{Na_2CO_3})=\frac{c(\mathrm{HCl})\times 2V_1\times 10^{-3}\times M\left(\frac{1}{2}\mathrm{Na_2CO_3}\right)}{m\times\frac{25}{250}}\times 100\%$$

$$w(\mathrm{NaHCO_3})=\frac{c(\mathrm{HCl})(V_2-V_1)\times 10^{-3}\times M(\mathrm{NaHCO_3})}{m\times\frac{25}{250}}\times 100\%$$

式中　$w(\mathrm{NaOH})$——NaOH 的质量分数，%；

$w(\mathrm{Na_2CO_3})$——Na_2CO_3 的质量分数，%；

$w(\mathrm{NaHCO_3})$——$NaHCO_3$ 的质量分数，%；

$c(HCl)$——HCl 标准滴定溶液的浓度，mol/L；

V_1——酚酞终点时消耗 HCl 标准滴定溶液的体积，mL；

V_2——甲基橙终点时消耗 HCl 标准滴定溶液的体积，mL；

m——试样的质量，g；

$M(NaOH)$——NaOH 的摩尔质量，g/mol；

$M\left(\frac{1}{2}Na_2CO_3\right)$——$\frac{1}{2}Na_2CO_3$ 的摩尔质量，g/mol；

$M(NaHCO_3)$——$NaHCO_3$ 的摩尔质量，g/mol。

2. 操作重点

（1）天平称量基准试剂要准确

可以使用减量法或增量法称量，要会校正精度为 0.1mg 的天平，使用中防止药品洒落。

（2）溶解、转移试剂溶液要到位

溶解要充分，转移要准确，使用的容量瓶和移液管要校准，可以选用相对校准的方法校准。移取方法正确。试样的均匀度比较差时，大样研细后取部分进行分析。

（3）注意控制混合碱滴定的 pH

第二个滴定终点尽量驱除形成的 CO_2。

（4）终点把控要到位

终点半滴滴定要熟练，终点颜色要准确无误。尤其是混合碱的两个终点把握要准确，在第一个终点时生成的 $NaHCO_3$ 应尽可能避免生成 CO_2。当接近终点时，滴定速度一定不能过快，否则造成 HCl 局部过浓，引起 CO_2 丢失。同时摇动要缓慢，不能剧烈振动。而在第二个终点时，生成的 H_2CO_3 饱和溶液 pH 为 3.9，应尽可能驱除 CO_2，防止终点提前到达。接近终点时，要剧烈振荡溶液。

（5）平行测定精度要高

标准溶液和样品溶液平行测定要好，符合国家标准的有关要求。

（6）计算要准确

公式符号明确，有效数字保留要符合国家数值修约规则标准。

（7）准确判断

若 $V_1>V_2$，混合碱则为 NaOH 和 Na_2CO_3 的混合物；若 $V_1<V_2$，混合碱则为 Na_2CO_3 和 $NaHCO_3$ 的混合物。

3. 训练考核操作评分表

评分表只是引导选手练习时控制操作各个环节的手段，它与世赛的结构评分有一定的区别。自我评价见表 3-1。

表 3-1　酸碱滴定法操作自我评价表

序号	作业项目	考核内容	配分	操作要求	考核记录	扣分说明	扣分	得分
一	基准物的称量(8分)	称量操作	1	1. 检查天平水平		每错一项扣 0.5 分，扣完为止		
				2. 清扫天平				
				3. 敲样动作正确				
		基准物称量范围	6	1. 在规定量±5%～±10%内		每错一个扣 1 分，扣完为止		
				2. 称量范围最多不超过±10%		每错一个扣 2 分，扣完为止		
		结束工作	1	1. 复原天平		每错一项扣 0.5 分，扣完为止		
				2. 放回凳子				

续表

序号	作业项目	考核内容	配分	操作要求	考核记录	扣分说明	扣分	得分
二	试液配制(3.5分)	容量瓶洗涤	0.5	洗涤干净		洗涤不干净，扣0.5分		
		容量瓶试漏	0.5	正确试漏		不试漏，扣0.5分		
		定量转移	1	转移动作规范		转移动作不规范扣1分		
		定容	1.5	1. 三分之二处水平摇动		每错一项扣0.5分，扣完为止		
				2. 准确稀释至刻度线				
				3. 摇匀动作正确				
三	移取溶液(4.5分)	移液管洗涤	0.5	洗涤干净		洗涤不干净，扣0.5分		
		移液管润洗	1	润洗方法正确		润洗方法不正确扣1分。从容量瓶或原瓶中直接移取溶液扣1分		
		吸溶液	1	1. 不吸空		每错一项扣1分		
				2. 不重吸				
		调刻度线	1	1. 调刻度线前擦干外壁		每错一项扣0.5分，扣完为止		
				2. 调节液面操作熟练				
		放溶液	1	1. 移液管竖直		每错一项扣0.5分，扣完为止		
				2. 移液管尖靠壁				
				3. 放液后停留约15s				
四	托盘天平使用(0.5分)	称量	0.5	称量操作规范		操作不规范扣0.5分		
五	滴定操作(3.5分)	滴定管洗涤	0.5	洗涤干净		洗涤不干净，扣0.5分		
		滴定管试漏	0.5	正确试漏		不试漏，扣0.5分		
		滴定管润洗	0.5	润洗方法正确		润洗方法不正确扣0.5分		
		滴定操作	2	1. 滴定速度适当		每错一项扣1分，扣完为止		
				2. 终点控制熟练				
六	滴定终点(4分)	标定终点 暗红色	4	终点判断正确		每错一个扣1分，扣完为止		
		测定终点 无色 橙色		终点判断正确				
七	读数(2分)	读数	2	读数正确		以读数差在0.02mL为正确，每错一个扣1分，扣完为止		
八	原始数据记录(2分)	原始数据记录	2	1. 原始数据不用其他纸张记录		每错一个扣1分，扣完为止		
				2. 原始数据及时记录				
				3. 正确进行滴定管体积校正(现场裁判应核对体积校正值)				
九	文明操作结束工作(1分)	物品摆放 仪器洗涤 “三废”处理	1	1. 仪器摆放整齐		每错一项扣0.5分，扣完为止		
				2. 废纸/废液不乱扔、乱倒				
				3. 结束后清洗仪器				

续表

序号	作业项目	考核内容	配分	操作要求	考核记录	扣分说明	扣分	得分
十	重大失误（本项最多扣 10 分）			基准物的称量		称量失败，每重称一次倒扣 2 分		
				试液配制		溶液配制失误，重新配制的，每次倒扣 5 分		
				滴定操作		标定重新滴定，每次倒扣 5 分；测定重新滴定，每次倒扣 6 分		
						篡改（如伪造、凑数据等）测量数据的，总分以零分计		
十一	总时间（0 分）	210min	0	按时收卷，不得延时				

4. 数据记录、计算表格

① 标定记录			
	1	2	3
称量瓶＋样品（倾样前）/g			
称量瓶＋样品（倾样后）/g			
$m(Na_2CO_3)$/g			
滴定管初读数/mL			
消耗 HCl 体积/mL			
体积校正值/mL			
溶液温度/℃			
温度补正值/（mL/L）			
溶液温度校正值/mL			
实际消耗 V_1（HCl）/mL			
空白消耗 V_2（HCl）/mL			
c（HCl）/（mol/L）			
$\bar{c}$（HCl）/（mol/L）			
相对极差/%			

② 样品测定记录			
	1	2	3
称量瓶＋样品（倾样前）/g			
称量瓶＋样品（倾样后）/g			
m（样品）/g			
消耗 V_1（HCl）/mL			
体积校正值/mL			
溶液温度/℃			
温度补正值/（mL/L）			
溶液温度校正值/mL			
实际消耗 V_1（HCl）/mL			
消耗 V_2（HCl）/mL			
体积校正值/mL			

续表

② 样品测定记录			
	1	2	3
溶液温度/℃			
温度补正值/(mL/L)			
溶液温度校正值/mL			
实际消耗 V_2(HCl)/mL			
空白 V_0(HCl)/mL			
c(HCl)/(mol/L)			
若 $V_1 > V_2$			
$w(NaOH)$/%			
$\overline{w}(NaOH)$/%			
$w(Na_2CO_3)$/%			
$\overline{w}(Na_2CO_3)$/%			
若 $V_1 < V_2$			
$w(NaHCO_3)$/%			
$\overline{w}(NaHCO_3)$/%			
$w(Na_2CO_3)$/%			
$\overline{w}(Na_2CO_3)$/%			

5. 自我检查模板

① 模板以 Excel 格式形成，有底纹部分是按照计算公式自动生成，无底纹部分是选手的实验数据。使用前一定要自己按照空白表格填写并计算，然后再用模板比对。

模板可以登录化学工业出版社教学资源网(http//www.cipedu.com.cn)下载。

② 模板转为 Word 文档格式如下表所示。(假设 $V_1 < V_2$)

①标定记录			
	1	2	3
称量瓶+样品(倾样前)/g	80.1234	79.9234	79.7234
称量瓶+样品(倾样后)/g	79.9234	79.7234	79.5234
$m(Na_2CO_3)$/g	0.2000	0.2000	0.2000
滴定管初读数/mL	0.00	0.00	0.00
消耗 HCl 体积/mL	25.00	25.00	25.00
体积校正值/mL	0.00	0.00	0.00
溶液温度/℃	22	22	22
温度补正值/ (mL/L)	−0.38	−0.38	−0.38
溶液温度校正值/mL	−0.0095	−0.0095	−0.0095
实际消耗 V_1(HCl)/mL	24.99	24.99	24.99
空白消耗 V_2(HCl)/mL	0.00		
c(HCl)/(mol/L)	0.15102	0.15102	0.15102
$\overline{c}$(HCl)/(mol/L)	0.1510		
相对极差/%	0.00		

② 样品测定记录			
	1	2	3
称量瓶+样品(倾样前)/g	80.1234	78.1234	76.1234
称量瓶+样品(倾样后)/g	78.1234	76.1234	74.1234
m(样品)/g	2.0000	2.0000	2.0000
消耗 V_1(HCl)/mL	12.12	12.12	12.12
体积校正值/mL	0.00	0.00	0.00
溶液温度/℃	22	22	22

续表

② 样品测定记录			
	1	2	3
温度补正值/（mL/L）	−0.38	−0.38	−0.38
溶液温度校正值/mL	−0.00385	−0.0046056	−0.0046056
实际消耗 V_1(HCl)/mL	12.12	12.12	12.12
消耗 V_2(HCl)/mL	12.12	12.12	12.12
体积校正值/mL	0.00	0.00	0.00
溶液温度/℃	22	22	22
温度补正值/（mL/L）	−0.38	−0.38	−0.38
溶液温度校正值/mL	−0.00461	−0.0046056	−0.0046056
实际消耗 V_2(HCl)/mL	12.12	12.12	12.12
空白 V_0(HCl)/mL	0.00	0.00	0.00
c(HCl)/(mol/L)	0.1510		
若 $V_1 > V_2$			
w(NaOH)/%	6.038	6.027	6.027
$\overline{w}$(NaOH)/%	6.03		
$w(Na_2CO_3)$/%	96.96	96.96	96.96
$\overline{w}(Na_2CO_3)$/%	96.96		
若 $V_1 < V_2$			
$w(NaHCO_3)$/%	0.597	0.597	0.597
$\overline{w}(NaHCO_3)$/%	0.60		
$w(Na_2CO_3)$/%	80.960	80.991	80.991
$\overline{w}(Na_2CO_3)$/%	80.98		

③ 选手实验报告单：填写表格内的原始记录内容时，把上面模板中的数据去掉就可以了。计算过程按照要求去完成。最后有一项样品测定结果报告需要填表完成。形式如下。

样品测定结果报告

样品名称		样品性状	
平行测定次数			
分析结果			
相对极差/%			

6. 其他的考题练习

参照上述的操作要点和评价体系，进行以下方案的练习。

氨水中氨含量的测定

氨易挥发，称取氨水试样时，宜选用安瓿瓶或具塞轻体锥形瓶。测定时，用 HCl 标准滴定溶液直接滴定，指示剂为甲基红-亚甲基蓝混合指示液，终点时溶液由绿色变为红色。

$$NH_3 + HCl = NH_4Cl$$

若采用返滴定法，则将试样注入过量 H_2SO_4 标准滴定溶液中，以甲基红为指示剂，用 NaOH 标准滴定溶液滴定剩余 H_2SO_4，终点时溶液由红色变为黄色。

$$2NH_3 + H_2SO_4 = (NH_4)_2SO_4$$

$$H_2SO_4 + 2NaOH = Na_2SO_4 + 2H_2O$$

① 仪器和试剂：

a. 仪器：安瓿瓶、酒精灯、具塞轻体锥形瓶。

b. 试剂：NaOH 标准滴定溶液[c(NaOH)=1mol/L]、H_2SO_4 标准滴定溶液 $c\left[\left(\frac{1}{2}H_2SO_4\right)=\right.$

1mol/L]、HCl标准滴定溶液[$c(HCl)=0.5mol/L$]、甲基红指示液(1g/L,0.1g甲基红溶于乙醇,用乙醇稀释至100mL)、甲基红-亚甲基蓝混合指示液。

② 实验内容：

a. 滴定法：将已准确称量的安瓿瓶放在酒精灯上微微加热，稍冷，吸入约1.2～2mL氨水试样，用滤纸将毛细管口擦干，在酒精灯上加热封口，再准确称其质量，然后将安瓿瓶放入已盛有40.00～50.00mLH_2SO_4标准滴定溶液$\left[c\left(\frac{1}{2}H_2SO_4\right)=1mol/L\right]$的磨口具塞轻体锥形瓶中，塞紧后用力振荡，使安瓿瓶破碎(必要时可用玻璃棒捣碎)。用洗瓶冲洗瓶塞及瓶内壁，摇匀，加2滴甲基红指示液，用NaOH标准滴定溶液［$c(NaOH)=1mol/L$］滴定，直至溶液由红色变为黄色，平行测定3次。

b. 国标法：量取15mL水倾入具塞轻体锥形瓶中，准确称其质量；加入1mL氨水试样，立即盖紧瓶塞，再称量。然后加40mL水和2滴甲基红-亚甲基蓝混合指示液，用HCl标准滴定溶液［$c(HCl)=0.5mol/L$］滴定至溶液由绿色变成红色时即为终点，平行测定3次。

③ 计算公式：

$$w(NH_3)=\frac{\left[c\left(\frac{1}{2}H_2SO_4\right)V(H_2SO_4)-c(NaOH)V(NaOH)\right]\times10^{-3}\times M(NH_3)}{m(NH_3)}\times100\%$$

式中 $w(NH_3)$——试样中氨的质量分数，%；

$c(NaOH)$——NaOH标准滴定溶液的浓度，mol/L；

$V(NaOH)$——滴定时消耗NaOH标准滴定溶液的体积，mL；

$c\left(\frac{1}{2}H_2SO_4\right)$——$H_2SO_4$标准滴定溶液的浓度，mol/L；

$V(H_2SO_4)$——加入H_2SO_4标准滴定溶液的体积，mL；

$m(NH_3)$——氨水试样的质量，g；

$M(NH_3)$——NH_3的摩尔质量，g/mol。

④ 数据记录：

项目	1	2	3
安瓿瓶/g			
安瓿瓶+样品/g			
m(样品)/g			
$V(NaOH)$/mL			
$V(H_2SO_4)$/mL			
$c(NaOH)$/(mol/L)			
$c\left(\frac{1}{2}H_2SO_4\right)$/(mol/L)			
$w(NH_3)$/%			
$\overline{w}(NH_3)$/%			
相对平均偏差			

二、 典型的配位滴定法实例解析

以配位滴定法测定样品溶液中的金属离子含量为例的实例分析。

1. 试题： 配位滴定法测定样品溶液中的金属离子含量

(1) EDTA(0.05mol/L)标准滴定溶液的标定

① 操作步骤：

称取 1.5g 于（850±50)℃高温炉中灼烧至恒重的工作基准试剂 ZnO（不得用去皮的方法，否则称量为零分)，置于 100mL 烧杯中，用少量水润湿，加入 20mL HCl(20%,质量分数)溶解后，定量转移至 250mL 容量瓶中，用水稀释至刻度线，摇匀。移取 25.00mL 上述溶液于 250mL 锥形瓶中(不得从容量瓶中直接移取溶液)，加 75mL 水，用氨水溶液(10%，质量分数)将溶液 pH 调至 7～8，再加 10mL NH_3-NH_4Cl 缓冲溶液(pH≈10)及 5 滴铬黑 T (5g/L)，用待标定的 EDTA 溶液滴定至溶液由紫色变为纯蓝色。

平行测定 4 次，同时做空白试验。

② 计算：

$$c(\mathrm{EDTA})=\frac{m\times\dfrac{25.00}{250.0}\times1000}{(V-V_0)\times M(\mathrm{ZnO})}$$

式中　c(EDTA)——EDTA 标准滴定溶液的浓度，mol/L；

V——滴定时消耗 EDTA 标准滴定溶液的体积，mL；

V_0——滴定空白时消耗 EDTA 标准滴定溶液的体积，mL；

m——工作基准试剂 ZnO 的质量，g；

M(ZnO)——ZnO 的摩尔质量，g/mol，M(ZnO)＝81.39g/mol。

(2) 硫酸镍试样中镍含量的测定

① 操作步骤：称取硫酸镍液体样品 3.0g，精确至 0.0001g，加水 70mL，加入 10mL NH_3-NH_4Cl 缓冲溶液(pH≈10)及 0.2g 紫脲酸铵指示剂，摇匀，用 EDTA 标准滴定溶液[c(EDTA)＝0.05mol/L] 滴定至溶液呈蓝紫色。平行测定 3 次。

② 计算：计算镍的质量分数 w(Ni)，以 g/kg 表示。

$$w(\mathrm{Ni})=\frac{cV\times M(\mathrm{Ni})}{m\times1000}\times1000$$

式中　c——EDTA 标准滴定溶液的浓度，mol/L；

w(Ni)——镍的质量分数，g/kg；

V——滴定时消耗 EDTA 标准滴定溶液的体积，mL；

m——称取硫酸镍液体样品质量，g；

M(Ni)——镍的摩尔质量，g/mol，M(Ni)＝58.69g/mol。

注：a. 所有原始数据必须请裁判复查确认后才有效，否则考核成绩为零分。

b. 所有容量瓶稀释至刻度线后必须请裁判复查确认后，才可进行摇匀。

c. 记录原始数据时，不允许在报告单上计算，待所有的操作完毕后才允许计算。

d. 滴定消耗溶液体积若大于 50mL，以 50mL 计算。

2. 操作重点

(1) 天平称量基准试剂要准确

可以使用减量法或增量法称量，要会校正精度为 0.1mg 的天平，使用中防止药品洒落。

(2) 溶解、转移试剂溶液要到位

溶解要充分，转移要准确，使用的容量瓶和移液管要校准，移取方法正确。

(3) 加辅助试剂要得当

加辅助试剂“足量不过量”，现象要明显。

（4）终点把控要到位

终点半滴滴定要熟练，终点颜色要准确无误。

（5）平行测定精度要高

标准溶液和样品溶液平行测定要好，符合国家标准的有关要求。

（6）计算要准确

公式符号明确，有效数字保留要符合国家数值修约规则标准。

（7）防止样品溶液挥发

称量样品溶液方法要得当，称量的滴瓶外壁要干燥，瓶口的密封性要好。

3. 训练考核操作评分表

评分表只是引导选手练习时控制操作各个环节的手段，它与世赛的结构评分有一定的区别。自我评价见表 3-2。

表 3-2 配位滴定法操作自我评价表

序号	作业项目	考核内容	配分	操作要求	考核记录	扣分说明	扣分	得分
一	基准物的称量（8 分）	称量操作	1	1. 检查天平水平		每错一项扣 0.5 分，扣完为止		
				2. 清扫天平				
				3. 敲样动作正确				
		基准物称量范围	6	1. 在规定量±5%～±10%内		每错一个扣 1 分，扣完为止		
				2. 称量范围最多不超过±10%		每错一个扣 2 分，扣完为止		
		结束工作	1	1. 复原天平		每错一项扣 0.5 分，扣完为止		
				2. 放回凳子				
二	试液配制（3.5 分）	容量瓶洗涤	0.5	洗涤干净		洗涤不干净，扣 0.5 分		
		容量瓶试漏	0.5	正确试漏		不试漏，扣 0.5 分		
		定量转移	1	转移动作规范		转移动作不规范扣 1 分		
		定容	1.5	1. 三分之二处水平摇动		每错一项扣 0.5 分，扣完为止		
				2. 准确稀释至刻度线				
				3. 摇匀动作正确				
三	移取溶液（4.5 分）	移液管洗涤	0.5	洗涤干净		洗涤不干净，扣 0.5 分		
		移液管润洗	1	润洗方法正确		润洗方法不正确扣 1 分。从容量瓶或原瓶中直接移取溶液扣 1 分		
		吸溶液	1	1. 不吸空		每错一次扣 1 分		
				2. 不重吸				
		调刻度线	1	1. 调刻度线前擦干外壁		每错一项扣 0.5 分，扣完为止		
				2. 调节液面操作熟练				
		放溶液	1	1. 移液管竖直		每错一项扣 0.5 分，扣完为止		
				2. 移液管尖靠壁				
				3. 放液后停留约 15s				
四	托盘天平使用（0.5 分）	称量	0.5	称量操作规范		操作不规范扣 0.5 分		
五	滴定操作（3.5 分）	滴定管洗涤	0.5	洗涤干净		洗涤不干净，扣 0.5 分		
		滴定管试漏	0.5	正确试漏		不试漏，扣 0.5 分		
		滴定管润洗	0.5	润洗方法正确		润洗方法不正确扣 0.5 分		
		滴定操作	2	1. 滴定速度适当		每错一项扣 1 分，扣完为止		
				2. 终点控制熟练				

续表

序号	作业项目	考核内容		配分	操作要求	考核记录	扣分说明	扣分	得分
六	滴定终点(4分)	标定终点	纯蓝色	4	终点判断正确		每错一个扣1分，扣完为止		
		测定终点	紫红色		终点判断正确				
七	读数(2分)	读数		2	读数正确		以读数差在0.02mL为正确，每错一个扣1分，扣完为止		
八	原始数据记录(2分)	原始数据记录		2	1. 原始数据不用其他纸张记录		每错一个扣1分，扣完为止		
					2. 原始数据及时记录				
					3. 正确进行滴定管体积校正(现场裁判应核对体积校正值)				
九	文明操作结束工作(1分)	物品摆放 仪器洗涤 “三废”处理		1	1. 仪器摆放整齐		每错一项扣0.5分，扣完为止		
					2. 废纸/废液不乱扔、乱倒				
					3. 结束后清洗仪器				
十	重大失误(本项最多扣10分)				基准物的称量		称量失败，每重称一次倒扣2分		
					试液配制		溶液配制失误，重新配制的，每次倒扣5分		
					滴定操作		标定重新滴定，每次倒扣5分；测定重新滴定，每次倒扣6分		
							篡改(如伪造、凑数据等)测量数据的，总分以零分计		
十一	总时间(0分)	210min		0	按时收卷，不得延时				

4. 数据记录、计算表格

（1）EDTA标准滴定溶液的标定

EDTA标准滴定溶液的标定记录表

项目	1	2	3	4
m 倾样前/g				
m 倾样后/g				
m(氧化锌)/g				
移取试液体积/mL				
滴定管初读数/mL				
滴定管终读数/mL				
滴定消耗EDTA体积/mL				
体积校正值/mL				
溶液温度/℃				
温度补正值/(mL/L)				
溶液温度校正值/mL				

续表

项目	1	2	3	4
实际消耗 EDTA 体积/mL				
空白消耗 EDTA 体积/mL				
c/(mol/L)				
$\bar{c}$/(mol/L)				
相对极差/%				

（2）硫酸镍的测定

硫酸镍的测定记录表

项目	1	2	3
m 倾样前/g			
m 倾样后/g			
m(硫酸镍溶液)/g			
滴定管初读数/mL			
滴定管终读数/mL			
滴定消耗 EDTA 体积/mL			
体积校正值/mL			
溶液温度/℃			
温度补正值/(mL/L)			
溶液温度校正值/mL			
实际消耗 EDTA 体积/mL			
c(EDTA)/(mol/L)			
w(Ni)/(g/kg)			
$\bar{w}$(Ni)/(g/kg)			
相对极差/%			

5. 自我检查模板

① 模板是以 Excel 格式形成，有底纹部分是按照计算公式自动生成，无底纹部分是采集选手的实验数据。使用前一定要自己按照空白表格填写并计算，然后再用模板比对。

模板可以登录化学工业出版社教学资源网(http//www.cipedu.com.cn)下载。

② 模板转为 Word 文档格式如下表所示。

EDTA 标准滴定溶液的标定记录表

项目	1	2	3	4
m 倾样前/g	15.6025	14.1011	12.6001	11.1001
m 倾样后/g	14.1011	12.6001	11.1001	9.5992
m(氧化锌)/g	1.5014	1.5010	1.5000	1.5009
移取试液体积/mL	25.00	25.00	25.00	25.00
滴定管初读数/mL	0.00	0.00	0.00	0.00
滴定管终读数/mL	36.25	36.20	36.16	36.18
滴定消耗 EDTA 体积/mL	36.25	36.20	36.16	36.18
体积校正值/mL	−0.010	−0.010	−0.010	−0.010
溶液温度/℃	29	29	29	29
温度补正值/(mL/L)	−2.01	−2.01	−2.01	−2.01
溶液温度校正值/mL	−0.073	−0.073	−0.073	−0.073
实际消耗 EDTA 体积/mL	36.17	36.12	36.08	36.10
空白消耗 EDTA 体积/mL	0.02			
c/(mol/L)	0.051033	0.051062	0.051084	0.051087
$\bar{c}$/(mol/L)	0.05107			
相对极差/%	0.10			

硫酸镍的测定记录表

项目	1	2	3
m 倾样前/g	15.4025	12.2000	8.9971
m 倾样后/g	12.2000	8.9971	5.7944
m(硫酸镍溶液)/g	3.2025	3.2029	3.2027
滴定管初读数/mL	0.00	0.00	0.00
滴定管终读数/mL	33.25	33.30	33.28
滴定消耗 EDTA 体积/mL	33.25	33.30	33.28
体积校正值/mL	−0.010	−0.010	−0.010
溶液温度/℃	20	20	20
温度补正值/(mL/L)	−1.21	−1.21	−1.21
溶液温度校正值/mL	−0.04	−0.04	−0.04
实际消耗 EDTA 体积/mL	33.200	33.250	33.230
c(EDTA)/(mol/L)	0.05107		
w(Ni)/(g/kg)	31.07	31.15	31.13
$\overline{w}$(Ni)/(g/kg)	31.12		
相对极差/%	0.26		

③ 选手实验报告单：填写表格内的原始记录内容时，把上面模板中的数据去掉就可以了。计算过程按照要求去完成。最后有一项样品测定结果报告的内容需要填表完成。形式如下。

样品测定结果报告

样品名称		样品性状	
平行测定次数			
分析结果			
相对极差/%			

6. 其他的考题练习

参照上述的操作要点和评价体系，进行以下方案的练习。

(1) EDTA(0.05mol/L)标准滴定溶液标定

① 操作步骤：称取 1.5g 于 (850±50)℃高温炉中灼烧至恒重的工作基准试剂 ZnO(不得用去皮的方法，否则称量为零分)，置于 100mL 烧杯中，用少量水润湿，加入 20mL HCl(20%，质量分数)溶液溶解后，定量转移至 250mL 容量瓶中，用水稀释至刻度线，摇匀。移取 25.00mL 上述溶液于 250mL 锥形瓶中（不得从容量瓶中直接移取溶液），加 75mL 水，用氨水(10%，质量分数)将溶液 pH 调至 7～8，再加 10mL NH_3-NH_4Cl 缓冲溶液(pH≈10)及 5 滴铬黑 T(5g/L)，用待标定的 EDTA 溶液滴定至溶液由紫色变为纯蓝色。

平行测定 4 次，同时做空白试验。

② 计算 EDTA 标准滴定溶液的浓度 c(EDTA)，单位 mol/L。

$$c(\mathrm{EDTA})=\frac{m\times\dfrac{25.00}{250.0}\times 1000}{(V-V_0)\times M(\mathrm{ZnO})}$$

式中 c(EDTA)——EDTA 标准滴定溶液的浓度，mol/L；

V——滴定时消耗 EDTA 标准滴定溶液的体积，mL；

V_0——滴定空白时消耗 EDTA 标准滴定溶液的体积，mL；

m——工作基准试剂 ZnO 的质量，g；

$M(ZnO)$——ZnO 的摩尔质量，g/mol，$M(ZnO)=81.39$g/mol。

(2) 酸性钴溶液中钴含量的测定

① 操作步骤：准确移取酸性钴溶液样品 25.00mL(**不得从原瓶中直接移取溶液**)，加入 25mL 蒸馏水，调溶液 pH 为适当(pH≈10)，用标准滴定溶液[c(EDTA)=0.05mol/L] 滴定至终点前约 1mL 时，加 10mLNH_3-NH_4Cl 缓冲溶液(pH≈10)及 0.2g 紫脲酸铵指示剂，继续滴定至溶液呈紫红色。平行测定 3 次。允许预滴定一次。

② 计算：计算钴的质量浓度 $\rho(Co)$，以 g/L 表示。

$$\rho(Co)=\frac{cV\times M\ (Co)}{V_{试样}\times 1000}\times 1000$$

式中 c——EDTA 标准滴定溶液的浓度，mol/L；

$\rho(Co)$——Co 的质量浓度，g/L；

V——滴定时消耗 EDTA 标准滴定溶液的体积，mL；

$V_{试样}$——移取酸性钴溶液样品的体积，mL；

$M(Co)$——钴的摩尔质量，g/mol，$M(Co)=58.93$g/mol。

三、 典型的氧化还原滴定法实例解析

以氧化还原滴定法测定样品溶液中的过氧化氢含量为例的实例分析。

1. 试题：高锰酸钾标准滴定溶液的标定和过氧化氢含量的测定

(1) 高锰酸钾标准滴定溶液的标定

① 操作步骤：用减量法准确称取 2.0g 于 105～110℃下烘至恒重的基准草酸钠(**不得用去皮的方法,否则称量为零分**)，置于 100mL 烧杯中，用 50mL 硫酸溶液(1+9)溶解，定量转移至 250mL 容量瓶中，用水稀释至刻度线，摇匀。

用移液管准确量取 25.00mL 上述溶液放入 250mL 锥形瓶中，加 75mL 硫酸溶液(1+9)，用配制好的高锰酸钾标准滴定溶液滴定，近终点时加热至 65℃，继续滴定到溶液呈粉红色且保持 30s 为止。

平行测定 4 次，同时做空白试验。

② 计算：
$$c\left(\frac{1}{5}KMnO_4\right)=\frac{m(Na_2C_2O_4)\times\frac{25.00}{250.0}\times 1000}{[V(KMnO_4)-V_0]\times M\left(\frac{1}{2}Na_2C_2O_4\right)}$$

式中 $c\left(\frac{1}{5}KMnO_4\right)$——$\frac{1}{5}KMnO_4$ 标准滴定溶液的浓度，mol/L；

$V(KMnO_4)$——滴定时消耗 $KMnO_4$ 标准滴定溶液的体积，mL；

V_0——空白试验滴定时消耗 $KMnO_4$ 标准滴定溶液的体积，mL；

$m(Na_2C_2O_4)$——基准物 $Na_2C_2O_4$ 的质量，g；

$M\left(\frac{1}{2}Na_2C_2O_4\right)$——$\frac{1}{2}Na_2C_2O_4$ 的摩尔质量，67.00g/mol。

(2) 过氧化氢含量的测定

① 操作步骤：用减量法准确称取 xg 过氧化氢试样，精确至 0.0002g，置于已加有 100mL 硫酸溶液(1+15)的锥形瓶中，用 $KMnO_4$ 标准滴定溶液 $\left[c\left(\frac{1}{5}KMnO_4\right)=0.1\text{mol/L}\right]$

滴定至溶液呈浅粉色，保持 30s 不褪色即为终点。

平行测定 3 次，同时做空白试验。

② 计算：

$$w(H_2O_2)=\frac{c\left(\frac{1}{5}KMnO_4\right)\times[V(KMnO_4)-V_0]\times M\left(\frac{1}{2}H_2O_2\right)}{m(试样)}$$

式中　$w(H_2O_2)$——过氧化氢的质量分数，g/kg；

$c\left(\frac{1}{5}KMnO_4\right)$——$\frac{1}{5}KMnO_4$ 标准滴定溶液的浓度，mol/L；

$V(KMnO_4)$——滴定时消耗 $KMnO_4$ 标准滴定溶液的体积，mL；

V_0——空白试验滴定时消耗 $KMnO_4$ 标准滴定溶液的体积，mL；

$m(试样)$——H_2O_2 试样的质量，g；

$M\left(\frac{1}{2}H_2O_2\right)$——$\frac{1}{2}H_2O_2$ 的摩尔质量，17.01g/mol。

2. 操作重点

(1) 基准物称量

称量准确，而且称样量在规定范围之内。基准物称量得多了，消耗的被标定标准溶液的体积多，滴定的时间长，但是滴定的相对误差小。

(2) 试液配制和转移

定容要准确，转移要规范。容量瓶和移液管要提前校准，一般来说应该是相对校准。这一部分容易出错的是转移不完全，烧杯内有残余，原因是玻璃棒使用不当，在溶解的时候玻璃棒头过力碾压基准物，使得转移时少量基准物残留在烧杯底部。

(3) 滴定

滴定的基本功要熟练，滴定终点的半滴操作要到位。滴定的速度是关键，开始时的 0.5mL 高锰酸钾要逐滴加入，然后在 3～5min 褪色后，迅速滴加高锰酸钾溶液，终点前放慢滴定速度，一旦出现“弥散”状态，2～4 个半滴就可达到终点。

(4) 终点颜色

标定标准溶液和测定样品时的终点颜色都是浅粉色。注意滴定的平行性，一旦终点颜色不一致，平行性就差。

(5) 加热

近终点时加热，平时要注意观察颜色的变化，一般以控制在终点前 0.5mL 或更少为最佳，加热后，滴加几滴溶液就可以完成滴定。

(6) 计算要准确

公式符号明确，有效数字保留要符合国家数值修约规则标准。

(7) 原始数据记录要完整

原始记录不能缺项，缺项会影响后面的计算。

3. 训练考核操作评分表

评分表只是引导选手练习时控制操作各个环节的手段，它与世赛的结构评分有一定的区别。自我评价见表 3-3。

表 3-3 氧化还原滴定法操作自我评价表

序号	作业项目	考核内容	配分	操作要求	考核记录	扣分说明	扣分	得分
一	基准物的称量（7.5分）	称量操作	1	1. 检查天平水平		每错一项扣0.5分，扣完为止		
				2. 清扫天平				
				3. 敲样动作正确				
		基准物及试样称量范围	6	1. 称量范围不超过±5%		在规定量±5%～±10%内每错一个扣1分，扣完为止		
				2. 称量范围最多不超过±10%		每错一个扣2分，扣完为止		
		结束工作	0.5	1. 复原天平		每错一项扣0.5分		
				2. 放回凳子				
二	试液配制（3分）	容量瓶洗涤	0.5	洗涤干净		洗涤不干净，扣0.5分		
		容量瓶试漏	0.5	正确试漏		不试漏，扣0.5分		
		定量转移	0.5	转移动作规范		转移动作不规范扣0.5分		
		定容	1.5	1. 三分之二处水平摇动		每错一项扣0.5分，扣完为止		
				2. 准确稀释至刻度线				
				3. 摇匀动作正确				
三	移取溶液（5分）	移液管洗涤	0.5	洗涤干净		洗涤不干净，扣0.5分		
		移液管润洗	1	润洗方法正确		从容量瓶或原瓶中直接移取溶液扣1分		
		吸溶液	1	1. 不吸空		每错一次扣1分		
				2. 不重吸				
		调刻度线	1	1. 调刻度线前擦干外壁		每错一项扣0.5分，扣完为止		
				2. 调节液面操作熟练				
		放溶液	1.5	1. 移液管竖直		每错一项扣0.5分，扣完为止		
				2. 移液管尖靠壁				
				3. 放液后停留约15s				
四	滴定操作（5.5分）	滴定管洗涤	0.5	洗涤干净		洗涤不干净，扣0.5分		
		滴定管试漏	0.5	正确试漏		不试漏，扣0.5分		
		滴定管润洗	0.5	润洗方法正确		润洗方法不正确扣0.5分		
		滴定操作	2	1. 滴定速度适当		每错一项扣1分，扣完为止		
				2. 终点控制熟练				
		近终点体积确定	2	近终点体积≤2mL		每错一个扣0.5分，扣完为止		
五	滴定终点（4分）	标定终点　粉红色	4	终点判断正确		每错一个扣1分，扣完为止		
		测定终点　粉红色		终点判断正确				
六	读数（2分）	读数	2	读数正确		以读数差在0.02mL为正确，每错一个扣1分，扣完为止		
七	原始数据记录（2分）	原始数据记录	2	1. 原始数据不用其他纸张记录		每错一个扣1分，扣完为止		
				2. 原始数据及时记录				
				3. 正确进行滴定管体积校正（现场裁判应核对体积校正值）				

续表

序号	作业项目	考核内容	配分	操作要求	考核记录	扣分说明	扣分	得分
八	文明操作结束工作（1分）	物品摆放 仪器洗涤 “三废”处理	1	1. 仪器摆放整齐		每错一项扣0.5分，扣完为止		
				2. 废纸/废液不乱扔、乱倒				
				3. 结束后清洗仪器				
九	重大失误（本项最多扣10分）			基准物的称量		称量失败，每重称一次倒扣2分		
				试液配制		溶液配制失误，重新配制的，每次倒扣5分		
				移取溶液		移取溶液出现失误，重新移取，每次倒扣3分		
				滴定操作		重新滴定，每次倒扣5分		
						篡改（如伪造、凑数据等）测量数据的，总分以零分计		
十	总时间（0分）	210min	0					
十一	数据记录及处理（5分）	记录	1	1. 规范改正数据		每错一个扣0.5分，扣完为止		
				2. 不缺项				
		计算	3	计算过程及结果正确（由于第一次错误影响到其他不再扣分）		每错一个扣0.5分，扣完为止		
		有效数字保留	1	有效数字位数保留正确或修约正确		每错一个扣0.5分，扣完为止		
十二	标定结果（35分）	精密度	20	相对极差≤0.15％		扣0分		
				0.15％＜相对极差≤0.25％		扣4分		
				0.25％＜相对极差≤0.35％		扣8分		
				0.35％＜相对极差≤0.45％		扣12分		
				0.45％＜相对极差≤0.55％		扣16分		
				相对极差＞0.55％		扣20分		
		准确度	15	｜相对误差｜≤0.10％		扣0分		
				0.10％＜｜相对误差｜≤0.20％		扣3分		
				0.20％＜｜相对误差｜≤0.30％		扣6分		
				0.30％＜｜相对误差｜≤0.40％		扣9分		
				0.40％＜｜相对误差｜≤0.50％		扣12分		
				｜相对误差｜＞0.50％		扣15分		
十三	测定结果（30分）	精密度	15	相对极差≤0.15％		扣0分		
				0.15％＜相对极差≤0.25％		扣3分		
				0.25％＜相对极差≤0.35％		扣6分		
				0.35％＜相对极差≤0.45％		扣9分		
				0.45％＜相对极差≤0.55％		扣12分		
				相对极差＞0.55％		扣15分		
		准确度	15	｜相对误差｜≤0.10％		扣0分		
				0.10％＜｜相对误差｜≤0.20％		扣3分		
				0.20％＜｜相对误差｜≤0.30％		扣6分		
				0.30％＜｜相对误差｜≤0.40％		扣9分		
				0.40％＜｜相对误差｜≤0.50％		扣12分		
				｜相对误差｜＞0.50％		扣15分		

4. 数据记录、计算表格

高锰酸钾标准滴定溶液的标定记录表

项目	1	2	3	4
m 倾样前/g				
m 倾样后/g				
m(草酸钠)/g				
移取试液体积/mL				
滴定管初读数/mL				
滴定管终读数/mL				
滴定消耗高锰酸钾体积/mL				
体积校正值/mL				
溶液温度/℃				
温度补正值/（mL/L）				
溶液温度校正值/mL				
实际消耗高锰酸钾体积/mL				
空白消耗高锰酸钾体积/mL				
c/（mol/L）				
$\bar{c}$/（mol/L）				
相对极差/%				

过氧化氢的测定记录表

项目	1	2	3
m 倾样前/g			
m 倾样后/g			
m(过氧化氢溶液)/g			
滴定管初读数/mL			
滴定管终读数/mL			
滴定消耗高锰酸钾体积/mL			
体积校正值/mL			
溶液温度/℃			
温度补正值/(mL/L)			
溶液温度校正值/mL			
空白消耗高锰酸钾体积/mL			
实际消耗高锰酸钾体积/mL			
c(高锰酸钾)/(mol/L)			
w(过氧化氢)/(g/kg)			
$\bar{w}$(过氧化氢)/(g/kg)			
相对极差/%			

5. 自我检查模板

① 模板是以 Excel 格式形成，有底纹部分是按照计算公式自动生成，无底纹部分是采集选手的实验数据。使用前一定要自己按照空白表格填写并计算，然后再用模板比对。

模板可以登录化学工业出版社教学资源网(http//www.cipedu.com.cn)下载。

② 模板转为 Word 文档格式如下表所示。

高锰酸钾标准滴定溶液的标定

项目	1	2	3	4
m 倾样前/g	30.5527	28.4062	26.3787	24.3597
m 倾样后/g	28.4062	26.3787	24.3597	22.3363
m(草酸钠)/g	2.1465	2.0275	2.0190	2.0234
移取试液体积/mL	25.00	25.00	25.00	25.00
滴定管初读数/mL	0.00	0.00	0.00	0.00
滴定管终读数/mL	33.21	31.35	31.14	31.22
滴定消耗高锰酸钾体积/mL	33.21	31.35	31.14	31.22
体积校正值/mL	0.076	0.071	0.070	0.070
溶液温度/℃	19.0	19.0	19.0	19.0
温度补正值/(mL/L)	0.20	0.20	0.20	0.20
溶液温度校正值/mL	0.007	0.006	0.006	0.006
实际消耗高锰酸钾体积/mL	33.293	31.427	31.216	31.296
空白消耗高锰酸钾体积/mL	0.01			
c/(mol/L)	0.096258	0.096320	0.096565	0.096528
$\overline{c}$/(mol/L)	0.09642			
相对极差/%	0.32			

过氧化氢的测定

项目	1	2	3
m 倾样前/g	123.7879	122.8065	121.8165
m 倾样后/g	122.8065	121.8165	120.8265
m(过氧化氢溶液)/g	0.9814	0.9900	0.9900
滴定管初读数/mL	0.00	0.00	0.00
滴定管终读数/mL	29.04	29.34	29.40
滴定消耗高锰酸钾体积/mL	29.04	29.34	29.40
体积校正值/mL	0.068	0.068	0.068
溶液温度/℃	18	18	18
温度补正值/(mL/L)	0.40	0.40	0.40
溶液温度校正值/mL	0.012	0.012	0.012
空白消耗高锰酸钾体积/mL	0.01		
实际消耗高锰酸钾体积/mL	29.120	29.420	29.480
c(高锰酸钾)/(mol/L)	0.09640		
w(过氧化氢)/(g/kg)	48.638	48.712	48.812
$\overline{w}$(过氧化氢)/(g/kg)	48.72		
相对极差/%	0.36		

③ 选手实验报告单：填写表格内的原始记录内容时，把上面模板中的数据去掉就可以了。计算过程按照要求去完成。最后有一项样品测定结果报告的内容需要填表完成。形式如下。

样品测定结果报告

样品名称		样品性状	
平行测定次数			
分析结果			
相对极差/%			

6. 其他的考题练习

A1 样品中甘油含量的测定
（第45届世界技能大赛试题）

（1）健康和安全

请说明哪些是健康和安全措施所必需的。给出相应描述。

（2）环保

请说明是否需要采取环保措施。

（3）基本原理

在酸性条件下，重铬酸钾溶液加热时氧化样品中的甘油，然后加入碘化钾和过量的重铬酸钾反应，释放出单质碘，在淀粉(作指示剂)存在下，用标准硫代硫酸钠溶液对释放的碘进行定量测定。

（4）目标

① 制备0.5%(质量分数)淀粉溶液。

② 提供和重铬酸钾反应的硫代硫酸钠标准溶液。

③测定样品中的甘油含量。

④ 生成报告。

（5）完成工作的总时间是3h

（6）仪器设备、试剂和溶液

精度为0.1mg的分析天平	不同规格的移液器	可溶性淀粉，试剂级
加热板	具塞容量瓶，标称容量为250mL和500mL	重铬酸钾，99.95%～100%
实验室铁架台和夹子	标称容量为250mL和1000mL的锥形烧瓶	重铬酸钾，0.2549mol/L酸化溶液
	量筒，100mL	碘化钾，20%(质量分数)溶液
	吸量管，25mL和50mL	硫代硫酸钠溶液，$c(Na_2S_2O_3\cdot 5H_2O)\approx$ 0.1mol/L
	不同规格的烧杯	硫酸溶液，1∶3(体积比)
	称量瓶，带磨口塞	蒸馏水或去离子水
	药匙	
	表面皿	
	不同规格的漏斗	

（7）溶液的制备

0.5%淀粉溶液的制备：

① 将90mL的蒸馏水或去离子水放入烧杯中，在加热板上煮沸。

② 用所需质量的可溶性淀粉和少量蒸馏水或去离子水，制作光滑的糊状物。

③将淀粉糊倒入沸水中搅拌，直到所有淀粉溶解。配制体积约为100mL，所得溶液必须是透明的，无块状或未溶解的颗粒。

（8）实验

① 使用重铬酸钾溶液标定硫代硫酸钠标准溶液[$c(Na_2S_2O_3\cdot 5H_2O)\approx 0.1mol/L$]。

在250mL锥形烧瓶中，先加入0.0800～0.1000g重铬酸钾，后加80mL蒸馏水或去离子水溶解。

加入10.00mL的20%碘化钾溶液，并加入5.00mL硫酸溶液（体积比为1∶3）酸化，盖上烧瓶塞子，混匀溶液。

在暗处反应5min后，生成的碘用硫代硫酸钠溶液滴定，直到混合物变成黄绿色，然后加入 2mL 的 0.5%淀粉溶液(颜色应变为深蓝色)，并继续滴定，直到溶液从深蓝色变到浅绿色为止。

滴定至少进行 3 次。

使用以下等式计算硫代硫酸钠溶液的校正系数（F），精度要求保留 4 位小数：

$$F=\frac{m}{0.0049037\times V}$$

式中　m——重铬酸钾的质量，g；

0.0049037——相当于 1mL 0.1mol/L 硫代硫酸钠标准溶液的重铬酸钾质量(g)；

V——滴定消耗硫代硫酸钠标准溶液的体积，mL。

结果之间的差异不应超过 0.003。

计算校正系数的算术平均值。结果应该是四舍五入到小数点后第 4 位。

② 样品分析。

用蒸馏水或去离子水在 250mL 锥形烧瓶中稀释（2.0000±0.0050）g 样品。

用移液器移取 25.00mL 制备的样品溶液，放入 250mL 锥形烧瓶中，加入 25.00mL 重铬酸钾溶液和 50.00mL 硫酸溶液(体积比 1∶3)，并混合均匀。

将锥形烧瓶煮沸后，继续再温和煮沸 1h。盖上烧瓶口，以防止过度蒸发(使用铝箔、表面皿或类似物体)。不要过度沸腾。

将锥形烧瓶的全部内容物转移到 500mL 容量瓶中，用蒸馏水或去离子水稀释并补足体积。

将 50.00mL 制备溶液放入 1L 锥形烧瓶中，加入 10.00mL 20%碘化钾溶液与 20.00mL 硫酸溶液(体积比 1∶3)，塞上烧瓶塞子并混合均匀。

在暗处反应 5min 后，用水清洗塞子、烧瓶壁，并将所得溶液的体积用水调整到大约 500mL。用硫代硫酸钠滴定释放的碘，直到锥形烧瓶内溶液变成黄绿色，然后添加 2mL 0.5%淀粉溶液(颜色应变为深蓝色)，并继续滴定，直到溶液从深蓝色变到浅绿色为止。

平行滴定 2 次。

控制分析以同样的方式进行，使用蒸馏水代替样品做空白试验。

(9) 计算

① 计算甘油含量 w，以%表示：

$$w=\frac{(V_{空白}-V_{样品})\times F\times 0.00065783\times N\times 100}{m}$$

式中　$V_{空白}$——在对照分析中使用硫代硫酸钠溶液的体积，mL；

$V_{样品}$——滴定样品时使用硫代硫酸钠溶液的体积，mL；

F——硫代硫酸钠溶液的校正系数；

m——样品的质量，g；

0.00065783——相当于 1mL 的 0.1mol/L 硫代硫酸钠标准溶液的甘油质量(g)；

100——百分转换系数；

N——分析过程中样品的稀释比。

② 分析结果(A)的收敛性(可重复性)通过下式计算，以%表示：

$$A=\frac{2(X_1-X_2)}{X_1+X_2}\times 100$$

式中　X_1——两个平行测量中较大的结果；

X_2——两个平行测量中较小的结果。

计算所得结果的平均值，并将其四舍五入到小数点后第 1 位。

（10）报告

请写出一份报告，记下测定过程中发生的化学反应方程式，并计算甘油在氧化反应中的当量质量。

四、典型的沉淀滴定法实例解析

沉淀滴定法是一种以沉淀反应为基础的滴定分析方法。沉淀滴定法必须满足四个条件：a. 沉淀的溶解度小，且能定量完成；b. 反应速度快；c. 有适当指示剂指示终点；d. 吸附现象不影响终点观察。

生成沉淀的反应很多，符合容量分析条件的却很少，实际上应用最多的是银量法，即利用 Ag^+ 与卤素离子的反应来测定 Cl^-、Br^-、I^-、SCN^- 和 Ag^+。银量法共分三种，分别以创立者的姓名来命名。

莫尔法。在中性或弱碱性的含 Cl^- 试液中，加入指示剂铬酸钾，用 $AgNO_3$ 标准溶液滴定，氯化银先沉淀，当砖红色的铬酸银沉淀生成时，表明 Cl^- 已被定量沉淀，指示终点已经到达。此法方便、准确，应用很广。

佛尔哈德法。a. 直接滴定法。在含 Ag^+ 的酸性试液中，以 $NH_4Fe(SO_4)_2$ 为指示剂，以 NH_4SCN 为滴定剂，反应先生成 AgSCN 白色沉淀，当红色的 $Fe(SCN)^{2+}$ 出现时，表示 Ag^+ 已被定量沉淀，终点已到达。此法主要用于测定 Ag^+。b. 返滴定法。在含卤素离子的酸性溶液中，先加入一定量的过量 $AgNO_3$ 标准溶液，再加入指示剂 $NH_4Fe(SO_4)_2$，以 NH_4SCN 标准溶液滴定过剩的 Ag^+，直到出现红色为止。两种试剂用量之差即卤素离子的量。此法的优点是选择性高，不受弱酸根离子的干扰。但用本法测 Cl^- 时，宜加入硝基苯，将沉淀包住，以免部分 Cl^- 由沉淀转入溶液中。

法扬斯法。在中性或弱碱性的含 Cl^- 试液中，加入吸附指示剂荧光黄，当用 $AgNO_3$ 标准溶液滴定时，在化学计量点以前，溶液中 Cl^- 过剩，AgCl 沉淀表面吸附 Cl^- 而带负电，指示剂不变色。在化学计量点后，Ag^+ 过剩，沉淀表面吸附 Ag^+ 而带正电，它会吸附荷负电的荧光黄离子，使沉淀表面呈粉红色，从而指示终点到达。此法的优点是方便。

1. 试题：(氯化钠)试样中氯化钠含量的测定

（1）硝酸银标准溶液[$c(AgNO_3)=0.1$mol/L]的标定

称取 0.22g 于 500～600℃高温炉中灼烧至恒重的工作基准试剂氯化钠，溶于 70mL 水中，加入 10mL 淀粉溶液(10g/L)，以 216 型银电极作指示电极，217 型双盐桥饱和甘汞电极作参比电极，用配制的 $AgNO_3$ 溶液滴定。平行测定 3 次。

（2）(氯化钠)试样中氯化钠含量的测定

称取 0.2g 干燥至恒重的样品，精准至 0.0001g，溶于 70mL 水中，加入 10mL 淀粉溶液(10g/L)，在摇动下用 0.1mol/L 的 $AgNO_3$ 标准溶液避光滴定，近终点时加 3 滴荧光黄指示液(5g/L)，继续滴定至乳液呈粉红色。平行测定 3 次。

（3）数据记录与结果计算

① $AgNO_3$ 标准滴定溶液浓度：

$$c(AgNO_3)=\frac{m\times 1000}{V_1\times M}$$

式中　V_1——消耗 $AgNO_3$ 标准滴定溶液的体积，mL；

m——工作基准试剂氯化钠的质量，g；

M——氯化钠的摩尔质量，g/mol，M=58.442g/mol。

② 试样中氯化钠的含量：

$$w(\mathrm{NaCl})=\frac{c\times(V_2-V_0)\times M}{m\times 1000}\times 100$$

式中　V_2——消耗 $AgNO_3$ 标准滴定溶液的体积，mL；

V_0——空白消耗 $AgNO_3$ 标准滴定溶液的体积，mL；

c——$AgNO_3$ 标准滴定溶液的浓度，mol/L；

m——氯化钠试样质量，g；

M——氯化钠的摩尔质量，g/mol，M=58.442g/mol。

2. 操作重点

(1) $AgNO_3$ 溶液的浓度

国标对不同测定物选的浓度不一样。莫尔法 $c(AgNO_3)$=0.01mol/L，电位法 $c(AgNO_3)$=0.1mol/L。$AgNO_3$ 标准溶液的浓度以 0.01000mol/L 为宜，硝酸银溶液浓度太大，(c=0.1000mol/L)，用电位滴定法测定样品时硝酸银溶液消耗太少，误差较大。滴定法本身误差就很大。浓度小一点，可以减少终点的误差。

(2) $AgNO_3$ 的保存

开封的 $AgNO_3$ 溶液保存期为 2 个月。

(3) 217 饱和甘汞电极

217 饱和甘汞电极是在 pH 电极、离子计等分析仪器上起参比作用的测量元件，它与各种指示电极组成电池，可测量水溶液中各种离子的浓度，并可进行电位滴定分析。与其他型号电极技术参数的比较如下：

型号	212	217 饱和甘汞电极	218	222	232	6802	K_2SO_4-1
内阻/kΩ	≤10	≤10	≤10	≤10	≤10	≤10	≤10
比对电位/mV	±3	±3	±4	±3	±3	±5	±3
液溶部流速/(mL/10min)	≤0.05	≤0.05	≤0.05	≤0.05	≤0.05	≤0.05	≤0.05
盐桥溶液	饱和 KCl	饱和 KCl	饱和 KCl	饱和 KCl	饱和 KCl	0.1mol/LKCl	饱和 K_2SO_4-1

(4) 216 型银电极

216 型银电极是用于测量银离子及卤素离子浓度的指示电极，广泛用于银量分析电位滴定。保持银棒表面清洁，必要时可用细沙皮擦银棒表面，然后用蒸馏水洗净。

(5) pH 计或电位滴定仪

为了保证仪器的测量精度，建议将 pH 计或电位滴定仪开机预热 0.5h 后再进行测量。其中显示屏上方为当前的电位值或者 pH 值，下方为设定的温度值。在测量状态下，按“mV/pH”键切换显示电位以及 pH；按“温度”键设置当前的温度；按“定位”或“斜率”键标定电极斜率。

(6) 称量工作基准试剂氯化钠

用减量法称量，不去皮。

(7) 滴定时避免阳光直射

因卤化银遇光易分解，使沉淀变为灰黑色。

(8) 滴定

硝酸银标准溶液[$c(AgNO_3)$=0.1mol/L]滴定时，磁力搅拌要均匀，磁力转子转速不能太慢。

3. 训练考核操作评分表

自我评价见表 3-4。

表 3-4 沉淀滴定法操作自我评价表

一、现场考核记录(在符合项中打“√”,空格内可说明情况)

序号	操作项目	配分	不规范操作项目名称	裁判记录栏			
				是	否	扣分	得分
1	基准物称量操作(每条每次不规范扣 0.5 分,不重复扣,扣完为止)	4 分	不看水平				
			不清扫或校正天平零点后清扫				
			称量开始或结束不校零点				
			用手直接拿取称量瓶				
			称量瓶放在桌子台面或纸上				
			称量或敲样时不关门，或开关门太重使天平移动				
			称量物品洒落在天平内或工作台上				
			离开天平室时物品留在天平内或放在工作台上				
			重称次数，划“正”字。总分中每次扣 5 分				
2	玻璃器皿洗涤(每条扣 1 分,不重复扣,扣完为止)	3 分	滴定管挂液				
			吸量管挂液				
			容量瓶挂液				
3	滴定管操作(每条每次不规范扣 0.5 分,不重复扣,扣完为止)	5 分	滴定管不试漏或滴定中漏液				
			未用同一种溶液洗满三次				
			放 0 刻度线时，溶液放在地面上或水槽中				
			滴定管装液后溶液中有气泡				
			在平行样滴定时，不看指示剂颜色变化，而看滴定管的读数				
			摇动锥形瓶时，溶液飞溅到外面				
			终点过头或不到终点				
			读数时滴定管不垂直或液面与视线不在同一水平				
			不进行滴定管表观读数校正(结束时,裁判必须现场核实数据)				
			不进行溶液温度校正				
			不做空白试验				
4	移取溶液(每条不规范扣 0.5 分,划“正”可重复扣,扣完为止)	2 分	吸液重吸(包括吸空,可划“正”字表示重吸次数)				
			吸液时移液管直接插入提供的存放试样瓶中				
			放液时移液管不垂直				
			移液管尖不靠壁				
			放液后不停留一定时间(约 15s)				
			不进行体积校正(结束时裁判现场核实数据)				
			不进行溶液温度校正				
5	电位滴定仪操作(每条不规范扣 1 分,不重复扣,扣完为止)	6 分	仪器不预热				
			不检查电极，有气泡或脏物在膜上				
			电极没有全部浸没在被测溶液中				
			电极用滤纸擦干				
			不等待一定时间，或未稳定就读数				
			换被测溶液时未用水洗三次或用滤纸吸干				
			溶液滴在仪器上				
			被测溶液飞溅出来				
			读数时滴定管不垂直或液面与视线不在同一水平				
			不进行滴定管表观读数校正或溶液温度校正				

续表

一、现场考核记录(在符合项中打“√”,空格内可说明情况)							
序号	操作项目	配分	不规范操作项目名称	裁判记录栏			
				是	否	扣分	得分
6	原始记录(每条不规范扣0.5分，不重复扣，扣完为止)	0.5分	不及时记录测得数据				
			不记在规定的记录纸上(实验结束时将此纸收交)				
7	结束工作	0.5分	实验结束，玻璃仪器、电极不清洗或未清洗干净				
			实验结束，电位滴定仪、搅拌器不关				
			实验结束，废液不处理或不按规定处理				
			实验结束，不整理工作台面或物品摆放不整齐				
			天平或电位滴定仪使用后不进行登记				
8	损坏仪器		每损坏一件仪器(包括自带的玻璃器皿)，扣5分，在总分中扣				

二、技能大赛中的称量范围、准确度、精密度、计算、原始记录等客观分数的评分					
序号	评价项目	配分	评分细则	扣分	得分
1	未知试样用硝酸银溶液平行测定的精密度	6分	极差相对值≤0.10%	0	
			0.10%＜极差相对值≤0.20%	1	
			0.20%＜极差相对值≤0.30%	2	
			0.30%＜极差相对值≤0.40%	3	
			0.40%＜极差相对值≤0.50%	4	
			0.50%＜极差相对值≤0.60%	5	
			极差相对值＞0.60%	6	
			未进行平行测定	6	
2	未知试样用硝酸银溶液测定的准确度	20分	相对误差≤0.30%	0	
			0.30%＜相对误差≤0.40%	3	
			0.40%＜相对误差≤0.50%	6	
			0.50%＜相对误差≤0.60%	10	
			0.60%＜相对误差≤0.70%	15	
			相对误差＞0.70%	20	
3	电位滴定终点确定准确	10分	二阶微商法计算，每错一个扣5分		
4	未知试样溶液中氯离子含量测定的精密度	8分	极差相对值≤0.25%	0	
			0.25%＜极差相对值≤0.45%	1	
			0.45%＜极差相对值≤0.65%	2	
			0.65%＜极差相对值≤0.85%	4	
			0.85%＜极差相对值≤1.00%	6	
			极差相对值＞1.00%	8	
			未进行平行测定	8	
5	未知试样溶液中氯离子含量测定的准确度	30分	测得值与标准值相对误差≤±1.0%	0	
			±1.0%＜测得值与标准值相对误差≤±1.5%	4	
			±1.5%＜测得值与标准值相对误差≤±2.0%	9	
			±2.0%＜测得值与标准值相对误差≤±2.5%	15	
			±2.5%＜测得值与标准值相对误差≤±3.0%	22	
			测得值与标准值相对误差＞±3.0%	30	

续表

二、技能大赛中的称量范围、准确度、精密度、计算、原始记录等客观分数的评分					
序号	评价项目	配分	评分细则	扣分	得分
6	原始记录（可重复扣，扣完为止）	5分	不规范改数据，每有一处扣0.2分		
			有效数字未修约或修约错误，每处扣0.2分		
			计量单位错误，每处扣0.2分		
7	数据处理	每条扣5分，在总分中扣	计算错误（包括玻璃计量器具不进行读数校正及溶液温度校正），由前面计算错误引起的后面错误，而计算方法正确，后面错误不再扣分；若计算方法错误，则应算新的错误进而扣分		
			未进行平行测定		
			不进行计量器具的表观读数校正		
			不进行溶液温度对体积影响的校正		
8	否决项		称量数据、滴定管读数、电位滴定读数未经裁判同意不可更改，否则以作弊、伪造数据论处		

4. 数据记录、计算表格

（1）标定记录

<table>
<tr><td colspan="2">项目</td><td colspan="3">1</td><td colspan="3">2</td><td colspan="3">3</td></tr>
<tr><td colspan="2">称量瓶＋样品（倾样前）/g</td><td colspan="3"></td><td colspan="3"></td><td colspan="3"></td></tr>
<tr><td colspan="2">称量瓶＋样品（倾样后）/g</td><td colspan="3"></td><td colspan="3"></td><td colspan="3"></td></tr>
<tr><td colspan="2">m(NaCl)/g</td><td colspan="3"></td><td colspan="3"></td><td colspan="3"></td></tr>
<tr><td colspan="2">滴定管初读数/mL</td><td colspan="3"></td><td colspan="3"></td><td colspan="3"></td></tr>
<tr><td rowspan="2">标定1</td><td>加入 $AgNO_3$ 体积/mL</td><td></td><td></td><td></td><td></td><td></td><td></td><td></td><td></td><td></td></tr>
<tr><td>电位值 E/mV</td><td></td><td></td><td></td><td></td><td></td><td></td><td></td><td></td><td></td></tr>
<tr><td rowspan="2">标定2</td><td>加入 $AgNO_3$ 体积/mL</td><td></td><td></td><td></td><td></td><td></td><td></td><td></td><td></td><td></td></tr>
<tr><td>电位值 E/mV</td><td></td><td></td><td></td><td></td><td></td><td></td><td></td><td></td><td></td></tr>
<tr><td rowspan="2">标定3</td><td>加入 $AgNO_3$ 体积/mL</td><td></td><td></td><td></td><td></td><td></td><td></td><td></td><td></td><td></td></tr>
<tr><td>电位值 E/mV</td><td></td><td></td><td></td><td></td><td></td><td></td><td></td><td></td><td></td></tr>
<tr><td colspan="2">二阶微商计算消耗 $AgNO_3$ 体积</td><td colspan="3"></td><td colspan="3"></td><td colspan="3"></td></tr>
<tr><td colspan="2">体积校正值/mL</td><td colspan="3"></td><td colspan="3"></td><td colspan="3"></td></tr>
<tr><td colspan="2">溶液温度/℃</td><td colspan="3"></td><td colspan="3"></td><td colspan="3"></td></tr>
<tr><td colspan="2">温度补正值/(mL/L)</td><td colspan="3"></td><td colspan="3"></td><td colspan="3"></td></tr>
<tr><td colspan="2">溶液温度校正值/mL</td><td colspan="3"></td><td colspan="3"></td><td colspan="3"></td></tr>
<tr><td colspan="2">实际消耗 $V_1(AgNO_3)$/mL</td><td colspan="3"></td><td colspan="3"></td><td colspan="3"></td></tr>
<tr><td colspan="2">$c(AgNO_3)$/(mol/L)</td><td colspan="3"></td><td colspan="3"></td><td colspan="3"></td></tr>
<tr><td colspan="2">$\bar{c}(AgNO_3)$/(mol/L)</td><td colspan="3"></td><td colspan="3"></td><td colspan="3"></td></tr>
<tr><td colspan="2">相对极差/%</td><td colspan="3"></td><td colspan="3"></td><td colspan="3"></td></tr>
</table>

（2）样品测定记录

项目	1	2	3
称量瓶＋样品（倾样前）/g			
称量瓶＋样品（倾样后）/g			

续表

项目	1	2	3
m(样品)/g			
消耗 $V(AgNO_3)$/mL			
体积校正值/mL			
溶液温度/℃			
温度补正值/(mL/L)			
溶液温度校正值/mL			
实际消耗 $V_2(AgNO_3)$/mL			
空白 $V_0(AgNO_3)$/mL			
$\bar{c}(AgNO_3)$/ (mol/L)			
w/%			
$\bar{w}$/%			

5. 自我检查模板

① 模板是以 Excel 格式形成，有底纹部分是按照计算公式自动生成，无底纹部分是采集选手的实验数据。使用前一定要自己按照空白表格填写并计算，然后再用模板比对。

模板可以登录化学工业出版社教学资源网(http//www.cipedu.com.cn)下载。

② 模板转为 Word 文档格式如下表所示。

a. 标定记录

项目	1	2	3
称量瓶＋样品(倾样前)/g	80.1234	79.9034	79.6834
称量瓶＋样品(倾样后)/g	79.9034	79.6834	79.4634
m(NaCl)/g	0.2200	0.2200	0.2200
滴定管初读数/mL	0.00	0.00	0.00
标定 1　加入 $AgNO_3$ 体积/mL			
标定 1　电位值 E/mV			
标定 2　加入 $AgNO_3$ 体积/mL			
标定 2　电位值 E/mV			
标定 3　加入 $AgNO_3$ 体积/mL			
标定 3　电位值 E/mV			
二阶微商法计算消耗 $AgNO_3$ 体积	25.00	25.00	25.00
体积校正值/mL	0.00	0.00	0.00
溶液温度/℃	22	22	22
温度补正值/(mL/L)	−0.38	−0.38	−0.38
溶液温度校正值/mL	−0.0095	−0.0095	−0.0095
实际消耗 $V_1(AgNO_3)$/mL	24.99	24.99	24.99
$c(AgNO_3)$/(mol/L)	0.15063	0.15063	0.15063
$\bar{c}(AgNO_3)$/(mol/L)		0.1506	
相对极差/%		0.00	

b. 样品测定记录

项目	1	2	3
称量瓶＋样品(倾样前)/g	80.1234	79.9234	79.7234
称量瓶＋样品(倾样后)/g	79.9234	79.7234	79.5234
m(样品)/g	0.2000	0.2000	0.2000
消耗 $V(AgNO_3)$/mL	22.12	22.12	22.12
体积校正值/mL	0.00	0.00	0.00
溶液温度/℃	22	22	22
温度补正值/(mL/L)	−0.38	−0.38	−0.38

续表

项目	1	2	3
溶液温度校正值/mL	−0.00841	−0.00841	−0.00841
实际消耗 $V_2(AgNO_3)$/mL	22.11	22.11	22.11
空白 $V_0(AgNO_3)$/mL	0.00	0.00	0.00
$\overline{c}(AgNO_3)$/(mol/L)	0.1506		
w/%	97.328	97.328	97.328
$\overline{w}$/%	97.328		

6. 其他考题练习

水中氯含量的测定。

① 试剂：

a. K_2CrO_4 指示液(50g/L)。

b. $AgNO_3$ 标准滴定溶液[$c(AgNO_3)=0.01mol/L$]：用移液管吸取或用滴定管量取前述实验标定好的 $AgNO_3$ 溶液(0.1mol/L)25.00mL，于 250mL 容量瓶中稀释至刻度线，摇匀。

c. 水样：自来水或天然水。

② 实验内容：用移液管移取 100.00mL 水样，放于锥形瓶中，加 2mL K_2CrO_4 指示液，在充分摇动下，用 $c(AgNO_3)=0.01mol/L$ 的 $AgNO_3$ 标准滴定溶液将水样滴定至由黄色变为淡橙色，即为终点，平行测定 3 次。同时做空白试验。

计算水中氯的含量，以 mg/L 表示。

③计算公式：

$$\rho(Cl)=\frac{c(AgNO_3)\times[V(AgNO_3)-V(空白)]\times M(Cl)}{V(水样)}$$

式中 $\rho(Cl)$——水中氯的质量浓度，mg/L；

$c(AgNO_3)$——$AgNO_3$ 标准滴定溶液的浓度，mol/L；

$V(AgNO_3)$——滴定时消耗 $AgNO_3$ 标准滴定溶液的体积，mL；

$V(空白)$——空白试验滴定时消耗 $AgNO_3$ 标准滴定溶液的体积，mL；

$M(Cl)$——Cl 的摩尔质量，g/mol；

$V(水样)$——水样的体积，mL。

④ 数据记录：

项目	1	2	3
水样体积/mL			
$V(AgNO_3)$/mL			
$V(空白)$/mL			
$c(AgNO_3)$/(mol/L)			
$\rho(Cl)$/(mg/L)			
$\overline{\rho}(Cl)$/(mg/L)			
相对极差/%			

第二节 紫外-可见光谱法测定

紫外-可见光谱法测定，是各级、各类考试中经常考核的内容。无机离子溶液浓度测定和有机物溶液浓度测定的应用比较广泛，使用的光谱分析仪器相对比较简单，操作比较方便，考核的内容可深可浅，评价手段比较科学，因此将其作为常设科目考核。光谱分析既可以做定性分析，也可以做定量分析，涉及的国标也比较多，训练的时候要有针对性地去选择项目。

一、 典型光谱分析中的定性分析

1. 考题： 紫外-可见分光光度法测定未知物

(1) 试剂

a. 标准溶液：任选四种标准溶液[水杨酸、磺基水杨酸、1,10-菲咯啉(邻菲咯啉)、苯甲酸、维生素 C、山梨酸、硝酸盐氮、糖精钠]。

b. 未知液：四种标准溶液中的任何一种。

(2) 实验操作

① 吸收池配套性检验。石英吸收池的波长为 220nm，一个吸收池装蒸馏水作为参比，调节 τ(透光率)为 100%，测定其余吸收池的透射比，其偏差小于 0.5%时，可配成一套使用，记录其余比色皿的吸光度值，作为校正值。

② 未知物的定性分析。将四种标准溶液和未知液配制成约一定浓度的溶液。以蒸馏水为参比，于 200～350nm 波长范围内测定溶液吸光度，并做吸收曲线。根据吸收曲线的形状确定未知物，并从曲线上确定最大吸收波长。不能选择 190～210nm 处的波长为最大吸收波长。

2. 给定有机物的吸收曲线

(1) 标准贮备溶液、未知液的稀释和测定液的配制

将标准贮备溶液和未知液通过稀释配制成约一定浓度的溶液：水杨酸(10μg/mL)、1,10-菲咯啉(2μg/mL)、苯甲酸(10μg/mL)、山梨酸(2μg/mL)、磺基水杨酸(10μg/mL)、维生素 C(10μg/mL)、硝酸盐氮(10μg/mL)、糖精钠(5μg/mL)。

① 绘制苯甲酸（浓度约为 10μg/mL）的吸收曲线。1mg/mL 的苯甲酸标准贮备溶液稀释 100 倍后浓度为 10μg/mL。可以用吸量管吸取 1mL 标准贮备溶液于 100mL 容量瓶中，稀释至刻度线，稀释 100 倍；也可以用胶头滴管吸取溶液，滴入大约 25 滴溶液于 100mL 烧杯中，大约稀释 100 倍。用配制好的溶液进行定性分析（图 3-1）。

从图 3-1 可以看出苯甲酸有一个吸收峰，最大波长为 224nm。由于仪器和溶液之间存在着误差，最大波长会在 224nm 附近上下波动 1～2nm。

② 绘制水杨酸（浓度约为 10μg/mL）的吸收曲线（图 3-2）。溶液稀释和配制方法同苯甲酸溶液。

从图 3-2 可以看出水杨酸有三个吸收峰，由于 203nm 在紫外光区（200～400nm）的边缘，误差较大，所以选择第二个次峰对应的波长为最大波长，即 231nm。由于仪器和溶液之间存在着误差，最大波长会在 231nm 附近上下波动 1～2nm。

③绘制 1,10-菲咯啉（浓度约为 2μg/mL）的吸收曲线（图 3-3）。溶液稀释和配制方法同苯甲酸溶液。

从图 3-3 可以看出 1,10-菲咯啉有三个吸收峰，最大波长为 229nm。由于仪器和溶液之间存在着误差，最大波长会在 229nm 附近上下波动 1～2nm。

④ 绘制磺基水杨酸（浓度约为 10μg/mL）的吸收曲线（图 3-4）。溶液稀释和配制方法

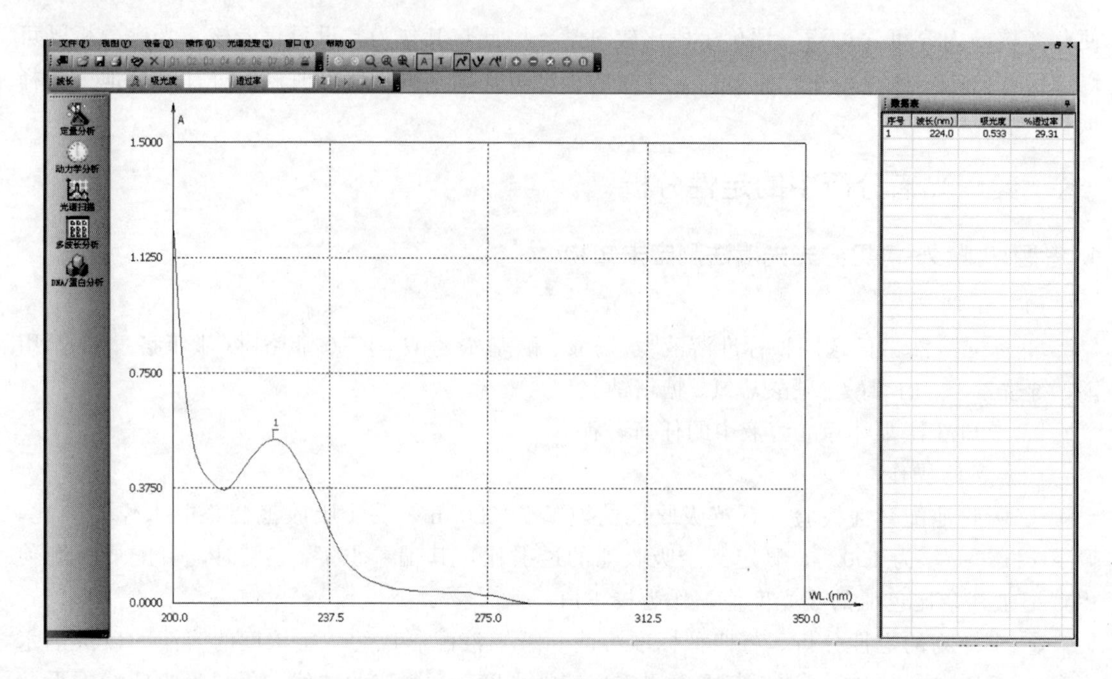

图 3-1　苯甲酸吸收曲线

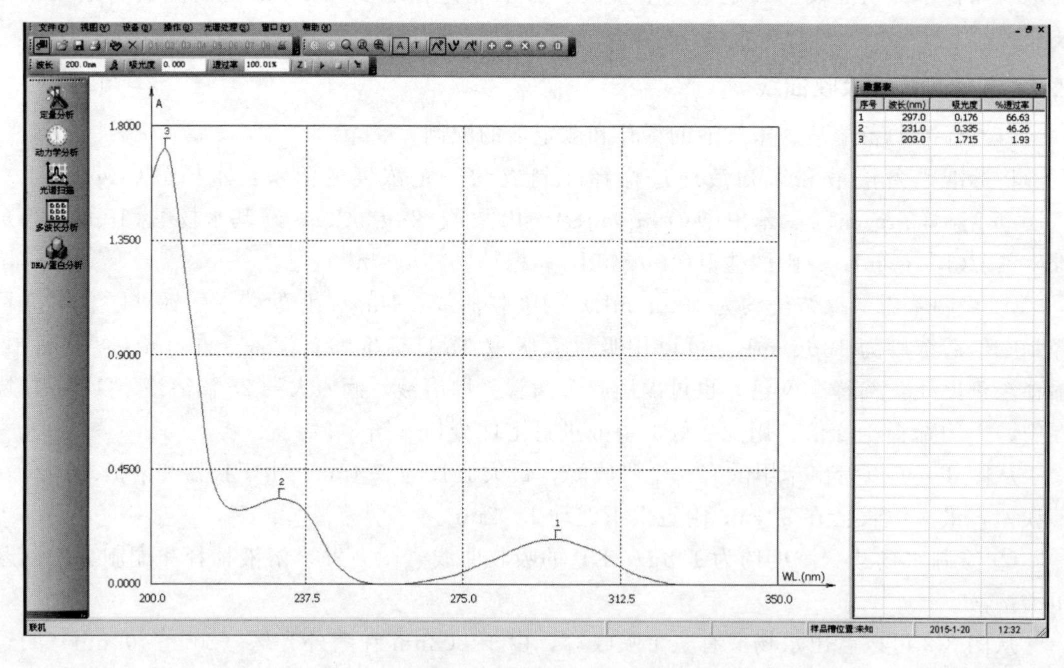

图 3-2　水杨酸吸收曲线

同苯甲酸溶液。

从图 3-4 可以看出磺基水杨酸有三个吸收峰，由于 208nm 在紫外光区（200～400nm）的边缘，误差较大，所以选择第二个次峰对应的波长为最大波长，即 235nm。由于仪器和溶液之间存在着误差，最大波长会在 235nm 附近上下波动 1～2nm。

⑤ 绘制维生素 C（浓度约为 10μg/mL）的吸收曲线（图 3-5）。溶液稀释和配制方法同苯甲酸溶液。

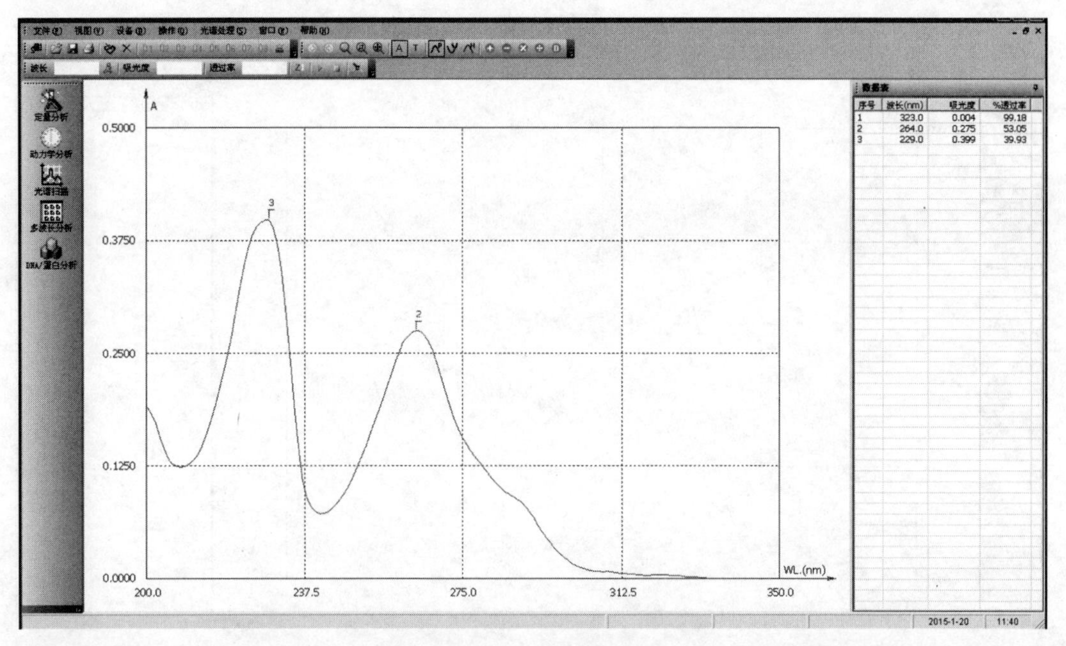

图 3-3　1,10-菲咯啉吸收曲线

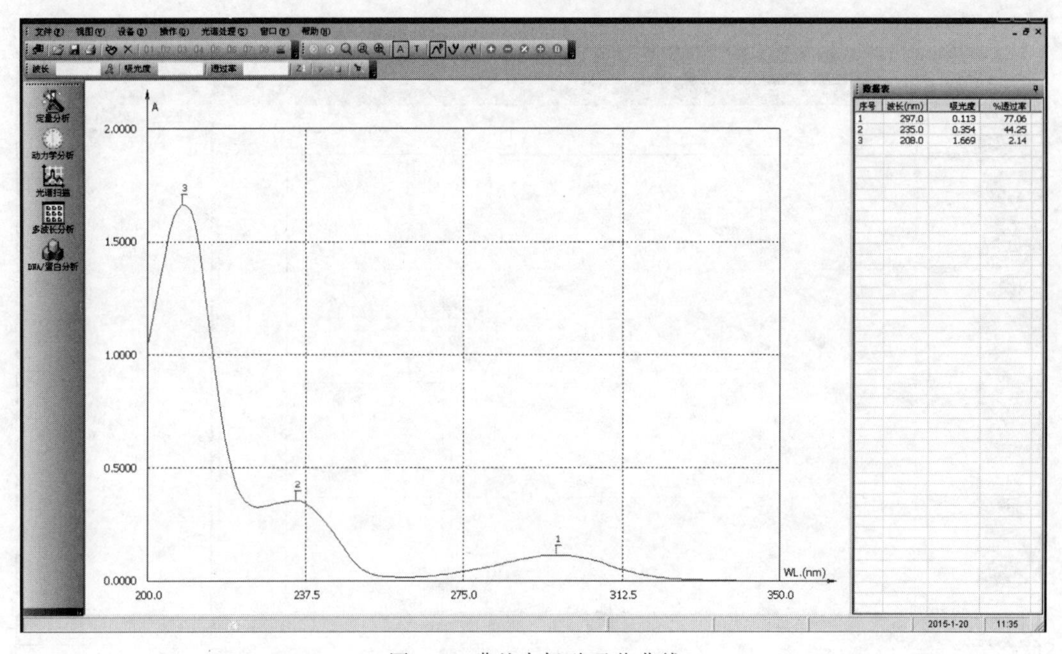

图 3-4　磺基水杨酸吸收曲线

从图 3-5 可以看出维生素 C 有一个吸收峰，最大波长为 267nm。由于仪器和溶液之间存在着误差，最大波长会在 267nm 附近上下波动 1～2nm。

⑥ 绘制山梨酸（浓度约为 2μg/mL）的吸收曲线（图 3-6）。溶液稀释和配制方法同苯甲酸溶液。

从图 3-6 可以看出山梨酸有一个吸收峰，最大波长为 254nm。由于仪器和溶液之间存在着误差，最大波长会在 254nm 附近上下波动 1～2nm。

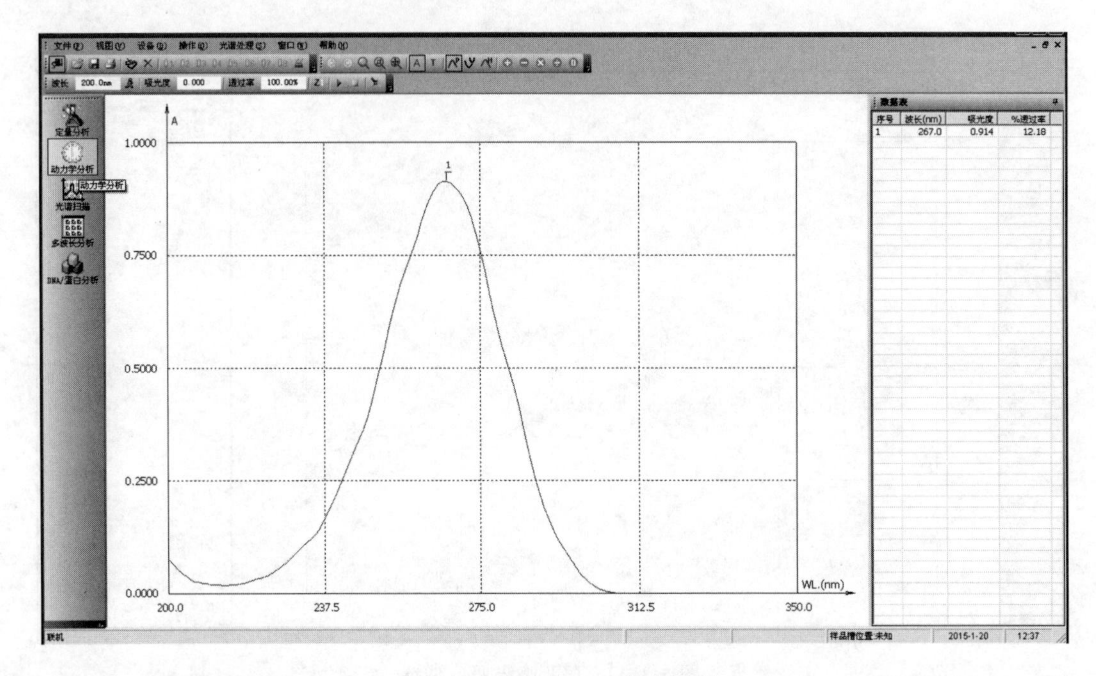

图 3-5　维生素 C 吸收曲线

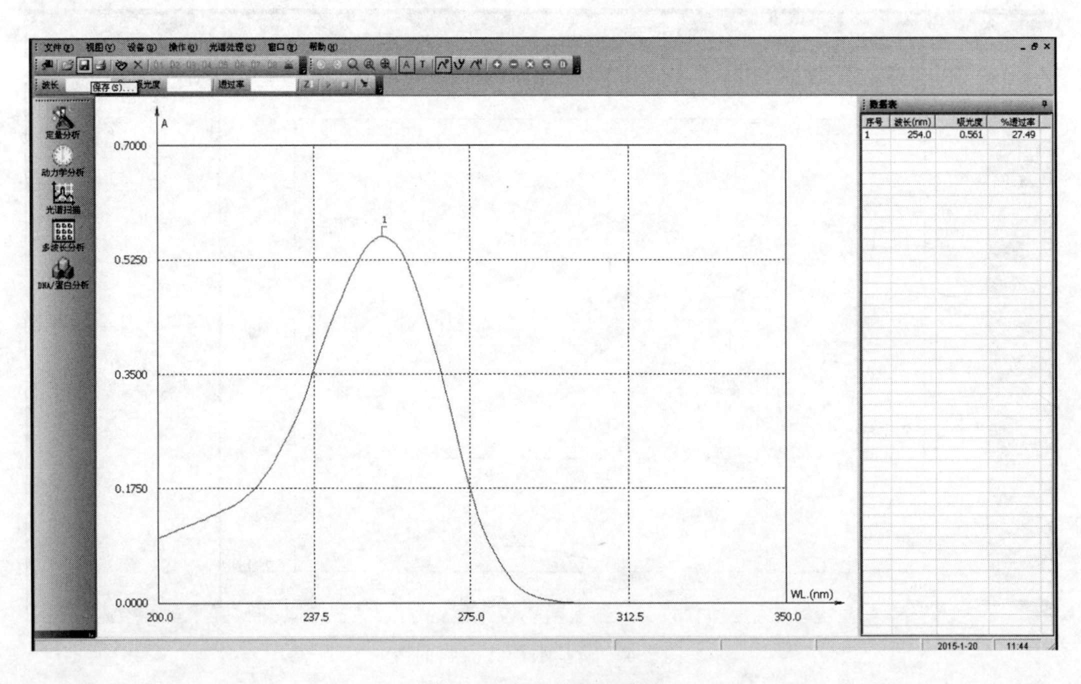

图 3-6　山梨酸吸收曲线

⑦ 绘制硝酸盐氮（浓度约为 10μg/mL）的吸收曲线（图 3-7）。溶液稀释和配制方法同苯甲酸溶液。

从图 3-7 可以看出硝酸盐氮只有一个吸收峰，虽然在紫外光区的边缘，测定时仍选择最大波长为 203nm。由于仪器和溶液之间存在着误差，最大波长会在 203nm 附近上下波动1～2nm。

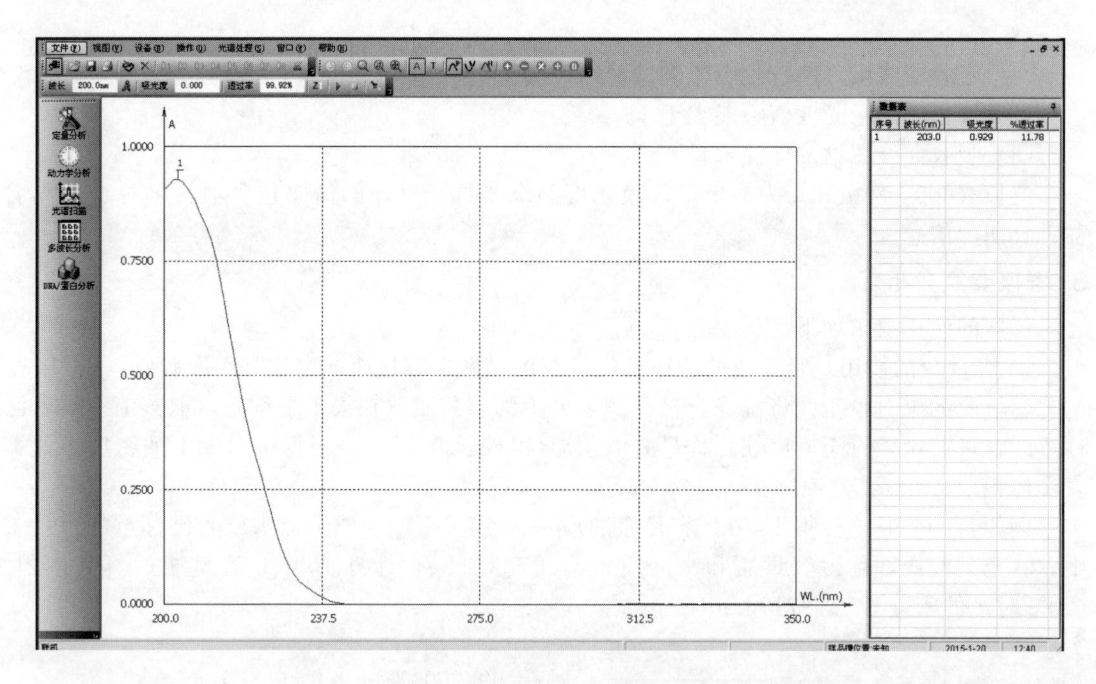

图 3-7　硝酸盐氮吸收曲线

⑧ 绘制糖精钠（浓度约为 5μg/mL）的吸收曲线（图 3-8）。溶液稀释和配制方法同苯甲酸溶液。

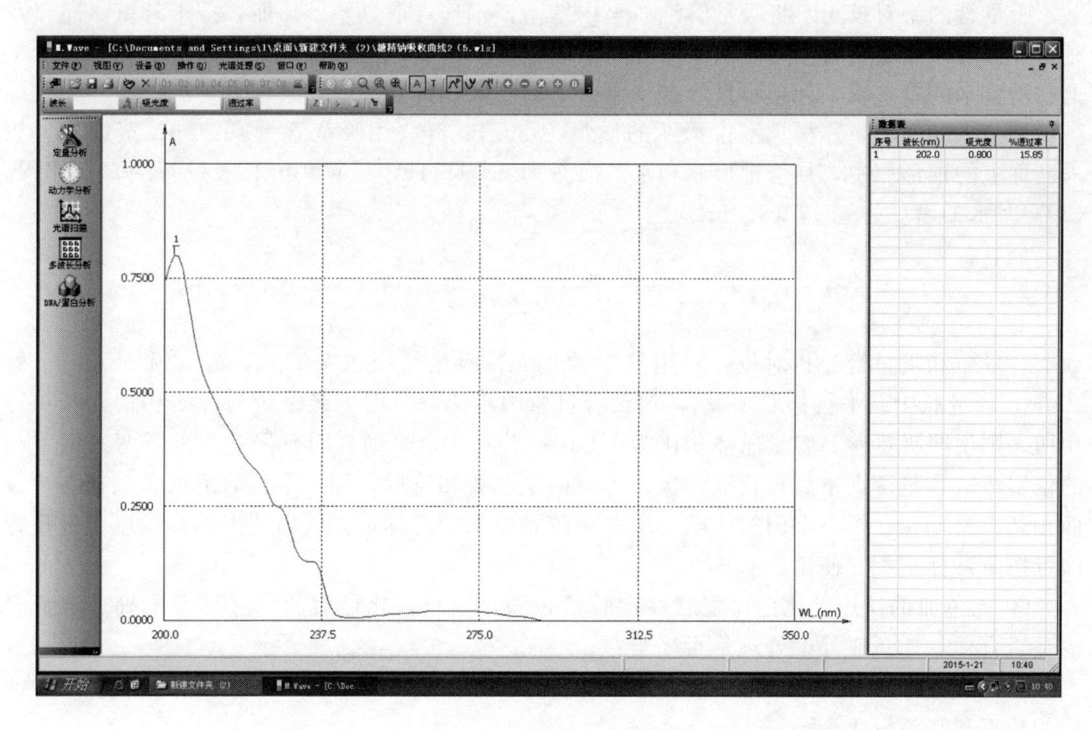

图 3-8　糖精钠吸收曲线

从图 3-8 可以看出糖精钠只有一个吸收峰，虽然在紫外光区的边缘，测定时仍选择最大波长为 202nm。由于仪器和溶液之间存在着误差，最大波长会在 202nm 附近上下波动1～2nm。

(2) 吸收曲线最大波长处吸光度的要求

最大波长处的吸光度值不能大于1。

(3) 吸收曲线图谱的标注项目齐全

波长（200～350nm）为横坐标，吸光度为纵坐标。打印的谱图包含项目名称、用户名称、日期等信息。

3. 考核要点分析

仪器的使用要求如下。

① 容量瓶的使用。容量瓶的洗涤、容量瓶的试漏、容量瓶的定容是否准确？

容量瓶的绝对校正。将洗涤合格并倒置沥干的容量瓶放在天平上称量。取蒸馏水放入已称重的容量瓶中，直至刻度线，称量并测水温(准确至0.5℃)。根据该温度下的密度，计算真实体积。

例如：20℃时，称得100mL容量瓶的质量为75.3117g，取蒸馏水放入已称重的容量瓶中，直至刻度线，称得容量瓶和水的质量为175.0198g，计算100mL容量瓶的真实体积。(20℃时水的密度为0.99718g/mL)

$$V=\frac{m_2-m_1}{\rho}=\frac{175.0198-75.3117}{0.99718}=99.990072(\mathrm{mL})\approx 99.99(\mathrm{mL})$$

② 吸量管的使用。吸量管的洗涤、润洗，移取溶液的操作是否准确和规范？特别提到要做好吸量管的校正。

吸量管的绝对校正。将吸量管洗净至内壁不挂水珠，取具塞锥形瓶，擦干外壁、瓶口及瓶塞，称量。按吸量管使用方法吸取已测温的蒸馏水，放入已称重的锥形瓶中，在分析天平上称量盛水的锥形瓶，计算吸量管在该温度下的真实体积。

例如：20℃时，称得具塞锥形瓶的质量为56.1446g，用吸量管量取10mL蒸馏水，放入已称重的锥形瓶中，称得锥形瓶和水的质量为66.1171g，计算10mL吸量管的真实体积。(20℃时水的密度为0.99718g/mL)

$$V=\frac{m_2-m_1}{\rho}=\frac{66.1171-56.1446}{0.99718}\approx 10.0007(\mathrm{mL})\approx 10.00(\mathrm{mL})$$

容量瓶和吸量管的相对校正。用洗净的10mL吸量管吸取蒸馏水，放入洗净、沥干的100mL容量瓶中，平行移取10次，观察容量瓶中水的弯月面下缘是否与标线相切，若正好相切，则说明吸量管与容量瓶体积比为1∶10；若不相切，则表明有误差，记下弯月面下缘的位置，待容量瓶沥干后再校准一次；连续两次实验相符后，用一平直的窄纸条贴在与弯月面相切之处，并在纸条上刷蜡或贴一块透明胶布以保护此标记。以后使用的容量瓶与吸量管即可按所贴标记配套使用。

③ 比色皿的使用。比色皿配套性检验是否满足要求，比色皿的拿法是否准确、溶液多少是否合适，比色皿外壁处理是否妥当？

④ 紫外分光光度计的开机和调试。开机预热时间一般要在1h以上；预热完成后要做波长的校正和暗流校正。

⑤ 分析软件使用合理。分析软件在收集信息进行数据处理时，不要打开过多的窗口，以免由软件内部运行的局限性，造成数据拟合不合理，严重的会造成计算机死机。

⑥ 背景校正要恰如其分。电信号的不稳定会造成瞬时漂移，建议及时做好背景校正。

二、 典型光谱分析中的定量分析

1. 考题：标准曲线法对给定未知液浓度的测定

确定标准溶液稀释倍数，分别准确移取一定体积的标准溶液于所选用的100mL容量瓶中，用蒸馏水稀释至刻度线，摇匀。根据未知液吸收曲线上的最大吸收波长，以蒸馏水为参比，测定吸光度，然后以浓度为横坐标，以相应的吸光度为纵坐标绘制标准工作曲线。

确定未知液的稀释倍数，配制待测溶液于所选用的100mL容量瓶中，用蒸馏水稀释至刻度线，摇匀。根据未知液吸收曲线上的最大吸收波长，以蒸馏水为参比，测定吸光度。根据待测溶液的吸光度，确定未知液的浓度。未知液平行测定3次。

给定如下标准溶液和未知液。

a. 标准溶液：任选四种标准溶液(水杨酸、磺基水杨酸、1,10-菲咯啉、苯甲酸、维生素C、山梨酸、硝酸盐氮、糖精钠)。

b. 未知液：四种标准溶液中的任何一种。

2. 实验操作

(1) 标准使用溶液的配制

准确移取一定体积的八种标准贮备溶液于100mL容量瓶中，用蒸馏水稀释至刻度线，摇匀。标准使用溶液的浓度如下：苯甲酸的浓度为100μg/mL、水杨酸的浓度为200μg/mL、磺基水杨酸的浓度为200μg/mL、1,10-菲咯啉的浓度为40μg/mL、山梨酸的浓度为40μg/mL、维生素C的浓度为100μg/mL、硝酸盐氮的浓度为100μg/mL、糖精钠的浓度为50μg/mL。

例如苯甲酸标准使用溶液的配制：由1mg/mL苯甲酸标准贮备溶液到100μg/mL苯甲酸标准使用溶液，需要稀释10倍。用吸量管吸取10mL标准贮备溶液于100mL容量瓶中，稀释至刻度线，即稀释10倍，此时溶液浓度为100μg/mL。

(2) 标准工作曲线的绘制

① 苯甲酸标准工作曲线的绘制。用10mL吸量管准确吸取上述苯甲酸标准使用溶液(0.00mL、1.00mL、2.00mL、4.00mL、6.00mL、8.00mL、10.00mL)于7个100mL容量瓶中(浓度分别为0.00μg/mL、1.00μg/mL、2.00μg/mL、4.00μg/mL、6.00μg/mL、8.00μg/mL、10.00μg/mL)，用蒸馏水稀释至刻度线定容，摇匀。根据未知液吸收曲线上的最大吸收波长，以蒸馏水为参比，测定吸光度，然后以浓度为横坐标，以相应的吸光度为纵坐标绘制标准工作曲线。

② 水杨酸标准工作曲线的绘制。用10mL吸量管准确吸取上述水杨酸标准使用溶液(0.00mL、1.00mL、2.00mL、4.00mL、6.00mL、8.00mL、10.00mL)于7个100mL容量瓶中(浓度分别为0.00μg/mL、2.00μg/mL、4.00μg/mL、8.00μg/mL、12.00μg/mL、16.00μg/mL、20.00μg/mL)，用蒸馏水稀释至刻度线，摇匀。根据未知液吸收曲线上的最大吸收波长，以蒸馏水为参比，测定吸光度，然后以浓度为横坐标，以相应的吸光度为纵坐标绘制标准工作曲线。

③磺基水杨酸标准工作曲线的绘制。用10mL吸量管准确吸取上述磺基水杨酸标准使用溶液(0.00mL、1.00mL、2.00mL、4.00mL、6.00mL、8.00mL、10.00mL)于7个100mL容量瓶中(浓度分别为0.00μg/mL、2.00μg/mL、4.00μg/mL、8.00μg/mL、12.00μg/mL、16.00μg/mL、20.00μg/mL)，用蒸馏水稀释至刻度线，摇匀。根据未知液吸收曲线上的最大吸收波长，

以蒸馏水为参比，测定吸光度，然后以浓度为横坐标，以相应的吸光度为纵坐标绘制标准工作曲线。

④ 1,10-菲咯啉标准工作曲线的绘制。用10mL吸量管准确吸取上述1,10-菲咯啉标准使用溶液（0.00mL、1.00mL、2.00mL、4.00mL、6.00mL、8.00mL、10.00mL）于7个100mL容量瓶中(浓度分别为0.00μg/mL、0.40μg/mL、0.80μg/mL、1.60μg/mL、2.40μg/mL、3.20μg/mL、4.00μg/mL)，用蒸馏水稀释至刻度线，摇匀。根据未知液吸收曲线上的最大吸收波长，以蒸馏水为参比，测定吸光度，然后以浓度为横坐标，以相应的吸光度为纵坐标绘制标准工作曲线。

⑤ 山梨酸标准工作曲线的绘制。用10mL吸量管准确吸取上述山梨酸标准使用溶液（0.00mL、1.00mL、2.00mL、4.00mL、6.00mL、8.00mL、10.00mL）于7个100mL容量瓶中(浓度分别为0.00μg/mL、0.40μg/mL、0.80μg/mL、1.60μg/mL、2.40μg/mL、3.20μg/mL、4.00μg/mL)，用蒸馏水稀释至刻度线，摇匀。根据未知液吸收曲线上的最大吸收波长，以蒸馏水为参比，测定吸光度，然后以浓度为横坐标，以相应的吸光度为纵坐标绘制标准工作曲线。

⑥ 维生素C标准工作曲线的绘制。用10mL吸量管准确吸取上述维生素C标准使用溶液（0.00mL、1.00mL、2.00mL、4.00mL、6.00mL、8.00mL、10.00mL）于7个100mL容量瓶中(浓度分别为0.00μg/mL、1.00μg/mL、2.00μg/mL、4.00μg/mL、6.00μg/mL、8.00μg/mL、10.00μg/mL)，用蒸馏水稀释至刻度线，摇匀。根据未知液吸收曲线上的最大吸收波长，以蒸馏水为参比，测定吸光度，然后以浓度为横坐标，以相应的吸光度为纵坐标绘制标准工作曲线。

⑦ 糖精钠标准工作曲线的绘制。用10mL吸量管准确吸取上述糖精钠标准使用溶液（0.00mL、1.00mL、2.00mL、4.00mL、6.00mL、8.00mL、10.00mL）于7个100mL容量瓶中(浓度分别为0.00μg/mL、0.50μg/mL、1.00μg/mL、2.00μg/mL、3.00μg/mL、4.00μg/mL、5.00μg/mL)，用蒸馏水稀释至刻度线，摇匀。根据未知液吸收曲线上的最大吸收波长，以蒸馏水为参比，测定吸光度，然后以浓度为横坐标，以相应的吸光度为纵坐标绘制标准工作曲线。

⑧ 硝酸盐氮标准工作曲线的绘制。用10mL吸量管准确吸取上述硝酸盐氮标准使用溶液（0.00mL、1.00mL、2.00mL、4.00mL、6.00mL、8.00mL、10.00mL）于7个100mL容量瓶中(浓度分别为0.00μg/mL、1.00μg/mL、2.00μg/mL、4.00μg/mL、6.00μg/mL、8.00μg/mL、10.00μg/mL)，用蒸馏水稀释至刻度线，摇匀。根据未知液吸收曲线上的最大吸收波长，以蒸馏水为参比，测定吸光度，然后以浓度为横坐标，以相应的吸光度为纵坐标绘制标准工作曲线。

（3）未知液的稀释和测定

不同物质、不同浓度，稀释的倍数不相同，可以采取一次、两次或多次稀释的方法。

① 一次稀释和测定：分别准确移取一定体积未知液于3个100mL容量瓶中，用蒸馏水稀释至刻度线，摇匀。根据未知液吸收曲线上的最大吸收波长，以蒸馏水为参比，测定吸光度。根据待测溶液的吸光度，确定其浓度。未知液要平行测定3次。

② 两次稀释和测定：分别准确移取一定体积未知液于3个100mL容量瓶中，用蒸馏水稀释至刻度线，摇匀。再分别从3个100mL容量瓶中准确移取一定体积的溶液，分别对应于3个100mL容量瓶。根据未知液吸收曲线上的最大吸收波长，以蒸馏水为参比，测定吸光度。根据待测溶液的吸光度，确定其浓度。未知液要平行测定3次。

③多次稀释和测定：分别准确移取一定体积未知液于3个100mL容量瓶中，用蒸馏水稀释至刻度线，摇匀。再分别从3个100mL容量瓶中准确移取一定体积的溶液，分别对应于3个100mL容量瓶，依次类推进行稀释过程。然后根据未知液吸收曲线上的最大吸收波

长，以蒸馏水为参比，测定吸光度。根据待测溶液的吸光度，确定其浓度。未知液要平行测定 3 次。

(4) 举例

未知物为苯甲酸(浓度为 500～750μg/mL)，苯甲酸标准贮备溶液浓度为 1mg/mL，如何绘制标准工作曲线和如何进行未知液的稀释？

苯甲酸的标准使用溶液浓度为 100μg/mL，需要把苯甲酸标准贮备溶液进行稀释(1mg/mL ⟶ 100μg/mL)，稀释 10 倍。用吸量管吸取 10mL 标准贮备溶液于 100mL 容量瓶中，稀释至刻度线，即稀释 10 倍，此时溶液浓度为 100μg/mL。

用 10mL 吸量管准确吸取上述标准使用溶液（0.00mL、1.00mL、2.00mL、4.00mL、6.00mL、8.00mL、10.00mL）于 7 个 100mL 容量瓶中(浓度分别为 0.00μg/mL、1.00μg/mL、2.00μg/mL、4.00μg/mL、6.00μg/mL、8.00μg/mL、10.00μg/mL)，用蒸馏水稀释至刻度线，摇匀。根据未知液吸收曲线上的最大吸收波长，以蒸馏水为参比，测定吸光度，然后以浓度为横坐标，以相应的吸光度为纵坐标绘制标准工作曲线。

未知物苯甲酸的浓度为 500～750μg/mL，试液的吸光度要处于标准工作曲线吸光度范围内(最好处于中间位置)。吸光度与浓度成正比，即浓度处于标准工作曲线浓度范围内(浓度为5μg/mL左右)，所以未知液稀释 100 倍。

分别准确移取 1mL 未知液于 3 个 100mL 容量瓶中，用蒸馏水稀释至刻度线，摇匀。根据未知液吸收曲线上的最大吸收波长，以蒸馏水为参比，测定吸光度。根据待测溶液的吸光度，确定其浓度。

根据测得的浓度和稀释倍数计算未知物的浓度。

$c_1=c_x \times n=6.674\times 100=667.40$(μg/mL)，同理计算 c_2、c_3，并计算平均浓度 $\bar{c}$。

3. 考核要点分析

① 容量瓶的使用。尽管已经做了容量瓶的绝对校正或相对校正，但是每个容量瓶在校正后还会有一些微小的变化。要想使标准工作曲线的相关系数更好，建议使用如下配套方法进行标准系列容量瓶的配套性检验。

a. 选好一套容量瓶，可以多选几个瓶子，尽量是同批次的瓶子；

b. 用移液管移取 4mL 已知浓度的溶液，稀释至刻度线后定容，吸光度在 0.4～0.5 范围内；

c. 在配套性检验的系列瓶子中都放入 4mL 上述已知浓度的溶液；

d. 测定吸光度值，记录数据；

e. 把数值接近的容量瓶配成一系列。

② 吸量管的选用。最好选双标线读数的，也就是在一根吸量管上有“10”和“0”的。这样比较准确，采用减量法得到体积。如果选用德国进口吸量管，可以选择“1”类管。

③ 容量瓶和吸量管配套。可以做相对校正，也可以做绝对校正。建议大家做绝对校正。

④ 用吸量管吸取溶液。一定注意要移取溶液的均匀性，摇动试剂瓶使溶液均匀，保证不出现溶液的浓度层差，然后再转移到烧杯中。多次移取要轻摇烧杯。

⑤ 比色皿的使用。比色皿要多次冲洗，尤其是在换溶液时，用溶液润洗时一定注意不留“死角”，尤其注意“四个角”的溶液不要有残留。

⑥ 工作曲线溶液。配好的工作曲线溶液，一定要使溶液完全均匀化，多次摇动再静置。静置的时间把握在 20min 以上，之后再测定，这个“陈化”过程很重要。

⑦ 测定样品溶液。样品溶液是在标准系列溶液测完后测定的，此时比色皿残留溶液的浓度大约是待测样品溶液浓度的 2 倍，注意清洗和润洗，可以采用“甩皿”的方法，也可以用水稍微冲洗一下。

⑧ 测定时机。每一次测定都要注意吸光度在空白透光率“100%”，迅速测定样品，波动比较大时，要多次用空白校正背景，然后测定。

4. 自我考核评分表

自我考核评分见表3-5。

表3-5　光谱法测定操作自我考核评分表

序号	作业项目	考核内容	配分	考核记录	扣分说明	扣分	得分
一	仪器的准备（2分）	玻璃仪器洗涤	1	洗净	未洗净，扣1分，最多扣1分		
				未洗净			
		仪器连接与检查	1	进行	未进行，扣1分，最多扣1分		
				未进行			
二	溶液的制备(5分)	吸量管润洗	1	进行	吸量管未润洗或用量明显较多扣1分		
				未进行			
		容量瓶试漏	1	进行	未进行，扣1分，最多扣1分		
				未进行			
		容量瓶稀释至刻度线	3	准确	溶液稀释体积不准确，且未重新配制，1个扣1分，最多扣3分		
				不准确			
三	比色皿的使用(3分)	比色皿操作	1	正确	手触及比色皿透光面扣0.5分，测定时，溶液过少或过多（正常在比色皿的2/3～4/5处），扣0.5分		
				不正确			
		比色皿配套性检验	1	进行	未进行，扣1分，最多扣1分		
				未进行			
		测定后，比色皿洗净，控干、保存	1	进行	比色皿未清洗或未倒空，扣1分，最多扣1分		
				未进行			
四	仪器的使用(3分)	参比溶液的正确使用	1	正确	参比溶液选择错误，扣1分，最多扣1分		
				不正确			
		测量数据保存和打印	2	进行	不保存时每次扣1分，最多扣2分		
				未进行			
五	原始数据记录(5分)	原始记录	2	完整、规范	原始数据不及时记录每次扣0.5分；项目不齐全、空项每项扣0.5分，最多扣2分；更改数值需经裁判员认可，擅自转抄、誊写、涂改、拼凑数据者取消比赛资格		
				欠完整、不规范			
		使用法定计量单位	1	是	没有使用法定计量单位，扣1分，最多扣1分		
				否			
		报告(完整、明确、清晰)	2	规范	不规范，扣2分，最多扣2分；无报告、虚假报告者取消比赛资格		
				不规范			
六	文明操作、结束工作（2分）	关闭电源、填写仪器使用记录	1	进行	未进行，每项扣0.5分，最多扣1分		
				未进行			
		台面整理、废物和废液处理	1	进行	未进行，每项扣0.5分，最多扣1分		
				未进行			
七	重大失误（最多扣20分）	玻璃仪器		损坏	每次倒扣2分		
		UV1800光度计		损坏	每次倒扣20分并赔偿相关损失		
		试液重配制			试液每重配制一次倒扣3分，开始吸光度测量后不允许重配制溶液		
		重新测定			由仪器本身原因造成的数据丢失，重新测定时不扣分；其他情况每重新测定一次倒扣3分		

续表

序号	作业项目	考核内容	配分	考核记录	扣分说明	扣分	得分
八	总时间（0分）	210min 完成	0		比赛不延时，到规定时间终止比赛		
九	定性测定（9分）	扫描波长范围选择	1	正确	未在规定范围内扣1分，最多扣1分		
				不正确			
		光谱比对方法及结果	3	正确	结果不正确扣3分，最多扣3分		
				不正确			
		光谱扫描、绘制吸收曲线	5	正确	吸收曲线一个不正确扣1分，最多扣5分		
				不正确			
十	定量测定（37分）	测量波长的选择	1	正确	最大波长选择不正确扣1分，最多扣1分		
				不正确			
		正确配制标准系列溶液(7个点)	3	正确	标准系列溶液个数不足7个，扣3分		
				不正确			
		7个点均匀分布且合理	3	均匀合理	不均匀合理，扣3分		
				不均匀合理			
		标准系列溶液的吸光度	3	正确	大部分（≥4个点）的吸光度在0.2～0.8，否则扣3分		
				不正确			
		未知液的稀释	4	正确	不正确，扣4分		
				不正确			
		试液吸光度处于工作曲线范围内	3	正确	吸光度超出工作曲线范围，扣3分，不允许重做		
				不正确			
		工作曲线线性	20	1档	相关系数≥0.999995	0	
				2档	0.999995＞相关系数≥0.99999	4	
				3档	0.99999＞相关系数≥0.99995	8	
				4档	0.99995＞相关系数≥0.9999	12	
				5档	0.9999＞相关系数≥0.9995	16	
				6档	相关系数＜0.9995	20	
十一	测定结果（34分）	图上标注项目齐全	1	全	齐全(包括图名，纵横轴的名称、数值，作者，制作日期)，每缺1项，扣0.5分，最多扣1分；在图上标注考生相关信息的，取消比赛资格		
				不全			
		计算公式正确	1	正确	公式不正确扣1分，最多扣1分		
				不正确			
		计算正确	1	正确	计算不正确扣1分，最多扣1分		
				不正确			
		有效数字及单位	1	正确	有效数字保留不正确扣0.5分，没有单位扣0.5分，最多扣1分		
				不正确			
		精密度	10	1档	A值相差=0.001	0	
				2档	A值相差=0.002	2	
				3档	A值相差=0.003	4	
				4档	A值相差=0.004	6	
				5档	A值相差=0.005	8	
				6档	A值相差＞0.005	10	
		准确度	20	1档	$\|RE\|\leqslant 0.50\%$	0	
				2档	$0.50\%<\|RE\|\leqslant 1.0\%$	5	
				3档	$1.0\%<\|RE\|\leqslant 1.5\%$	10	
				4档	$1.5\%<\|RE\|\leqslant 2.0\%$	15	
				5档	$\|RE\|>2.0\%$	20	

5. 数据记录、计算表格

（1）比色皿配套性检验

A_1＝0.000　A_2＝________

（2）定性结果

未知物为________。

（3）未知试样的定量测量

① 标准溶液的配制：

标准贮备溶液浓度________标准溶液浓度________

稀释次数	吸取体积/mL	稀释后体积/mL	稀释倍数
1			
2			
3			
4			
5			

② 标准曲线的绘制：

测定波长________

溶液代号	吸取标液体积/mL	c/(μg/mL)	A
0			
1			
2			
3			
4			
5			
6			

③未知液的配制：

稀释次数	吸取体积/mL	稀释后体积/mL	稀释倍数
1			
2			
3			
4			
5			

④ 未知物含量测定：

平行测定次数	1	2	3
A			
查得的浓度 c_x/(μg/mL)			
原始试液浓度 c_0/(μg/mL)			
原始试液平均浓度 $\bar{c}_0$/(μg/mL)			

（4）计算公式

（5）计算过程

定量分析结果：未知物的浓度为________。

6. 自我检查模板

① 模板是以Excel格式形成，有底纹部分是按照计算公式自动生成，无底纹部分是采集选手的实验数据。使用前一定要自己按照空白表格填写并计算，然后再用模板比对。

模板可以登录化学工业出版社教学资源网(http//www.cipedu.com.cn)下载。

② 模板转为Word文档格式如下表所示。

定量分析样品测定值

项目	测定1	测定2	测定3
样品测定值	0.402	0.400	0.401
测定溶液浓度/(μg/mL)	10.6930	10.6910	10.6920
稀释倍数	100	100	100
样品原液浓度/(μg/mL)	1069.30	1069.10	1069.20
样品原液平均浓度/(μg/mL)	1069.20		
精密度＝	0.002	真值＝	1063.54(μg/mL)
|*RE*|＝	0.53%		

7. 其他练习题

B1 测定样品中的总铁含量

(第45届世界技能大赛试题)

(1) 健康和安全

请说明哪些是健康和安全措施所必需的。给出相应描述。

(2) 环保

请说明是否需要采取环保措施。

(3) 基本原理

该方法基于pH≥9的碱性介质中铁(Ⅲ)离子与磺基水杨酸的相互作用，其形成黄色复合物。

$$3\,C_6H_3(OH)(COOH)(SO_3H) + FeCl_3 + 6NH_4OH \xrightarrow{pH\geq 9.0} (NH_4)_3[Fe(C_6H_3(O)(COO)(SO_3H))_3] + 3NH_4Cl + 6H_2O$$

在410～440nm波长下测量的该复合物的吸光度值符合比尔定律。

(4) 目标

① 制备0.005g/L的标准铁(Ⅲ)离子溶液。

② 制备5-磺基水杨酸溶液。

③制备2.0mol/L氯化铵溶液。

④ 制备7.0mol/L氢氧化铵溶液。

⑤ 测定铁(Ⅲ)在样品中的含量(mg/L)。

⑥ 制作报告。

(5) 完成工作的总时间为3h

(6) 仪器设备、试剂和溶液

分析天平，精度为0.1mg	不同规格的移液器	盐酸，1∶4溶液(体积比)
天平，精度为1.0mg	具塞容量瓶，容量为50mL、100mL和500mL	氯化铵，试剂级

续表

加热板 分光光度计与比色皿 带夹子的实验室支架台	100mL 锥形烧瓶 量筒，50mL 滴定管，25mL 不同规格的烧杯 称量瓶，具塞带磨口 药匙 表面皿 不同规格的漏斗	25%(质量分数)氨溶液 5-磺基水杨酸二水合物，试剂级 初级标准铁(Ⅲ)离子溶液，0.1g/L 蒸馏水或去离子水 pH 试纸

(7) 制备溶液

① 0.005g/L 铁(Ⅲ)离子标准溶液

计算 0.1g/mL 铁(Ⅲ)离子初级标准溶液体积并将其移取至 500mL 容量瓶中，加入蒸馏水或去离子水定容和混合。

② 5-磺基水杨酸溶液

将 20.0g 的 5-磺基水杨酸二水合物溶解并转移至 100mL 容量瓶中，加入蒸馏水或去离子水定容并混合。

③氯化铵，2.0mol/L 溶液

溶解计算量的氯化铵，在 100mL 容量瓶中加入蒸馏水或去离子水定容并混合。如果滤液浑浊，请使用滤纸过滤。

④ 氢氧化铵，7.0mol/L 溶液

在 100mL 容量瓶中稀释计算量的 25%(质量分数)氨溶液(密度为 0.9070g/mL)，用蒸馏水或去离子水定容并混合。

(8) 实验

计算所需移取 0.005g/L 铁(Ⅲ)离子标准溶液试样的体积，以分别制备 50mL 铁(Ⅲ)离子含量的系列溶液：0.0mg/L、0.1mg/L、0.2mg/L、0.5mg/L、1.0mg/L、1.5mg/L、2.0mg/L。

分别移取上述计算量的 0.005g/L 铁(Ⅲ)离子标准溶液于 50mL 容量瓶中，添加蒸馏水或去离子水至大约 40mL。分别添加 1.00mL 的 2.0mol/L 氯化铵溶液，1.00mL 的磺基水杨酸溶液，用至少 1.00mL 7.0mol/L 的氢氧化铵溶液调整该溶液的 pH>9.0。用水添加到刻度线。加入每种试剂后混合均匀。静置 5min 以显色，该溶液稳定至少 10h。

准备两个系列的标准溶液。

移取其中之一的 2.0mg/L 铁(Ⅲ)离子标准溶液至 5cm 比色皿中，以相同方法制备但不含有铁(Ⅲ)离子的溶液做空白溶液，在 410～440nm，5nm 吸收间隔下测定吸光度。产生最大吸光度值的波长作为最大吸收波长。

测量所有铁(Ⅲ)离子标准系列溶液在选定波长和光程长度对空白溶液的吸光度。

用移液管移取 50.00mL 的样品，放入 100mL 的锥形烧瓶中，加 1.00mL 1∶4 (体积比) 的盐酸溶液并混合。加热烧瓶至开始沸腾。减少热量并保持在一个较低沸点直到体积减少到 35～40mL。

将溶液冷却至室温，并将锥形烧瓶的全部内容物转移到 50mL 容量瓶中，用 1mL 蒸馏水冲洗锥形烧瓶 2～3 次。添加 1.00mL 2.0mol/L 的氯化铵溶液和 1.00mL 的磺基水杨酸溶液，用至少 1.00mL 7.0mol/L 的氢氧化铵溶液调节该溶液的 pH>9.0。用水添加到刻度线。加入每种试剂后混合均匀。

静置 5min 以显色，该溶液稳定至少 10h。准备 2 份样品溶液。

在空白溶液(使用蒸馏水或去离子水代替样品)下，在选定的波长和光程长度测量样品的吸光度。

(9) 计算

绘制标准曲线：绘制以 0.1～2.0mg/L 标准溶液(6 组数值)获得的吸光度值与铁(Ⅲ)溶液含量的关系曲线。通过线性回归方法在数据点中绘制“最佳拟合”直线。

(10) 结果

用获得的线性回归方程评估样品中的铁(Ⅲ)含量(mg/L)并考虑稀释因素。

分析结果(A)的收敛性(重复性)以%表示，计算公式如下：

$$A=\frac{2(X_1-X_2)}{X_1+X_2}\times 100$$

式中　X_1——两个平行测量中较大的结果；

X_2——两个平行测量中较小的结果。

计算所得结果的平均值，并将其四舍五入到小数点后第 1 位。

(11) 报告

请写出一份报告。

第三节　电位滴定法测定

电位滴定法(potentiometric titration)是在滴定过程中通过测量电位变化确定滴定终点的方法。和直接电位法相比，电位滴定法不需要准确地测量电极电位值，因此，温度、液体接界电位的影响并不重要，其准确度优于直接电位法。普通滴定法是依靠指示剂颜色变化来指示滴定终点的，如果待测溶液有颜色或浑浊，终点的指示就比较困难，或者根本找不到合适的指示剂。电位滴定法靠电极电位的突跃来指示滴定终点。在滴定终点到达前后，滴液中待测离子的浓度往往连续变化 n 个数量级，引起电位的突跃，被测成分的含量仍然通过消耗滴定剂的体积来计算。

使用不同的指示电极时，电位滴定法可以进行酸碱滴定、氧化还原滴定、配位滴定和沉淀滴定。酸碱滴定时以 pH 玻璃电极为指示电极；在氧化还原滴定中，可以用铂电极作指示电极；在配位滴定中，若用 EDTA 作滴定剂，则可以用汞电极作指示电极。在沉淀滴定中，若用硝酸银滴定卤素离子，则可以用银电极作指示电极。在滴定过程中，随着滴定剂的不断加入，电极电位 E 不断发生变化，电极电位发生突跃时，说明滴定到达终点。微分曲线比普通滴定曲线更容易确定滴定终点。

进行电位滴定时，在被测溶液中插入一个参比电极、一个指示电极组成工作电池。随着滴定剂的加入，由于发生化学反应，被测离子浓度不断变化，指示电极的电位也相应地变化。在化学计量点附近发生电位的突跃。因此测量工作电池电动势的变化，可确定滴定终点。

一、电位滴定法测定未知样中氯离子含量

1. 仪器设备

① 天平，精度 0.1mg，1 台；

② pH 计或电位滴定仪(雷磁 PHS-3C pH 计)，附 216 型银电极和 217 型双盐桥饱和甘汞电极，1 套；

③磁力搅拌器，附搅拌子，1台；

④ 滴定管，50mL，0.1mL分度，1支；附校正曲线或校正值；

⑤ 移液管，25mL，1支；附校正值；

⑥ 容量瓶，100mL，1个；附校正值；

⑦ 锥形瓶，250mL，1个；

⑧ 烧杯，50mL，1个；

⑨ 烧杯，150mL，1个；

⑩ 量筒，5mL，50mL，各1个；

⑪ 洗瓶，500mL，1个；

⑫ 玻璃棒，2根；

⑬ 称量瓶，高型；

⑭ 干燥器。

2. 试剂

① NaCl，工作基准试剂；

② $AgNO_3$，AR（分析纯）；

③ K_2CrO_4 指示液，$\rho=50g/L$。

3. 莫尔法测定硝酸银溶液浓度

（1）测定步骤

称取0.58g(称准至0.1mg)于500～600℃高温炉中灼烧至恒重的工作基准试剂氯化钠，置于50mL烧杯中，用少量水溶解后转移至100mL容量瓶中，用水定容后摇匀，用单标线吸量管吸取25mL上述溶液于锥形瓶中，加50mL水和2mL铬酸钾指示液，用被测的硝酸银溶液滴定至溶液出现砖红色，即为滴定终点。记录消耗的硝酸银溶液体积。同时进行空白试验，平行测定3次。

（2）硝酸银溶液浓度的计算

$$c=\frac{m}{M}\times\frac{1000}{V_1}\times\frac{V_2}{V_3}$$

式中 m——称取的NaCl质量，g；

M——NaCl的摩尔质量，g/mol；

V_1——100mL容量瓶的实际体积，mL；

V_2——25mL单标线吸量管的实际体积，mL；

V_3——消耗 $AgNO_3$ 的实际体积，mL；

1000——mL与L的换算系数。

（3）计算平行测定的相对极差

4. 未知样中氯离子含量测定

（1）测定步骤

安装好电位滴定仪，开启仪器。用单标线吸量管吸取25mL含氯离子的未知试样于150mL烧杯中，加30mL水，放于磁力搅拌器上，开启搅拌器，调至适当的搅拌速度，用一种已知浓度的硝酸银溶液进行电位滴定，测定未知试样中氯离子的含量。做好滴定原始记录，平行测定2次。用二阶微商法计算到滴定终点时消耗的硝酸银溶液体积。

（2）试样中氯离子测定结果的计算

$$\rho=\frac{m}{V_1}=\frac{cV_2M}{V_1}$$

式中　ρ——氯离子浓度，g/L；

c——$AgNO_3$ 溶液浓度，mol/L；

V_1——吸取未知样的实际体积，mL；

V_2——消耗 $AgNO_3$ 的实际体积，mL；

M——氯元素的摩尔质量，g/mol。

（3）计算氯离子含量测定的相对极差

已知：钠元素的摩尔质量为 22.99g/mol；氯元素的摩尔质量为 35.45g/mol。

二、典型电位滴定法考核要点分析

考核目标：掌握电位滴定装置的搭建；掌握规范操作；掌握用二阶微商法确定滴定终点；掌握标准滴定溶液滴定速度、终点控制；考察样品测定的精密度。

具备技能：按世赛要求，做好个人的安全规范操作；在计划指引下，做好实验准备和仪器条件的确认；按要求熟练操作电位滴定仪；滴定速度控制得当，熟练控制滴定终点；按要求会适当使用一些图形和图表；按要求填写检测记录，并完成相关计算；按要求会分析、解读和评估数据，确定结果。

1. 会绘制微商表

利用计算机软件确定电位滴定法中的滴定终点。熟悉并掌握实验数据和终点确定的表格内容。会进行二阶微商的计算。以 0.1000mol/L $AgNO_3$ 标准滴定溶液滴定 Cl^- 为例展开（表 3-6）。

表 3-6　0.1000mol/L $AgNO_3$ 标准滴定溶液滴定 Cl^- 的实验数据

加入 $AgNO_3$ 的体积/mL	E/V	V/mL	$\Delta E/\Delta V$	$\Delta^2 E/\Delta V^2$
5.0	0.062			
15.0	0.085	10.00	0.0023	
20.0	0.107	17.50	0.0044	0.0004
22.0	0.123	21.00	0.0080	0.0018
23.0	0.138	22.50	0.0150	0.0070
23.5	0.146	23.25	0.0160	0.0020
23.8	0.161	23.65	0.0500	0.1133
24.0	0.174	23.90	0.0650	0.0750
24.1	0.183	24.05	0.0900	0.2500
24.2	0.194	24.15	0.1100	0.2000
24.3	0.233	24.25	0.3900	2.8000
24.4	0.316	24.35	0.8300	4.4000
24.5	0.340	24.45	0.2400	−5.9000
24.6	0.351	24.55	0.1100	−1.3000
24.7	0.358	24.65	0.0700	−0.4000
25.0	0.373	24.85	0.0500	−0.0667
25.5	0.385	25.25	0.0240	−0.0520
26.0	0.396	25.75	0.0220	−0.0040
28.0	0.426	27.00	0.0150	−0.0035

从计算机中可以看出，滴定终点消耗的 $AgNO_3$ 的体积为 24.34272mL。

2. 掌握手工计算滴定终点

常用二阶微商法内插计算滴定的终点。在 $\Delta^2 E/\Delta V^2$ 数值出现正负号时，所对应的两个体积之间必有 $\Delta^2 E/\Delta V^2=0$ 这一点，该点所对应的滴定体积即终点，加入 24.30mL $AgNO_3$ 时：

$$\frac{\Delta^2 E}{\Delta V^2}=\frac{\left(\frac{\Delta E}{\Delta V}\right)_{24.35}-\left(\frac{\Delta E}{\Delta V}\right)_{24.25}}{V_{24.35}-V_{24.25}}=\frac{0.8300-0.3900}{24.35-24.25}=+4.4$$

同样，加入 24.40mL $AgNO_3$ 时：

$$\frac{\Delta^2 E}{\Delta V^2}=\frac{\left(\frac{\Delta E}{\Delta V}\right)_{24.45}-\left(\frac{\Delta E}{\Delta V}\right)_{24.35}}{V_{24.45}-V_{24.35}}=\frac{0.2400-0.8300}{24.45-24.35}=-5.9$$

上述计算可归纳为滴定剂体积(V,mL)与 $\Delta^2 E/\Delta V^2$ 之间的对应，24.30，4.4，x，0，24.40，−5.9。即：(24.40−24.30)∶(−5.9−4.4)=(x−24.30)∶(0−4.4)

$$x=24.30+\frac{-4.4}{-10.3}\times 0.10\approx 24.34(\text{mL})$$

3. 电极要处理得当

蒸馏水浸泡和冲洗要到位，电极中的液体介质要足量。

4. 仪器使用注意的问题

① 为了保护和更好地使用仪器，每次开机前，请检查仪器后面的电极插口，必须保证它们连接有测量电极或者短路插，否则有可能损坏仪器的高阻器件。

② 仪器不使用时，短路插也要接上，以免仪器输入开路而损坏仪器。

③ 为了保证仪器的测量精度，建议选手开机预热 0.5h 或更长时间后再进行测量。

5. 滴定速度合理

滴定的速度要均匀，摸索滴定的滴数与毫升的关系，准确计量。

6. 及时记录

手动的电位滴定数据比较多，要及时记录。

三、 典型电位滴定法实验报告单

1. 硝酸银标准溶液的标定

（1）赛场环境情况记录

天平编号		滴定管编号		未知样编号	

（2）操作记录

项目		1	2	3
称取基准物 NaCl	m(倾样前)/g			
	m(倾样后)/g			
	m(NaCl)/g			

续表

项目		1	2	3
容量瓶 100.0mL	标示体积/mL			
	体积修正值/mL			
	溶液温度/℃			
	温度补正值/(mL/L)			
	溶液温度校正值/mL			
	容量瓶实际体积/mL			
移液管 25.00mL	标示体积/mL			
	体积修正值/mL			
	溶液温度/℃			
	温度补正值/(mL/L)			
	溶液温度校正值/mL			
	移液管实际体积/mL			
标定消耗 $AgNO_3$ 体积	滴定管初读数/mL			
	滴定管终读数/mL			
	消耗 $AgNO_3$ 体积/mL			
空白消耗 $AgNO_3$ 体积	滴定管初读数/mL			
	滴定管终读数/mL			
	消耗 $AgNO_3$ 体积/mL			
滴定管校正值/mL				
滴定管溶液温度校正值/mL				
实际消耗 $AgNO_3$ 体积/mL				
$c(AgNO_3)/(mol/L)$				
$\bar{c}(AgNO_3)/(mol/L)$				
相对极差/%				

（3）数据处理过程

2. 电位滴定法测定 Cl^- 含量

（1）操作记录

<table>
<tr><td colspan="2">项目</td><td colspan="3">1</td><td colspan="3">2</td><td colspan="3">3</td></tr>
<tr><td rowspan="5">移液管 25.00mL</td><td>标示体积/mL</td><td colspan="3"></td><td colspan="3"></td><td colspan="3"></td></tr>
<tr><td>体积修正值/mL</td><td colspan="3"></td><td colspan="3"></td><td colspan="3"></td></tr>
<tr><td>溶液温度/℃</td><td colspan="3"></td><td colspan="3"></td><td colspan="3"></td></tr>
<tr><td>温度补正值/(mL/L)</td><td colspan="3"></td><td colspan="3"></td><td colspan="3"></td></tr>
<tr><td>溶液温度校正值/mL</td><td colspan="3"></td><td colspan="3"></td><td colspan="3"></td></tr>
<tr><td colspan="2">滴定管初读数/mL</td><td colspan="6"></td><td colspan="3"></td></tr>
<tr><td rowspan="2">样品 1</td><td>加入 $AgNO_3$ 体积/mL</td><td></td><td></td><td></td><td></td><td></td><td></td><td></td><td></td><td></td></tr>
<tr><td>电位值 E/mV</td><td></td><td></td><td></td><td></td><td></td><td></td><td></td><td></td><td></td></tr>
<tr><td rowspan="2">样品 2</td><td>加入 $AgNO_3$ 体积/mL</td><td></td><td></td><td></td><td></td><td></td><td></td><td></td><td></td><td></td></tr>
<tr><td>电位值 E/mV</td><td></td><td></td><td></td><td></td><td></td><td></td><td></td><td></td><td></td></tr>
<tr><td rowspan="2">样品 3</td><td>加入 $AgNO_3$ 体积/mL</td><td></td><td></td><td></td><td></td><td></td><td></td><td></td><td></td><td></td></tr>
<tr><td>电位值 E/mV</td><td></td><td></td><td></td><td></td><td></td><td></td><td></td><td></td><td></td></tr>
<tr><td colspan="2">二阶微商法计算消耗 $AgNO_3$ 体积</td><td colspan="3"></td><td colspan="3"></td><td colspan="3"></td></tr>
<tr><td colspan="2">体积校正值/mL</td><td colspan="3"></td><td colspan="3"></td><td colspan="3"></td></tr>
<tr><td colspan="2">溶液温度/℃</td><td colspan="3"></td><td colspan="3"></td><td colspan="3"></td></tr>
<tr><td colspan="2">温度补正值/(mL/L)</td><td colspan="3"></td><td colspan="3"></td><td colspan="3"></td></tr>
<tr><td colspan="2">溶液温度校正值/mL</td><td colspan="3"></td><td colspan="3"></td><td colspan="3"></td></tr>
</table>

续表

项目	1	2	3
实际消耗 $AgNO_3$ 体积/mL			
Cl^- 含量/(g/L)			
$\overline{Cl^-}$ 含量/(g/L)			
相对极差/%			

（2）数据处理过程

四、 典型电位滴定法的自我评价

自我评价见表 3-7。

（1）现场考核记录(在符合项中打“√”,空格内可说明情况)

表 3-7 电位滴定法操作自我评价表

序号	操作项目	配分	不规范操作项目名称	裁判记录栏			
				是	否	扣分	得分
1	基准物称量操作(每条每次不规范扣 0.5 分，不重复扣，扣完为止)	4 分	不看水平				
			不清扫或校正天平零点后清扫				
			称量开始或结束不校零点				
			用手直接拿取称量瓶				
			称量瓶放在桌子台面或纸上				
			称量或敲样时不关门，或开关门太重使天平移动				
			称量物品洒落在天平内或工作台上				
			离开天平室时物品留在天平内或放在工作台上				
			重称次数，划“正”字。总分中每次扣 5 分				
2	玻璃器皿洗涤(每条扣 1 分,不重复扣,扣完为止)	3 分	滴定管挂液				
			吸量管挂液				
			容量瓶挂液				
3	滴定管操作(每条每次不规范扣 0.5 分,不重复扣,扣完为止)	5 分	滴定管不试漏或滴定中漏液				
			未用同一种溶液洗满三次				
			放 0 刻度线时，溶液放在地面上或水槽中				
			滴定管装液后溶液中有气泡				
			在平行样滴定时，不看指示剂颜色变化，而看滴定管的读数				
			摇动锥形瓶时溶液飞溅到外面				
			终点过头或不到终点				
			读数时滴定管不垂直或液面与视线不在同一水平				
			不进行滴定管表观读数校正 (结束时,裁判必须现场核实数据)				
			不进行溶液温度校正				
			不做空白试验				
4	移取溶液(每条不规范扣 0.5 分，划“正”字可重复扣，扣完为止)	2 分	吸液重吸(包括吸空,可划“正”字表示重吸次数)				
			吸液时移液管直接插入提供的存放试样瓶中				
			放液时移液管不垂直				
			移液管尖不靠壁				
			放液后不停留一定时间(约 15s)				
			不进行体积校正(结束时裁判现场核实数据)				
			不进行溶液温度校正				

续表

序号	操作项目	配分	不规范操作项目名称	裁判记录栏			
				是	否	扣分	得分
5	容量瓶的定容操作（每条不规范扣0.5分，划“正”字可重复扣，扣完为止）	3分	三分之二处不进行水平摇动				
			稀释至刻度线不准确（可划“正”字表示次数）				
			摇匀动作不正确				
			不进行表观值校正或不记录（结束时裁判现场核实数据并记录）				
			不进行溶液温度校正				
			重新配制溶液（可划“正”字表示重配次数）				
6	电位滴定仪操作（每条不规范扣0.5分，不重复扣，扣完为止）	3分	仪器不预热				
			不检查电极，有气泡或脏物在膜上				
			电极没有全部浸没在被测溶液中				
			电极用滤纸擦干				
			不等待一定时间，或未稳定就读数				
			换被测溶液时未用水洗三次或用滤纸吸干				
			溶液滴在仪器上				
			被测溶液飞溅出来				
			读数时滴定管不垂直或液面与视线不在同一水平				
			不进行滴定管表观读数校正或溶液温度校正				
7	原始记录（每条不规范扣0.5分，不重复扣，扣完为止）	0.5分	不及时记录测得数据				
			不记在规定的记录纸上（实验结束时将此纸收交）				
8	结束工作	0.5分	实验结束，玻璃仪器、电极不清洗或未清洗干净				
			实验结束，电位滴定仪、搅拌器不关				
			实验结束，废液不处理或不按规定处理				
			实验结束，不整理工作台面或物品摆放不整齐				
			天平或电位滴定仪使用后不进行登记				
9	损坏仪器	每损坏一件仪器（包括自带的玻璃器皿），扣5分，在总分中扣					

（2）技能大赛中的称量范围、准确度、精密度、计算、原始记录等客观分数的评分

序号	评价项目	配分	评分细则	扣分	得分
1	未知试样用硝酸银溶液平行测定的精密度	6分	极差的相对值≤0.10%	0	
			0.10%＜极差的相对值≤0.20%	1	
			0.20%＜极差的相对值≤0.30%	2	
			0.30%＜极差的相对值≤0.40%	3	
			0.40%＜极差的相对值≤0.50%	4	
			0.50%＜极差的相对值≤0.60%	5	
			极差的相对值＞0.60%	6	
			未进行平行测定	6	
2	未知试样用硝酸银溶液测定的准确度	20分	相对误差≤0.30%	0	
			0.30%＜相对误差≤0.40%	3	
			0.40%＜相对误差≤0.50%	6	
			0.50%＜相对误差≤0.60%	10	
			0.60%＜相对误差≤0.70%	15	
			相对误差＞0.70%	20	
3	电位滴定终点确定准确	10分	二阶微商法计算每错一个扣5分		

五、 典型电位滴定法计算模板

① 模板是以Excel格式形成，有底纹部分是按照计算公式自动生成，无底纹部分是采

集选手的实验数据。使用前一定要自己按照空白表格填写并计算，然后再用模板比对。

模板可以登录化学工业出版社教学资源网(http//www.cipedu.com.cn)下载。

② 模板转为 Word 文档格式如下表所示。

a. 标定记录：

项目		1	2	3
称量瓶+样品(倾样前)/g		80.1234	79.9034	79.6834
称量瓶+样品(倾样后)/g		79.9034	79.6834	79.4634
m(NaCl)/g		0.2200	0.2200	0.2200
滴定管初读数/mL		0.00	0.00	0.00
标定 1	加入 $AgNO_3$ 体积/mL			
	电位值 E/mV			
标定 2	加入 $AgNO_3$ 体积/mL			
	电位值 E/mV			
标定 3	加入 $AgNO_3$ 体积/mL			
	电位值 E/mV			
二阶微商法计算消耗 $AgNO_3$ 体积		25.00	25.00	25.00
体积校正值/mL		0.00	0.00	0.00
溶液温度/℃		22	22	22
温度补正值/(mL/L)		−0.38	−0.38	−0.38
溶液温度校正值/mL		−0.0095	−0.0095	−0.0095
实际消耗 $V_1(AgNO_3)$/mL		24.99	24.99	24.99
$c(AgNO_3)$/(mol/L)		0.15063	0.15063	0.15063
$\bar{c}(AgNO_3)$/ (mol/L)		0.1506		
相对极差/%		0.00		

b. 样品测定记录：

项目	1	2	3
称量瓶+样品(倾样前)/g	80.1234	79.9234	79.7234
称量瓶+样品(倾样后)/g	79.9234	79.7234	79.5234
m(样品)/g	0.2000	0.2000	0.2000
消耗 $V(AgNO_3)$/mL	22.12	22.12	22.12
体积校正值/mL	0.00	0.00	0.00
溶液温度/℃	22	22	22
温度补正值/(mL/L)	−0.38	−0.38	−0.38
溶液温度校正值/mL	−0.00841	−0.00841	−0.00841
实际消耗 $V_2(AgNO_3)$/mL	22.11	22.11	22.11
空白 $V_0(AgNO_3)$/mL	0.00	0.00	0.00
$c(AgNO_3)$/(mol/L)	0.1506		
w/%	97.328	97.328	97.328
$\bar{w}$/%	97.328		
相对极差/%	0.00		

六、 典型电位滴定法的其他案例试题

试题：电位滴定法测定磷酸和磷酸二氢钠混合物(第 45 届世界技能大赛试题)

(1) 健康和安全

请说明哪些是健康和安全措施所必需的，给出相应描述。

(2) 环保

请说明是否需要采取环保措施。

(3) 基本原理

该方法基于用碱溶液中和磷酸和磷酸二氢钠。在第一步中，磷酸二氢钠和磷酸一起被碱中和。

（4）目标

① 校准 pH 计。

② 标定氢氧化钠溶液。

③测定样品中磷酸和磷酸二氢钠的物质的量浓度。

④ 制作报告。

（5）完成工作的总时间为 3h

（6）仪器设备、试剂和溶液

磁力搅拌器，搅拌速度可调，磁力搅拌棒 带有可再填充 pH 电极液的 pH 计 实验室滴定管支架和夹具	不同规格的移液器 量筒，50mL，3 个 滴定管，25mL 和 50mL 烧杯，100mL 不同规格的漏斗 移液器球(洗耳球)，小号	缓冲溶液(pH 为 4.01、7.01、6.86、10.01) 0.1mol/L 的盐酸标准溶液 氢氧化钠溶液，c(NaOH)=0.1mol/L 蒸馏水或去离子水

（7）实验

① pH 计的校准。根据设备制造商手册，使用两种或三种标准缓冲溶液(pH 为 4.01、7.01 和 10.01)校准 pH 计。检查对照缓冲溶液的 pH(pH=6.86)。获得的值应在标称值的 ±0.05 单位内。

② 标定氢氧化钠标准溶液。用 0.1mol/L 盐酸一级标准溶液标定氢氧化钠标准溶液[c(NaOH)≈0.1mol/L]，将 10.00～15.00mL 的 0.1mol/L 盐酸一级标准溶液置于 100mL 烧杯中，加蒸馏水或去离子水至 50mL，小心地将磁力搅拌棒放入含有溶液的烧杯中，并将烧杯放在磁力搅拌器上。将电极浸入溶液。小心地打开搅拌电机开关，调节所需的搅拌速度，确保搅拌棒不会碰到电极、显示屏上的读数稳定、pH 计正常工作。

在连续搅拌的同时，从滴定管以小的增量连续输送等份的氢氧化钠溶液。在加入每份滴定剂后记录加入滴定剂的体积(mL)和 pH。

达到终点后，继续滴定至少 5.00mL。滴定至少进行 3 次。

使用 Excel 或方格纸绘制 pH(在 Y 轴上)与滴定剂体积(在 X 轴上)的图，并以图形方式确定化学计量点。

考虑到等效定律，计算氢氧化钠溶液的校正系数，结果应四舍五入到小数点后第 4 位。结果之间的差异不应超过 0.003。取计算因子的算术平均值。

③样品分析。a. 在 100mL 烧杯中移取 10.00mL 样品，加入 40mL 蒸馏水或去离子水。b. 在连续搅拌下，从滴定管中加入少量氢氧化钠溶液。在加入每份滴定剂后记录加入滴定剂的体积 V(mL)和以 mV 为单位的电压值 E。c. 到达第一个终点后继续滴定，直至达到第二个终点。在第二个终点后继续滴定至少 5.00mL 的滴定剂。

滴定至少进行 2 次。

滴定完成后，将磁力搅拌器的速度设定为“0”。从烧杯中取出 pH 电极和磁力搅拌棒，并用蒸馏水彻底冲洗。

（8）计算

使用 Excel 或方格纸绘制 $\Delta E/\Delta V$(在 Y 轴上)与滴定剂体积 V(在 X 轴上)的图，并确定化学计量点。端点由一阶导数方法建立，如一阶导数值的两个最大值所示。最大值以图形方式或通过插值确定。

通过消耗滴定至滴定曲线第一个终点的0.1mol/L氢氧化钠溶液的体积，计算样品中磷酸的浓度(以mol/L计)。通过滴定至第一和第二端点所消耗的0.1mol/L氢氧化钠溶液的体积之差计算磷酸二氢钠的浓度(以mol/L计)。

分析结果(A)的收敛性（可重复性）通过下式计算，以%表示。

$$A=\frac{2(X_1-X_2)}{X_1+X_2}\times 100$$

式中，X_1 为两次平行测量结果的最大值；X_2 为两次平行测量结果的最小值。

计算所得结果的算术平均值并四舍五入到小数点后第2位。

(9) 报告

请完成一份报告，并写下在测定过程中发生的化学反应的方程式。

第四节　有机试剂合成及提纯

化学实验室技术应该考察常规实验室准备的基础试剂和标准溶液，其中有一些是通过合成获得的化学试剂，这就需要化学实验室操作人员熟悉并掌握有关的试剂制备。有机试剂合成主要考察选手对一般性、通用性、实验室易得的有机试剂合成仪器的搭建、合成条件优化、蒸馏、分流、分离、提纯等操作规范性、安全性的执行情况。

一、具有代表性的合成案例

1. 叔丁基氯的合成

(1) 原理

化学反应方程式：$C(CH_3)_3OH+HCl\longrightarrow C(CH_3)_3Cl+H_2O$

(2) 仪器设备

① 分液漏斗：100mL，1个；

② 锥形瓶：100mL，1个；

③ 磨口锥形瓶：50mL，2个；

④ 蒸馏瓶：100mL，1个；

⑤ 温度计：100℃，1个；

⑥ 直形冷凝管：200mm，1个；

⑦ 真空接液管：24#，1个；

⑧ 量筒：25mL，2个；

⑨ 精密天平：1台(在天平室)；

⑩ 水浴装置：1套；

⑪ 双顶丝：2个；

⑫ 烧瓶夹或万能夹：2个；

⑬ 仪器标口连接夹：3个；

⑭ 蒸馏头：24#×3，1个；

⑮ 空心玻璃塞：24#，1个；

⑯ 铁架台：2个；

⑰ 升降台：2个；

⑱ 封口膜：5cm；

⑲ 橡皮筋：5 个；
⑳ 温度计套管：24#，1 个；
㉑ 定量滤纸：9cm，中速，若干；
㉒ 玻璃棒：1 根；
㉓ pH 试纸：1 份；
㉔ 胶皮管：2m，2 根。

（3）试剂

① 叔丁醇，AR；
② 硫酸，浓，AR；
③ $NaHCO_3$ 溶液，5%(质量分数)；
④ $CaCl_2$，无水；
⑤ 沸石。

（4）装置

蒸馏装置和分液示意图分别如图 3-9 和图 3-10 所示。

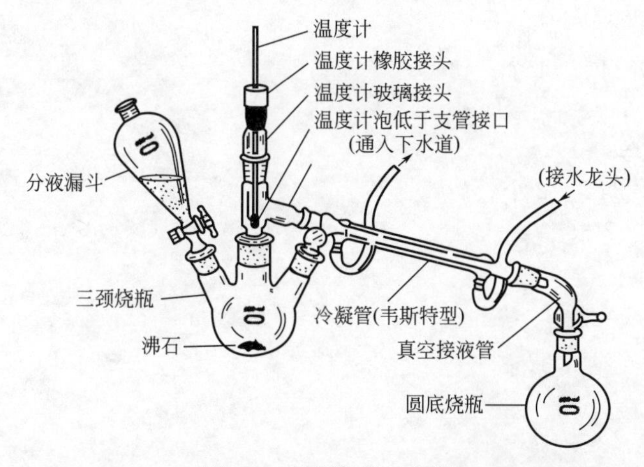

图 3-9 蒸馏装置示意图

（5）操作

在 100mL 分液漏斗中，放置 4.8mL 叔丁醇和 12.5mL 浓硫酸。不塞漏斗塞子，轻轻旋摇 1min，然后将漏斗塞盖紧，翻转后振摇 2～3min。注意及时打开活塞放气，以免漏斗内压力过大，使反应物喷出。静置分层后分出有机相，依次用等体积的水、5%碳酸氢钠溶液、水洗涤。用碳酸氢钠溶液洗涤时，操作更小心，注意及时放气。产物经无水氯化钙干燥后，滤入蒸馏瓶中，在水浴上蒸馏。接收瓶用冰水冷却，收集 48～52℃馏分，产量约 3.5g。

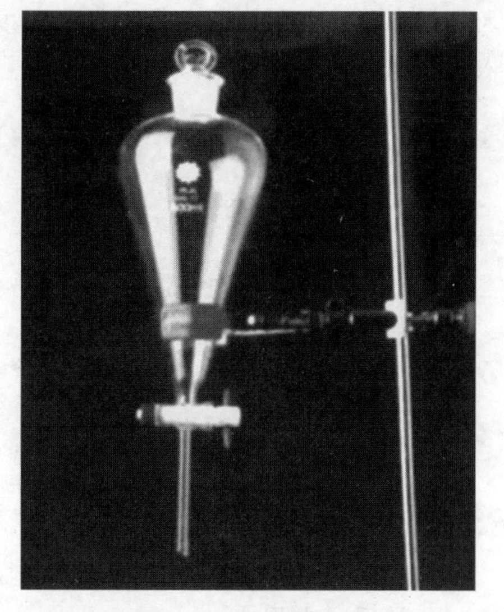

图 3-10 分液示意图

2. 乙酸乙酯的合成

（1）原理

化学反应方程式：

$$CH_3COOH + CH_3CH_2OH \longrightarrow CH_3COOCH_2CH_3 + H_2O$$

（2）仪器设备和试剂

仪器设备：

① 三颈烧瓶，100mL，1 个；

② 恒压长颈滴液漏斗，60mL，1 个；

③ 温度计，100℃、200℃各 1 个；

④ 磨口锥形瓶，50mL，1 个；

⑤ 直形冷凝管，200mm，1 个；

⑥ 球形冷凝管，300mm，1 个；

⑦ 真空接液管，24#，1 个；

⑧ 量筒，25mL 2 个，10mL 1 个；

⑨ 电热套，1 个；

⑩ 升降台，2 个；

⑪ 双顶丝，2 个；

⑫ 烧瓶夹或万能夹，2 个；

⑬ 仪器标口连接夹，3 个；

⑭ 蒸馏头，24#×3，1 个；

⑮ 空心玻璃塞，24#，1 个；

⑯ 铁架台，2 个；

⑰ 橡皮筋，5 个；

⑱ 温度计套管，24#，2 个；

⑲ 胶皮管，2m，2 根。

试剂：

① 冰醋酸；

② 无水乙醇；

③ 浓硫酸；

④ 沸石。

（3）操作

在三颈烧瓶中，加入 12mL 乙醇，在振摇与冷却下分批加入 8mL 浓 H_2SO_4，混匀后加入几粒沸石。三颈烧瓶一侧口插入温度计，另一侧口插入恒压长颈滴液漏斗，漏斗末端应浸入液面以下，中间磨口安装蒸馏装置，如图 3-11 所示。

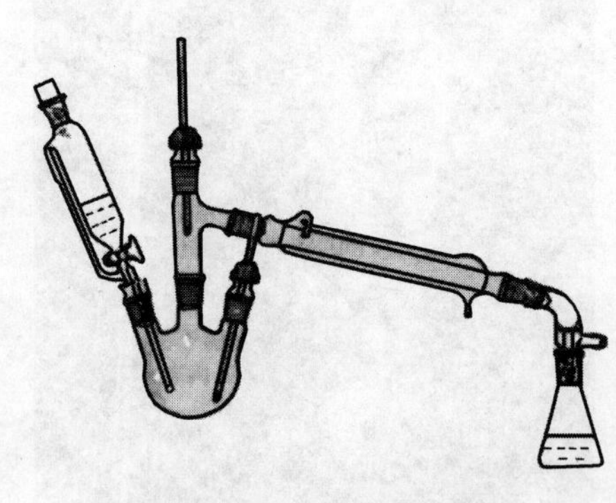

图 3-11　滴液蒸馏装置

在滴液漏斗内加入 12mL 乙醇和 15mL 冰醋酸并混匀。用电热套加热，当温度升至约 120℃时，开始滴加乙醇和冰醋酸的混合液，并调节滴加速度，使滴入与馏出乙酸乙酯的速度大致相等，同时维持反应温度在 115～120℃间。滴加约需 1h。滴加完毕，在 115～120℃下继续加热 15min。最后将升温至 130℃，观察有无液体馏出，若无即可停止加热。等体系冷却后收集粗乙酸乙酯。

3. 溴乙烷的合成

（1）原理

饱和卤化烃的合成方法基于当与卤化氢反应时伯醇羟基与卤素的取代反应。

化学反应方程式：

$$CH_3CH_2OH \xrightarrow[H_2O]{H_2SO_4,KBr} CH_3CH_2Br$$

（2）仪器、设备和试剂

仪器、设备：

① 带加热或加热板的磁力搅拌器；

② 玻璃加热块；

③ 水浴和沙浴；

④ 实验室烧瓶夹；

⑤ 天平，精度 1.0mg；

⑥ 100mL 和 250mL 圆底烧瓶；

⑦ 蒸馏头；

⑧ 利比格冷凝器；

⑨ 接收瓶；

⑩ 不同规格的锥形瓶；

⑪ 100mL 烧杯；

⑫ 不同规格的漏斗；

⑬ 分液漏斗；

⑭ 温度计；

⑮ 玻璃珠子；

⑯ 塞子；

⑰ 瓷研钵杵；

⑱ 刮板。

试剂：

① 硫酸，93.6%(质量分数)；

② 溴化钾；

③ 乙醇，96%(质量分数)；

④ 无水氯化钙；

⑤ 冰；

⑥ 蒸馏水或去离子水。

（3）操作

将 28mL 乙醇和 20mL 冷水放入圆底烧瓶中。在连续搅拌和冷却的情况下小心地添加160%的硫酸。混合物冷却至室温，添加计算量的粉末溴化钾，组装的蒸馏装置在大气压力下进行蒸馏。接收瓶应几乎完全装满冷水，并置于冰浴中。反应过程中，将产物蒸馏并收集在接收器中。加热反应混合物，直到油性液滴出现，停止加热。在反应混合物沸腾过强的情况下，减少热量或停止加热一段时间。当反应完成后，用分液漏斗将收集的溴乙烷从水中分离到干燥的烧瓶中，并用无水氯化钙(约 5g)干燥。如有必要，加入更多无水氯化钙。由此产生的解决方案必须清晰。将干燥的粗产物过滤到蒸馏瓶中，然后蒸馏。收集 36～41℃的馏分。为了减少产品损失，把接收器放置在冰水浴中。对产品进行称量，并计算反应的收率(以%表示)。

确定获得产品的折射率。测量应一式三份进行。计算平均折射率。与标称值小数点后第3 位相匹配的表示产品的纯度高。

（4）常数

分子式	分子量	密度(20℃)/(g/cm³)	沸点/℃	折射率 n_D^{20}	溶解度/(g/100g)
C_2H_5OH	46.07	0.7893	78.4	1.361	无限
C_2H_5Br	108.98	1.456	38.4	1.4242	0.9
H_2SO_4	98.08	1.830	330	—	无限
KBr	119.01	2.75	1380	—	39
H_2O	18.02	0.997	100	—	无限

4. 乙酸正丁酯的合成

（1）原理

化学方程式：

$$CH_3—\overset{\overset{\displaystyle O}{\|}}{C}—OH + CH_3CH_2CH_2CH_2OH \xrightarrow[\triangle]{H_2SO_4} CH_3—\overset{\overset{\displaystyle O}{\|}}{C}—OCH_2CH_2CH_2CH_3 + H_2O$$

（2）仪器、设备和试剂

① 仪器和设备：

序号	名称	规格	数量
1	温度计	0～200℃	1根
2	分水器	24# ×2	1个
3	温度计套管	螺口,24#	1个
4	球形冷凝管	直形 300mm,24#	1根
5	单颈烧瓶	100mL/24#	3个
6	量筒	50mL	1个
7	量筒	25mL	2个
8	玻璃塞	24#	5个
9	废液杯	1000mL 烧杯	2个
10	玻璃仪器连接夹	24#	3个
11	胶皮管	2m	2根
12	药匙	不锈钢	1个
13	橡胶手套	耐酸碱	1副
14	剪刀	不锈钢	1把
15	橡皮筋	小橡皮筋	4根
16	吸水纸	10mm×10mm	10张
17	铁架台	国标标准款	2台
18	电热套	调温电热套(250mL)	1台
19	烧瓶夹	普通	1个
20	冷凝管夹	普通	1个
21	双顶丝	普通	2个
22	升降台	150mm×150mm	2台
23	秒表	普通，可计时	1个
24	计算器	普通	1个
25	乳胶手套	实验用	1副
26	一次性滴管	耐酸碱，3mL	2根
27	水浴锅	电热恒温数显水浴锅	1台
28	气流烘干仪	玻璃仪器气流烘干仪	1台
29	洗瓶	聚乙烯塑料瓶	1个
30	护目镜	实验用劳保护目镜	1副
31	保温布	玻璃纤维缠绕带，2m	1卷
32	温度计套管	24#	1个
33	直形冷凝管	直形 200mm×24mm×24mm	1支

续表

序号	名称	规格	数量
34	接收瓶	50mL/24#	3个
35	蒸馏头	24#×3	1个
36	接引管	真空接引管(双磨口)24#	1个
37	分液漏斗	125mL(聚四氟乙烯旋塞)	1个
38	锥形瓶	250mL	1个
39	玻璃棒	磨头 15cm×7mm	1根
40	普通漏斗	50mL	1个
41	定量滤纸	9.0cm，中速	1个
42	封口膜	5cm	1张
43	进样瓶	4mL	1个
44	称量纸	10cm×10cm	5张
45	标签纸	普通	1张
46	蓝色石蕊试纸	普通	1盒
47	分析天平	梅特勒 ME204，内校	1台

② 试剂：

序号	名称	规格	数量
1	10%(质量分数)Na_2CO_3 溶液	60mL	1瓶
2	蒸馏水	2L	1桶
3	沸石	20 粒	1瓶
4	凡士林	500g，实验试剂	1盒
5	无水 $MgSO_4$	500g，AR	1盒
6	氯化钠	500g，AR	1盒
7	冰醋酸	500mL，AR	1瓶
8	正丁醇	500mL，AR	1瓶
9	浓硫酸	500mL，AR	1瓶

(3) 操作

① 合成：在 100mL 单颈烧瓶中加入 17.0mL 正丁醇和 15.0mL 冰醋酸，再加入 6～7 滴浓 H_2SO_4，慢慢摇瓶，混合均匀后加入 1～2 粒沸石。如图 3-12 所示，安装带有分水器的回流装置，并在分水器中预先加略低于支管口 0.3～0.5mm 的水(记下预先所加水的体积)。加入磁珠，在磁力搅拌器上小火加热回流。记下第一滴回流液滴下的时间并控制冷凝管中的液滴流速为 1～2 滴/s。合成反应进行 40～50min，如不再有水生成(液面不再上升)，即表明合成反应完成。停止加热，记录分出的水量，保留粗产品。

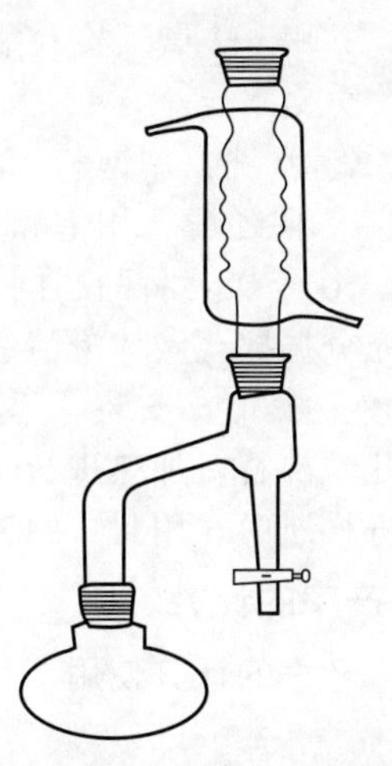

图 3-12　共沸蒸馏分水装置

改变一种反应物的量或加入催化剂进行合成反应条件优化，以收集的产品量作为合成反应条件优化分析的依据。

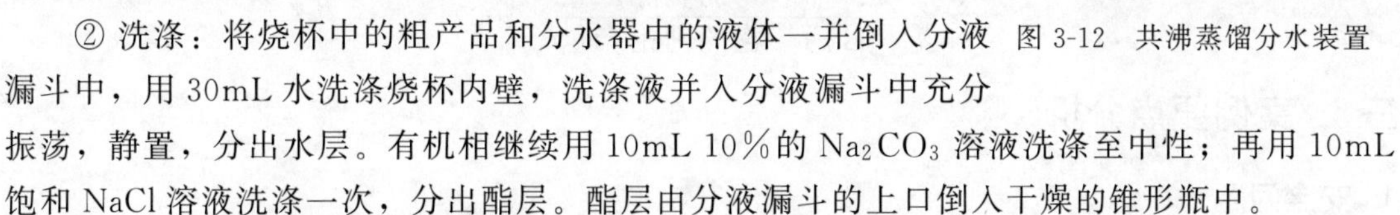

② 洗涤：将烧杯中的粗产品和分水器中的液体一并倒入分液漏斗中，用 30mL 水洗涤烧杯内壁，洗涤液并入分液漏斗中充分振荡，静置，分出水层。有机相继续用 10mL 10%的 Na_2CO_3 溶液洗涤至中性；再用 10mL 饱和 NaCl 溶液洗涤一次，分出酯层。酯层由分液漏斗的上口倒入干燥的锥形瓶中。

③干燥：在盛放粗产品的锥形瓶中放入 2g 左右的无水 $MgSO_4$，配上塞子，充分振摇至

液体澄清、透明，再放置30min。

④ 蒸馏：将干燥后的乙酸正丁酯用少量脱脂棉通过三角漏斗过滤至干燥的250mL单颈烧瓶中(注意:不要将$MgSO_4$倒进去!)，加入2～3粒沸石，安装好蒸馏装置，加热蒸馏。收集124～127℃的乙酸正丁酯馏分，记录精制乙酸正丁酯的产量，并保留2mL产品到色谱进样瓶中，用封口膜密封、备用。实验装置如图3-13所示。

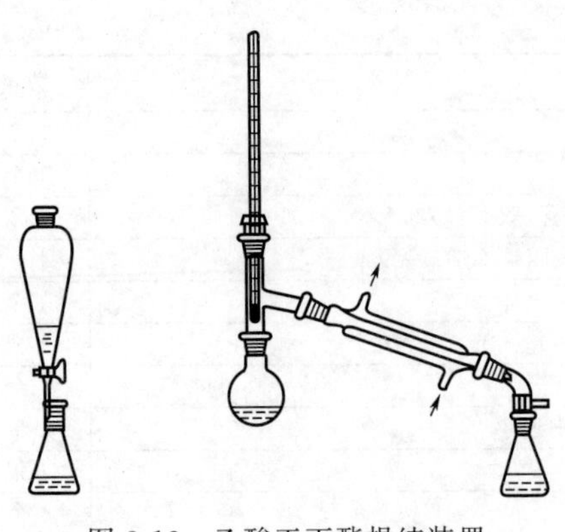

图3-13　乙酸正丁酯提纯装置

二、 纯化实例解析

合成完成后，将粗产品进行洗涤、干燥、蒸馏，以进行纯化。下面以乙酸乙酯为例说明。

1. 仪器和试剂

(1) 仪器

分液漏斗：250mL，1个；锥形瓶：100mL，1个；磨口锥形瓶：50mL，2个；蒸馏瓶：100mL，1个；温度计：100℃，1个；直形冷凝管：200mm，1个；真空接液管：24#，1个；量筒：25mL，2个；进样瓶：40mL，1个；精密天平：1台(在天平室)；电热套：1个；双顶丝：2个；烧瓶夹或万能夹：2个；仪器标口连接夹：3个；蒸馏头：24#×3，1个；空心玻璃塞：24#，1个；铁架台：2个；升降台：2个；封口膜：5cm；橡皮筋：5个；温度计套管：24#，1个；定量滤纸：9cm，中速，若干；玻璃棒：1根；pH试纸：1份；胶皮管：2m，2根。

(2) 试剂

饱和Na_2CO_3溶液；饱和NaCl溶液；饱和$CaCl_2$溶液；无水$MgSO_4$；沸石。

2. 实验方案

① 中和：在粗乙酸乙酯中慢慢加入饱和Na_2CO_3溶液，边搅拌边冷却，直至无CO_2逸出，并用pH试纸检验酯层呈中性。然后将此混合液移入分液漏斗中，充分振摇，静置分层后，分出水层。

② 水洗：用饱和NaCl溶液洗涤酯层，静置，分出水层。

③ 除乙醇：用饱和$CaCl_2$溶液分两次洗涤酯层，分出水层。

④ 干燥：将酯层倒入干燥的50mL锥形瓶中，并放入无水$MgSO_4$干燥，配上塞子，然后充分振摇至液体澄清、透明，再放置约30min。

⑤ 蒸馏：安装一套蒸馏装置。将干燥后的粗酯通过漏斗(滤纸过滤)滤入蒸馏瓶中，加入几粒沸石，加热进行蒸馏。收集乙酸乙酯馏分，记录精制乙酸乙酯的产量，并保留2mL于进样瓶中，用封口膜密封。

3. 产率的计算

产率的计算使用下列公式：

$$产率=\frac{目标产物的实际产量}{目标产物的理论产量}\times 100\%$$

三、 案例要点分析

1. 安全问题

在有机合成中，安全是重中之重。合成实验中常见的有可能引起危险的反应的注意事项如下，供大家参考。

（1）过氧化物参与的反应

常见的过氧化物有过氧酸，如mCPBA(间氯过氧苯甲酸)和过氧乙酸，TBHP(过氧叔丁醇)，双氧水等。

过氧化物属于易爆化合物，不要与金属撞击，不能受热，更不能用烘箱和红外灯烘干。称量时不能用金属勺或金属刮刀，只能用牛角勺或塑料勺，取料时要小心轻放，置于塑料烧杯或塑料桶中移动。

反应后处理时，由于过量的过氧化物在有机相中的浓度大于在水相中的浓度，所以很难用水洗掉过量的过氧化物。一般用硫代硫酸钠或亚硫酸钠的饱和溶液处理有机相，淬灭过量的过氧化物，由于大部分过氧化物在有机相中，因此要充分搅拌才能完全反应，最后用淀粉碘化钾试纸测试有机相是否还有残留的过氧化物。

反应后得到的产物如果是氮氧化物，则产物也有爆炸性，最好用低沸点的溶剂萃取，浓缩时温度不宜超过30℃，最好不要旋干。

（2）硝化反应及硝基化合物参与的反应

硝化反应是剧烈的放热反应，不能密封，可以加干燥管与空气中的水隔绝。滴加硝酸时要控制好速度，确保稳定，不要上升太快。另外温度也不能降得太低，防止反应突然爆发，热量骤然积聚引发冲料甚至爆炸。后处理时一般是倒入冰中，防止温度上升太快。

含有硝基的化合物都属于易爆化合物，硝基的个数越多，硝基占分子量的比例越大，爆炸性越强，引发爆炸所需的能量越小，摩擦、加热和撞击都有可能引发爆炸。

不能用烘箱和红外灯烘干，只能真空干燥。称量时不能用金属勺或金属刮刀，只能用牛角勺或塑料勺，取料时要小心轻放。

最好用低沸点的溶剂萃取，浓缩的温度也不要太高，最好不要旋干。特别是旋转蒸发仪放气时要小心，要缓慢放气，否则有可能空气突然冲入撞击引发爆炸。

凡是硝基甲烷参与的反应，都不能用气球密封，也不能用封管、闷罐和高压釜等密闭体系进行反应。

氮氧化物的操作流程等同于硝基化合物，尤其氮氧化物和三氯氧磷进行氯化反应时，必须要在搅拌状态下将氮氧化物加入三氯氧磷中，切不可反加否则有爆炸危险。

（3）含硫化合物(苯硫酚、硫醚、硫醇)参与的反应

称量、取料和后处理都要在通风良好的通风橱内进行，旋转蒸发仪也最好在通风橱内进行操作，水泵的水箱内加入次氯酸钠以破坏含硫化合物。

所有在反应中使用过的反应瓶、漏斗及手套都要用次氯酸钠溶液浸泡。

2. 有机合成操作技术要点

（1）仪器搭建

仪器搭建是合成安全、顺利、产率比较高的关键。

① 加热套与蒸馏瓶之间的间隙不能过大，其也不能紧贴蒸馏瓶。间隙太大，温度控制灵敏度变小。紧贴蒸馏瓶容易造成局部受热过大，反应物有的时候容易碳化。

② 温度计放的位置要恰当，蒸馏时温度计底部的液球上端应置于蒸馏瓶支管下沿。

③磨口要用凡士林密封，凡士林不宜涂抹过多，薄薄一层够用为度。

④ 使用回流分水器时，预装的水与支管流水下沿大约保留3～5mm的距离，不宜过多或过少。

⑤ 回流和蒸馏装置固定在铁架台上时要横平竖直，夹子或固定旋夹的开口端向上，保证仪器受力平衡、可靠。

（2）回流操作

① 回流时尽量用保温布对蒸馏瓶口以上部分进行保温，确保回流的效能。

② 回流时反应生成的雾状体到达的位置应在球形冷凝管的中间部位，实时注意调整温度，不要在一个球之下，应该在两个球及其以上(以四个球的冷凝管为例)。

③ 回流操作不要在通风橱或有空调回流气体的地方进行，以免气流使反应液体挥发。

④ 回流操作时，要控制好冷凝管中水的流速，进水口阀门要依据冷凝管中雾状体到达的位置调整，流速尽量慢一点。

（3）蒸馏操作

① 蒸馏时控制升温速度不宜过快，蒸馏速度宜慢不宜快。

② 要控制好冷凝管中水的流速，进水口阀门控制得当。

（4）洗涤、分离、干燥操作

① 洗涤遵循少量多次原则，可以洗涤 2～3 次，不要 1 次就洗涤完毕。洗涤时要充分摇瓶，轻摇，不能产生气泡。

② 分离到两液结合点的时候，注意慢放，轻旋塞子。

③ 干燥剂要适量。

3. 容易出现的问题

有机合成中，人们经常因为粗心大意或者精力不集中，造成一些失误。常见的情况如下。

忘记称量瓶重；分液时忘记及时关闭分液漏斗的旋塞；搅拌子连同反应液一起倒进分液漏斗，结果搅拌子打破分液漏斗；相信自己的记忆力很好，多个样品不写标签，再看时就分不清了；忘记开循环水；直到要处理反应物时，才发现少加一种试剂；投料时，加错原料；投料前不确认原料；投料过程中，发现反应瓶小了；取样时，打破瓶子；计算投料配比时，没有考虑原料的含量；或搞错一个小数点；分液时，把产物层丢弃；搅拌子打破瓶子；反应时，循环水管从冷凝器上脱落；洗瓶子时打破瓶子；萃取时，混合液不分层；减压蒸馏暴沸。

第五节　气相色谱法测定

气相色谱法测定有机混合物的含量，主要考查选手对试样前处理的操作情况，检测工作由现场工程师完成。

一、 具有代表性的案例

1. 样题(一)： 气相色谱法(内标法)测定给定白酒中乙酸乙酯、 己酸乙酯、 丁酸乙酯含量

（1）仪器设备

① 气相色谱仪，型号为 GC-4000A，FID 检测器×1，1 台；

② A5000 工作站软件，单通道原厂工作站软件，1 套；

③ 毛细管柱，白酒毛细管专用柱 50m×0.25mm，1 根；

④ 氢气发生器，型号为 EW-300HG，两级过滤器、具有微量氧脱除剂，流量为 0～300mL/min，1 台；

⑤ 空气发生器，型号为 EW-103AG，自动放水、两级稳压、低压启动，流量为 0～2000mL/min，1 台；

⑥ 高纯氮气，高纯氮气＋钢瓶＋减压阀，1 套；

⑦ 品牌工控机，2G，500M，液晶显示器，1 台；

⑧ 品牌打印机，1 台；

⑨ 备品备件箱，1 套；

⑩ 容量瓶，100mL，4 个；

⑪ 容量瓶，10mL，7 个；

⑫ 刻度吸量管，1mL，1 支；

⑬ 刻度吸量管，2mL，2 支；

⑭ 微量进样器，10μL，2 支；

⑮ 移液枪，20～200μL；

⑯ 一次性滴管。

（2）试剂

除非另有说明，水为二次去离子水或重蒸馏水。使用的有机试剂均为色谱纯试剂。

① 乙醇溶液：60%(体积分数)，用乙醇加水配制。

② 多种酯混标溶液(2%,体积分数)：分别吸取 2mL 乙酸乙酯、己酸乙酯、丁酸乙酯，用 60%乙醇溶液定容至 100mL。

③ 内标溶液：乙酸正丁酯溶液（2%，体积分数)，吸取 2mL 乙酸正丁酯，用 60%乙醇溶液定容至 100mL。

④ 待测酒样。

（3）实验操作(参考方案)

① 酒样前处理：

a. 准备好酒样、容量瓶和酒内标溶液；

b. 将白酒慢慢倒入 10mL 容量瓶中，用一次性滴管定容至刻度线，完成定容；

c. 定容后用移液枪准确移入 200μL 2%(体积分数)的乙酸正丁酯内标溶液(内标浓度与酒标样相同)，摇匀待测。

② 仪器准备：

a. 安装色谱柱，准备好色谱柱后，打开柱箱门；先安装进样口端，套上螺母，套上石墨压环，进样口端从石墨压环顶端量取 7cm，用手将连接螺母拧紧，扳手带紧；

b. 打开载气(N_2)：逆时针打开钢瓶总阀、总压表、分压表；顺时针旋转分压阀，调节分压为 0.4～0.6MPa；

c. 调节仪器上的载气压力为 0.3MPa；

d. 调节柱前压调节阀至合适压力；

e. 通气后将毛细管柱出气口端伸入无水乙醇中，应有均匀气泡冒出，若无气泡，则应重新检查气路系统；

f. 连接柱出气口端，同样方式量取 11cm，安装方法同进气口端；

g. 用无水乙醇在色谱柱连接处检漏，关闭柱箱门；

h. 调节补充气针形阀至合适流量，调节分流阀至合适流量，可用皂膜流量计从分流出气口端测量分流流量。

③开机：

a. 打开仪器电源。

b. 设置参数。点击进入定点温度控制界面，设置柱箱温度为 100℃，汽化室温度为 120℃，检测器温度为 120℃，点击【确定】，设置完成。点击【运行】，等待仪器就绪。

c. 柱箱、汽化室和检测器温度均达到设定值，准备点火。

d. 打开氢气阀门，调节分压为0.4～0.6MPa，打开空气阀门，调节分压为0.4～0.6MPa，同时对氮气连接处进行检漏，调节仪器上的空气压力为0.2MPa。根据空气阀圈数-流量曲线调节空气流量，根据氢气压力-流量曲线调节氢气流量，从曲线上看，空气流量为250mL/min时需拧8圈，氢气流量为30mL/min时压力为0.05MPa。

e. 点火。将检测器高阻调为低档，然后按点火按钮数秒，完成点火。要想验证火焰是否点着，可取一件冷金属或玻璃置于检测器筒体上方，若出现冷凝水则证明火焰已点燃。

④ 采集基线：

a. 打开气相色谱工作站，启动通道A，开始采集基线。

b. 30min后，基线稳定，准备进样采集。

⑤ 建立定量方法：

a. 进样操作：进样前洗针数次，慢吸快排反复排几次气泡，吸取1μL样品，同时启动工作站。工作站已启动，开始采集。

b. 存储谱图：采样结束，点击【文件】菜单下—【存储谱图数据】，选择路径并命名。

c. 建立方法：积分，点击【方法】菜单下—【积分参数设定】，设置最小值、漂移、噪声、最小峰宽，计算方式选择【峰面积】，点击【谱图数据积分】，根据标样中各组分保留时间逐一定性，对多余峰禁止积分，对漏掉组分峰重新积分。建立组分表，点击【方法】菜单下—【组分表】—【更新】—【全部更新组分表内容】，输入组分名。乙酸正丁酯或己酸乙酯、丁酸乙酯为内标。输入各组分浓度值。点击【校准计算】即可。

d. 保存方法：点击【方法另存为】，输入方法名称，点击确定。

⑥ 白酒分析：

a. 吸取1μL白酒试样(酒样前处理中待测样品)进样，同时启动工作站。

b. 开始采集，18min后出峰即完成，结束采集。

c. 存储谱图，选择路径并命名。

⑦ 计算结果：

a. 点击【谱图数据积分】对酒样积分。

b. 点击【分析计算】菜单下—【计算结果】。

c. 勾选【待测样内标浓度与标样相同】，点击确定，谱图下方显示结果。

⑧ 数据报告：

a. 点击【方法】菜单下—【仪器条件与样品信息】，设置【仪器条件】【样品信息】【色谱条件】【结论】，点击【确定】。

b. 【报告格式】可勾选需要的报告选项，【报告标题】可自行命名，输入【分析单位】【分析人】【审核人】，点击【确定】。

c. 点击【设置谱图】可以设置谱图的起始时间、终止时间、最大值和最小值，调整谱图至合适位置。设置完毕后可以直接打印或者导出报告，选择存储路径并命名即可。

d. 点击【方法】菜单下—【打印报告】即可查看报告。

⑨ 关闭仪器

a. 关闭氢气，关闭空气，仪器灭火。

b. 按【复位】键，仪器降温，或者设置较低温度使仪器降温，比如均设置10℃，等待仪器降温。柱箱温度降至室温，检测器温度降到100℃以下时，关闭仪器电源。

c. 关闭载气，结束操作。

2. 样题（二）：气相色谱法(内标法)测定给定白酒中多种酯的含量

（1）试剂和材料

除非另有说明，水为二次去离子水或重蒸馏水。使用的有机试剂均为色谱纯试剂。

① 乙醇溶液：60%(体积分数)，用乙醇加水配制。

② 多种酯混标溶液(2%,体积分数)：作标样用，分别吸取 2mL 乙酸乙酯、己酸乙酯、乳酸乙酯、丁酸乙酯、丙酸乙酯，用 60%乙醇溶液定容至 100mL。

③内标溶液：乙酸正丁酯溶液(2%,体积分数)，使用毛细管柱时作内标用。吸取 2mL 乙酸正丁酯，用 60%乙醇溶液定容至 100mL。

④ 洗针溶液：乙醚(60%,体积分数)。每次洗针 10 次以上。

（2）设备与仪器

上海天美 GC-7900 型气相色谱仪。

① 色谱柱：毛细管柱，DB 白酒专用柱，长 30m，内径为 0.32mm。

② 固定相：KB-ALCOHOLA。

③ 膜厚：0.32μm。

④ 程序升温：线性程序升温从 50℃开始，保持 1min；速率 10℃/min 至 160℃，保持 1min；速率 30℃/min 至 220℃，保持 1min；共 16min。

⑤ 进样口温度：220℃。

⑥ 检测器温度：220℃。

⑦ 检测器：氢火焰离子化检测器。

⑧ 柱前压：45kPa。

⑨ 进样量：1μL。

⑩ 微量注射器：100μL，1 支；10μL，1 支。

⑪ 移液管：1mL 大肚移液管，3 支；2mL 刻度移液管，6 支；10mL 大肚移液管，3 支。

⑫ 容量瓶：10mL，3 个；100mL，6 个。

⑬ 小烧杯：100mL，3 支。

⑭ 移液管架：1 个。

（3）实验步骤

① 校正因子 f 的测定。吸取 1.00mL 多种酯混标溶液，加入 1.00mL 内标溶液，移入 100mL 容量瓶中，用乙醇溶液稀释至刻度线。待 GC 基线平稳之后，进样 1μL，记录各分析物与内标物的峰面积或峰高。配制 2 份上述溶液，每份平行进样 2 次，并计算各峰面积或峰高的相对标准偏差（RSD）。根据下式计算出各分析物的校正因子（f）。

$$f=\frac{A_1}{A_2}\times\frac{d_2}{d_1}$$

式中　f——各分析物的校正因子；

A_1——测定标样 f 值时内标的平均峰面积或峰高；

A_2——测定标样 f 值时各分析物的平均峰面积或峰高；

d_2——各分析物的相对密度；

d_1——内标的相对密度。

② 样品的测定。吸取 10.0mL 样品，置于 10mL 容量瓶中，加入 0.10mL 内标溶液，混匀后，在与 f 值测定时的相同条件下，进样 1μL，根据保留时间确定各分析物，同时测定样品中各分析物与内标的峰面积或峰高。配制 2 份，每份平行进样 2 次，计算各分析物和内标峰面积或峰高的 RSD。分别按照下式计算样品中各分析物的含量。

$$\rho = f \times \frac{A_3}{A_4} \times I$$

式中 ρ——样品中各分析物的质量浓度，mg/L；

f——各分析物的校正因子；

A_3——样品中乙酸乙酯的峰面积(峰高)；

A_4——样品中内标的峰面积(峰高)；

I——样品中内标的质量浓度，mg/L。

特别说明：所得结果应表示为两位小数。

③ 空白分析。在相同条件下，对乙醇溶液进行 GC 分析。

二、 考核要点分析

1. 评分考核表

项目	序号	考核内容	分值	考核记录	扣分	得分
(一)测定前的准备工作(2分)	1	实验台的清洁、整理	0.5			
	2	玻璃量具的选择	0.5			
	3	玻璃量具的清洗	0.5			
	4	仪器自检、预热	0.5			
(二)溶液的制备(9分)	5	移液管润洗	0.5			
	6	容量瓶试漏	0.5			
	7	移液管正确操作	4.5			
	8	移取溶液	1			
	9	容量瓶定容	2.5			
(三)仪器的准备(3分)	10	打开氢气、空气	1			
	11	仪器点火	1			
	12	判断点火是否成功	1			
(四)仪器的启动(5分)	13	正确启动工作站	2			
	14	采集基线	1.5			
	15	基线稳定性判断	1.5			
(五)仪器的使用(16分)	16	测定参数的设置	4			
	17	进样操作前准备	4			
	18	进样操作	4			
	19	测量数据的保存、记录及打印	4			
(六)定量测定(25分)	20	正确配比用内标法定量的样品溶液	2.5			
	21	样品溶液的测定	2.5			
	22	色谱图中保留时间的确定	5			
	23	色谱图中样品与对照品峰面积的确定	15			
(七)测定结果(35分)	24	色谱图上标注项目正确	1			
	25	计算公式正确	1			
	26	精密度符合规定	5			
	27	准确度符合规定	28			

续表

项目	序号	考核内容	分值	考核记录	扣分	得分
(八)原始记录(5分)	28	项目齐全、不空项	1			
	29	数据填在原始记录上	1			
	30	更改数值	3			
(九)结束工作(2分)	31	结束工作站程序，关闭氢气、空气	0.5			
	32	台面整理	0.5			
	33	仪器使用登记记录填写	0.5			
	34	废物、废液处理	0.5			

2. 要点分析

(1) 考核目标

① 掌握气相色谱分析法中样品的预处理规范操作；

② 掌握分析过程中所用各种溶液的配制方法；

③ 掌握定性分析的方法；

④ 掌握定量分析的方法并根据结果给出报告。

(2) 具备技能

① 按行业要求，做好个人的安全规范操作；

② 读懂技术说明中所描述的考核内容和考核方法；

③ 读懂技术说明，确定相应的分析、操作步骤对样品进行前处理；

④ 会配制、分析过程中所用的各种溶液和读懂技术文件所提出的具体要求；

⑤ 根据相关的知识对样品中的待测物质进行定性；

⑥ 完成相关计算；

⑦ 根据分析结果给出简短的报告。

(3) 进样时注意事项

① 手不要拿注射器的针头和有样品的部位。

② 不要有气泡，吸样时要慢、快速排出再慢吸，反复几次，10μL 注射器金属针头部分体积为 0.6μL，有气泡也看不到，多吸 1～2μL 把注射器针尖朝上，气泡上走到顶部再推动针杆排除气泡(此处专指 10μL 注射器，带芯子注射器凭感觉)。进样速度要快，但不宜特快，每次进样时保持相同速度，针尖到汽化室中部时开始注射样品。

③ 氢气和空气的比例对 FID 检测器的影响。氢气和空气的比例应为 1∶10，当氢气比例过大时，FID 检测器的灵敏度急剧下降，在使用色谱时，若其他条件不变，灵敏度下降时则要检查一下氢气和空气流速。氢气和空气有一种气体不足点火时发出“砰”的一声，随后就熄灭，一般当点火点着就灭，再点还着随后又灭时表明氢气量不足。

④ 使用热导检测器（TCD）。a. 氢气作载气时尾气一定要排到室外；b. 氮气作载气时桥流不能设大，要比用氢气时小得多；c. 没通载气时不能给桥流，桥流要在仪器温度稳定后、开始测样前再给。

(4) 怎样防止进样针弯

很多做色谱分析工作的新手常常会把注射器针头和注射器杆弄弯，原因如下。

① 进样口拧得太紧。室温下拧得太紧，当汽化室温度升高时，硅胶密封垫膨胀后会更紧，这时注射器很难扎进去。

② 位置找不好，针扎在进样口金属部位。

③ 注射器杆弯是由于进样时用力太猛。进口色谱带一个进样器架，用进样器架进样就

不会把注射器杆弄弯。

④ 注射器内壁有污染物，注射时将针杆推弯。注射器用一段时间后，就会发现针管内靠近顶部处有一小段黑的东西，这时吸样、注射会感到吃力。清洗方法为：将针杆拔出，注入一点水，将针杆插到有污染物的位置反复推拉，多次冲洗，直到将污染物清洗掉，这时会看到注射器内的水变浑浊，将针杆拔出后先用滤纸擦，再用酒精洗。分析的样品为溶剂溶解的固体样时，进完样要及时用溶剂清洗注射器。

⑤ 进样时一定要稳重，急于求快会把注射器弄弯，只要进样熟练了自然就快了。

（5）提高分离度的几种方法

① 增加柱长；

② 减少进样量(固体样品加大溶剂量)；

③ 提高进样技术，防止造成两次进样；

④ 降低载气流速；

⑤ 降低色谱柱温度；

⑥ 提高汽化室温度；

⑦ 减少系统死体积，主要是色谱柱连接要插到位，不分流进样时要选择不分流结构的汽化室；

⑧ 毛细管色谱柱要分流，选择合适的分流比。

三、 报告单

气相色谱原始记录（1）

第　页/共　页

<table>
<tr><td colspan="4">样品名称</td><td colspan="6"></td></tr>
<tr><td colspan="4">检测项目</td><td colspan="6"></td></tr>
<tr><td colspan="4">检测依据</td><td colspan="6"></td></tr>
<tr><td colspan="4">实验室环境条件</td><td colspan="6">气压____kPa 温度____℃ 相对湿度____%RH</td></tr>
<tr><td colspan="4">实验用仪器</td><td colspan="6">****气相色谱仪________型号:________ 编号:________</td></tr>
<tr><td rowspan="4">色谱条件</td><td colspan="3">色谱柱名称</td><td colspan="2"></td><td>汽化室温度</td><td>℃</td><td>检测器温度</td><td>℃</td></tr>
<tr><td colspan="3">柱温</td><td colspan="6"></td></tr>
<tr><td>柱长</td><td>m</td><td>内径</td><td>mm</td><td>膜厚</td><td>mm</td><td>进样量 V_0</td><td>μL</td></tr>
<tr><td>分流比</td><td colspan="2"></td><td>检测器</td><td colspan="2"></td><td>载气流速</td><td>mL/min</td></tr>
<tr><td rowspan="4">色谱图参数</td><td colspan="3">化合物名称</td><td colspan="2">保留时间</td><td colspan="3">化合物名称</td><td>保留时间</td></tr>
<tr><td colspan="3"></td><td colspan="2"></td><td colspan="3"></td><td></td></tr>
<tr><td colspan="3"></td><td colspan="2"></td><td colspan="3"></td><td></td></tr>
<tr><td colspan="3"></td><td colspan="2"></td><td colspan="3"></td><td></td></tr>
<tr><td>样品预处理</td><td colspan="9"></td></tr>
</table>

气相色谱原始记录（2）　　第　页/共　页

<table>
<tr><td>曲线名称</td><td>标准曲线</td></tr>
<tr><td colspan="2">标物名称:________ 标物编号:________
标物批号:________ 生产厂家:________</td></tr>
<tr><td colspan="2">溶剂/解吸液名称:____________ 批号:____________
生产厂家:

溶剂/解吸液名称:____________ 批号:____________</td></tr>
</table>

续表

生产厂家： 电子天平：＿＿＿＿＿＿＿＿ ＊＊＊＊电子天平　型号：＿＿＿＿＿＿＿＿ 编号：＿＿＿＿＿＿＿＿							
标准贮备液（气）配制：							
标准应用液（气）配制：							
标准曲线制作（定容体积：　mL）							
管号		0	1	2	3	4	5
取应用液（气）体积/mL							
浓度/μg/mL							
峰面积	1						
	2						
	3						
	平均值						
标准曲线方程		Y＝			X		
相关系数		r＝		检出限		μg/mL	
标准曲线的其他信息见打印页							

检测人：　　　　　　　　　　　年　月　日

四、其他案例

题目：测定样品中残留有机溶剂的含量（第45届世界技能大赛试题）

1. 健康和安全

请说明哪些是健康和安全措施所必需的，给出相应描述。

2. 环保

请说明是否需要采取环保措施。

3. 基本原理

该方法是基于化合物组分通过毛细管柱时在两相之间进行的选择性分配：高极性固定相为硝基对苯二甲酸改性聚乙二醇，流动相是载体气体氮气（N_2）。对固定相具有更高亲和力的化合物比对流动相具有更高亲和力的样品在色谱柱中移动的时间更长，因此洗脱更晚，保留时间更长。

顶空进样系统用于有效和可重复地转移等分的气体，使其进入气相色谱仪的入口。该等分的气体是由在80℃下加热密封小瓶中样品而产生的。使用氢火焰离子化检测器（FID）进行物质鉴定。通过内标法进行有机化合物的定量测定。

该方法确定丙酮、2-丙醇和1-丙醇含量范围是0.1～10mg/mL。

4. 目标

（1）通过折射法识别标准溶液

（2）制备标准溶液、校准溶液和内标溶液

（3）确定有机溶剂的保留时间

（4）确定所提供样品中的溶剂

(5) 确定样品中鉴定溶剂的含量

(6) 制作报告

5. 完成工作的总时间为5h

6. 色谱条件

顶空炉温度/℃	80	进样口	分流/不分流
回路温度/℃	120	分流模式	1∶100
传输线温度/℃	120	进口温度/℃	200
加热时间/min	19.0	载气压力/kPa	76.7
注入时间/min	0.5	柱温/℃	120
GC循环时间/min	18.0	检测器温度/℃	200
样品小瓶摇晃	没有	信号	FID，50Hz
每瓶注射	1		

7. 溶剂折射率(根据数据库 https://pubchem.ncbi.nlm.nih.gov/)

溶剂	折射率(20℃)	溶剂	折射率(20℃)
丙酮	1.3588	1-丙醇	1.3862
2-丙醇	1.3772	乙醇	1.3611

8. 仪器设备、试剂和溶液

分析天平，精度为0.1mg	不同规格的移液器	丙酮，≥99.5%
GC系统：带顶空进样器HS-10和火焰离子化检测器(FID)的GC-2010Plus，Shimadzu	不同规格的具塞容量瓶	2-丙醇，≥99.5%
色谱柱：Phenomenex Zebron ZB-FFAP，长度为50m；内径为0.32mm；薄膜厚度为0.5μm；组合物为硝基对苯二甲酸改性聚乙二醇；极性-58(Polar)	不同规格的烧杯	1-丙醇，≥99.5%
	顶空压盖小瓶，20mm，23mm×75mm，体积20mL，玻璃	乙醇，≥99.5%
手动压接器，规格为20mm	带有隔垫的铝制钳口盖，20mm，预装配	蒸馏水或去离子水
手动开盖器，规格为20mm	带针注射器	样品，含有1未知有机溶剂和乙醇(mg/mL)
不同体积单通道移液器	不同规格的漏斗	
折射仪	不同规格的量筒	
	移液器	

说明：GC系统的所有操作均由技术专家执行。所有参赛选手准备样品，将其报送进行分析，并指明所述样品测试的顺序，但不能改变提到的色谱条件。

参赛选手应该充分考虑实验操作总体设计，以适应总体时间。例如：溶液制备、重复测量次数、进样顺序和样品测定运行时间等。

9. 通过折射法测定分析标准溶液

测量有机试剂标准溶液的折射率以确定每个化合物。

10. 溶液制备

(1) 标准溶液的制备

取20.0mL的蒸馏水或去离子水于50mL容量瓶中。称量容量瓶并记录质量。加入约

2.5000g 的下列每种有机标准溶剂：2-丙醇、1-丙醇和丙酮。记录所有物质的质量，补足体积，混合均匀。

(2) 校准溶液的制备

计算配制下列浓度(0.5mg/mL、1.0mg/mL 和 2.0mg/mL)校准有机溶液所取上述制备的 50mL 标准溶液的体积。

取 20mL 的蒸馏水或去离子水于一个 50mL 的容量瓶中，添加所计算出体积的标准溶液，补足体积，混合均匀。

(3) 内标溶液的制备

取 20mL 的蒸馏水或去离子水于 100mL 容量瓶中，称量容量瓶并记录质量。添加约 0.5000g 的乙醇于容量瓶中，并记录质量。补足体积，混合均匀。

11. 实验

(1) 样品分析

移取 5mL 样品放入小瓶中，并压紧瓶盖，混合。

通过 GC 分析检测。

(2) 确定有机溶剂的保留时间

准备一种或混合测试有机溶剂：2-丙醇、1-丙醇、丙酮和乙醇。

移取 5mL 的蒸馏水或去离子水于小瓶中，加入 20mL 的有机溶剂，压紧瓶盖并混合。

用气相色谱仪对所制备的溶液进行分析。

(3) 分析校准溶液

移取 4mL 的校准溶液于小瓶中，加入 1mL 的内标溶液并压紧瓶盖，混合。

用气相色谱仪对所制备的溶液进行分析。

12. 计算

从获得的标准溶液色谱图中读出或计算每种有机溶剂的以下参数：保留时间(t_R)、峰面积。

测量结果总结在表中，并用于被识别样品峰。

① 计算有机溶剂在标准溶液或内标溶液含量(mg/mL)。

$$c_i=\frac{m_i \times w_i}{V \times 100}$$

式中　V——标准溶液或内标溶液的体积，mL；

w_i——第 i 个有机溶剂的质量分数；

m_i——第 i 个有机溶剂的质量，mg；

100——转换系数。

结果应四舍五入到小数点后的第 1 位。

② 计算有机校准溶剂 j 的含量(mg/mL)。

$$c_i^{\mathrm{j}}=\frac{c_i \times V_{\mathrm{w}}}{V_{\mathrm{j}}}$$

式中　V_{j}——校准溶液的体积，mL；

V_{w}——工作溶液加入试样的体积，mL；

c_i——工作溶液中第 i 个有机溶剂加入的含量，mg/mL。

结果应四舍五入到小数点后的第1位。

③ 计算有机溶剂或内标在样品中的质量(mg)。

$$m_i = c_i^j \times V_a$$

式中 V_a——第 j 个校准溶液或内标溶液或样品加入的体积，mL；

c_i^j——第 i 个有机溶剂在第 j 个校准溶液或内标溶液或样品中的含量，mg/mL；

结果应四舍五入到小数点后的第1位。

从获得的含有内标的校准溶液和样品色谱图读出或计算每种有机溶剂的以下参数：保留时间(t_R)、峰面积(面积)，第 i 个有机溶剂峰与内标峰面积的比例面积(面积比)。测量结果总结在表中。

使用Excel绘制每种测试有机溶剂的面积比(在 X 轴上)与相应有机溶剂与内标质量的比(在 Y 轴上)的比较图并确定线性回归方程系数(a,b)和回归系数(r)。

④ 计算有机溶剂的质量(mg)。

将在样品测定中给出：

$$m_i = \left(\frac{S_i}{S_{st}} \times a + b\right) \times m_{st}$$

式中 m_i——样品测定中第 i 个有机溶剂的质量，mg；

S_i——从获得的样品测定色谱图中得到的第 i 个有机溶剂峰的面积；

S_{st}——从获得的样品测定色谱图中得到的内标峰的面积；

m_{st}——样品测定内标的质量，mg；

a，b——线性回归系数。

结果应四舍五入到小数点后的第1位。

⑤ 计算各有机溶剂中在样品中的含量(mg/mL)。

$$c_i = \frac{m_i}{V_{样品}}$$

式中 $V_{样品}$——加入样品试样的体积，mL；

m_i——第 i 个有机溶剂在试样测定中的质量，mg。

结果应四舍五入到小数点后的第1位。

13. 结果

列表写出样品中存在的有机溶剂及其含量。

14. 报告

请写出一份报告。

第六节 高效液相色谱法测定

一、具有代表性的案例

高效液相色谱法测定给定甲硝唑片药物含量。选手根据比赛现场提供的资料和说明，进行样品的预处理，制备分析方法所要求的各种溶液，调试设备和测定，并计算待测组分的含量。

样题：高效液相色谱法测定给定甲硝唑片药物含量

1. 仪器与试剂

(1) 仪器

① 高效液相色谱仪(岛津 LC-20A 或岛津 LC-16)；

② 色谱工作站(LabSolutions)；

③ 十八烷基硅烷键合硅胶柱(C_{18}柱，150mm×4.6mm，5μm)；

④ 微量进样器(10μL，1 支)；

⑤ 吸量管(5mL，4 支)；

⑥ 容量瓶(100mL，4 个；50mL，4 个)；

⑦ 量筒(1000mL，1 个；500mL，1 个)；

⑧ 烧杯(1000mL，2 个；500mL，1 个；100mL，4 个)；

⑨ 50mL 具塞锥形瓶(承接滤液)，2 个；

⑩ 250mL 磨口试剂瓶，1 个；

⑪ 漏斗(大)，2 个；

⑫ 漏斗(小)，4 个；

⑬ 滤纸 (Φ11cm)；

⑭ 一次性注射器(5mL，5 支)；

⑮ 具塞小试管(4mL，5 个)；

⑯ 抽滤装置，一套；

⑰ 滤膜(有机系，水系 0.45μm)；

⑱ 针筒式滤头(有机系，Φ13mm，0.45μm)；

⑲ 研钵，1 个；

⑳ 角匙，1 个；

㉑ 滤纸条，若干；

㉒ 电子天平(精度 0.1mg，METTLER TOLEDO，LE204E)；

㉓ 超声波清洗仪。

(2) 试剂药品

① 已知含量的甲硝唑原料药(用中国药品生物制品检定所提供的甲硝唑对照品标定含量)；

② 甲硝唑片样品(规格：0.2g；GMP 药品生产厂家生产)；

③ 流动相为甲醇(色谱纯)；

④ 水(超纯水)；

⑤ 其他试剂为分析纯。

2. 色谱条件与系统适用性试验

色谱条件与系统适用性试验通常包括理论塔板数、分离度、重复性和拖尾因子四个参数。以十八烷基硅烷键合硅胶为填充剂；以甲醇-水(20∶80)为流动相；检测波长为 320nm。理论塔板数按甲硝唑峰计算不低于 2000。

3. 测定方案(参考方案)

取甲硝唑片 20 片，精密称定，研细，精密称取(增量法)细粉适量(约相当于甲硝唑 0.25g)，置于 50mL 容量瓶中，加适量 50%(质量分数)甲醇，振摇使甲硝唑溶解，用 50%

(质量分数)甲醇稀释至刻度线，摇匀，过滤。精密量取续滤液5mL，置于100mL容量瓶中，用流动相稀释至刻度线，摇匀，作为供试品溶液，精密量取10μL，注入液相色谱仪，记录色谱图。另取适量甲硝唑对照品，精密称定(增量法)，加流动相溶解并定量稀释制成1mL中约含0.25mg甲硝唑的溶液，同法测定。按外标法以峰面积计算，即得。

4. 具体要求

(1) 进针数量

对照品溶液2份，其中一份连续进样5针，另一份进样2针；样品溶液2份，各进2针。

(2) 校正因子要求

校正因子为单位面积所代表的质量或浓度，$f_s=\frac{c_s}{A_s}$，c_s为对照品溶液的浓度，A_s为对照品溶液的平均峰面积。2份对照品溶液校正因子的比值在0.98～1.02时，取2份对照品溶液校正因子的平均值，$\overline{f}_s=\frac{f_1+f_2}{2}$进行计算。

(3) 样品含量的计算

用供试品溶液两针峰面积的平均值、校正因子平均值计算含量，得到两个结果，$c_x=A_x\times\overline{f}_x$。

(4) 流动相的比例

以甲醇-水(20∶80)为流动相，在甲硝唑片含量测定中，允许甲醇-水在(14∶86)～(26∶74)范围中变化。

(5) 管路排气

流动相流速设定要合理。

5. 计算

(1) 标示量的质量分数(X)

$$X=A_x\times\overline{f}_x\times D\times V\times\frac{\overline{W}}{m}\times\frac{1}{S}\times100\%$$

式中 X——标示量的质量分数，%；

A_x——供试品的峰面积；

$\overline{f}_x$——供试品校正因子平均值；

D——稀释倍数；

V——样品初溶体积，mL；

$\overline{W}$——平均片重，g；

m——样品药粉称取质量，g；

S——药品标示出厂药用规格，g。

(2) 对照品峰面积相对标准偏差(RSD)

RSD由计算机直接读出。

$$RSD=\frac{\sqrt{\frac{\sum(A_i-\overline{A})^2}{(n-1)}}}{\overline{A}}\times100\%$$

式中，A_i 为对照品每次测定的峰面积，$\overline{A}$ 为测定的峰面积的平均值；n 为测定次数。

（3）样品测定相对极差（RR）

$$RR_{测定}=\frac{X_{max}-X_{min}}{\overline{X}}\times 100\%$$

式中，$RR_{测定}$为相对极差；X_{max}和 X_{min}分别是标示量的最大值和最小值。

二、 考核要点分析

1. 评分细则

序号	作业项目	考核内容	配分	操作要求	扣分说明	考核记录	扣分	得分
1	仪器准备	基本素质	6	玻璃仪器的清洗	未清洗干净，扣1分，扣完为止			
				容量瓶试漏	未试漏，扣1分，扣完为止			
				色谱柱安装	色谱柱方向错误，扣2分，扣完为止			
					实验过程中色谱柱漏液，扣2分，扣完为止			
				仪器自检(正确开、关机)	频繁开、关机，扣2分，扣完为止			
2	称量	天平准备	1	天平水平确认	每错一项扣0.5分，扣完为止			
				清扫				
				戴手套				
		对照品称量	4	在规定量±5%内	不扣分			
				在规定量±5%～±10%	每份扣1分，扣完为止			
				超过规定量的±10%	每份扣2分，扣完为止			
		样品称量	4	20片总重	错误扣0.5分			
				研成细粉	错误扣0.5分			
				在规定量±5%内	不扣分			
				在规定量±5%～±10%	每份扣1分，扣完为止			
				超过规定量的±10%	每份扣2分，扣完为止			
		结束工作	1	数据记录	数据记录不规范扣0.5分			
				清扫、登记、复原	每错一项扣0.5分，扣完为止			

续表

序号	作业项目	考核内容	配分	操作要求	扣分说明	考核记录	扣分	得分
3	溶液制备	溶解	1	试剂沿内壁加入	每错一项扣0.5分,扣完为止			
				溶解操作正确				
		定容	1	三分之二处水平摇动	每错一项扣0.5分,扣完为止			
				准确稀释至刻度线				
				摇匀动作正确				
		过滤	1	取续滤液	初滤液不弃去,每个扣0.5分,扣完为止			
		移液	5	润洗2～3次,润洗液体积约为吸量管的⅓	润洗不正确,每错一项扣0.5分,扣完为止			
				吸量管的正确操作	调刻度线前擦干外壁,每错一项扣0.5分,扣完为止			
					吸空,每错一项扣0.5分,扣完为止			
					移液管竖直,每错一项扣0.5分,扣完为止			
					移液管尖靠壁,每错一项扣0.5分,扣完为止			
					放液后停留约15s,每错一项扣0.5分,扣完为止			
					重吸,倒扣2分			
4	流动相的制备	微孔滤膜过滤		微孔滤膜过滤,取续滤液	初滤液未弃去扣2分			
		流动相配置	5	流动相,甲醇比例14%～26%	流动相甲醇比例不在规定范围,扣1分,扣完为止			
		流动相过滤		过滤过程操作正确	流动相未进行过滤扣1分,扣完为止			
		流动相脱气		脱气过程操作正确	流动相未进行脱气操作扣1分,扣完为止			
					流动相脱气时密闭瓶塞扣1分,扣完为止			
					脱气不完全扣1分,扣完为止			
		流动相更换		更换过程中,流速应为零	流速不为零扣1分,扣完为止			
				更换完成后,管路排气	未排气或排气不完全,扣2分			
5	色谱条件	参数设置	5	波长为320nm	每错一项扣2分,扣完为止			
				流速为1mL/min				
				运行时间恰当				
				压力限制恰当				
		说明:第一针确定运行时间,除第一针外,其余样品不得手动停止运行时间						
6	数据采集	手动进样操作	3	微量进样器使用前清洗、润洗,使用结束清洗	每错一项扣1分,扣完为止			
				进样六通阀模式正确	进样六通阀模式错误扣1分			
				微量进样器排气泡	进样未排气泡,每错一项扣1分,扣完为止			
				进样量为10μL	进样量不准确,每错一项扣1分,扣完为止			
		测量数据的采集、保存、记录	2	文件命名规范	每错一项扣1分,扣完为止			
				保存路径正确				

续表

序号	作业项目	考核内容	配分	操作要求	扣分说明	考核记录	扣分	得分
7	系统适用性	系统适用性	2	理论塔板数的确定	未达到理论塔板数扣2分			
8	定量分析	积分参数	4	目标峰的确定	目标峰保留时间判断错误扣2分			
				积分参数的确定(不允许手动积分)	使用手动积分，扣2分			
9	测定结果	对照品重复性	10	*RSD*(一份连续5针)	*RSD*≤0.30%，不扣分 0.30%＜*RSD*≤0.50%，扣2分 0.50%＜*RSD*≤1.00%，扣4分 1.00%＜*RSD*≤1.50%，扣6分 1.50%＜*RSD*≤2.00%，扣8分 *RSD*＞2.00%，扣10分			
		对照品精密度(2份)	10	对照品校正因子比值*F*(较大值比较小值)	若*RSD*＞2.00%，此项为0分 *F*=1.000，不扣分 1.000＜*F*≤1.005，扣2分 1.005＜*F*≤1.010，扣4分 1.010＜*F*≤1.015，扣6分 *F*＞1.015，扣10分			
		供试品测定结果的精密度	10	相对极差	若*RSD*＞2.00%或*F*＞1.015，此项为0分 *RR*≤0.30%，不扣分 0.30%＜*RR*≤0.60%，扣2分 0.60%＜*RR*≤0.90%，扣4分 0.90%＜*RR*≤1.20%，扣6分 1.20%＜*RR*≤1.50%，扣8分 *RR*＞1.5%，扣10分			
		供试品测定结果的准确度	10	相对误差(*RD*)	若*RSD*＞2.00%或*F*＞1.015或*RR*＞1.5%，此项为0分 *RD*≤0.30%，不扣分 0.30%＜*RD*≤0.60%，扣2分 0.60%＜*RD*≤0.90%，扣4分 0.90%＜*RD*≤1.20%，扣6分 1.20%＜*RD*≤1.50%，扣8分 *RD*＞1.5%，扣10分			
10	原始记录	记录规范性	4	原始记录正确，项目无缺失	原始记录不完整，每处扣1分，扣完为止			
					数据书写不规范，每处扣1分，扣完为止			
11	计算	计算过程	6	计算公式的正确运用	计算公式、数据带入错误，每项扣2分，扣完为止			
				有效数字	每错一个扣2分，扣完为止			
	测定结束后处理	冲洗色谱柱、清场	5	冲洗色谱柱	未更换甲醇，扣3分			
					更换后未排气，扣2分			
				仪器使用记录填写	未按要求进行，扣1分			
				台面整洁、“三废”处理	未按要求进行，扣1分			

续表

序号	作业项目	考核内容	配分	操作要求	扣分说明	考核记录	扣分	得分
12	重大失误（本项为倒扣分项，最多扣20分）				流动相过滤，滤膜选择错误	每错一项倒扣10分，最多扣20分		
					进入色谱柱的溶液进样前未用微孔滤膜过滤			
					未进行管路排气，或者排气不完全			
					色谱柱选择错误			
					未出峰样品，经裁判允许后，补进针			
					利用积分参数，拟合实验数据，以零分计			
					多针进样，挑选数据，以零分计			
					不按照实验方案进行，利用定量环进样，以零分计			
					操作失误导致的仪器损坏，倒扣20分，并赔偿相关损失			
					测定所用溶液未平行制备，实验安排不合理			
					篡改(如伪造数据、拟合数据、未经裁判同意修改原始数据等)测量数据的，总分以零分计			
					色谱条件(色谱柱规格、流动相比例、波长、流速)错误，以零分计			
13	实验效率		0分	比赛不允许超时	210min，到时交卷			

2. 考核要点

(1) 考核目标

① 掌握气相色谱样品制备技术；

② 掌握分析过程中所用各种溶液的配制方法；

③ 掌握数据处理和结果判断的方法。

(2) 具备技能

① 按行业要求，做好个人的安全规范操作；

② 读懂技术说明中所描述的考核内容和考核方法；

③ 读懂技术说明，确定相应的分析、操作步骤对样品进行前处理；

④ 读懂药物检验的一般流程和方法；

⑤ 完成相关计算；

⑥ 按照分析结果给出简短的报告。

(3) 仪器操作注意事项

① 替换流动相时排气不少于3min。

② 除第一针外，不准手动停止采集图谱。

③ 保存文件的文件夹要放在桌面上以便于保存文件。

④ 数据文件命名：对照1-1，1-2，…对照2-1…，样品1-1…，样品2-1…。

⑤ 分析结束：甲醇(仪器上的甲醇直接使用即可)冲洗色谱柱6～8 min。

（4）经常出现的问题

① 称量洒落明显，称量容器不在天平盘的中央，在天平门开启状态下读数，不清楚精密称量的概念，用千分之一档(0.000)，称量结束后不复原(天平不回零、不清扫,凳子不复位)。

② 溶解。应该先溶解后定容，不要定容后超声波溶解再定容。

③ 移液。吸液时管尖触底，承接容器几乎不倾斜，停留时间明显少于 15s。

④ 色谱仪的使用。个别选手开机用甲醇排气(流速 5mL/min)过程中直接将滤头提出放入流动相；排气完毕没有关闭排气阀导致目标溶液未进色谱柱，无峰。

（5）参数设置问题

① 设置参数后不点“下载”。

② 有的选手在进样前设置波长，并立即进样。

③ 由于仪器关机后默认前一次的方法文件，如果氘灯在关闭状态，是需要打开的。

④ 温度设置不太正确，应至少高于室温 5℃，否则温度很难平衡。

（6）文件的保存路径混乱

将方法文件保存在桌面自己建的文件夹中，而数据文件没有设定路径，默认了上次保留的，结果在桌面自己建的文件夹中找不到了。

三、 报告单

色谱分析操作考核报告单

考场：________赛位号：________考核时间：____年____月____日(上、下)午

一、 对照品溶液称量及色谱图数据记录表

测定次数 项目	1					2	
对照品质量/g							
进针顺序	1	2	3	4	5	1	2
保留时间 t_R/min							
理论塔板数 n(只记录第一针的数据)							
峰面积 A							
平均峰面积 $\overline{A}$							
RSD/%							
校正因子 f							
校正因子比值(大/小)							
校正因子平均值 $\overline{f}$							

对照品溶液校正因子的计算公式：

$$f_s = \frac{c_s}{A_s}$$

式中，c_s 为对照品溶液的浓度，A_s 为对照品溶液的平均峰面积。

计算过程：

二、样品溶液数据记录表

测定次数 项目	1		2	
20片样品质量/g				
供试品/g				
进针顺序	1	2	1	2
保留时间 t_R/min				
峰面积 A				
平均峰面积 $\overline{A}$				
校正因子平均值 $\overline{f}$				
含量 X_i/%				
平均含量 $\overline{X}$/%				
RD/%				

含量测定计算公式：

$$X = A_x \times \overline{f}_x \times D \times V \times \frac{\overline{W}}{m} \times \frac{1}{S} \times 100\%$$

计算过程：

检验报告

检验项目	检验依据	检验结果(检验结论)
【性状】	本品应为白色或类白色片	
【含量测定】 色谱分析法	本品所含甲硝唑($C_6H_9N_3O_3$)应为标示量的93.0%～107.0%	
检验结论： 本品按《中国药典》(2015年版)二部检验________，结果________		

四、其他案例

E1 测定样品中合成染料的成分(第45届世界技能大赛项目)

1. 健康和安全

请说明哪些是健康与安全措施所必需的，给出相应描述。

2. 环保

请说明是否需要采取环保措施。

3. 基本原理

反相色谱是基于一定条件下通过色谱柱的化合物分离，其中非极性固定相与极性流动相结合使用。固定相是化学键合到硅胶上的十八烷基链。流动相是水与有机溶剂的混合物，用于提高有机离子和部分离子化有机物的分离。

使用分光光度法在适当波长下进行鉴别。

4. 目标

(1) 选择检测波长

(2) 制备已知染料的标准溶液

(3) 识别提供样品中的未知物

（4）制作报告

5. 完成工作的总时间为 4h

6. 色谱条件

注射量	20μL
流速	1mL/min
柱温	40℃
流动相 A	0.001mol/L 氢氧化四丁基铵溶解在 0.01mol/L 磷酸二氢钠溶液中，pH 为 4.3～4.4
流动相 B	乙腈
液体成分	梯度

时间/min	体积分数/%	
	A	B
0.01	70	30
12.5	50	50
13.5	20	80
15.5	20	80
17.5	70	30
19.5	70	30

7. 化合物清单

化合物名称	结构式	化合物名称	结构式
E110（日落黄）	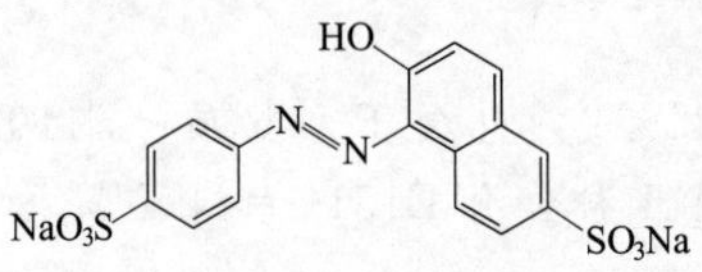 HO; N=N; NaO_3S; SO_3Na	E122（偶氮玉红）	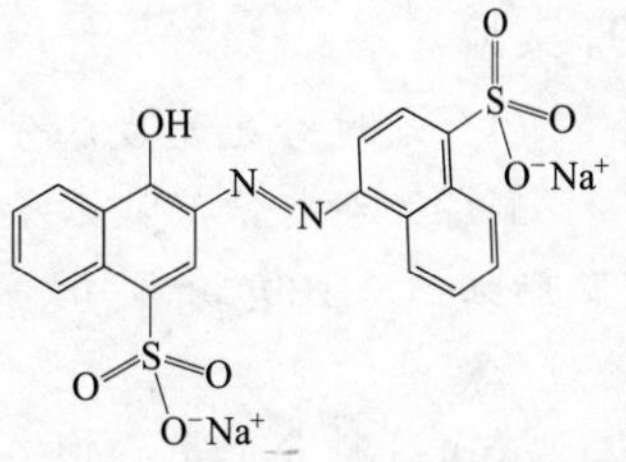 OH; N=N; S, O, O, O^-Na^+; S, O, O, O^-Na^+
E124（胭脂红）	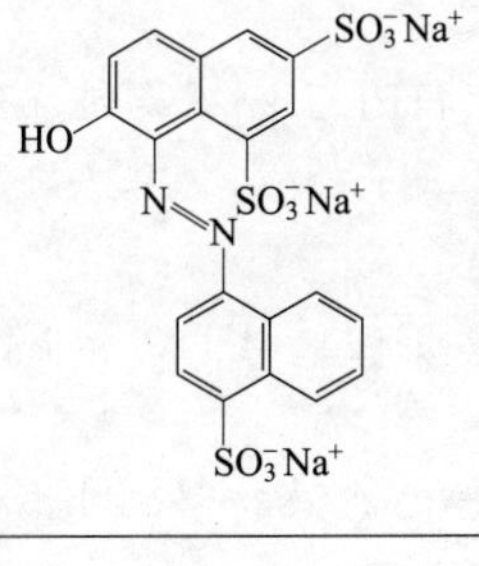 $SO_3^-Na^+$; HO; N=N; $SO_3^-Na^+$; $SO_3^-Na^+$	E131（专利蓝 V）	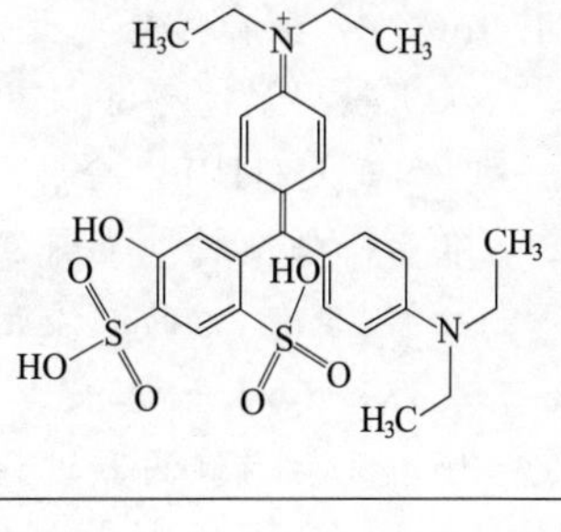 H_3C; N^+; CH_3; HO; O; HO; S; O; HO; S; O; CH_3; N; H_3C
E129（诱惑红）	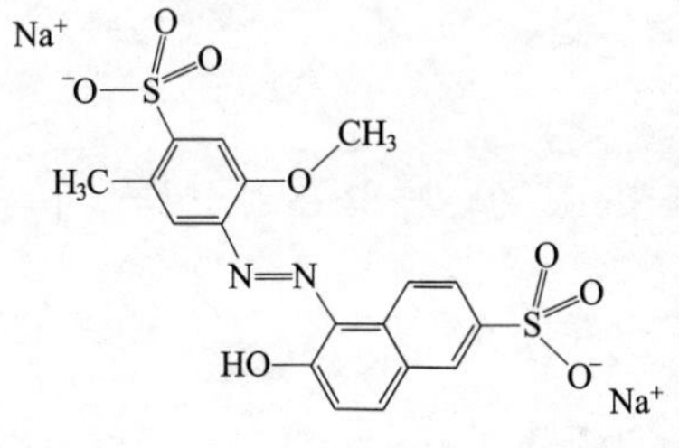 Na^+; ^-O-S, O, O; CH_3; H_3C; O; N=N; O; S; O; O^-; HO; Na^+		

8. 仪器设备、试剂和溶液

分析天平，精度为0.1mg	不同规格的移液器	E110(日落黄)，食用色素
分光光度计用玻璃比色皿	具有不同规格具塞容量瓶	E124(胭脂红)，食用色素
HPLC系统：LC-20 Prominence，Shimadzu	不同规格的烧杯	E129(诱惑红)，食用色素
色谱柱：Luna®，颗粒形状-球形，粒径为5μm，固定相为C_{18}，孔径为100Å，尺寸为250mm×4.6mm	带盖和隔垫的标准螺纹自动进样器样品瓶，玻璃材质，12mm×32mm，容积2mL	E122(偶氮玉红)，食用色素
后卫柱C_{18} 4.0mm×3.0mm	注射器微孔过滤器：Phenex-RC，直径为4mm，孔径为0.45μm，非无菌，可锁套口/可松开套口	E131(专利蓝V)，食用色素
单通道移液器	注射器	蒸馏水或去离子水
	称量瓶，平底带塞子	
	角匙	
	不同规格的漏斗	
	不同规格的量筒	
	移液器	

HPLC系统的所有操作均由技术专家执行。参赛选手准备样品和标示检测波长，但不能改变提到的色谱条件。

参赛选手应该充分考虑实验操作的设计，以适应总体的时间。例如溶液制备、一定数目的平行测量、进样器注射样品在色谱仪的排列运行时间。

9. 实验

（1）通过分光光度法分析标准溶液

制备4种标准溶液贮备液，浓度约为1.25g/L，包含下列物质：E110(日落黄)，E124(胭脂红)，E129(诱惑红)，E122(偶氮玉红)和1种含有E131(专利蓝V)标准溶液，浓度约为0.25g/L。

每个染料分别用蒸馏水或去离子水稀释50倍，混合。

使用带1cm比色皿的分光光度计，分别测量每种制备溶液的可见吸收光谱(380～740nm)，必要时稀释更大倍数。

从所获得的光谱中读出两个吸收波长，通过HPLC检测染料在所有测试的吸收光谱。

（2）通过HPLC分析标准溶液

准备一种染料或染料混合物的标准工作溶液。

准备25mg/L的溶液用于HPLC分析E110、E124、E129和E122。对于E131，必须准备浓度为5mg/L的溶液。

使用注射器过滤器过滤获得的溶液，将2mL的滤液转移到小瓶中并拧上盖子。

通过HPLC分析制备的溶液。

（3）分析样本

用蒸馏水或去离子水稀释样品2次，混合。

使用注射器过滤器过滤所获得的溶液，将2mL的滤液转移到小瓶中并拧紧盖子。

通过HPLC分析制备的溶液。

10. 计算

从获得的色谱图中读出或计算5种物质的以下参数。

保留时间(t_R)和对称因子(A_s)。

测定结果总结在一个表中，并用于分配样品中的峰。

识别样本中的峰并计算相邻峰之间的分辨率(R_S)。

列出样品中存在的所有染料。

11. 报告

请写出一份报告。

第七节　健康安全和环境保护

一、比赛环境和设施

1. 第45届世界技能大赛的环境

① 整个比赛区域分为选手工作区(包括选手实验台、天平称量、加热板加热、光谱测定、通风橱排风等区域)、公用工作区(包括茶点台区域)、赞助商区域、项目场地经理办公室、比赛更衣室、专家办公室、项目经理室。

② 选手实验台12个，辅助实验台7+2个，公共区域办公台9+2个，天平实验台6个，通风橱5+2个。

③ 选手按照“循环式”比赛，相对来讲，对场地和设备要求比较宽松。主要是用电量短时间超负荷的问题得到缓解，设备数量明显少于“平铺式”。

2. 区域划分及功能

① 选手工作区：选手技术、技能操作实验区。

② 公用工作区：选手通过计算机软件、设备平台处理实验数据的工作区，包括必要的电脑设备、绘图工具。

③ 比赛更衣室：选手用于更换比赛需要的工装和一些必要的防护工具。

④ 项目场地经理办公室：用于玻璃量器的保管、分发，试剂和溶液的准备。

⑤ 专家办公室：现场工程师、裁判员、翻译工作室，讨论、处理正常和异常的工作情况。

⑥ 项目经理室：也称专家组长室，主要用于文件的保密、解密，文件的使用和保存，必要文件的传输和接收。

⑦ 赞助商区域：现场工程师工作准备处、仪器配件暂放处，也可用于现场工程师休息。

3. 赛场容量

第45届比赛选手是9名，第46届比赛代表队可能达到15～18个，按照18名选手进行整体设计，选手数量增加了1倍，场地和设备条件拟增加1倍。赛场选手工作区、公用工作区面积，可能要增加大约1倍。

4. 实验台、天平台、通风橱尺寸

实验台、天平台、通风橱的尺寸按照目前标准，通常如图3-14、图3-15、图3-16所示。

实验台
1800mm×800mm×900mm

图3-14　实验台尺寸

天平台
1200mm×550mm×750mm

图3-15　天平台尺寸

通风橱
1800mm×800mm×900mm

图3-16　通风橱尺寸

5. 主要的中、大型仪器设备

① 高效液相色谱仪（图 3-17），2～3 台，现场测试选手提供样品的纯度、组分和含量。

② 气相色谱仪（图 3-18），2～3 台，现场测试选手提供样品的纯度、组分和含量。

图 3-17　高效液相色谱仪

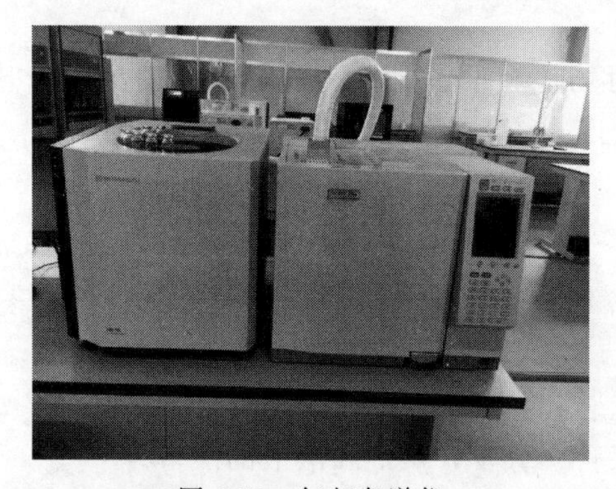

图 3-18　气相色谱仪

图 3-19　玻璃仪器清洗机

③ 玻璃仪器清洗机（图 3-19），2 台，选手清洗实验仪器。

④ 笔记本电脑，21 台，选手使用 18 台，项目经理室、项目场地经理办公室、专家办公室各 1 台。

⑤ 紫外-可见分光光度计，5 台，选手项目使用。

二、场馆条件

按照世赛比赛现场的要求，比赛要在一个开放的、比较集中的场地进行。这意味着将在一个场馆搭建比赛场地。这个比赛场馆需要满足如下条件。

1. 隔墙

① 外墙，使用铝合金比较好，搭建方便，坚固、防腐。

② 内墙，铝合金＋隔音棉＋饰面。

2. 照明

根据场地房屋的高低不同，照度会有所变化。如果按照生物安全实验室建设方面标准进行设计的话，实验台的照度应高于 300lux，而且噪声不能超过 68dB。

3. 排风/通风

① 通风橱的排风要求：换气 15～30 次，进口分速可为 0.5～0.6m/s。最小排风量应取以下两值中的最大值：50cfm/ft × ft（通风柜宽度，cfm 指立方英尺/分，ft 为英尺，1ft = 0.3048m）或者 25cfm/ft^2 × ft^2（通风柜工作面积）。一般控制排风量为 1080～1700m^3/h。

化学实验室技术项目中的“有机合成”项目，需要用到有机溶剂和生成有机污染物，场馆在搭建最初就要规划好排风系统。

② 通风。选手工作区应透气比较好，化学实验的混合气味应及时排掉，控制室内的排气量。

③ 赞助商区域有用于选手合成试剂检测的气相色谱和高效液相色谱，通风要求高于选手工作区，低于通风橱。原则上通风分速为 0.2～0.3m/s。

4. 地板

地面要做防腐和防滑处理，因为实验过程中会有极少量水或试剂遗留在地面上。

5. 空调

比赛实验场地的温度原则上控制在 18～28℃，湿度控制在 50%以下。如果天平称量有特殊要求，会有一些调整。

6. 橱柜

橱柜应防腐并且牢固，大部分试剂都是易挥发、腐蚀性药品。危险品和易制毒品贮藏对橱柜有特殊要求。另外，承办方对药品还具有防盗、误使用的监管责任。

三、 场馆的服务功能

1. 电力

电力负荷，按 12 个选手参赛计算。电源电压要求 220V，合计电量 50000W，要求负荷使用 230A 以上。具体情况说明如下。

a. 实验台 1500W/pcr（每个赛位所消耗的功率），小计 18000W；b. 通风橱 1000W/pcr，小计 12000W；c. 仪器设施 10000W；d. 其他 10000W。

2. 燃气、压缩空气

① 在赞助商区域有氮气瓶和氢气瓶两种气体钢瓶，氮气和氢气作为气相色谱检测仪器用气。

② 在赞助商区域可能有空气压缩机或抽气泵，作为现场仪器使用。

3. 给水

① 每个选手赛位需提供水源，供实验刷洗仪器和作为合成实验中冷凝水使用。边台也要有少量的给水装置。

② 水压，应不低于 0.02MPa。

4. 排水

① 排水管道直径不低于 2.5 英寸（1 英寸≈0.0254m），实验台的排水口直径不小于 1 英寸。

② 排水口不少于 30 个。

5. 排风

① 通风橱排风口数量按照方案确定，每个通风橱都要有排气口(可以并联)。

② 通风橱排风流量可以调控，单个排风 0.5～0.6m/s，总体排风按确定方案执行。

③ 室内区域、赞助商区域排风量会有不同。

四、 对健康应该考虑的措施

① 健康和安全遵循 ISO 9000 认证系统，实验室的认可遵循 ISO 17025 国际性实验室认可制度，由相关权威机构对比赛使用的实验室是否具备特定的校对和试验能力进行认可。而且实验室要符合健康要求。

② 比赛现场应该具备足够的空间，比赛要设立不同的工作区域，以保证选手的健康。

③ 比赛用具必须是国家有关部门检定后的、具有一定标识的、可靠的、对人体没有伤害的用具。

④ 比赛场地要设置更衣室，保证选手比赛前做好必要的健康检查。

五、 对安全应该考虑的措施

1. 安全重点在于应有标准操作规程(standard operational procedure SOP)：a. 应具备“质量手册”；b. 应具备“程序性文件”；c. 应具备“作业指导书”；d. 应有“完整记录”。

2. 安全标识和相关信息要全：a. 紧急联系人；b. 比赛场地平面图、紧急出口、撤离路线；c. 比赛场地标识系统；d. 化学品安全；e. 电气安全；f. 低温和高温安全；g. 个人防护设备；h. 固体和液体废物的处置。

六、 对环境应该考虑的措施

环境要求主要有 3 个方面。

1. 设施和功能设计要全

应确保比赛的工作环境和仪器设备、标准物质、物品、消耗品等的贮藏环境不会对检验结果产生不良影响或使结果无效。

2. 设施和环境条件的监控和维护

凡是检测标准有要求或环境条件对检测结果、设备精度有影响时，检测人员应按照影响程度采取不同的监控措施，必要时配备相应的监控与记录设施。

3. 比赛场地应对涉及检测安全的设施进行控制

如烘箱、分光光度计、气相色谱仪、高相液相色谱仪等。

七、 个人防护设备

① 应有高温移取样品的保护工具；

② 应有移取腐蚀性试剂的保护工具；

③ 应具有防护眼睛的工具；

④ 应具有防护有毒气体的工具。

八、 消防器材

① 现场应有必要的消防器材；

② 现场应有各种危险品、易燃品的警告和提示。

九、 比赛场地的信息环境

比赛场地应具有以下设施条件。

① 比赛场地具有 WiFi 设施，并且功率和赛场的空间相匹配，信号应全覆盖，便于查找资料和上传文件。

② 公共工作区具有足量的打印机，便于提交相关文件，保证每个工作台至少有一台打印机。

③ 访客体验室需要音频和视频设备，并配备必要的办公电脑、打印机等，便于信息化交流和体验音视频文件。

十、 比赛场地的基础设施

基础设施分为三部分，第一部分为办公台（包括座椅）、实验台（包括座椅）、药品橱柜；第二部分为测试工作使用的电子设备和仪器；第三部分为实验使用的基本设备、试剂和材料。

1. 办公台(包括座椅)、实验台(包括座椅)、药品橱柜

① 办公台（包括座椅），根据场地结构购买，一般来说购置标准桌子拼搭在一起，可选用 1800mm×800mm×900mm 的办公桌，大约需要 16～20 个。

② 实验台（包括座椅），标准实验台 1800mm×800mm×900mm，大约购置 24 组。

③ 药品橱柜，视场地情况而定，一般为 1500/1800mm×800mm×2350mm，大约购置 8 组。

2. 测试工作使用的电子设备和仪器

① 笔记本电脑，带扩展的数字键盘，预装检测设备运行平台和必要的实验使用软件。每个选手 1 套。项目经理、项目场地经理各 1 套。

② 打印机。打印机的数量以选手数＋4 台为宜。

③ 实验使用的必要电子设备，如分光光度计、电位滴定仪、气相色谱和高效液相色谱设备配备的超声波处理设备和气泵。

3. 实验使用的基本设备、 试剂和材料

这一部分很复杂，要根据赛项设定不断完善和调整。主要的备品清单应是常规量的两倍。

十一、 比赛场地的工作人员

比赛赛场有：现场经理助理、仪器安装工程师、计量仪器和试剂管理工程师、IT 工程师、医生和志愿者。进场的时间、工作时间、人数大致情况如下（C 表示比赛当天）。

1. 现场经理助理

需要 C-7（表示提前 7 天，余同）天进场，每天工作大约 8h。

现场经理助理 2 人。

2. 仪器安装工程师

需要 C-7 天进场，每天工作大约 4h。

① 高效液相色谱工程师 1 人；

② 气相色谱工程师 1 人；

③ 光谱分析仪器工程师 1 人。

3. 计量仪器和试剂管理工程师

需要 C-5 天进场，每天工作大约 6h。

① 玻璃计量仪器工程师 1 人；

② 标准溶液工程师 1 人。

4. IT 工程师

需要 C-2 天进场，每天工作大约 8h。

计算机维护、网络调试工程师 1 人。

5. 医生

需要 C 天进场，每天工作大约 8h。

全科主任医师或副主任医师 1 人。

6. 志愿者

需要 C-7 天进场，每天工作大约 8h。

志愿者 10 人。

十二、特殊要求

安全是比赛的重要问题，涉及药品使用安全、“三废”处理。其中空气排放、废水排放应有明确的指南。

第四章　技能操作知识点简析

按世赛的要求，技能操作知识点是比较多和全面的，本节就六个模块进行简要的介绍，同时也指出要点和要求。

化学分析法以四大平衡滴定理论为基础，即酸碱滴定法、配位滴定法、氧化还原滴定法和沉淀滴定法。

第一节　酸碱滴定法操作知识点

一、 酸碱溶液 pH 的计算

1. 一元弱酸

一元弱酸 HA 在水溶液中的质子条件为：

$$[H^+]=[A^-]+[OH^-] \tag{4-1}$$

将$[A^-]=K_a[HA]/[H^+]$和$[OH^-]=K_w/[H^+]$代入(4-1)可得：

$$[H^+]=\frac{K_a[HA]}{[H^+]}+\frac{K_w}{[H^+]} \tag{4-2}$$

整理得：

$$[H^+]=\sqrt{K_a[HA]+K_w} \tag{4-3}$$

若计算 $[H^+]$ 时允许有 5%的误差，且同时满足 $c/K_a \geqslant 10^2$ 和 $cK_a \geqslant 10K_w$ 两个条件，式 (4-3) 可进一步简化为一元弱酸溶液中 $[H^+]$ 计算的最简式：

$$[H^+]=\sqrt{cK_a} \tag{4-4}$$

2. 一元弱碱

按照一元弱酸计算 $[H^+]$ 的方法，可以得到一元弱碱溶液中 $[OH^-]$ 的计算公式：

$$[OH^-]=\sqrt{cK_b} \tag{4-5}$$

3. 两性物质

以 $NaHCO_3$ 为例，其质子条件为：

$$[H^+]+[H_2CO_3]=[CO_3^{2-}]+[OH^-] \tag{4-6}$$

将平衡常数 K_{a1}、K_{a2} 代入式(4-6)，经整理得：

$$[H^+]=\sqrt{\frac{K_{a1}K_{a2}[HCO_3^-]+K_w}{K_{a1}+[HCO_3^-]}} \tag{4-7}$$

如果 $cK_{a2}\geqslant 10K_w$，且 $c/K_{a1}\geqslant 10$，式(4-7)就可以简化为：

$$[H^+]=\sqrt{K_{a1}K_{a2}} \tag{4-8}$$

几种酸溶液［H^+］计算的最简式及使用条件见表 4-1。

表 4-1 几种酸溶液［H^+］计算的最简式及使用条件

	计算公式	使用条件(允许有 5%相对误差)
一元弱酸	$[H^+]=\sqrt{cK_a}$	$c/K_a\geqslant 10^2$ 且 $cK_a\geqslant 10K_w$
二元弱酸	$[H^+]=\sqrt{cK_{a1}}$	$cK_{a1}\geqslant 10K_w$，且 $c/K_{a1}\geqslant 10$ $c/K_{a1}\geqslant 10^5$，$K_{a2}/[H^+]\ll 1$
两性物质	$[H^+]=\sqrt{K_{a1}K_{a2}}$	$cK_{a2}\geqslant 10K_w$，$c/K_{a1}\geqslant 10$

二、 酸碱水溶液中［H^+］计算示例

一元弱酸(碱)溶液中［H^+］计算示例如下。

【例 4-1】 求 0.10mol/L HCOOH 溶液的 pH，已知 $K_a=1.8\times10^{-4}$。

解 已知 HCOOH 的 $K_a=1.8\times10^{-4}$，$c=0.10$mol/L，则：

$$c/K_a\geqslant 10^2 \text{ 和 } cK_a\geqslant 10K_w$$

故可利用式(4-4)求算［H^+］：

$$[H^+]\sqrt{cK_a}=\sqrt{0.10\times1.8\times10^{-4}}$$

$$\approx 4.24\times10^{-3}(\text{mol/L})$$

$$pH\approx 2.37$$

【例 4-2】 计算 0.20mol/L NH_3 溶液的 pH，已知 $K_b=1.8\times10^{-5}$。

解 已知 $c=0.20$mol/L，$K_b=1.8\times10^{-5}$，则 $c/K_b\geqslant 10^2$ 和 $cK_b\geqslant 10K_w$

故可利用式(4-5)计算［OH^-］：

$$[OH^-]=\sqrt{cK_b}$$

$$=\sqrt{0.20\times1.8\times10^{-5}}$$

$$=\sqrt{3.6\times10^{-6}}$$

$$\approx 1.90\times10^{-3}$$

$$pOH\approx 2.72$$

$$pH\approx 11.28$$

【例 4-3】 计算 0.20mol/L NaH_2PO_4 溶液的 pH。

解 查表可知 H_3PO_4 的 $pK_{a1}=2.12$，$pK_{a2}=7.20$，$pK_{a3}=12.36$。

0.20mol/L NaH_2PO_4 溶液，满足下列条件：

$$cK_{a2}=0.20\times 10^{-7.20}\gg 10K_w$$

$$c/K_{a1}=0.20/10^{-2.12}\approx 26.37>10$$

所以可采用式(4-8)计算：

$$[H^+]=\sqrt{K_{a1}K_{a2}}=\sqrt{10^{-2.12}\times 10^{-7.20}}$$

$$=10^{-4.66}(mol/L)$$

$$pH=4.66$$

三、 缓冲溶液

1. 常用的缓冲溶液

缓冲溶液一般由浓度较大的弱酸或弱碱及其共轭碱或共轭酸组成。如 $HOAc\text{-}OAc^-$、$NH_4^+\text{-}NH_3$ 等。由于共轭酸碱对的 K_a、K_b 不同，形成的缓冲溶液所能调节和控制的 pH 范围也不同，常用的缓冲溶液见表 4-2。

表 4-2　常用的缓冲溶液

编号	缓冲溶液名称	酸的存在形态	碱的存在形态	pK_a	可控制的 pH 范围
1	氨基乙酸-HCl	$^+NH_3CH_2COOH$	$^+NH_3CH_2COO^-$	2.35 (pK_{a1})	1.4～3.4
2	一氯乙酸-NaOH	$CH_2ClCOOH$	CH_2ClCOO^-	2.86	1.9～3.9
3	邻苯二甲酸氢钾-HCl	$C_6H_4(COOH)_2$（邻苯二甲酸，COOH/COOH）	$C_6H_4(COO^-)(COOH)$（COO⁻/COOH）	2.95 (pK_{a1})	2.0～4.0
4	甲酸-NaOH	HCOOH	$HCOO^-$	3.76	2.8～4.8
5	HOAc-NaOAc	HOAc	OAc^-	4.74	3.8～5.8
6	六亚甲基四胺-HCl	$(CH_2)_6N_4H^+$	$(CH_2)_6N_4$	5.15	4.2～6.2
7	$NaH_2PO_4\text{-}Na_2HPO_4$	$H_2PO_4^-$	HPO_4^{2-}	7.20 (pK_{a2})	6.2～8.2
8	$Na_2B_4O_7$-HCl	H_3BO_4	$H_2BO_3^-$	9.24	8.0～9.0
9	$NH_4Cl\text{-}NH_3$	NH_4^+	NH_3	9.26	8.3～10.3
10	氨基乙酸-NaOH	$^+NH_3CH_2COO^-$	$NH_2CH_2COO^-$	9.60	8.6～10.6
11	$NaHCO_3\text{-}Na_2CO_3$	HCO_3^-	CO_3^{2-}	10.25	9.3～11.3
12	Na_2HPO_4-NaOH	HPO_4^{2-}	PO_4^{3-}	12.32	11.3～12.0

由弱酸 HA 与其共轭碱 A^- 组成的缓冲溶液，用 $c_{(HA)}$、$c_{(A^-)}$ 分别表示 HA、A^- 的分析浓度时，可推出此缓冲溶液中$[H^+]$及 pH 计算的最简式：

$$[H^+]=K_a\frac{c_{(HA)}}{c_{(A^-)}} \tag{4-9}$$

$$pH=pK_a+\lg\frac{c_{(A^-)}}{c_{(HA)}}$$

或者

$$pH = pK_a - \lg \frac{c_{(HA)}}{c_{(A^-)}}$$

2. 不同温度下标准缓冲溶液的 pH

缓冲溶液的配制（表 4-3），可查阅有关手册或参考书上的配方。

表 4-3　不同温度下标准缓冲溶液的 pH

温度/℃	25℃饱和酒石酸氢钾	0.05mol/L 邻苯二甲酸氢钾	0.025mol/L 磷酸二氢钾 +0.025mol/L 磷酸氢二钠	0.01mol/L 硼砂
0		4.006	6.981	9.458
5		3.999	6.949	9.391
10		3.996	6.921	9.330
15		3.996	6.898	9.276
20		3.998	6.879	9.226
25	3.559	4.003	6.864	9.182
30	3.551	4.010	6.852	9.142
35	3.547	4.019	6.844	9.105
40	3.547	4.029	6.838	9.072
50	3.555	4.055	6.833	9.015
60	3.573	4.087	6.837	8.968

四、 酸碱指示剂

常见酸碱指示剂见表 4-4。

表 4-4　常见酸碱指示剂

指示剂	pH 变色范围	颜色变化	pK_{HIn}	浓度(质量分数)	用量/(滴/10mL 试液)
百里酚蓝	1.2～2.8	红～黄	1.65	0.1%的 20%酒精溶液	1～2
甲基橙	3.1～4.4	红～黄	3.4	0.1%或 0.05%水溶液	1
溴酚蓝	3.0～4.6	黄～紫	4.1	0.1%的 20%酒精溶液或其钠盐水溶液	1
甲基红	4.4～6.2	红～黄	5.0	0.1%的 60%酒精溶液或其钠盐水溶液	1
中性红	6.8～8.0	红～黄橙	7.4	0.1%的 60%酒精溶液	1
酚酞	8.0～10.0	无～红	9.1	1%的 90%酒精溶液	1～3
溴百里酚蓝	6.2～7.6	黄～蓝	7.3	0.1%的 20%酒精溶液或其钠盐水溶液	1
百里酚酞	9.4～10.6	无～蓝	10.0	0.1%的 90%酒精溶液	1～2

五、 酸标准滴定溶液的配制和标定

1. 盐酸标准滴定溶液的配制

按照表 4-5 盐酸配制的规定量取盐酸，注入 1000mL 水中，摇匀。

表 4-5　盐酸配制

盐酸标准滴定溶液的浓度 $c(HCl)/(mol/L)$	盐酸的体积 V/mL
1	90
0.5	45
0.1	9

2. 盐酸标准滴定溶液的标定

按照表 4-6 的规定，称取于 270～300℃高温炉中灼烧至恒重的工作基准试剂无水碳酸钠，溶于 50mL 水中，加 10 滴溴甲酚绿-甲基红指示液。用配制好的盐酸溶液滴定至由绿色变为暗红色，煮沸 2min，冷却后继续滴定至溶液再呈暗红色。同时做空白试验。

表 4-6　盐酸标定

盐酸标准滴定溶液的浓度 $c(HCl)/(mol/L)$	工作基准试剂无水碳酸钠的质量 m/g
1	1.9
0.5	0.95
0.1	0.2

盐酸标准滴定溶液的浓度 [$c(HCl)$]，单位为 mol/L，按式(4-10)计算：

$$c(HCl)=\frac{m\times 1000}{(V_1-V_2)M} \tag{4-10}$$

式中　m——无水碳酸钠的质量，g；

V_1——盐酸溶液的体积，mL；

V_2——空白试验盐酸溶液的体积，mL；

M——$\frac{1}{2}$无水碳酸钠的摩尔质量，g/mol，$M\left(\frac{1}{2}Na_2CO_3\right)=52.994g/mol$。

六、　碱标准滴定溶液的配制和标定

1. NaOH 标准滴定溶液的配制

称取 110g 氢氧化钠，溶于 100mL 无二氧化碳的水中，摇匀，注入聚乙烯容器中，密闭放至溶液清亮，按照表 4-7 氢氧化钠溶液配制的规定，用塑料管量取上层清液，用无二氧化碳的水稀释至 1000mL，摇匀。

表 4-7　氢氧化钠溶液配制

氢氧化钠标准滴定溶液的浓度 $c(NaOH)/(mol/L)$	氢氧化钠溶液的体积 V/mL
1	54
0.5	27
0.1	5.4

2. NaOH 标准滴定溶液的标定

按照表 4-8 氢氧化钠溶液标定的规定，称取于 105～110℃电烘箱中干燥至恒重的工作基准试剂邻苯二甲酸氢钾，加无二氧化碳的水溶解，加 2 滴酚酞指示液(10g/L)。用配制好的氢氧化钠溶液滴定至呈粉红色，并保持 30s，同时做空白试验。

表 4-8　氢氧化钠溶液标定

氢氧化钠标准滴定溶液的浓度 $c(NaOH)/(mol/L)$	工作基准试剂 邻苯二甲酸氢钾的质量 m/g	无二氧化碳水的体积 V/mL
1	7.5	80
0.5	3.6	80
0.1	0.75	50

氢氧化钠标准滴定溶液的浓度 [$c(NaOH)$]，单位为 mol/L，按式(4-11)计算：

$$c(NaOH)=\frac{m\times 1000}{(V_1-V_2)M} \tag{4-11}$$

式中　m——邻苯二甲酸氢钾的质量，g；
　　V_1——氢氧化钠溶液的体积，mL；
　　V_2——空白试验氢氧化钠溶液的体积，mL；
　　M——邻苯二甲酸氢钾的摩尔质量，g/mol，$M(C_8H_5KO_4)=204.22g/mol$。

第二节　配位滴定法操作知识点

一、乙二胺四乙酸及其二钠盐

乙二胺四乙酸（EDTA）是一种四元酸，习惯上用 H_4Y 表示。由于它在水中的溶解度很小(22℃时,EDTA 在水中的溶解度为 0.02g/100g)，故常用它的二钠盐 $Na_2H_2Y \cdot 2H_2O$，一般也简称 EDTA。后者的溶解度大(22℃时,其在水中的溶解度为 11.1g/100g)，其饱和水溶液的浓度约为 0.3mol/L，pH 约为 4.4。在水溶液中，乙二胺四乙酸具有双偶极离子结构：

$$\begin{matrix} ^{-}OOCH_2C & & H & & & & CH_2COOH \\ & & \overset{+}{N}\!H & CH_2CH_2 & \overset{+}{N}H & & \\ HOOCH_2C & & & & & & CH_2COO^{-} \end{matrix}$$

EDTA 与金属离子的配合物有如下特点。

① EDTA 具有广泛的配位性能，几乎能与所有金属离子形成配合物，因而配位滴定应用很广泛。

② EDTA 配合物的配位比简单，多数情况下都形成 1∶1 配合物。个别离子，如 Mo(Ⅴ)，与 EDTA 配合物 $[(MoO_2)_2Y^{2-}]$ 的配位比为 2∶1。

③ EDTA 配合物的稳定性高，能与金属离子形成具有多个五元环结构的螯合物。

④ EDTA 配合物易溶于水，使配位反应较迅速。

⑤ 大多数金属离子与 EDTA 形成的配合物是无色的，这有利于指示剂确定终点。但 EDTA 与有色金属离子配位生成的螯合物颜色则加深。例如：

CuY^{2-}	NiY^{2-}	CoY^{2-}	MnY^{2-}	CrY^{-}	FeY^{-}
深蓝色	蓝色	紫红色	紫红色	深紫色	黄色

因此，在滴定这些离子时，要控制其浓度不宜过大，否则，使用指示剂确定终点时将发生判断失误。

二、配合物的稳定性及其影响因素

1. EDTA 与金属离子的主反应及配合物的稳定常数

对于 1∶1 型的配合物 MY 来说，其配位反应式(为书写简便,略去电荷)如下：

$$M+Y \rightleftharpoons MY$$

反应的稳定常数表达式为：

$$K_{MY}=\frac{[MY]}{[M]\cdot[Y]}$$

K_{MY} 即金属-EDTA 配合物的绝对稳定常数，也称形成常数，也可用 $K_{稳}$ 表示。对于具有相同配位数的配合物或配位离子，此值越大，配合物越稳定。$K_{稳}$的倒数即配合物的不稳定常数，也称离解常数。

$$K_{不稳}=\frac{1}{K_{稳}}$$

常见金属离子与 EDTA 形成的配合物 MY 的 $\lg K_{MY}$ 见表 4-9。特别要指出的是：绝对稳定常数是无副反应情况下的数据，它不能完全反映实际滴定过程中真实配合物的稳定状况。

表 4-9　部分金属与 EDTA 形成配合物的 $\lg K_{MY}$

阳离子	$\lg K_{MY}$	阳离子	$\lg K_{MY}$	阳离子	$\lg K_{MY}$
Na^{+}	1.66	Ce^{4+}	15.98	Cu^{2+}	18.80
Li^{+}	2.79	Al^{3+}	16.3	Ga^{2+}	20.3
Ag^{+}	7.32	Co^{2+}	16.31	Ti^{3+}	21.3
Ba^{2+}	7.86	Pt^{2+}	16.31	Hg^{2+}	21.8
Mg^{2+}	8.69	Cd^{2+}	16.49	Sn^{2+}	22.1
Sr^{2+}	8.73	Zn^{2+}	16.50	Th^{4+}	23.2
Be^{2+}	9.20	Pb^{2+}	18.04	Cr^{3+}	23.4
Ca^{2+}	10.69	Y^{3+}	18.09	Fe^{3+}	25.1
Mn^{2+}	13.87	VO^{+}	18.1	U^{4+}	25.8
Fe^{2+}	14.33	Ni^{2+}	18.60	Bi^{3+}	27.94
La^{3+}	15.50	VO^{2+}	18.8	Co^{3+}	36.0

2. 副反应及副反应系数

在滴定过程中，一般将 EDTA(Y)与被测金属离子 M 的反应称为主反应，而溶液中存在的其他反应都称为副反应，如下式。

主反应：

$$M + Y \rightleftharpoons MY$$

$M \xrightarrow{OH^-} M(OH) \cdots M(OH)_n$；$M \xrightarrow{A} MA \cdots MA_n$；$Y \xrightarrow{H^+} HY \cdots H_6Y$；$Y \xrightarrow{N} NY$；$MY \xrightarrow{H^+} MHY$；$MY \xrightarrow{OH^-} M(OH)Y$

副反应：　羟基配位效应　配位效应　酸效应　共存离子效应　混合配位效应

式中，A 为辅助配位剂；N 为共存离子。通常情况下，副反应影响主反应的现象称为“效应”。很显然，反应物(M、Y)发生副反应不利于主反应的进行，而生成物(MY)的各种副反应则有利于主反应的进行。但是，所生成的这些混合配合物大多数不稳定，可以忽略不计。

(1) Y 与 H 的副反应——酸效应与酸效应系数

因 H^{+}的存在而使配位体参加主反应能力降低的现象称为酸效应。酸效应的程度用酸效应系数来衡量，EDTA 的酸效应系数用 $\alpha_{Y(H)}$ 表示。酸效应系数是指在一定酸度下，未与 M 配位的 EDTA 各级质子化型体的总浓度 [Y′] 与游离 EDTA 酸根离子浓度 [Y] 的比值。即：

$$\alpha_{Y(H)}=\frac{[Y']}{[Y]} \tag{4-12}$$

不同酸度下的 $\alpha_{Y(H)}$ 值，可按下式计算：

$$\alpha_{Y(H)}=1+\frac{[H^+]}{K_6}+\frac{[H^+]^2}{K_6K_5}+\frac{[H^+]^3}{K_6K_5K_4}+\cdots+\frac{[H^+]^6}{K_6K_5\cdots K_1} \tag{4-13}$$

式中，K_6、$K_5\cdots K_1$ 为 H_6Y^{2+} 的各级离解常数。

由式(4-13)可知，$\alpha_{Y(H)}$ 随 pH 的增大而减小。$\alpha_{Y(H)}$ 越小，则［Y］越大，即 EDTA 浓度［Y］越大。因此 $\alpha_{Y(H)}$ 越小，酸度对配合物的影响越小。

(2) Y 与 N 的副反应——共存离子效应和共存离子效应系数

当溶液中，除了被滴定的金属离子 M 外，还存在其他金属离子 N，且 N 亦能与 Y 形成稳定的配合物，共存金属离子 N 的浓度较大时，Y 与 N 的副反应就会影响 Y 与 M 的配位能力，此时共存离子的影响不能忽略。这种由共存离子 N 与 EDTA 反应，因而降低了 Y 平衡浓度的副反应称为共存离子效应。副反应进行的程度用副反应系数 $\alpha_{Y(N)}$ 表示，其也称为共存离子效应系数，可用下式表示：

$$\alpha_{Y(N)}=\frac{[Y']}{[Y]}=\frac{[NY]+[Y]}{[Y]}=1+K_{NY}[N] \tag{4-14}$$

式中，［N］为游离共存金属离子 N 的平衡浓度。由式(4-14)可知，$\alpha_{Y(N)}$ 的大小只与 K_{NY} 以及 N 的浓度有关。

若存在几种共存离子，一般只取其中影响最大的，其他可忽略不计。实际上，Y 的副反应系数 α_Y 应同时包括共存离子效应系数和酸效应系数两部分，因此：

$$\alpha_Y \approx \alpha_{Y(N)}+\alpha_{Y(H)}-1 \tag{4-15}$$

实际工作中，当 $\alpha_{Y(H)} \gg \alpha_{Y(N)}$ 时，酸效应是主要的；当 $\alpha_{Y(N)} \gg \alpha_{Y(H)}$ 时，共存离子效应是主要的。一般情况下，在滴定剂 Y 的副反应中，酸效应的影响大，因此 $\alpha_{Y(H)}$ 是重要的副反应系数。

(3)金属离子 M 的副反应及副反应系数

在 EDTA 滴定中，由其他配位剂 L 的存在使金属离子参加主反应能力降低的现象称为配位效应。这种由配位剂 L 引起副反应的副反应系数称为配位效应系数，用 $\alpha_{M(L)}$ 表示。$\alpha_{M(L)}$ 定义为：没有参加主反应的金属离子总浓度［M′］与游离金属离子浓度［M］的比值。即：

$$\alpha_{M(L)}=\frac{[M']}{[M]}=1+\beta_1[L]+\beta_2[L]^2+\cdots+\beta_n[L]^n \tag{4-16}$$

式中 β_1、β_2、…、β_n 为累积离解常数。从式(4-16)可以看出，$\alpha_{M(L)}$ 越大，副反应越严重。

配位剂 L 来源一般有三个：a. 滴定时所加入的缓冲剂；b. 为防止金属离子水解所加的辅助配位剂；c. 为消除干扰而加的掩蔽剂。

举例说明：在酸度较低的溶液中滴定 M 时，金属离子会生成羟基配合物［$M(OH)_n$］，此时 L 就代表 OH^-，其副反应系数用 $\alpha_{M(OH)}$ 表示。不同金属离子在不同 pH 溶液中的 $\lg\alpha_{M(OH)}$ 值如表 4-10 所示。

表 4-10 金属离子的 $\lg\alpha_{M(OH)}$ 值

金属离子	离子强度	pH													
		1	2	3	4	5	6	7	8	9	10	11	12	13	14
Al^{3+}	2					0.4	1.3	5.3	9.3	13.3	17.3	21.3	25.3	29.3	33.3
Bi^{3+}	3	0.1	0.5	1.4	2.4	3.4	4.4	5.4							
Ca^{2+}	0.1													0.3	1.0

续表

金属离子	离子强度	pH													
		1	2	3	4	5	6	7	8	9	10	11	12	13	14
Cd^{2+}	3									0.1	0.5	2.0	4.5	8.1	12.0
Co^{2+}	0.1								0.1	0.4	1.1	2.2	4.2	7.2	10.2
Cu^{2+}	0.1								0.2	0.8	1.7	2.7	3.7	4.7	5.7
Fe^{2+}	1									0.1	0.6	1.5	2.5	3.5	4.5
Fe^{3+}	3			0.4	1.8	3.7	5.7	7.7	9.7	11.7	13.7	15.7	17.7	19.7	21.7
Hg^{2+}	0.1			0.5	1.9	3.9	5.9	7.9	9.9	11.9	13.9	15.9	17.9	19.9	21.9
La^{3+}	3										0.3	1.0	1.9	2.9	3.9
Mg^{2+}	0.1											0.1	0.5	1.3	2.3
Mn^{2+}	0.1										0.1	0.5	1.4	2.4	3.4
Ni^{2+}	0.1									0.1	0.7	1.6			
Pb^{2+}	0.1							0.1	0.5	1.4	2.7	4.7	7.4	10.4	13.4
Th^{4+}	1				0.2	0.8	1.7	2.7	3.7	4.7	5.7	6.7	7.7	8.7	9.7
Zn^{2+}	0.1									0.2	2.4	5.4	8.5	11.8	15.5

若溶液中两种配位剂（L 和 A）同时与金属离子 M 发生副反应，则其影响可用 M 的总副反应系数 α_M 表示。

$$\alpha_M=\alpha_{M(L)}+\alpha_{M(A)}-1$$

（4）配合物 MY 的副反应

在酸度较高或较低的情况下，容易发生配合物 MY 的副反应。酸度较高时，生成酸式配合物(MHY)，其副反应系数用 $\alpha_{MY(H)}$ 表示；酸度较低时，生成碱式配合物(MOHY)，其副反应系数用 $\alpha_{MY(OH)}$ 表示。酸式配合物和碱式配合物一般不太稳定，一般计算中可忽略不计。

三、条件稳定常数

副反应对主反应的影响是比较大的，用绝对稳定常数描述配合物的稳定性在一定程度上是不符合客观实际的，应该将副反应的影响一并考虑，由此推导出的稳定常数与绝对稳定常数有些差别，则称之为条件稳定常数或表观稳定常数，用 K'_{MY} 表示。K'_{MY} 与 K_{MY}、α_Y、α_M、α_{MY} 的关系如下：

$$K'_{MY}=K_{MY}\frac{\alpha_{MY}}{\alpha_M\alpha_Y} \tag{4-17}$$

当条件恒定时，副反应系数 α_M、α_Y、α_{MY} 均为定值，故 K'_{MY} 在一定条件下为常数，当 α_M、α_Y、α_{MY} 均为 1(无副反应)时，则 $K'_{MY}=K_{MY}$。

将式(4-17)两边取对数得：

$$\lg K'_{MY}=\lg K_{MY}+\lg\alpha_{MY}-\lg\alpha_M-\lg\alpha_Y \tag{4-18}$$

在多数情况下(溶液的酸碱性不是太强时)，不形成酸式或碱式配合物，故 $\lg\alpha_{MY}$ 可忽略不计，式(4-18)可简化成：

$$\lg K'_{MY}=\lg K_{MY}-\lg\alpha_M-\lg\alpha_Y \tag{4-19}$$

如果只有酸效应，式(4-19)又简化成：

$$\lg K'_{MY}=\lg K_{MY}-\lg\alpha_{Y(H)} \tag{4-20}$$

四、 酸效应曲线及应用

在 EDTA 滴定中，$\alpha_{Y(H)}$ 是最常用的副反应系数。为应用方便，通常用其对数值 $\lg\alpha_{Y(H)}$。表 4-11 为不同 pH 溶液中 EDTA 酸效应系数值 $\lg\alpha_{Y(H)}$。

表 4-11 不同 pH 时的 $\lg\alpha_{Y(H)}$

pH	$\lg\alpha_{Y(H)}$	pH	$\lg\alpha_{Y(H)}$	pH	$\lg\alpha_{Y(H)}$
0.0	23.64	3.8	8.85	7.5	2.78
0.4	21.32	4.0	8.44	8.0	2.27
0.8	19.08	4.4	7.64	8.5	1.77
1.0	18.01	4.8	6.84	9.0	1.28
1.4	16.02	5.0	6.45	9.5	0.83
1.8	14.27	5.4	5.69	10.0	0.45
2.0	13.51	5.8	4.98	10.6	0.16
2.4	12.19	6.0	4.65	11.0	0.07
2.8	11.09	6.4	4.06	11.6	0.02
3.0	10.60	6.8	3.55	12.0	0.01
3.4	9.70	7.0	3.32	13.0	0.00

由表 4-11 可知，仅当 pH≥13 时，$\lg\alpha_{Y(H)}=0$，即此时 Y 才不与 H^+ 发生副反应。也可将 pH 与 $\lg\alpha_{Y(H)}$ 的对应关系绘成如图 4-1 所示的 pH-$\lg\alpha_{Y(H)}$ 曲线。

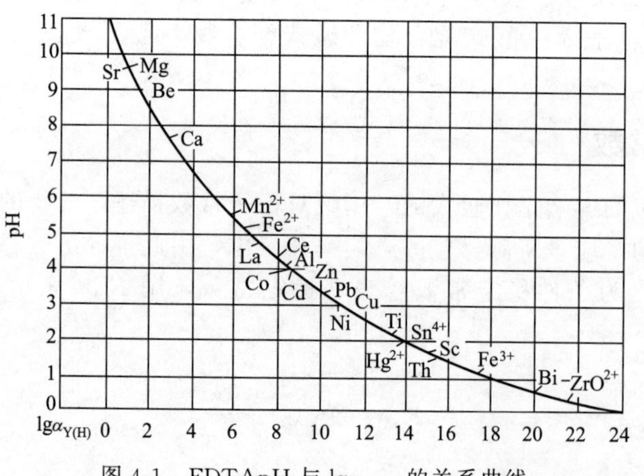

图 4-1 EDTApH 与 $\lg\alpha_{Y(H)}$ 的关系曲线

1. 配位滴定指示剂

尽管配位滴定指示终点的方法很多，配位滴定指示剂也有 300 余种，其中最重要的还是使用金属离子指示剂(金属指示剂)指示终点。酸碱指示剂以指示溶液中 H^+ 浓度的变化确定终点，而金属指示剂则以指示溶液中金属离子浓度的变化确定终点。

2. 金属指示剂的作用原理

金属指示剂也是一种配位剂，能与某些金属离子反应，形成与其本身具有显著颜色差异的配合物以指示终点的到达。

在滴定前加入金属指示剂(用 In 表示金属指示剂的配位基团)，则 In 与待测金属离子 M 有如下反应(省略电荷)：

$$M+In \rightleftharpoons MIn \qquad M+Y \rightleftharpoons MY$$

大量 甲色　　乙色　　大量

此时溶液呈 MIn 的颜色(乙色)。滴入 EDTA 溶液后，Y 先与游离的 M 结合。至化学计量点附近时，Y 夺取 MIn 中的 M。

$$MIn+Y \rightleftharpoons MY+In$$

乙色　　　　甲色

上述过程使指示剂 In 游离出来，溶液由乙色变为甲色，指示滴定终点的到达。

例如，铬黑 T(EBT)在 pH＝10.0 的水溶液中呈蓝色，与 Mg^{2+} 配合物的颜色为酒红色。若在 pH＝10.0 时用 EDTA 滴定 Mg^{2+}，滴定开始前加入指示剂铬黑 T，铬黑 T 与溶液中的部分 Mg^{2+} 反应，此时溶液呈 Mg^{2+}-铬黑 T 的红色。随着 EDTA 的加入，EDTA 逐渐与 Mg^{2+} 反应。在化学计量点附近，Mg^{2+} 的浓度降至很低，加入的 EDTA 进而夺取了 Mg^{2+}-铬黑 T 中的 Mg^{2+}，使铬黑 T 释放、游离出来，此时溶液呈蓝色，指示滴定终点的到达。

3. 金属指示剂必须具备的条件

① 金属指示剂与金属离子形成的配合物的颜色，应与金属指示剂本身的颜色明显不同，而且这两种颜色互不干扰，这样就可以借助颜色的明显变化来判断终点的到达。

② 金属指示剂与金属离子形成的配合物（MIn）要有适当的稳定性。如果 MIn 稳定性过高(K_{MIn}太大)，则在化学计量点附近，Y 不易与 MIn 中的 M 结合，终点推迟，甚至不变色，得不到终点。通常要求$\frac{K_{MY}}{K_{MIn}} \geqslant 10^2$。如果稳定性过低，在未到达化学计量点时 MIn 就会分解，变色不敏锐，影响滴定的准确度。一般要求 $K_{MIn} \geqslant 10^4$。

③ 金属指示剂与金属离子之间的反应要迅速、变色可逆，这样才便于滴定。

④ 金属指示剂应易溶于水，不易变质，便于使用和保存。

4. 常用的金属指示剂

(1) 铬黑 T(EBT)

铬黑 T 在溶液中有如下平衡：

$$pK_{a2}=6.3 \quad pK_{a3}=11.6$$

$$H_2In^- \rightleftharpoons HIn^{2-} \rightleftharpoons In^{3-}$$

紫红色　　　蓝色　　　橙色

由平衡可知，在 pH＜6.3 时，EBT 在水溶液中呈紫红色；pH＞11.6 时 EBT 呈橙色。而 EBT 与二价离子形成的配合物颜色为红色或紫红色，所以只有在 pH 为 7～11 内使用时，指示剂才有明显的颜色，实验表明最适宜的酸度是 pH 为 9～10.5。

铬黑 T 固体相当稳定，但其水溶液仅能保存几天，这都是由于聚合反应。聚合后的铬黑 T 不能再与金属离子显色。pH＜6.5 的溶液中聚合更为严重，加入三乙醇胺可以防止聚合。

铬黑 T 是在弱碱性溶液中滴定 Mg^{2+}、Zn^{2+}、Pb^{2+} 等的常用指示剂。

(2) 二甲酚橙(XO)

二甲酚橙为多元酸。在 pH 为 0～6.0 时，二甲酚橙呈黄色，其与金属离子形成的配合物为红色，是酸性溶液中许多离子配位滴定时所使用的极好指示剂。常用于锆、铪、钍、钪、铟、钇、铋、铅、锌、镉、汞的直接滴定法中。

铝、镍、钴、铜、镓等离子会封闭二甲酚橙，可采用返滴定法。即在 pH 为 5.0～5.5（六次甲基四胺缓冲溶液）时，加入过量 EDTA 标准溶液，再用锌或铅标准溶液返滴定。Fe^{3+} 在 pH 为 2～3 时，以硝酸铋返滴定法测定。

常用金属指示剂的使用 pH 条件、可直接滴定的金属离子和颜色变化及配制方法见表 4-12。

表 4-12　常用的金属指示剂

指示剂	离解常数	滴定元素	颜色变化	配制方法	对指示剂封闭离子
酸性铬蓝 K	$pK_{a1}=6.7$ $pK_{a2}=10.2$ $pK_{a3}=14.6$	Mg(pH=10) Ca(pH=12)	红～蓝	0.1%（质量分数）乙醇溶液	
钙指示剂	$pK_{a2}=3.8$ $pK_{a3}=9.4$ $pK_{a4}=13～14$	Ca(pH=12～13)	酒红～蓝	与 NaCl 按 1∶100 的质量比混合	Co^{2+}、Ni^{2+}、Cu^{2+}、Fe^{3+}、Al^{3+}、Ti^{4+}
铬黑 T	$pK_{a1}=3.9$ $pK_{a2}=6.4$ $pK_{a3}=11.5$	Ca(pH=10,加入 EDTA-Mg) Mg(pH=10) Pb(pH=10,加入酒石酸钾) Zn(pH=6.8～10)	红～蓝 红～蓝 红～蓝 红～蓝	与 NaCl 按 1∶100 的质量比混合	Co^{2+}、Ni^{2+}、Cu^{2+}、Fe^{3+} Al^{3+}、Ti(Ⅳ)
紫脲酸胺	$pK_{a1}=1.6$ $pK_{a2}=8.7$ $pK_{a3}=10.3$ $pK_{a4}=13.5$ $pK_{a5}=14$	Ca[pH>10,25%(质量分数)乙醇] Cu(pH=7～8) Ni(pH=8.5～11.5)	红～紫 黄～紫 黄～紫红	与 NaCl 按 1∶100 的质量比混合	
o-PAN	$pK_{a1}=2.9$ $pK_{a2}=11.2$	Cu(pH=6) Zn(pH=5～7)	红～黄 粉红～黄	1g/L 乙醇溶液	
磺基水杨酸	$pK_{a1}=2.6$ $pK_{a2}=11.7$	Fe(Ⅲ) (pH=1.5～3)	红紫～黄	10～20g/L 水溶液	

5. 提高配位滴定的选择性

（1）控制溶液的酸度

EDTA 用于单一金属离子滴定时，稳定性高的配合物，控制溶液酸度略为高些亦能准确滴定。而对于稳定性较低的，控制酸度高于某一值，就不能被准确滴定了。通常情况下，较低的酸度条件对滴定有利，同时要防止一些金属离子在酸度较低的条件下发生羟基化反应甚至生成氢氧化物，因此必须控制适宜的酸度范围。在此，还需要考虑指示剂的变色点和范围，通过实验检验滴定的最佳酸度。

对于含有两种以上金属离子(M 和 N)的溶液，且 $K_{MY}>K_{NY}$，用 EDTA 滴定时，首先被滴定的是 M。若 K_{MY} 与 K_{NY} 相差足够大，此时可准确滴定 M 离子，而 N 离子不干扰。准确滴定 M 离子后，如果 N 离子满足单一离子准确滴定的条件，则又可继续准确滴定 N 离子，即 EDTA 可分别滴定 M 和 N。一般来说，满足分别滴定 M 和 N 的条件是 $\lg K_{MY}-\lg K_{NY}\geqslant 5$。

（2）掩蔽的方法

当 $\lg K_{MY}-\lg K_{NY}<5$ 时，采用控制酸度分别滴定的方法已不可能，这时可利用加入的掩蔽剂来降低干扰离子的浓度以消除干扰，如上面提到的降低干扰 N 离子的浓度。掩蔽方法可按掩蔽反应类型分类，分别是配位掩蔽法、氧化还原掩蔽法和沉淀掩蔽法。

① 配位掩蔽法。其在化学分析中应用最广泛，是在溶液中加入适当的配位剂(通称掩蔽剂)。加入的掩蔽剂能与干扰离子形成更稳定的配合物，掩蔽了干扰离子，从而能够更准确滴定待测离子。例如，测定 Al^{3+} 和 Zn^{2+} 共存溶液中的 Zn^{2+} 时，加入的 NH_4F 与干扰离子(Al^{3+})形成十分稳定的 AlF_6^{3-}，因而消除了 Al^{3+} 的干扰。又如，测定水中 Ca^{2+}、Mg^{2+} 总量(水的总硬度)时，Fe^{3+}、Al^{3+} 的存在干扰测定，在 pH=10 时加入三乙醇胺，可以掩蔽 Fe^{3+} 和 Al^{3+}，以消除其干扰。

② 氧化还原掩蔽法。加入一种氧化剂或还原剂，改变干扰离子价态，以消除干扰。例如，锆铁矿中锆的滴定，由于 Zr^{4+} 和 Fe^{3+} 与 EDTA 配合物的稳定常数相差不够大，$\Delta lgK = lgK_{ZrY} - lgK_{FeY^-} < 5(\Delta lgK = 29.9 - 25.1 = 4.8)$，$Fe^{3+}$ 干扰 Zr^{4+} 的滴定。此时可加入抗坏血酸或盐酸羟胺使 Fe^{3+} 还原为 Fe^{2+}，由于 $lgK_{FeY^{2-}} = 14.3$，比 lgK_{FeY^-} 小得多($\Delta lgK = 29.9 - 14.3 = 15.6$)，因而避免了干扰。

③ 沉淀掩蔽法。其是一种加入选择性沉淀剂与干扰离子形成沉淀，从而降低干扰离子浓度，以消除干扰的方法。例如，在 Ca^{2+}、Mg^{2+} 共存溶液中，为了消除 Mg^{2+} 的干扰，加入 NaOH 使 pH>12，生成 $Mg(OH)_2$ 沉淀，此时 EDTA 就可直接滴定 Ca^{2+} 了。

沉淀掩蔽法要求所生成沉淀的溶解度要小，沉淀为无色或浅色，且最好生成晶形沉淀，吸附作用小。

在实际工作中，沉淀掩蔽法应用不多，主要原因是：a. 某些沉淀反应进行得不够完全，造成掩蔽效率有时不太高；b. 沉淀的吸附现象，既影响滴定准确度又影响终点观察。因此，沉淀掩蔽法不是一种理想的掩蔽方法。

(3) 选用其他配位滴定剂

氨羧配位剂的种类很多，除 EDTA 外，还有不少种类。它们与金属离子形成配合物的稳定性各具特点。选用不同氨羧配位剂作为滴定剂时，可以选择性地滴定某些离子。

6. EDTA 标准溶液的配制与标定

(1) EDTA 标准溶液的配制

① 配制方法。GB/T 601—2016《化学试剂　标准滴定溶液的制备》中，常用 EDTA 标准溶液的浓度为 0.1mol/L、0.05mol/L 和 0.02mol/L。

0.1mol/L EDTA 的配制。称取 40g EDTA [$Na_2H_2Y \cdot 2H_2O$，$M(Na_2H_2Y \cdot 2H_2O) = 372.2g/mol$]，加 1000mL 蒸馏水，加热溶解，冷却并充分混匀，转移至试剂瓶中待标定。配制 0.05mol/L EDTA 时，称取 20g EDTA，其他操作不变。

EDTA 二钠盐溶液的 pH 正常值为 4.8，市售试剂如果不纯，pH 常小于 2，有时 pH<4。室温较低时易析出难溶于水的乙二胺四乙酸，使溶液变浑浊，并且溶液浓度也发生变化。因此配制溶液时，可用 pH 试纸检查，若溶液 pH 较小，可加几滴 0.1mol/L 的 NaOH 溶液，使溶液的 pH 为 5～6.5，直至变清为止。

蒸馏水质量要求。使用的蒸馏水质量是否符合 GB/T 6682—2008 中分析实验室用水规格要求？若配制溶液的蒸馏水中含有 Al^{3+}、Fe^{3+}、Cu^{2+} 等，则会使指示剂封闭，影响标定终点观察。若蒸馏水中含有 Ca^{2+}、Mg^{2+}、Pb^{2+} 等，则在滴定中会消耗一定量的 EDTA，对结果产生影响。因此在配位滴定中，所用蒸馏水一定要进行质量检查。为了保证水的质量，常用二次蒸馏水或去离子水配制溶液。

② EDTA 溶液的贮存。配制好的 EDTA 溶液应贮存在聚乙烯塑料瓶或硬质玻璃瓶中。若贮存在软质玻璃瓶中，EDTA 会不断地溶解玻璃中的 Ca^{2+}、Mg^{2+} 等，形成配合物，使其浓度不断降低。

（2）EDTA标准溶液的标定

① 标定EDTA常用的基准试剂。用于标定EDTA溶液的基准试剂很多，GB/T 601—2016中以ZnO作为基准试剂。其他的常用基准试剂如表4-13所示。

表4-13　标定EDTA时常用的其他基准试剂

基准试剂	基准试剂处理	滴定条件		终点颜色变化
		pH	指示剂	
铜片	稀HNO_3溶解，除去氧化膜，用水或无水乙醇充分洗涤，在105℃烘箱中烘3min，冷却后称量，以HNO_3(1+1)溶解，再以H_2SO_4蒸发除去NO_2	4.3 HAc-Ac^-缓冲溶液	PAN	红～黄
铅	稀HNO_3溶解，除去氧化膜，用水或无水乙醇充分洗涤，在105℃烘箱中烘3min，冷却后称量，以HNO_3(1+2)溶解，加热除去NO_2	10 NH_3-NH_4^+ 缓冲溶液	铬黑T	红～蓝
		5～6 六次甲基四胺	二甲酚橙	红～黄
锌片	用HCl(1+5)溶解，除去氧化膜，用水或无水乙醇充分洗涤，在105℃烘箱中烘3min，冷却后称量，以HCl(1+1)溶解	10 NH_3-NH_4^+ 缓冲溶液	铬黑T	红～蓝
		5～6 六次甲基四胺	二甲酚橙	红～黄
$CaCO_3$	在105℃烘箱中烘120min，冷却后称量，以HCl(1+1)溶解	12.5～ 12.9(KOH)≥12.5	甲基百里酚蓝 钙指示剂	蓝～灰 酒红～蓝
MgO	1000℃灼烧后，以HCl(1+1)溶解	10 NH_3-NH_4^+缓冲溶液	铬黑T K-B	红～蓝

表中所列的纯金属，如Cu、Zn、Pb等，要求纯度在99.99%以上。金属表面如有一层氧化膜，应先用酸洗去，再用水或无水乙醇洗涤，在105℃烘干数分钟后再称量。金属氧化物或其盐类，如Bi_2O_3、$CaCO_3$、MgO、$MgSO_4\cdot 7H_2O$、ZnO、$ZnSO_4$等，在使用前应预先处理。

实验室中常以金属锌或氧化锌为基准物，由于它们的摩尔质量不大，标定时通常采用“称大样”法，即先准确称取基准物，溶解后定量转移入一定体积的容量瓶中配制，然后再移取一定量溶液标定。

② EDTA标准溶液［c(EDTA)=0.1mol/L］的标定。称取0.3g于（800±50）℃高温炉中灼烧至恒重的工作基准试剂ZnO，用少量水湿润，加2mL盐酸溶液(20%，质量分数)溶解，加100mL水，加氨水溶液(10%，质量分数)调节溶液pH至7～8，加10mLNH_3-NH_4Cl缓冲溶液(pH≈10)及5滴铬黑T指示剂(5g/L)，用配制好的EDTA溶液滴定至溶液由紫色变为纯蓝色。同时做空白试验。

为了使测定结果具有较高的准确度，标定条件与测定条件应尽可能相同。在可能的情况下，最好选用被测元素的纯金属或化合物为基准物质。这是因为不同金属离子与EDTA反应完全的程度不同，允许的酸度不同，对结果的影响也不同。

（3）计算公式

$$c(\mathrm{EDTA})=\frac{m\times 1000}{(V_1-V_2)M} \tag{4-21}$$

式中　m——ZnO 的质量，g；

V_1——滴定消耗 EDTA 的体积，mL；

V_2——空白滴定消耗 EDTA 的体积，mL；

M——氧化锌的摩尔质量，$M(ZnO)=81.408g/mol$。

第三节　氧化还原滴定法操作知识点

氧化还原滴定法应用十分广泛，具有以下特点：① 氧化还原反应的机理较复杂，副反应较多，因此与化学计量有关的问题更复杂；② 氧化还原反应速率一般较慢，受介质的影响也比较大；③ 氧化还原滴定法既可以用氧化剂作滴定剂，也可用还原剂作滴定剂，因此有多种方法；④ 氧化还原滴定法主要用来测定氧化剂或还原剂，也可以用来测定不具有氧化性或还原性的物质。

一、 氧化还原滴定曲线

在氧化还原滴定过程中，随着标准滴定溶液的不断加入，溶液中反应物和生成物的浓度不断变化，氧化还原电对的电极电势也不断发生变化，电极电势随标准滴定溶液变化的情况可用一条曲线来表示，即氧化还原滴定曲线。氧化还原滴定曲线一般通过实验数据绘出，有时也可通过能斯特方程计算绘制。

以 0.1000mol/L Ce^{4+} 溶液滴定 0.1000mol/L Fe^{2+} 溶液的电极电势计算，得到加入不同体积 Ce^{4+} 溶液后溶液的电极电势，见表 4-14。

表 4-14　以 0.1000mol/L Ce^{4+} 溶液滴定 0.1000mol/L Fe^{2+} 溶液的电极电势变化

加入 Ce^{4+} 溶液体积 V/mL	Fe^{2+} 被滴定的百分率/%	电极电势 φ/V
1.00	5.0	0.60
2.00	10.0	0.62
4.00	20.0	0.64
8.00	40.0	0.67
10.00	50.0	0.68
12.00	60.0	0.69
18.00	90.0	0.71
19.80	99.0	0.80
19.98	99.9	0.86 } 突跃范围
20.00	100.0	1.06
20.02	100.1	1.26
22.00	110.0	1.38
30.00	150.0	1.42
40.00	200.0	1.44

以滴定剂的加入量为横坐标，电对的电极电势为纵坐标作图，可得到如图 4-2 所示的氧化还原滴定曲线。

二、 氧化还原滴定终点的确定

由表 4-14 和图 4-2 可知，从化学计量点前 Fe^{2+} 剩余 0.1%到化学计量点后 Ce^{4+} 过量 0.1%，溶液的电极电势由 0.86V 增加至 1.26V，变化了 0.4V，这个变化称为滴定电势突跃。化学计量点附近突跃的大小取决于两个电对的电子转移数和电极电势差。两个电对的电极电势差越大，滴定突跃越大。电对的电子转移数越小，滴定突跃越大。对于 $n_1=n_2=1$

的氧化还原反应，化学计量点恰好处于滴定突跃的中间，在化学计量点附近，滴定曲线基本是对称的。

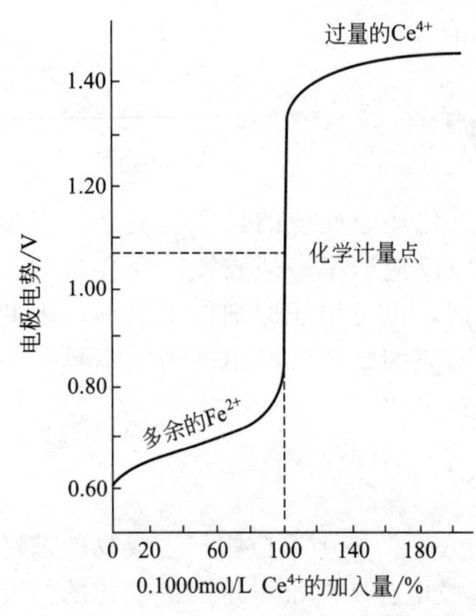

图 4-2 以 0.1000mol/L Ce^{4+} 溶液滴定 0.1000mol/L Fe^{2+} 溶液的滴定曲线

三、 氧化还原滴定指示剂

1. 自身指示剂

滴定剂本身有很深的颜色，而滴定产物无色或颜色很浅，在这种情况下，滴定时可不必另加指示剂。例如，$KMnO_4$ 本身呈紫红色，用它来滴定 Fe^{2+}、$C_2O_4^{2-}$ 溶液时，反应产物 Mg^{2+}、Fe^{3+} 等颜色很浅或是无色，滴定到化学计量点后，只要 $KMnO_4$ 滴定溶液稍过量就能使溶液呈淡红色，指示滴定终点的到达。

2. 专属指示剂

一些指示剂本身并不具有氧化还原性，但能与滴定剂或被测定物质发生显色反应，而且显色反应是可逆的，因而可以指示滴定终点。这类指示剂中最常用的是淀粉，可溶性淀粉与碘溶液反应生成深蓝色化合物，当 I_2 被还原为 I^- 时，蓝色就突然褪去。因此，在碘量法中，多用可溶性淀粉溶液作指示剂。用可溶性淀粉指示剂可以检出约 10^{-5} mol/L 的碘溶液。

3. 氧化还原指示剂

氧化还原指示剂本身是氧化剂或还原剂，其氧化态和还原态具有不同的颜色。在滴定过程中，指示剂由氧化态转化为还原态，或由还原态转化为氧化态时，溶液颜色随之发生变化，从而指示滴定终点。若以 In_{OX} 和 In_{Red} 分别代表指示剂的氧化态和还原态，滴定过程中，指示剂的电极反应可用下式表示：

$$In_{Ox} + ne^- \rightleftharpoons In_{Red}$$

$$\varphi = \varphi^{\ominus\prime}(In) + \frac{0.059}{n}\lg\frac{c(In_{Ox})}{c(In_{Red})} \tag{4-22}$$

显然，随着滴定过程中溶液电位值的改变，$c(In_{Ox})/c(In_{Red})$也在改变，因而溶液的颜色发生变化。与酸碱指示剂在一定 pH 范围内发生颜色变化一样，人们只能在一定电位范围内看到这种颜色变化，这个范围就是指示剂变色电位范围，它相当于两种形式浓度比值从 1/10 变到 10 时的电位变化范围。即：

$$\varphi = \varphi^{\ominus\prime}(In) \pm \frac{0.059}{n} \tag{4-23}$$

当被滴定溶液的电位值恰好等于 $\varphi^{\ominus\prime}(In)$时，指示剂呈现中间颜色，称为变色点。若指示剂一种形式的颜色比另一种形式深得多，则变色点电位将偏离 $\varphi^{\ominus\prime}(In)$值。

表 4-15 列出了部分常用的氧化还原指示剂。

表 4-15 常用的氧化还原指示剂

指示剂	$\varphi^{\ominus\prime}(In)/V$ [H^+] =1mol/L	颜色变化		配制方法
		还原态	氧化态	
次甲基蓝	+0.52	无	蓝	0.5g/L 水溶液
二苯胺磺酸钠	+0.85	无	紫红	0.5g 指示剂、2g Na_2CO_3，加水稀释至 100mL
邻苯氨基苯甲酸	+0.89	无	紫红	0.11g 指示剂溶于 20mL 50g/L Na_2CO_3 溶液中，用水稀释至 100mL
邻二氮菲-亚铁	+1.06	红	浅蓝	1.485g 邻二氮菲、0.695g $FeSO_4\cdot7H_2O$，用水稀释至 100mL

氧化还原指示剂是一种通用指示剂，应用范围比较广泛。选择这类指示剂的原则是，指示剂变色点的电位应当处在滴定体系的电位突跃范围内，指示剂的条件电位尽量与反应化学计量点的电位相一致。例如，在 1mol/L 的 H_2SO_4 溶液中，用 Ce^{4+} 滴定 Fe^{2+}，前面已经计算出滴定到化学计量点前后 0.1%时的电位突跃范围是 0.86～1.26V。显然，邻苯氨基苯甲酸和邻二氮菲-亚铁是可用的，邻二氮菲-亚铁则更加理想，若选二苯胺磺酸钠，则终点会提前，终点误差将大于允许误差。

四、高锰酸钾法

（一）高锰酸钾法特点

高锰酸钾($KMnO_4$)是一种强氧化剂，它的氧化能力和还原产物与溶液的酸度有关。

在强酸性溶液中，MnO_4^- 被还原成 Mn^{2+}：

$$MnO_4^- + 8H^+ + 5e^- \rightleftharpoons Mn^{2+} + 4H_2O \qquad \varphi^{\ominus}=1.51V$$

在弱酸性、中性、弱碱性溶液中，MnO_4^- 被还原成 MnO_2：

$$MnO_4^- + 2H_2O + 3e^- \rightleftharpoons MnO_2\downarrow + 4OH^- \qquad \varphi^{\ominus}=0.59V$$

在强碱性溶液中，MnO_4^- 被还原成 MnO_4^{2-}：

$$MnO_4^- + e^- \rightleftharpoons MnO_4^{2-} \qquad \varphi^{\ominus}=0.56V$$

高锰酸钾法有如下特点：

① $KMnO_4$ 氧化能力强，应用广泛，可直接或间接地测定多种无机物和有机物。如可直接滴定 Fe^{2+}、As(Ⅲ)、Sb(Ⅲ)、W(Ⅴ)、U(Ⅳ)、H_2O_2、$C_2O_4^{2-}$、NO_2^- 等还原性物质；返滴定时可测定 MnO_2、PbO_2 等物质；也可以通过 MnO_4^- 与 $C_2O_4^{2-}$ 反应间接测定一些非氧化还原物质，如 Ca^{2+}、Th^{4+} 等。

② $KMnO_4$ 溶液呈紫红色，当试液为无色或颜色很浅时，滴定可以自身为指示剂。

③ 由于 $KMnO_4$ 氧化能力强，因此方法的选择性欠佳；而且 $KMnO_4$ 与还原性物质的反应历程比较复杂，易发生副反应。

④ $KMnO_4$ 标准溶液不能直接配制，且标准溶液不够稳定，不能久置，需经常标定。

（二）$KMnO_4$ 标准滴定溶液的制备(GB/T 601—2016)

1. 配制

市售高锰酸钾试剂常含有少量的 MnO_2 及其他杂质，使用的蒸馏水中也含有少量尘埃、有机物等还原性物质。这些物质都能使 $KMnO_4$ 还原，因此 $KMnO_4$ 标准溶液不能直接配制，必须先配成近似浓度的溶液，放置 2 周后滤去沉淀，然后再用基准物质标定。

2. 标定

标定 $KMnO_4$ 溶液的基准物很多，如 $Na_2C_2O_4$、$H_2C_2O_4\cdot2H_2O$、$(NH_4)_2Fe(SO_4)_2\cdot$

$6H_2O$ 和纯铁丝等。其中常用的是 $Na_2C_2O_4$，它易于提纯且性质稳定，不含结晶水，在 105～110℃烘至恒重，冷却后即可使用。

MnO_4^- 与 $C_2O_4^{2-}$ 的标定反应在 H_2SO_4 介质中进行，其反应式如下：

$$2MnO_4^- + 5C_2O_4^{2-} + 16H^+ = 2Mn^{2+} + 10CO_2\uparrow + 8H_2O$$

GB/T 601—2016 中 $KMnO_4$ 标准滴定溶液标定方法为：用减量法称取 0.25g 于 105～110℃烘至恒重的工作基准试剂草酸钠，溶于 100mL 硫酸溶液(8+92)，用配制好的高锰酸钾溶液滴定，近终点时加热至 65℃，继续滴定到溶液呈粉红色，保持 30s。同时做空白试验。

计算公式为：

$$c\left(\frac{1}{5}KMnO_4\right) = \frac{m(Na_2C_2O_4)\times 1000}{[V(KMnO_4)-V_0]\times M\left(\frac{1}{2}Na_2C_2O_4\right)} \tag{4-24}$$

式中 $c\left(\frac{1}{5}KMnO_4\right)$——$\frac{1}{5}KMnO_4$ 标准滴定溶液的浓度，mol/L；

$V(KMnO_4)$——滴定时消耗 $KMnO_4$ 标准滴定溶液的体积，mL；

V_0——空白试验滴定时消耗 $KMnO_4$ 标准滴定溶液的体积，mL；

$m(Na_2C_2O_4)$——基准物 $Na_2C_2O_4$ 的质量，g；

$M\left(\frac{1}{2}Na_2C_2O_4\right)$——$\frac{1}{2}Na_2C_2O_4$ 的摩尔质量，66.999g/mol；

1000——L 和 mL 换算系数。

（三）高锰酸钾法应用示例

1. 直接滴定法测定 H_2O_2

在酸性溶液中 H_2O_2 被 MnO_4^- 定量氧化：

$$2MnO_4^- + 5H_2O_2 + 6H^+ = 2Mn^{2+} + 5O_2\uparrow + 8H_2O$$

此反应在室温下即可顺利进行，也可以加温至 65℃后滴定，但高锰酸钾滴定速度不要太快，防止 MnO_4^- 在温度高时分解。滴定开始时反应较慢，随着 Mn^{2+} 的生成反应加速，也可先加入少量 Mn^{2+} 作为催化剂。

2. 间接滴定法测定 Ca^{2+}

Ca^{2+}、Th^{4+} 等在溶液中没有可变价态，通过生成草酸盐沉淀，由高锰酸钾法间接测定。

以 Ca^{2+} 的测定为例，其先沉淀为 CaC_2O_4，再经过滤、洗涤将沉淀溶于热的稀 H_2SO_4 溶液中，最后用 $KMnO_4$ 标准溶液滴定 $H_2C_2O_4$。根据所消耗的 $KMnO_4$ 的体积，间接求得 Ca^{2+} 的含量。

3. 水中化学需氧量 COD_{Mn} 的测定

化学需氧量 COD 是 1L 水中还原性物质(无机的或有机的)在一定条件下被氧化时所消耗的氧含量。通常用 COD_{Mn}(O,mg/L)来表示。它是反映水体被还原性物质污染的主要指标。还原性物质包括有机物、亚硝酸盐、亚铁盐和硫化物等，但多数水普遍受有机物污染，因此，化学需氧量可作为有机物污染程度的指标，目前它已经成为环境监测分析的主要项目之一。

COD_{Mn}的测定方法是：在酸性条件下，加入过量的 $KMnO_4$ 溶液，将水样中的某些有机物及还原性物质氧化，反应后在剩余的 $KMnO_4$ 中加入过量的 $Na_2C_2O_4$ 还原，再用 $KMnO_4$溶液回滴过量的 $Na_2C_2O_4$，从而计算出水样中还原性物质所消耗的 $KMnO_4$，换算为 COD_{Mn}。测定过程所发生的有关反应如下：

$$4KMnO_4+6H_2SO_4+5C \xlongequal{} 2K_2SO_4+4MnSO_4+5CO_2\uparrow+6H_2O$$

$$2MnO_4^-+5C_2O_4^{2-}+16H^+ \xlongequal{} 2Mn^{2+}+8H_2O+10CO_2\uparrow$$

$KMnO_4$ 法只适用于较为清洁水样化学耗氧量 COD_{Mn}的测定。

五、重铬酸钾法

（一）重铬酸钾法特点

重铬酸钾（$K_2Cr_2O_7$）是一种常用的氧化剂，具有较强的氧化性，在酸性介质中 $Cr_2O_7^{2-}$ 被还原为 Cr^{3+}，其电极反应如下：

$$Cr_2O_7^{2-}+14H^++6e^- \xlongequal{} 2Cr^{3+}+7H_2O \qquad \varphi^{\ominus}(Cr_2O_7^{2-}/Cr^{3+})=1.33V$$

重铬酸钾法和其他方法相比，有如下特点。

① $K_2Cr_2O_7$ 易提纯，干燥后可以制成基准物质，可直接配制标准溶液。$K_2Cr_2O_7$ 标准溶液相当稳定，保存在密闭容器中浓度可长期保持不变。

② 室温下，当 HCl 溶液浓度低于 3mol/L 时，$Cr_2O_7^{2-}$ 不会诱导氧化 Cl^-，因此 $K_2Cr_2O_7$ 法可在盐酸介质中进行。$Cr_2O_7^{2-}$ 的滴定还原产物是 Cr^{3+}，呈绿色，滴定时必须用指示剂指示滴定终点。常用的指示剂为常用氧化还原指示剂，如二苯胺磺酸钠等。

（二）$K_2Cr_2O_7$ 标准滴定溶液的制备

在 GB/T 601—2016 中，$K_2Cr_2O_7$ 标准滴定溶液的制备可以采用直接配制法和间接配制法。

直接配制法。直接配制 $K_2Cr_2O_7$ 标准滴定溶液时，在配制前要将 $K_2Cr_2O_7$ 基准试剂在(120±2)℃下烘至恒重。称取(4.90±0.20)g 干燥至恒重的工作基准试剂 $K_2Cr_2O_7$，溶于水，移入 1000mL 容量瓶中，稀释至刻度线。$K_2Cr_2O_7$ 的浓度按下列公式计算：

$$c\left(\frac{1}{6}K_2Cr_2O_7\right)=\frac{m\times1000}{V\times M} \tag{4-25}$$

式中　m——$K_2Cr_2O_7$ 的质量，g；

V——$K_2Cr_2O_7$ 的体积，mL；

M——$\frac{1}{6}K_2Cr_2O_7$ 的摩尔质量，g/mol，$M\left(\frac{1}{6}K_2Cr_2O_7\right)=49.031g/mol$；

1000——L 和 mL 换算系数。

间接配制法。称取 5g $K_2Cr_2O_7$，溶于 1000mL 水中，摇匀。量取 35.00～40.00mL 配制好的 $K_2Cr_2O_7$ 溶液，置于碘量瓶中，加 2g KI 及 20mL H_2SO_4(20%)溶液，于暗处放置 10min，加 150mL 水(15～20℃)。用已知浓度的 $Na_2S_2O_3$(0.1mol/L)标准滴定溶液进行滴定，近终点时加 2mL 淀粉指示剂(10g/L)，继续滴定至溶液由蓝色变为亮绿色，同时做空白试验。

其反应式为：

$$Cr_2O_7^{2-}+6I^-+14H^+ = 2Cr^{3+}+3I_2+7H_2O$$

$$I_2+2S_2O_3^{2-} = S_4O_6^{2-}+2I^-$$

$K_2Cr_2O_7$ 标准溶液的浓度按下式计算：

$$c\left(\frac{1}{6}K_2Cr_2O_7\right)=\frac{(V_1-V_2)\cdot c(Na_2S_2O_3)}{V} \tag{4-26}$$

式中 $c\left(\frac{1}{6}K_2Cr_2O_7\right)$——$\frac{1}{6}K_2Cr_2O_7$标准溶液的浓度，mol/L；

$c(Na_2S_2O_3)$——硫代硫酸钠标准滴定溶液的浓度，mol/L；

V_1——滴定时消耗硫代硫酸钠标准滴定溶液的体积，mL；

V_2——空白试验滴定时消耗硫代硫酸钠标准滴定溶液的体积，mL；

V——$K_2Cr_2O_7$标准溶液的体积，mL。

（三）重铬酸钾法应用示例

1. 铁矿石全铁量的测定——三氯化钛还原法(GB/T 6730.65—2009)

重铬酸钾法是测定矿石中全铁量的标准方法。在此讨论 $SnCl_2$-$TiCl_3$ 法(无汞测定法)。

无汞测定法是将样品用酸溶解后，用 $SnCl_2$(100g/L)趁热将大部分 Fe^{3+} 还原为 Fe^{2+}，再以钨酸钠(250g/L)为指示剂，用 $TiCl_3$(15g/L)还原剩余的 Fe^{3+}，反应式为：

$$2Fe^{3+}+Sn^{2+} = 2Fe^{2+}+Sn^{4+}$$

$$Fe^{3+}+Ti^{3+} = Fe^{2+}+Ti^{4+}$$

首先当 Fe^{3+} 被定量还原为 Fe^{2+} 之后，稍过量的 $TiCl_3$ 即可使溶液呈现蓝色；然后滴入重铬酸钾溶液，使蓝色刚好褪色，从而消除少量还原剂的影响；最后以二苯胺磺酸钠(2g/L)为指示剂，用重铬酸钾标准滴定溶液滴定溶液中的 Fe^{2+}，即可求出全铁含量。

2. 利用 $Cr_2O_7^{2-}$ - Fe^{2+} 反应测定其他物质

$Cr_2O_7^{2-}$ 与 Fe^{2+} 的反应可逆性强、速率快、计量关系好、无副反应发生、指示剂变色明显。此反应不仅用于测铁，还可间接地测定多种物质。

(1) 测定氧化剂

NO_3^- 等氧化剂被还原的速率较慢，测定时可加入过量的 Fe^{2+} 标准溶液与其反应。

$$3Fe^{2+}+NO_3^-+4H^+ = 3Fe^{3+}+NO+2H_2O$$

待反应完全后，用 $K_2Cr_2O_7$ 标准溶液返滴定剩余的 Fe^{2+}，即可求得 NO_3^- 含量。

(2) 测定还原剂

一些强还原剂，如 Ti^{3+} 等，极不稳定，易被空气中的氧所氧化。为使测定准确，可将 Ti^{4+} 流经还原柱后，用盛有 Fe^{3+} 溶液的锥形瓶接收，此时发生如下反应：

$$Ti^{3+}+Fe^{3+} = Ti^{4+}+Fe^{2+}$$

置换出的 Fe^{2+}，再用 $K_2Cr_2O_7$ 标准溶液滴定。

(3) 测定污水的化学需氧量(COD_{Cr})

$KMnO_4$ 法只适用于较为清洁水样化学耗氧量(COD_{Mn})的测定。若要测定污染严重的生活污水和工业废水，则需要使用 $K_2Cr_2O_7$ 法。用 $K_2Cr_2O_7$ 法测定的化学需氧量用 COD_{Cr}(O,mg/L)表示。COD_{Cr}是衡量污水被污染程度的重要指标。其测定原理如下。

水样中加入一定量的重铬酸钾标准溶液，在强酸性(H_2SO_4)条件下，以 Ag_2SO_4 为催化剂，加热回流 2h，使重铬酸钾与有机物及还原性物质充分作用。过量的重铬酸钾以试亚铁灵为指示剂，用硫酸亚铁铵标准滴定溶液返滴定并做空白试验，其滴定反应式为：

$$Cr_2O_7^{2-}+6Fe^{2+}+14H^+ = 2Cr^{3+}+6Fe^{3+}+7H_2O$$

由所消耗的硫酸亚铁铵标准滴定溶液的体积及加入水样的重铬酸钾标准溶液的体积，便可以计算出水样中还原性物质所消耗的氧。

$$COD_{Cr}=\frac{(V_0-V_1)c(Fe^{2+})\times 8.000\times 1000}{V} \tag{4-27}$$

式中　V_0——空白试验滴定时消耗硫酸亚铁铵标准溶液的体积，mL；

V_1——滴定水样时消耗硫酸亚铁铵标准溶液的体积，mL；

V——水样体积，mL；

$c(Fe^{2+})$——硫酸亚铁铵标准溶液浓度，mol/L；

8.000——$\frac{1}{2}$O 摩尔质量，g/mol；

1000——L 和 mL 换算系数。

(4) 测定非氧化、还原性物质

测定 Pb^{2+} 等物质时，一般先将其沉淀为 $PbCrO_4$，然后过滤沉淀，沉淀经洗涤后溶解于酸中，再以 Fe^{2+} 标准滴定溶液滴定 $Cr_2O_7^{2-}$，从而间接求出 Pb^{2+} 的含量。

六、碘量法

(一) 直接碘量法

用 I_2 配成的标准滴定溶液可以直接测定电位值比 $\varphi^{\ominus}(I_3^-/I^-)$ 小的还原性物质，如 S^{2-}、SO_3^{2-}、Sn^{2+}、$S_2O_3^{2-}$、As(Ⅲ)、维生素 C 等，这种碘量法称为直接碘量法，又叫碘滴定法。

(二) 间接碘量法

电位值比 $\varphi^{\ominus}(I_3^-/I^-)$ 高的氧化性物质，可在一定的条件下，用 I^- 还原，然后用 $Na_2S_2O_3$ 标准溶液滴定释放出的 I_2，这种方法称为间接碘量法，又称滴定碘法。利用这一方法可以测定很多氧化性物质，如 Cu^{2+}、$Cr_2O_7^{2-}$、IO_3^-、BrO_3^-、AsO_4^{3-}、ClO^-、NO_2^-、H_2O_2、MnO_4^- 和 Fe^{3+} 等。间接碘量法的基本反应为：

$$2I^- 2e^- = I_2$$

$$I_2+2S_2O_3^{2-} = S_4O_6^{2-}+2I^-$$

碘量法以可溶性淀粉为指示剂，灵敏度高。当溶液呈蓝色(直接碘量法)或蓝色消失(间接碘量法)时即为终点。

(三) 碘量法标准滴定溶液的制备(GB/T 601—2016)

碘量法中需要配制和标定 I_2 和 $Na_2S_2O_3$ 两种标准滴定溶液。

1. 标准滴定溶液 [$c(Na_2S_2O_3)=0.1mol/L$] 的制备

(1) 配制

市售硫代硫酸钠($Na_2S_2O_3\cdot 5H_2O$)一般都含有少量杂质，因此配制 $Na_2S_2O_3$ 标准滴定溶液时不能用直接法，只能用间接法。

称取 26g 的 $Na_2S_2O_3 \cdot 5H_2O$ 或 16g 的 $Na_2S_2O_3$，加 0.2g 无水 Na_2CO_3，溶于 1000mL 水中，缓缓煮沸 10min，冷却。

配制好的 $Na_2S_2O_3$ 溶液在空气中不稳定，容易分解，这是由于在水中微生物、CO_2，空气中 O_2 的作用下，易发生下列反应：

$$Na_2S_2O_3 \xlongequal{\text{微生物}} Na_2SO_3 + S\downarrow$$

$$Na_2S_2O_3 + CO_2 + H_2O = NaHSO_3 + NaHCO_3 + S\downarrow$$

$$2Na_2S_2O_3 + O_2 = 2Na_2SO_4 + 2S\downarrow$$

配制 $Na_2S_2O_3$ 溶液时，应当用新煮沸并冷却的蒸馏水，并加入少量 Na_2CO_3，使溶液呈弱碱性，以抑制细菌生长。配制好的 $Na_2S_2O_3$ 溶液应贮存于棕色瓶中，于暗处放置 2 周，过滤，然后再标定；如果在标定后的 $Na_2S_2O_3$ 溶液贮存过程中发现溶液变浑浊，应重新标定或弃去重配。

(2) 标定

标定 $Na_2S_2O_3$ 溶液的基准物质有 $K_2Cr_2O_7$、KIO_3、$KBrO_3$ 及升华 I_2 等。本节只讨论以 $K_2Cr_2O_7$ 作基准物的标定。称取 0.18g 于 (120±2)℃下干燥至恒重的工作基准试剂 $K_2Cr_2O_7$，置于碘量瓶中，加 25mL 水溶解，加 2g 碘化钾及 20mL 硫酸溶液(20%，质量分数)，摇匀，于暗处放置 10min。加 150mL 水(15～20℃)，用配制好的 $Na_2S_2O_3$ 溶液滴定，近终点时加 2mL 淀粉指示剂(10g/L)，继续滴定至溶液由蓝色变为亮绿色，同时做空白试验。

$K_2Cr_2O_7$ 在酸性溶液中与 I^- 发生如下反应：

$$Cr_2O_7^{2-} + 6I^- + 14H^+ = 2Cr^{3+} + 3I_2 + 7H_2O$$

反应析出的 I_2 以淀粉为指示剂，用待标定的 $Na_2S_2O_3$ 溶液滴定。

$$I_2 + 2S_2O_3^{2-} = 2I^- + S_4O_6^{2-}$$

用 $K_2Cr_2O_7$ 标定 $Na_2S_2O_3$ 溶液时应注意：$Cr_2O_7^{2-}$ 与 I^- 反应较慢，为加速反应，必须加入过量的 KI，并提高酸度。一般应控制酸度为 0.2～0.4mol/L。在暗处放置 10min，保证反应顺利完成。

(3) 计算

根据称取的 $K_2Cr_2O_7$ 质量和滴定时消耗 $Na_2S_2O_3$ 标准溶液的体积，可计算出 $Na_2S_2O_3$ 标准溶液的浓度。计算公式如下：

$$c(Na_2S_2O_3) = \frac{m(K_2Cr_2O_7) \times 1000}{(V - V_0)M\left(\frac{1}{6}K_2Cr_2O_7\right)} \qquad (4\text{-}28)$$

式中 $m(K_2Cr_2O_7)$——称取 $K_2Cr_2O_7$ 的质量，g；

V——滴定时消耗 $Na_2S_2O_3$ 标准溶液的体积，mL；

V_0——空白试验滴定时消耗 $Na_2S_2O_3$ 标准溶液的体积，mL；

$M\left(\frac{1}{6}K_2Cr_2O_7\right)$——$\frac{1}{6}K_2Cr_2O_7$ 的摩尔质量，49.03g/mol；

1000——L 和 mL 换算系数。

2. 标准滴定溶液$\left[c\left(\frac{1}{2}I_2\right)=0.1mol/L\right]$的制备

（1）配制

通常先用市售的碘配成近似浓度的碘溶液，然后用基准试剂或已知准确浓度的$Na_2S_2O_3$标准溶液标定碘溶液的准确浓度。由于I_2难溶于水，易溶于KI溶液，故配制时应将I_2、KI与少量水一起研磨后再用水稀释。称取13g I_2及35g KI，将其溶于100mL水中，并稀释至1000mL，摇匀，贮存在棕色试剂瓶中待标定。

（2）标定

I_2溶液可用As_2O_3基准物标定。As_2O_3难溶于水，多用NaOH溶解，使之生成亚砷酸钠，再用I_2溶液滴定AsO_3^{3-}。

$$As_2O_3+6NaOH=2Na_3AsO_3+3H_2O$$

$$AsO_3^{3-}+I_2+H_2O \rightleftharpoons AsO_4^{3-}+2I^-+2H^+$$

第二个反应为可逆反应，为使反应快速定量地向右进行，可加入$NaHCO_3$，以保持溶液pH≈8。称取0.18g预先在硫酸干燥器中干燥至恒重的工作基准试剂As_2O_3，置于碘量瓶中，加6mL的NaOH标准滴定溶液[c(NaOH)=1mol/L]溶解，加50mL水，加2滴酚酞指示液(10g/L)，用H_2SO_4标准溶液[$c(H_2SO_4)=1mol/L$]滴定至无色，加3g $NaHCO_3$及2mL淀粉指示液(10g/L)，用配制好的碘标准溶液[$c\left(\frac{1}{2}I_2\right)=0.1mol/L$]滴定至溶液为浅蓝色。同时做空白试验。

（3）计算

根据称取的As_2O_3质量和滴定时消耗I_2溶液的体积，计算出I_2标准溶液的浓度。计算公式如下：

$$c\left(\frac{1}{2}I_2\right)=\frac{m(As_2O_3)\times 1000}{(V-V_0)\times M\left(\frac{1}{4}As_2O_3\right)} \tag{4-29}$$

式中　$m(As_2O_3)$——称取As_2O_3的质量，g；

V——滴定时消耗I_2溶液的体积，mL；

V_0——空白试验滴定时消耗I_2溶液的体积，mL；

$M\left(\frac{1}{4}As_2O_3\right)$——$\frac{1}{4}As_2O_3$的摩尔质量，49.460g/mol；

1000——L和mL换算系数。

由于As_2O_3为剧毒物，一般常用已知浓度的$Na_2S_2O_3$标准滴定溶液标定I_2溶液。

（四）碘量法应用示例

1. 直接碘量法测定维生素C含量

由于维生素C分子中的烯二醇基具有还原性，能被I_2定量地氧化成二酮基，可用I_2标准溶液直接测定维生素C。反应式如下：

```
  ┌────O────┐    H                              ┌────O────┐   H
  │         │    │                              │         │   │
  C─C═C─C─C─CH2OH + I2 ───→ C─C─C─C─C─CH2OH + 2HI
  ‖   │  │  │    │                              ‖  ‖  ‖  │   │
  O  OH OH  H   OH                              O  O  O  H  OH
```

由于维生素C的还原性很强，在空气中极易被氧化，在碱性介质中更甚，所以溶液酸化后应立即滴定，要求操作要熟练。

2. 间接碘量法测定铜合金中 Cu 的含量

在中性或弱酸性溶液中，Cu^{2+} 可与 I^- 作用析出 I_2 并生成难溶物 CuI，这是碘量法测定铜的基础。析出的 I_2 可用硫代硫酸钠标准滴定溶液滴定。其反应式为：

$$2Cu^{2+} + 4I^- = 2CuI \downarrow + I_2$$

$$I_2 + 2S_2O_3^{2-} = 2I^- + S_4O_6^{2-}$$

由于 CuI 沉淀强烈地吸附 I_2，测定结果偏低。故在临近终点时，加入适量 KSCN，使 CuI 转化为溶解度更小的 CuSCN，转化过程中释放出 I_2。

第四节　沉淀滴定法操作知识点

一、莫尔法

1. 测定原理

莫尔法是以 K_2CrO_4 为指示剂，在中性或弱碱性介质中用 $AgNO_3$ 标准溶液测定卤素离子含量的方法。

根据分步沉淀的原理，由于 AgCl 的溶解度小于 Ag_2CrO_4 的溶解度，因此在含有 Cl^- 和 CrO_4^{2-} 的溶液中，用 $AgNO_3$ 标准溶液进行滴定时，AgCl 首先沉淀出来，当滴定到化学计量点附近时，溶液中 Cl^- 浓度减小，Ag^+ 浓度增加，至 $[Ag^+]^2[CrO_4^{2-}] > K\text{sp}(Ag_2CrO_4)$ 时，立即生成砖红色的 Ag_2CrO_4 沉淀，以此指示滴定终点。其反应式为：

$$Ag^+ + Cl^- = AgCl \downarrow \text{（白色）}$$

$$2Ag^+ + CrO_4^{2-} = Ag_2CrO_4 \downarrow \text{（砖红色）}$$

2. 溶液酸度

用莫尔法测定时需用到硝酸银标准溶液和铬酸钾指示剂，溶液酸碱性的不同会影响测定的结果。

在酸性溶液中，CrO_4^{2-} 有如下反应：

$$2CrO_4^{2-} + 2H^+ \rightleftharpoons 2HCrO_4^- \rightleftharpoons Cr_2O_7^{2-} + H_2O$$

因而降低了 CrO_4^{2-} 的浓度，使 Ag_2CrO_4 沉淀出现过迟，甚至不会沉淀。

在强碱性溶液中，会有棕黑色 Ag_2O 沉淀析出：

$$2Ag^+ + 2OH^- \rightleftharpoons Ag_2O \downarrow + H_2O$$

从上述内容可以看出，莫尔法只能用于中性或弱碱性（pH=6.5～10.5）溶液。若溶液酸性太强，可用 $Na_2B_4O_7 \cdot 10H_2O$ 或 $NaHCO_3$ 中和；若溶液碱性太强，可用稀 HNO_3 溶液中和；而在有 NH_4^+ 时，滴定的 pH 范围应控制在 6.5～7.2。

3. 指示剂用量

用 $AgNO_3$ 标准溶液滴定 Cl^-，指示剂 K_2CrO_4 的用量对于终点指示有较大的影响，CrO_4^{2-} 浓度过高或过低，Ag_2CrO_4 沉淀的析出就会过早或过迟，从而产生一定的终点误差。因此要求 Ag_2CrO_4 沉淀应该恰好出现在滴定反应的化学计量点。化学计量点时 $[Ag^+]$ 满足下式：

$$[Ag^+] = [Cl^-] \sqrt{K\text{sp}(AgCl)} = \sqrt{1.56 \times 10^{-10}} \approx 1.25 \times 10^{-5}$$

若此时恰有 Ag_2CrO_4 沉淀，则：

$$[CrO_4^{2-}]=\frac{K_{sp}^{\ominus}}{[Ag^+]^2}=\frac{2.0\times10^{-12}}{(1.25\times10^{-5})^2}=1.28\times10^{-2}$$

在滴定时，由于 K_2CrO_4 显黄色，当其浓度较高时颜色较深，不易判断砖红色沉淀的出现。为了能观察到明显的终点，指示剂的浓度略低一些为好。实验证明，滴定溶液中 K_2CrO_4 浓度 5×10^{-3}mol/L 是确定滴定终点的适宜浓度。

显然，K_2CrO_4 浓度降低后，要使 Ag_2CrO_4 沉淀析出，必须多加些 $AgNO_3$ 标准溶液，这时滴定剂就过量了，终点将在化学计量点后出现，但由于产生的终点误差一般都小于 0.1%，不会影响分析结果的准确度。但是如果溶液较稀，如用 0.01000mol/L $AgNO_3$ 标准溶液滴定 0.01000mol/L 的 Cl^- 溶液，滴定误差可达 0.6%，将影响分析结果的准确度，此时应当做指示剂空白试验进行校正。

二、 佛尔哈德法

1. 测定原理

佛尔哈德法是一种在酸性介质中，以铁铵矾 $[NH_4Fe(SO_4)_2\cdot12H_2O]$ 为指示剂来确定滴定终点的银量法。根据滴定方式的不同，将佛尔哈德法分为直接滴定法和返滴定法两种。直接滴定法常用于测定 Ag^+，返滴定法常用于测定卤素离子和 SCN^-。

2. 直接滴定法测定 Ag^+

以 HNO_3 为介质，以铁铵矾作指示剂，在含有 Ag^+ 的溶液中，用 NH_4SCN 标准溶液直接滴定。当滴定到化学计量点时，微过量的 SCN^- 与 Fe^{3+} 结合生成红色的 $[FeSCN]^{2+}$，即为滴定终点。其反应式为：

$$Ag^+ + SCN^- = AgSCN\downarrow\text{(白色)}$$

$$Fe^{3+} + SCN = [FeSCN]^{2+}\text{(红色)}$$

由于指示剂中的 Fe^{3+} 在中性或碱性溶液中形成 $[Fe(OH)]^{2+}$、$[Fe(OH)_2]^+$ 等深色配合物，碱度再大，还会产生 $Fe(OH)_3$ 沉淀，因此滴定应在酸性(0.3～1mol/L)溶液中进行。

用 NH_4SCN 溶液滴定 Ag^+ 溶液时，生成的 AgSCN 沉淀能吸附溶液中的 Ag^+，使 Ag^+ 浓度降低，以致红色的出现略早于化学计量点。因此在滴定过程中需剧烈摇动，使被吸附的 Ag^+ 释放出来。

3. 返滴定法测定卤素离子和 SCN^-

佛尔哈德法测定卤素离子(如 Cl^-、Br^-、I^-)和 SCN^- 时应采用返滴定法。即先在酸性(HNO_3 介质)待测溶液中，加入已知过量的 $AgNO_3$ 标准溶液，再用铁铵矾作指示剂，用 NH_4SCN 标准溶液回滴剩余的 Ag^+。

反应式如下：

$$\underset{\text{(过量)}}{Ag^+} + Cl^- = AgCl\downarrow\text{(白色)}$$

$$\underset{\text{(剩余量)}}{Ag^+} + SCN^- = AgSCN\downarrow\text{(白色)}$$

终点指示反应式：　$Fe^{3+} + SCN^- = [FeSCN]^{2+}$(红色)

需要注意的是，用佛尔哈德法测定 Cl^-，滴定到临近终点时，形成的红色经摇动后会褪去，这是因为 AgSCN 的溶解度小于 AgCl 的溶解度而发生沉淀的转化，加入的 NH_4SCN 将与 AgCl 发生沉淀转化反应：

$$AgCl + SCN^- \longrightarrow AgSCN\downarrow + Cl^-$$

沉淀的转化速率比较慢，滴加 NH_4SCN 形成的红色会随着溶液的摇动而消失。这种转化作用将继续进行到 Cl^- 与 SCN^- 浓度之间建立一定的平衡关系，之后才会出现持久的红色，无疑滴定已多消耗了 NH_4SCN 标准滴定溶液。为了避免上述现象的发生，通常采取以下措施。

① 试液中加入一定过量的 $AgNO_3$ 标准溶液之后，将其煮沸，使 AgCl 沉淀凝聚，以减少 AgCl 沉淀对 Ag^+ 的吸附。滤去沉淀，并用稀 HNO_3 充分洗涤沉淀，然后用 NH_4SCN 标准滴定溶液回滴滤液中过量的 Ag^+。

② 在滴入 NH_4SCN 标准溶液之前，加入有机溶剂硝基苯、邻苯二甲酸二丁酯或 1,2-二氯乙烷。用力摇动后，有机溶剂将 AgCl 沉淀包住，使 AgCl 沉淀与外部溶液隔离，阻止 AgCl 沉淀与 NH_4SCN 发生转化反应。此法虽然方便，但硝基苯有毒，使用时要注意安全。

③ 提高 Fe^{3+} 的浓度以减小终点时 SCN^- 的浓度，从而减小上述误差，实验证明，溶液中$[Fe^{3+}]=0.2mol/L$ 时，终点误差将小于 0.1%。

佛尔哈德法在测定 Br^-、I^- 和 SCN^- 时，滴定终点十分明显，不会发生沉淀转化，因此不必采取上述措施。但是在测定碘化物时，必须加入过量 $AgNO_3$ 溶液，之后再加入铁铵矾指示剂，以免 I^- 对 Fe^{3+} 的还原作用造成误差。

三、 法扬斯法

1. 测定原理

法扬斯法是一种用硝酸银作标准滴定溶液，以吸附指示剂确定滴定终点的银量法。

吸附指示剂是一类有机染料，其阴离子在溶液中易被带正电荷的胶状沉淀吸附，吸附后其结构改变，从而引起颜色的变化，指示滴定终点的到达。

现以 $AgNO_3$ 标准溶液滴定 Cl^- 为例，说明指示剂荧光黄的作用原理。

荧光黄是一种有机弱酸，用 HFI 表示，在水溶液中可离解为荧光黄阴离子 FI^-，呈黄绿色：

$$HFI \rightleftharpoons FI^- + H^+$$

在化学计量点前，生成的 AgCl 沉淀在过量的 Cl^- 溶液中吸附 Cl^-，而带负电荷，形成的$(AgCl)\cdot Cl^-$ 不吸附指示剂阴离子 FI^-，溶液呈黄绿色。到达化学计量点时，微过量的 $AgNO_3$ 可使 AgCl 沉淀吸附 Ag^+ 形成$(AgCl)\cdot Ag^+$，而带正电荷，此带正电荷的$(AgCl)\cdot Ag^+$ 吸附荧光黄阴离子 FI^-，其结构发生变化呈粉红色，整个溶液由黄绿色变成粉红色，指示终点的到达。

$$\underset{\text{(黄绿色)}}{(AgCl)\cdot Ag^+ + FI^-} \overset{\text{吸附}}{\rightleftharpoons} \underset{\text{(粉红色)}}{(AgCl)\cdot Ag\cdot FI}$$

2. 吸附指示剂使用的注意事项

为了使终点变色敏锐，应用吸附指示剂时需要注意以下几点。

(1) 保持沉淀呈胶体状态

由于吸附指示剂的颜色变化发生在沉淀微粒表面上，因此，应尽可能使卤化银沉淀呈胶体状态，具有较大的表面积。为此，在滴定前应将溶液稀释，并加入糊精或淀粉等高分子化合物作为保护剂，防止卤化银沉淀、凝聚。

(2) 控制溶液酸度

常用的吸附指示剂大多是有机弱酸，起指示剂作用的是其阴离子。酸度大时，H^+ 与指示剂阴离子结合成不被吸附的指示剂分子，无法指示终点。酸度的大小与指示剂的离解常数有关，离解常数大，酸度大。例如，荧光黄的 $pK_a \approx 7$，适于在 pH＝7～10 的条件下进行滴定；若 pH＜7，荧光黄主要以 HFI 形式存在，不被吸附。

（3）避免强光照射

卤化银沉淀对光敏感，易分解析出银使沉淀变为灰黑色，影响滴定终点的观察，因此在滴定过程中应避免强光照射。

（4）选择适合的吸附指示剂

沉淀胶体微粒对指示剂离子的吸附能力，应略小于对待测离子的吸附能力，否则指示剂将在化学计量点前变色；但不能太小，否则终点出现过迟。卤化银对卤化物和几种吸附指示剂吸附能力的次序如下：

$$I^- > SCN^- > Br^- > \text{曙红} > Cl^- > \text{荧光黄}$$

因此，滴定 Cl^- 不能选曙红，而应选荧光黄。几种常用的吸附指示剂及其应用见表 4-16。

表 4-16　常用吸附指示剂及其应用

指示剂	被测离子	滴定剂	滴定条件	终点颜色变化
荧光黄	Cl^-、Br^-、I^-	$AgNO_3$	pH＝7～10	黄绿～粉红
二氯荧光黄	Cl^-、Br^-、I^-	$AgNO_3$	pH＝4～10	黄绿～红
曙红	Br^-、SCN^-、I^-	$AgNO_3$	pH＝2～10	橙黄～红紫
溴酚蓝	生物碱盐类	$AgNO_3$	弱酸性	黄绿～灰紫
甲基紫	Ag^+	NaCl	酸性溶液	黄红～红紫

在沉淀滴定的三种方法中，莫尔法比较简单、常用，现将三种滴定分析方法列表比较，见表 4-17，便于学习和使用。

表 4-17　莫尔法、佛尔哈德法和法扬斯法的比较

项目	莫尔法	佛尔哈德法	法扬斯法
指示剂	K_2CrO_4	Fe^{3+}	吸附指示剂
滴定剂	$AgNO_3$	SCN^-	Cl^- 或 $AgNO_3$
滴定反应	$Ag^+ + Cl^- \rightleftharpoons AgCl\downarrow$	$SCN^- + Ag^+ \rightleftharpoons AgSCN\downarrow$	$Cl^- + Ag^+ \rightleftharpoons AgCl\downarrow$
指示反应	$2Ag^+ + CrO_4^{2-} \rightleftharpoons Ag_2CrO_4\downarrow$（砖红色）	$SCN^- + Fe^{3+} \rightleftharpoons [FeSCN]^{2+}$（红色）	$(AgCl)\cdot Ag^+ + FI^- \rightleftharpoons (AgCl)\cdot Ag\cdot FI$
酸度	pH＝6.5～10.5	0.1～1mol/L HNO_3 介质	与指示剂的 K_a 大小有关，使其以 FI^- 型体存在
滴定对象	Cl^-，CN^-，Br^-	直接滴定法测 Ag^+；返滴定法测 Cl^-、Br^-、I^-、SCN、PO_4^{3-} 和 AsO_4^{3-} 等	Cl^-、Br^-、SCN^-、SO_4^{2-} 和 Ag^+ 等

第五节　紫外-可见光谱法操作知识点

一、紫外-可见分光光度计结构

紫外-可见分光光度计的型号很多，但基本结构相似，如图 4-3 所示，主要由光源、单色器、吸收池、检测器和信号显示系统五部分组成。

1. 光源

光源用于提供强度大、稳定性好的入射光。为了保证光源发光强度稳定，需采用稳压电源供电，也可用 12V 直流电源供电。

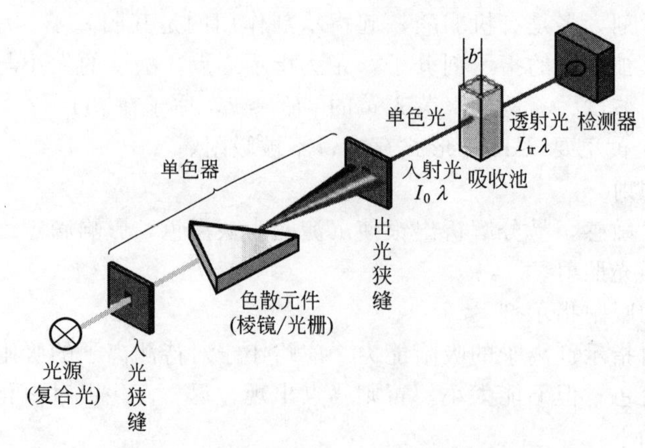

图 4-3　单波长单光束分光光度计结构

（1）可见光光源

可见光区常用钨灯或卤钨灯作光源，可发射波长为 320～2500nm 的连续光谱，其中 320～1000nm 的光谱强度大、稳定性好，最适宜于可见光区，测定对可见光有吸收的物质，即有色物质。钨灯或卤钨灯除用作可见光光源外，还可作为近红外光源。

（2）紫外光光源

紫外光区常用氢灯或氘灯作光源，能发射波长为 185～375nm 的连续光谱，可用于测定对紫外光有吸收的物质。

2. 单色器

单色器主要由狭缝、色散元件和透镜系统组成。

（1）狭缝

狭缝用于调节光的强度，让所需要的单色光通过，在一定范围内对单色光的纯度起着调节作用，对单色器的分辨率起重要作用。狭缝宽度过宽，入射光的单色性降低，干扰增大，准确度降低；但狭缝宽度过窄，光强变弱，测量的灵敏度降低。因此，必须选择适宜的狭缝宽度，以得到强度大、纯度高的单色光，提高测量的灵敏度和准确度。

（2）色散元件

色散元件是棱镜和光栅或两者的组合，能将光源发出的复合光色散为单色光。

棱镜单色器是利用棱镜对不同波长光的折射率不同而将复合光色散为单色光的。常用的棱镜有玻璃棱镜和石英棱镜。可见分光光度计可用玻璃棱镜，但玻璃对紫外光有吸收，故不适用于紫外光区。紫外-可见分光光度计采用的是石英棱镜，适用于紫外和可见光区。

光栅单色器的色散作用是以光的衍射和干涉现象为基础的，分辨率比棱镜单色器高，可用的波长范围也较棱镜单色器宽，故目前生产的紫外-可见分光光度计大多采用光栅作为色散元件。

（3）透镜系统

透镜系统主要用于控制光的方向。

3. 吸收池

吸收池又称样品池或比色皿，用于盛放待测溶液。吸收池一般为长方体，有玻璃和石英两种材料的。玻璃吸收池用于可见光区的测定，在紫外光区的测定必须使用石英吸收池。吸收池的规格有 0.5cm、1.0cm、2.0cm、3.0cm 等，应合理选用。使用吸收池时必须注意以下几点。

① 吸收池有毛面和光学面。只能用手拿毛面，不可拿光学面，以保证光学面良好的透光性。

② 装入溶液的体积至吸收池高度的 2/3～3/4。

③ 只能用擦镜纸或丝绸擦拭光学面。

④ 凡含有腐蚀玻璃物质的溶液（如 F^-、$SnCl_2$、H_3PO_4 等），不宜在吸收池中长时间盛放。

⑤ 使用后要立即用大量的水冲洗干净。有色污染物可用 3mol/L 盐酸和等体积乙醇的混合溶液浸泡、洗涤。

⑥ 只能晾干，不能加热。

4. 检测器

检测器用于接收透过吸收池溶液的光（透射光），并将光信号转变为电信号输出，其输出电信号的大小与透射光的强度成正比。常用的检测器有光电管及光电倍增管等。光电倍增管的灵敏度比一般光电管高 200 倍，是目前紫外-可见分光光度计广泛使用的检测器。

5. 信号显示系统

信号显示系统能将由检测器产生的电信号，经放大等处理后，用一定方式显示出来，以便记录和计算。信号显示器有多种，如指针式的检流计或微安表，也有可以直接读出数据的数字显示和自动记录型装置。

二、 紫外-可见分光光度计类型

紫外-可见分光光度计按光路可分为单光束和双光束两类。

1. 单光束分光光度计

单光束分光光度计（图 4-3）从光源发出的光，经单色器分光后只得到一束光，进入吸收池最后照射在检测器上。722、7504、T6 等型号的分光光度计均为单波长(只有一个单色器)单光束(仅有一束入射光)分光光度计。

单光束分光光度计的特点是：仪器结构简单，价格较低。但其不能进行吸收光谱的自动扫描，操作较烦琐。测定中要先用参比溶液调节透射比(透射光强度 I_{tr} 与入射光强度 I_0 之比,表示溶液透过光的程度)$T=100\%$，再测定样品溶液。电源电压不稳使光源的发光强度不稳，影响测量的准确度。

2. 双光束分光光度计

双光束分光光度计的结构如图 4-4 所示，从光源发出的光经单色器后被旋转扇面镜(切光器)分成两束强度相等的单色光，分别同时通过参比溶液和样品溶液后，再经扇面镜将两束光交替地照射到同一个检测器上，在光电倍增管上产生交变脉冲信号，经比较、放大后，由显示器显示出透射比 T、吸光度 A(溶液对光的吸收程度)、浓度或进行波长扫描记录吸收光谱。

双光束分光光度计的特点是：操作简便，实现了快速自动吸收光谱扫描。两束强度相等的单色光分别同时通过参比溶液和样品溶液，避免了因电源电压不稳使光源发光强度不稳而产生的测量误差，但其不能消除试液的背景干扰。

双波长(双单色器)分光光度计属于双光束分光光度计更高级类型，光路如图 4-5 所示，光源发出的光被分成两束，分别经两个可自由转动的单色器，得到 λ_1 和 λ_2 两束具有不同波长的单色光。切光器使两束光以一定的时间间隔交替照射到装有试液的吸收池上，由检测器

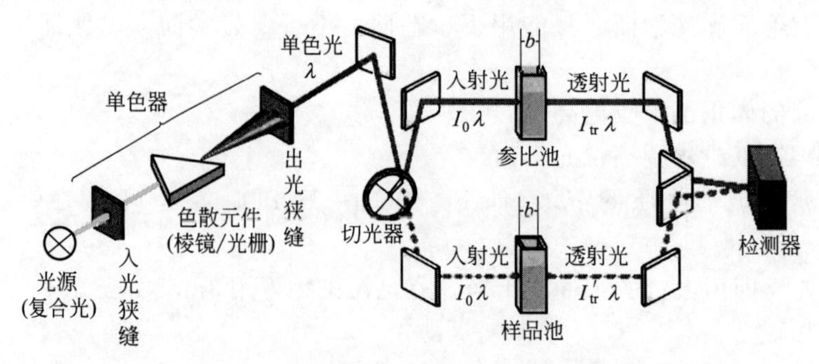

图 4-4　单波长双光束分光光度计结构

显示出试液对波长 λ_1 和 λ_2 吸光度 A 的差值 ΔA。

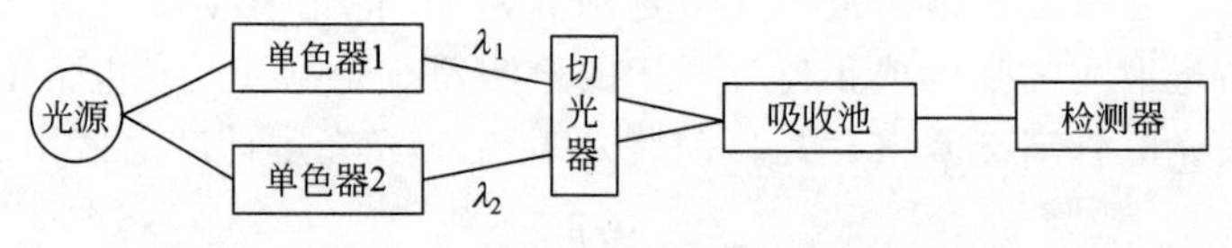

图 4-5　双波长分光光度计光路

双波长分光光度计的特点是：不需要参比溶液，可消除背景吸收干扰、待测溶液与参比溶液组成不同及吸收池厚度差异等的影响，提高测量的准确度，适用于混合样品、浑浊样品或无合适参比溶液时的定量分析，但价格较昂贵。

三、 朗伯-比尔定律概述

1. 吸光度与透射比

当一束强度为 I_0 的平行单色光垂直照射到吸收池中一定浓度(c 或 ρ)均匀、透明的溶液时，由于被溶液吸收，透射光的强度减弱为 I_{tr}，I_{tr}与 I_0 之比称为透射比(T)，即：

$$T=\frac{I_{tr}}{I_0} \tag{4-30}$$

2. 朗伯定律

用一束平行单色光照射一定浓度均匀、透明的溶液时，其吸光度与液层厚度（吸收池的厚度）成正比，此关系即为朗伯定律，数学表示式为：

$$A=k_1b \tag{4-31}$$

式中，b 为液层厚度，也称光程长度，单位为 cm 或 mm；k_1 为比例常数，与溶液性质、入射光波长、溶液浓度和温度等因素有关。

3. 比尔定律

若液层厚度一定，当入射光通过不同浓度的同一种均匀、透明的溶液时，其吸光度 A 与溶液浓度(c)成正比，此关系即为比尔定律，其数学表示式为：

$$A=k_2c \tag{4-32}$$

式中，k_2 为比例常数，与入射光波长、液层厚度、溶液性质和温度等因素有关。

4. 朗伯-比尔定律

当溶液浓度和液层厚度都改变时，需考虑两者同时对透射光强度的影响。当一束平行单色光垂直照射到均匀、透明的稀溶液时，溶液的吸光度与溶液浓度和液层厚度的乘积成正比，此关系即为朗伯-比尔定律，是光吸收的基本定律，其数学表示式为：

$$A = Kbc \tag{4-33}$$

5. 对朗伯-比尔定律的偏离

当吸收池的厚度一定时，吸光度与溶液浓度成正比，以吸光度对浓度作图时应得到一条过原点的直线，即两者间应呈线性关系。但实际测定中，吸光度与溶液浓度之间常常偏离线性关系，如图 4-6 所示，这条直线有时向上或向下弯曲(尤其当溶液浓度较大时)，或者直线不过原点，这种现象称为对朗伯-比尔定律的偏离。

6. 对朗伯-比尔定律偏离的原因

对朗伯-比尔定律偏离的原因有以下几种。

① 非单色入射光引起的偏离。严格说，朗伯-比尔定律只适用于单色光，但由于单色器色散能力的限制和出光狭缝需要保持一定的宽度，所以目前各种分光光度计得到的入射光实际上都是具有较窄波长范围的复合光。由于物质对不同波长光吸光度的不同，因而导致对朗伯-比尔定律的偏离。由非单色入射光引起的偏离一般为负偏离，也可为正偏离，这主要与测定波长的选择有关。

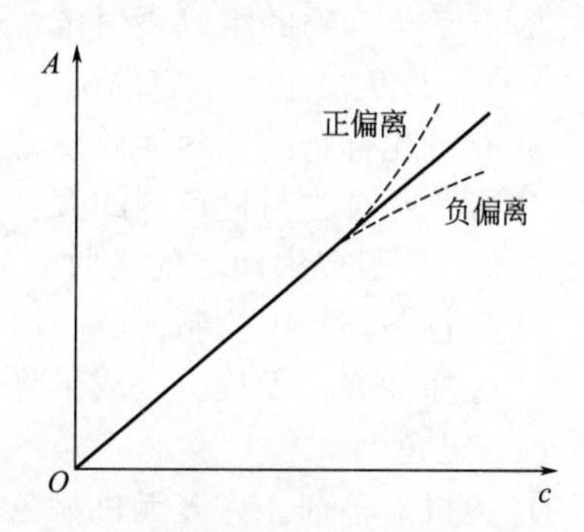

图 4-6　对朗伯-比尔定律的偏离示意图

② 化学因素引起的偏离。由于被测物质在溶液中发生缔合、离解或溶剂化、互变异构、配合物的逐级形成等，因此会造成对朗伯-比尔定律的偏离。

例如，有些配合物的稳定性较差，由于溶液稀释导致配合物离解度增大，使溶液颜色变浅，因此有色配合物的浓度不等于金属离子的总浓度，导致 A 与 c 不成线性关系。

③ 朗伯-比尔定律的局限性。溶液在高浓度($c \geqslant 0.01\text{mol/L}$)时，将引起吸光组分间平均距离的减小，以致每个粒子都可能影响其相邻粒子的电荷分布，导致它们的摩尔吸收系数 ε 发生改变，从而对给定波长光的吸收能力发生变化。由于吸光组分间相互作用的程度与其浓度有关，故使吸光度和浓度间的线性关系偏离了朗伯-比尔定律。所以朗伯-比尔定律只适用于稀溶液($c < 10^{-2}\text{mol/L}$)的测定。

四、 可见分光光度法测定

可见分光光度法是通过测量有色物质对单色光的吸光度而进行定量分析的方法。当物质本身无色或颜色很浅，对可见光不吸收或吸收很小时，需通过显色反应，将其转化为颜色较深的有色物质，再测其吸光度，之后依据朗伯-比尔定律计算被测组分的含量。

1. 显色反应

(1) 显色反应概述

将无色或浅色物质转变为有色物质的反应称为显色反应，所用的试剂称为显色剂。

例如，Fe^{2+} 在浓度较低时，几乎无色，可用 1,10-邻二氮菲作为显色剂与其反应，生成橙红色的 1,10-邻二氮菲亚铁配合物，其显色反应如下：

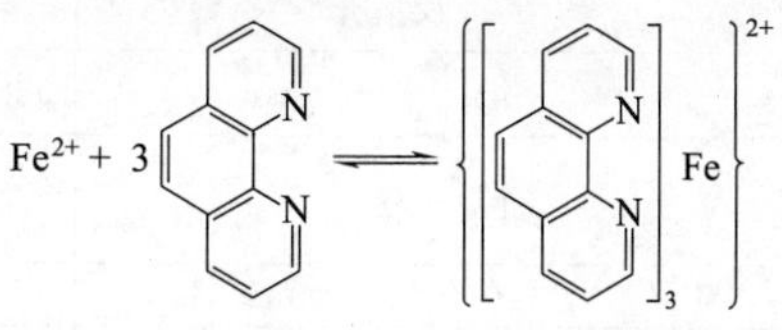

Fe^{2+} + 3 [1,10-邻二氮菲] ⇌ $[(\text{1,10-邻二氮菲})_3Fe]^{2+}$

1,10-邻二氮菲(显色剂)　　1,10-邻二氮菲亚铁(橙红色)

然后用可见分光光度计测定1,10-邻二氮菲亚铁配合物的吸光度，再根据朗伯-比尔定律计算 Fe^{2+} 的含量。

(2) 对显色反应的要求

显色反应主要有配位反应和氧化还原反应两种，最常用的是配位反应。显色反应必须满足下列要求。

① 灵敏度要高，一般要求有色物质的 $\varepsilon \geqslant 10^4$；

② 有色化合物的组成要恒定（配位数一定），对于形成不同配比的配位反应，必须控制实验条件，使生成组成一定的配合物；

③ 有色化合物的化学性质要稳定，测量过程中溶液的吸光度要保持恒定；

④ 有色化合物与显色剂的颜色差别要大，即显色剂吸收波长与有色化合物吸收波长的差别要大，一般要求两者的吸收峰波长之差（对比度）$\Delta\lambda \geqslant 60nm$；

⑤ 显色条件易于控制；

⑥ 选择性好，干扰少，或干扰易于消除。

(3) 显色剂

① 无机显色剂。许多无机显色剂与金属离子显色反应的灵敏度和选择性都不高，实用价值很小。几种常用的无机显色剂见表4-18。

表4-18 常用的无机显色剂

显色剂	测定元素	反应介质	有色化合物的颜色	有色化合物的 λ_{max}/nm
硫氰酸盐	铁	0.1～0.8mol/L HNO_3	红	480
	钼	1.5～2mol/L H_2SO_4	橙	460
	钨	1.5～2mol/L H_2SO_4	黄	405
	铌	3～4mol/L HCl	黄	420
	铼	6mol/L HCl	黄	420
钼酸铵	硅	0.15～0.3mol/L H_2SO_4	蓝	670～820
	磷	10.15mol/L H_2SO_4	蓝	670～820
	钨	4～6mol/L HCl	蓝	660
	硅	稀酸性介质	黄	420
	磷	稀硝酸	黄	430
	钒	酸性介质	黄	420
氨水	铜	浓氨水	蓝	620
	钴	浓氨水	红	590
	镍	浓氨水	黄	580
过氧化氢	钛	1～2mol/L H_2SO_4	黄	420
	钒	0.5～3mol/L H_2SO_4	红橙	420～450
	铌	18mol/L H_2SO_4	黄	365

② 有机显色剂。有机显色剂与金属离子形成配合物的稳定性、灵敏度及选择性都较高，且有机显色剂的种类较多，应用广泛。常用的有机显色剂见表4-19。

表4-19 常用的有机显色剂

显色剂	测定原子	反应介质及条件	λ_{max}/nm	ε_{max}/[L/(mol·cm)]
磺基水杨酸	Fe^{2+}	pH=2～3	520	1.6×10^3
邻二氮菲	Fe^{2+}	pH=3～9	510	1.1×10^4
	Cu^+		435	7.0×10^3
丁二酮肟	Ni(Ⅳ)	存在氧化剂，碱性	470	1.3×10^4
1-亚硝基-2-萘酚	Co^{2+}		415	2.9×10^4
钴试剂	Co^{2+}		570	1.13×10^5

续表

显色剂	测定原子	反应介质及条件	λ_{max}/nm	ε_{max}/[L/(mol·cm)]
双硫腙	Cu^{2+}、Pb^{2+}、Zn^{2+}、Cd^{2+}、Hg^{2+}	不同酸度	490～550 (Pb520)	4.5×10^4～3×10^4 (Pb6.8×10^4)
偶氮胂(Ⅲ)	Th(Ⅳ)、Zr(Ⅳ)、La^{3+}、Ce^{4+}、Ca^{2+}、Pb^{2+}	强酸至弱酸介质	665～675 (Th665)	1.0×10^4～1.3×10^5 (Pb1.3×10^5)
RAR (吡啶偶氮间苯二酚)	Co、Pd、Nb、Ta、Th、In、Mn	不同酸度	Nb 550	Nb 3.6×10^4
二甲酚橙	Zr(Ⅳ)、Hf(Ⅳ)、Nb(Ⅴ)、UO_2^{2+}、Bi^{3+}、Pb^{2+}	不同酸度	530～580 (Hf 530)	1.6×10^4～5.5×10^4 (Hf 4.7×10^4)
铬天青 S	Al	pH＝5～5.8	530	5.9×10^4
结晶紫	Ca	7mol/L 盐酸、$CHCl_3$-丙酮萃取		5.4×10^4
罗丹明 B	Ca、Tl	6mol/L 盐酸、苯萃取，1mol/L HBr、异丙醚萃取		6×10^4、1.0×10^5
孔雀绿	Ca	6mol/L 盐酸、C_6H_5Cl-CCl_4 萃取		9.9×10^4
亮绿	Tl、B	0.01～0.1mol/LHBr、乙酸乙酯，萃取，pH=3.5，苯萃取		7.0×10^4、5.2×10^4

（4）显色反应条件的选择

显色反应能否满足分析的要求，主要与显色剂本身的性质有关，还与显色反应的条件有关。显色反应的条件主要包括显色剂用量、溶液酸度、显色温度、显色时间、溶剂等。

① 显色剂用量。被测物质 M 与显色剂 R 反应生成有色配合物 MR 的显色反应可用下式表示。

$$M+R \longrightarrow MR$$

对于上述显色反应，加入过量的显色剂可使平衡向右移动，进而使显色反应进行完全，但显色剂过量太多会产生副反应。因此，必须通过实验合理选择显色剂的用量，其方法是：固定被测组分浓度和其他条件不变，改变显色剂的加入量，测量不同显色剂用量时的吸光度，再以吸光度对显色剂用量(V_R)作图，即得 A-V_R 曲线(图 4-7)。

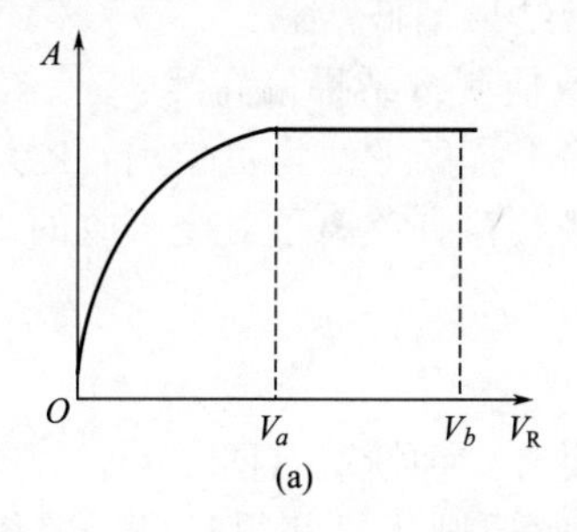

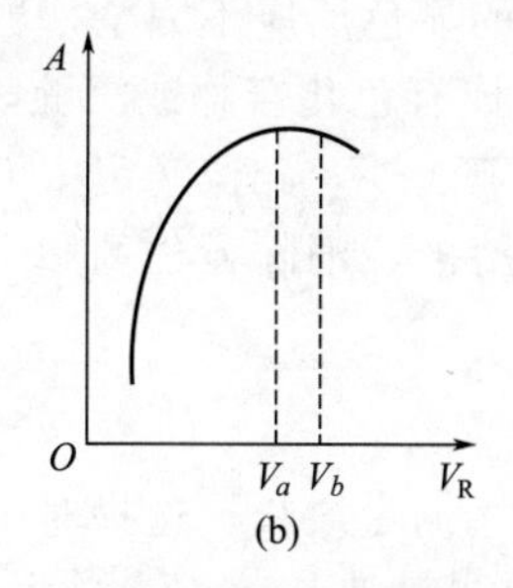

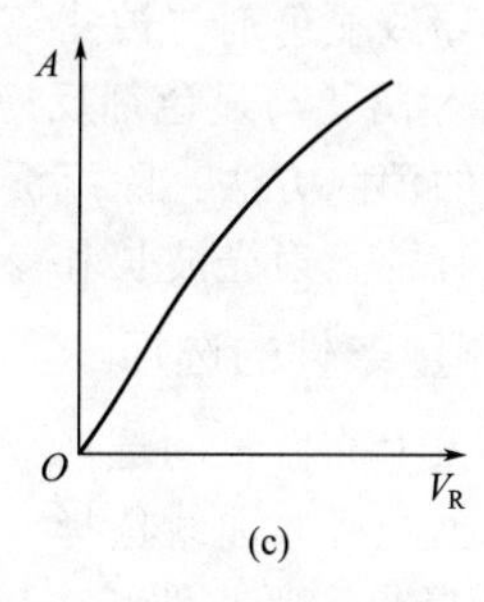

图 4-7　显色剂用量实验曲线

在图 4-7(a)和图 4-7(b)中，显色剂用量在 V_a～V_b 时其吸光度无明显变化，即为适宜的显色剂用量范围。在图 4-7(c)中，吸光度一直增大，故此显色剂不适用。

② 溶液酸度(pH)。酸度对显色反应的影响如下。

a. 许多显色剂都是有机弱酸或有机弱碱，溶液的酸度会直接影响显色剂的离解程度，进而影响显色剂的有效浓度，以致影响显色反应完成的程度。

b. 对某些能形成逐级配合物的显色反应，产物的组成会随介质酸度的改变而改变，从而影响溶液的颜色。

c. 某些金属离子会随着溶液酸度的降低而发生水解，甚至产生沉淀，使有色配合物离解，使显色反应进行不完全。

显色反应适宜的酸度也必须通过实验确定。其方法是：固定被测组分浓度及显色剂用量，改变溶液的pH，在相同测定条件下测定溶液在不同pH时的吸光度，制作A-pH关系曲线，选择曲线平坦部分对应的pH范围作为显色反应适宜的酸度范围。

③ 显色温度(T)。不同显色反应对温度的要求不同。大多数显色反应是在常温下进行的，但有些反应需要加热，有些显色剂或有色配合物在较高温度下易分解而褪色。此外，温度对光的吸收及颜色深度也有影响，所以绘制标准曲线和测定样品时，应使标准溶液和被测溶液的温度一致。显色反应的温度可通过制作A-T关系曲线确定，选择曲线平坦部分对应的温度范围作为显色反应适宜的温度范围。

④ 显色时间(t)。有些显色反应较慢，需要一定的时间才能完成。因此，必须合理选择显色时间。显色时间也可通过实验制作A-t关系曲线确定，选择曲线平坦部分对应的时间作为显色时间。

⑤ 有色化合物稳定性。有色化合物稳定性用其显色后颜色保持稳定的时间（稳定时间）来表示。有些有色配合物容易褪色，必须在颜色稳定的时间内测定其吸光度。有色化合物稳定性也可在上述显色反应的A-t关系曲线上确定，即控制在曲线平坦部分对应的时间内完成测定。

⑥ 溶剂。显色反应溶剂选择的原则是：溶剂不与被测组分反应，对测定波长无明显吸收，对被测组分有较好的溶解能力等。

有机溶剂常常可以降低有色物质的离解度，从而提高显色反应的灵敏度。此外，有机溶剂还能提高显色反应的速度，影响有色配合物的溶解度和组成等。因此，选择合适的有机溶剂，可提高方法的灵敏度和选择性。

⑦ 共存离子的干扰。分光光度法中共存离子的干扰主要有以下几种情况：

a. 共存离子本身具有颜色。如Fe^{3+}、Co^{2+}、Ni^{2+}、Cu^{2+}、Cr^{3+}等的存在会影响被测离子的测定。

b. 共存离子与显色剂反应，生成更稳定的配合物，消耗大量的显色剂，使显色剂的浓度降低，导致显色剂与被测离子的显色反应不完全，测量结果偏低。

c. 共存离子与显色剂反应生成有色化合物或沉淀，致使测量结果偏高。

干扰的消除方法：除沉淀掩蔽法外，配位滴定中消除干扰的方法均可使用，此外还可通过选择适宜的入射光波长和参比溶液，消除显色剂和某些共存有色离子对光吸收的干扰。

2. 光度测量条件的选择

（1）入射光波长的选择

可依据光吸收曲线选择入射光测量波长，选择时主要有三种情况（图4-8）。

a. 选择最大吸收波长λ_{max}为测量波长，称为最大吸收原则，以获得较高的灵敏度，如图4-8(a)所示。

b. λ_{max}处吸收峰太尖锐[图4-8(b)]，则在满足分析灵敏度的前提下，选用灵敏度稍低的波长，如图4-8(b)中的λ_1，作为测量波长，以减小非单色光引起的对朗伯-比尔定律的偏离。

c. 在λ_{max}处有干扰时，可选用无干扰、灵敏度稍低的波长，如图4-8(c)中的λ_2，作为测量波长，以消除干扰。

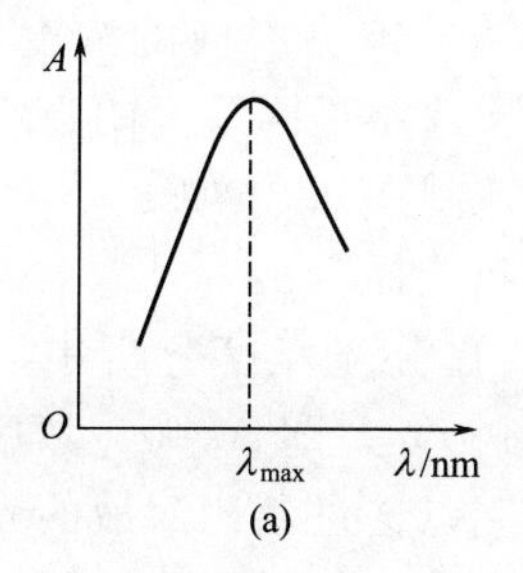

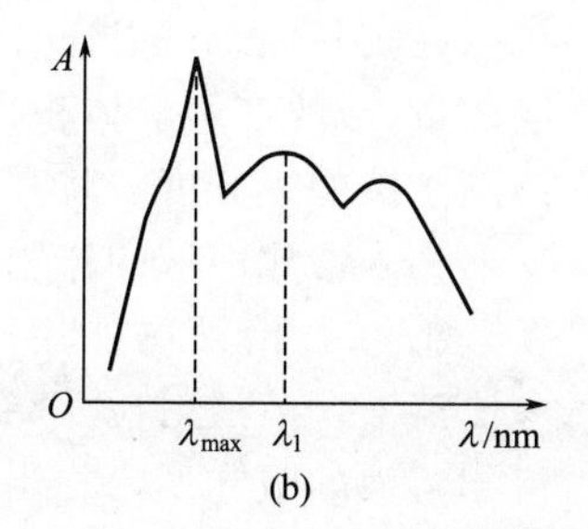

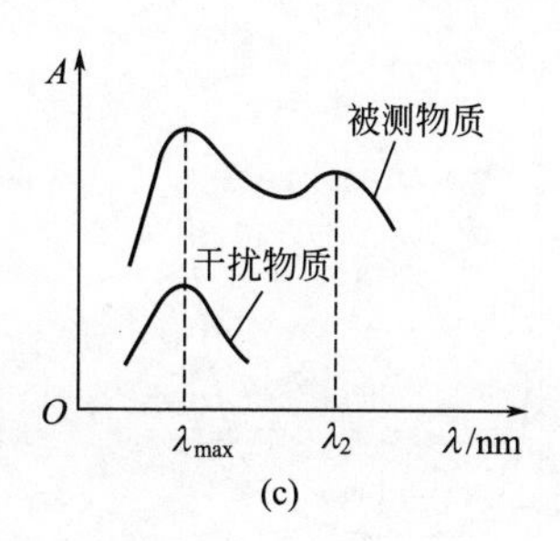

图 4-8　入射光波长的选择

（2）吸光度范围的选择

任何类型的分光光度计都有一定的测量误差。分光光度计透射比的标尺刻度是均匀的，其读数误差(ΔT)为一常数，约为±(0.2%～2%)。吸光度与透射比为负对数关系，故吸光度的标尺刻度是不均匀的，吸光度读数误差也不是定值。由上述可推出：

$$-\lg T=\varepsilon bc \tag{4-34}$$

将上式微分，并整理得透射比读数误差(ΔT)与测定结果误差$\frac{\Delta c}{c}$的关系：

$$\frac{\Delta c}{c}=\frac{0.0434}{T\lg T}\Delta T \tag{4-35}$$

令式(4-35)的导数为零可得：$T=0.368(A=0.434)$时，$\frac{\Delta c}{c}=1.4\%$为最小值。

设$\Delta T=\pm0.5\%$，并将此值代入式(4-35)中，可得不同透射比或吸光度时浓度的相对误差，结果列于表 4-20，并图示于图 4-9。

表 4-20　不同 T 或 A 时的$\frac{\Delta c}{c}$($\Delta T=\pm0.5\%$)

T	A	$\frac{\Delta c}{c}$	T	A	$\frac{\Delta c}{c}$
0.95	0.022	±10.2	0.40	0.399	±1.363
0.90	0.046	±5.30	0.368	0.434	±1.359
0.85	0.071	±3.62	0.350	0.456	±1.360
0.80	0.097	±2.80	0.30	0.523	±1.38
0.75	0.125	±2.32	0.25	0.602	±1.44
0.70	0.155	±2.00	0.20	0.699	±1.55
0.65	0.187	±1.78	0.15	0.824	±1.76
0.60	0.222	±1.63	0.10	1.000	±2.17
0.55	0.260	±1.52	0.05	1.301	±3.34
0.50	0.301	±1.44	0.02	1.699	±6.38
0.45	0.347	±1.39	0.01	2.000	±10.9

由上述可知，测定结果的相对误差不仅与仪器精度有关，还和透射比或吸光度的范围有关。当$T=0.368$，即$A=0.434$时，测量的相对误差$\frac{\Delta c}{c}=1.4\%$为最小值。当T为0.15～0.70，即A为0.2～0.8时，测量的相对误差$\frac{\Delta c}{c}\leqslant\pm2\%$，能满足分析测定的要求。故$A$应控制在0.2～0.8。

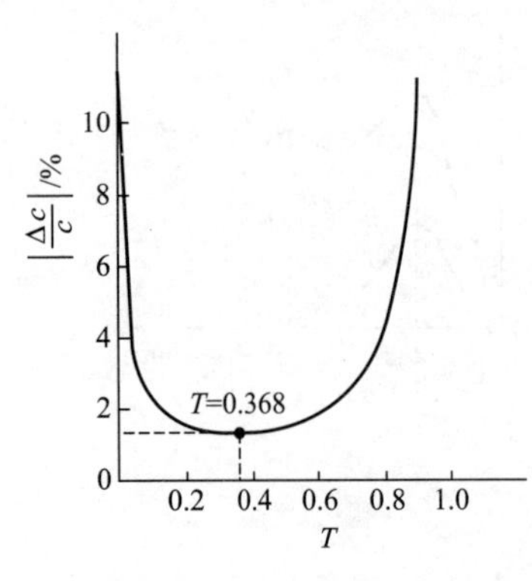

图 4-9 相对误差与透射比的关系

在实际中，可以通过调节被测溶液的浓度(如改变取样量，或改变溶液体积)、选用不同厚度的吸收池调整待测溶液的吸光度，将其控制在 0.2～0.8。

(3) 参比溶液的作用和选择

① 参比溶液的作用。在分光光度分析中，首先用参比溶液调节透射比 $T=100\%$，即 A=0，然后再测定待测溶液的吸光度，相当于以透过参比溶液的光束为入射光。如此，当待测溶液除被测的吸光物质外，均与参比溶液完全相同时，则可消除吸收池壁、溶剂、显色剂及样品基体对入射光反射、散射及吸收等所引起的误差，使试液吸光度真正反映待测溶液的浓度。

② 参比溶液的选择。在实际工作中，要制备完全符合上述要求的参比溶液往往较难，但应尽可能选用合适的参比溶液，以最大限度地减除这类误差。表 4-21 列出了几种常用的参比溶液，可根据试样的性质合理选用。

表 4-21 常用的参比溶液

试剂	显色剂	试样中其他组分(基体)	参比溶液
无吸收	无吸收	无吸收	溶剂
有吸收	有吸收	无吸收	试剂参比即空白溶液
无吸收	无吸收	有吸收，但不与显色剂反应	不加显色剂的试液
有吸收	有吸收	有吸收	掩蔽待测物或褪色参比溶液

由表 4-21 可知，选择参比溶液的原则：

a. 若仅待测物与显色剂的反应产物有吸收，可用纯溶剂(如蒸馏水)作参比溶液；

b. 如果显色剂或其他试剂略有吸收，以试剂参比即空白溶液(不加试样的溶液)作参比溶液；

c. 如试样中其他组分有吸收，但不与显色剂反应，且显色剂无吸收时，可用试样溶液作参比溶液；

d. 当试样中其他组分有吸收，显色剂及试剂也略有吸收时，可在试液中加入适当掩蔽剂，将待测组分掩蔽后再加显色剂，以此溶液作参比溶液；或在加入显色剂显色后，再加入某试剂与待测物质的显色化合物反应，使其褪色，以此溶液作参比溶液。

五、 标准曲线法测定——单组分的测定

如果需要测定试样中某一组分，且其符合光吸收定律，可根据试样的性质，选择适宜的测定条件，配制试样溶液和待测组分的标准溶液，在选定的条件下测定标准溶液和试液的吸光度，再用标准曲线法或比较法求得分析结果。

1. 标准曲线法步骤

① 取适宜规格(一般为 50mL 或 100mL)的容量瓶，配制一系列不同浓度(分别为 c_1、c_2、c_3、c_4、…、c_n)待测组分的标准溶液，同时配制试样溶液(浓度为 c_x)。

② 将参比溶液、各标准溶液和试液分别装入同一规格的吸收池中，在同一条件下分别测定吸光度，并列表记录，见表 4-22。

表 4-22　标准曲线法实验数据记录

溶液编号	0	1	2	3	4	…	n	试液
溶液浓度	c_0	c_1	c_2	c_3	c_4	…	c_n	c_x
吸光度 A	A_0	A_1	A_2	A_3	A_4	…	A_n	A_x

③ 以标准溶液的浓度 c 为横坐标、测得的吸光度为纵坐标作图，即得标准曲线，见图 4-10。若用标样配制标准系列溶液，所制作的曲线称为工作曲线。

④ 根据测得试液的吸光度，在标准曲线或工作曲线上查得待测组分的浓度 c。

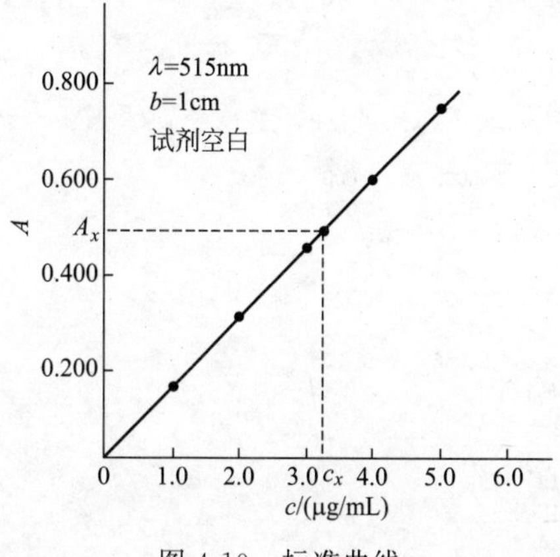

图 4-10　标准曲线

2. 标准曲线的绘制

通常情况下，光度分析的标准曲线是一条直线。但由于各种因素的影响，实验测得的各点不一定完全在一条直线上。尤其是实验点较分散时，难以由肉眼观察手工画出一条与各实验点最接近的直线，所以误差较大。用计算机软件和最小二乘法计算回归方程可得到较满意的结果。

（1）最小二乘法计算回归方程

标准曲线可用一元线性方程表示，即：

$$y=a+bx \tag{4-36}$$

式中，x 为标准溶液浓度，其取值分别为 x_1、x_2、…、x_i…、x_n，其平均值为$\overline{x}$；y 为相应的吸光度，分别为 y_1、y_2、…、y_i…、y_n，平均值为$\overline{y}$；a、b 为回归系数，此直线称为回归直线。

b 为直线的斜率，可用下式求得：

$$b=\frac{\sum_{i=1}^{n}(x_i-\overline{x})(y_i-\overline{y})}{\sum_{i=1}^{n}(x_i-\overline{x})^2} \tag{4-37}$$

a 为直线的截距，可由下式求得：

$$a=\frac{\sum_{i=1}^{n}y_i-b\sum_{i=1}^{n}x_i}{n}=\overline{y}-b\overline{x} \tag{4-38}$$

回归直线的相关系数(r)可用下式求得：

$$r=b\sqrt{\frac{\sum_{i=1}^{n}(x_i-\overline{x})^2}{\sum_{i=1}^{n}(y_i-\overline{y})^2}} \tag{4-39}$$

由上述公式用计算器计算可求得回归方程，利用回归方程可直接计算被测物质的含量或绘制标准曲线。

（2）用 Excel 表格制作标准曲线

① 打开 Excel 表格，输入浓度和吸光度数值（图 4-11）。

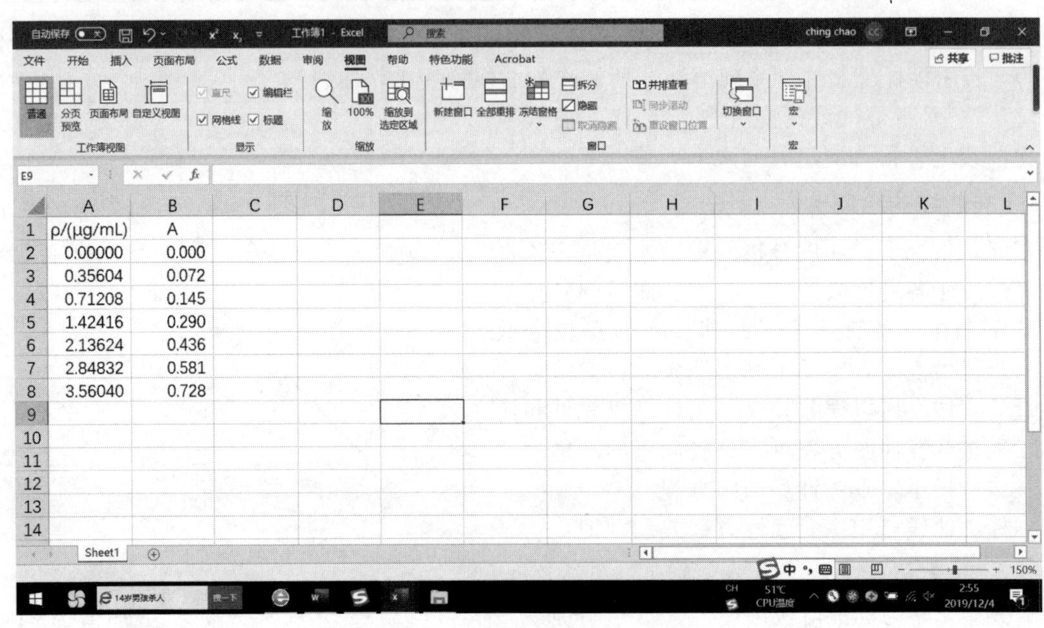

图 4-11　输入浓度和吸光度数值

② 选中两列后，插入散点图［图 4-12（a）和图 4-12（b）］。

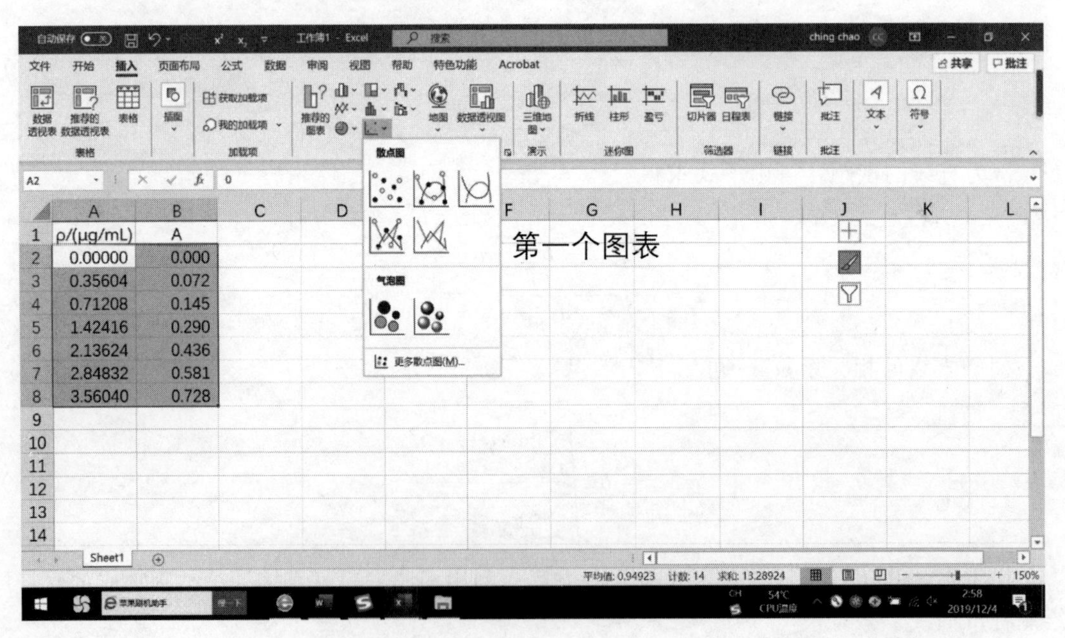

（a）

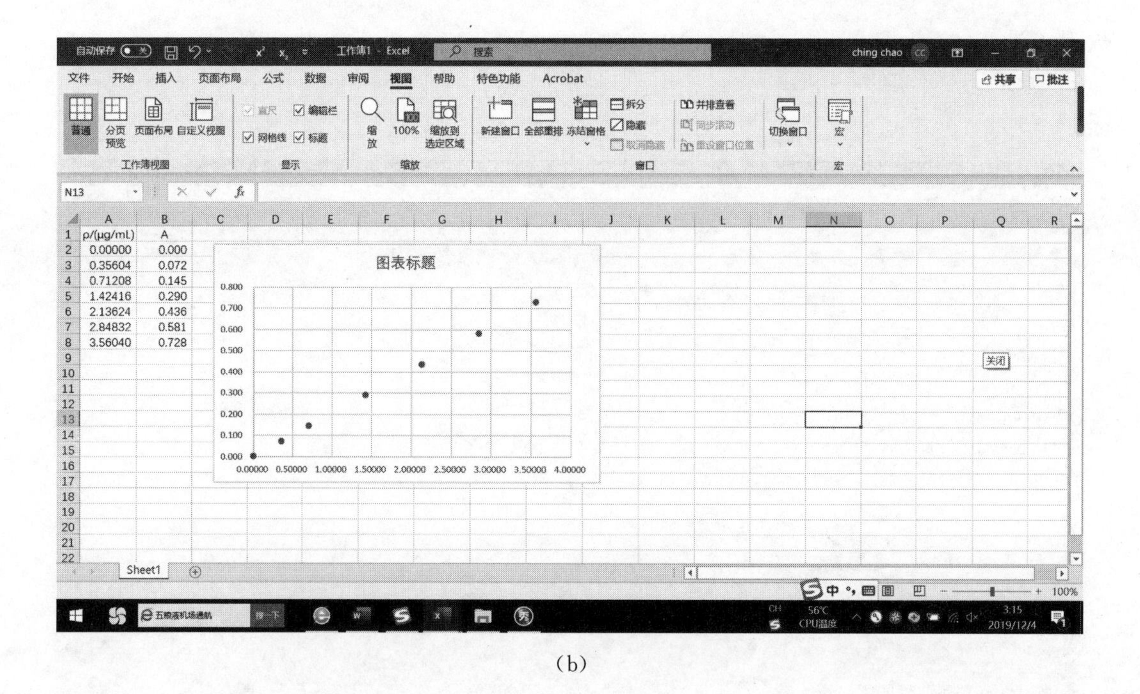

(b)

③ 点击图表元素，勾选需要的内容（图 4-13）。

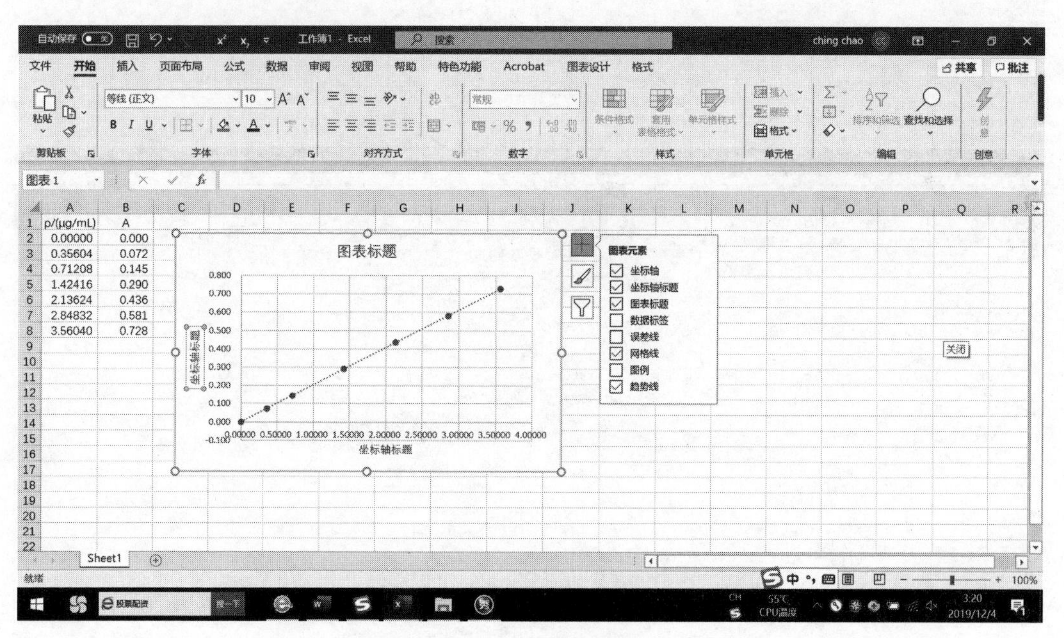

图 4-13　勾选所需内容

④ 填写标注（图 4-14）。

（3）计算相关系数 r

① 在表的任意一个位置点击，插入公式，选择其他函数 ⟶ 统计 ⟶ CORREL（图 4-15）。

② 出现图示中的 Array1 和 Array2，点击后面向上的箭头，分别确定浓度数列和吸光度

数列（图 4-16）。

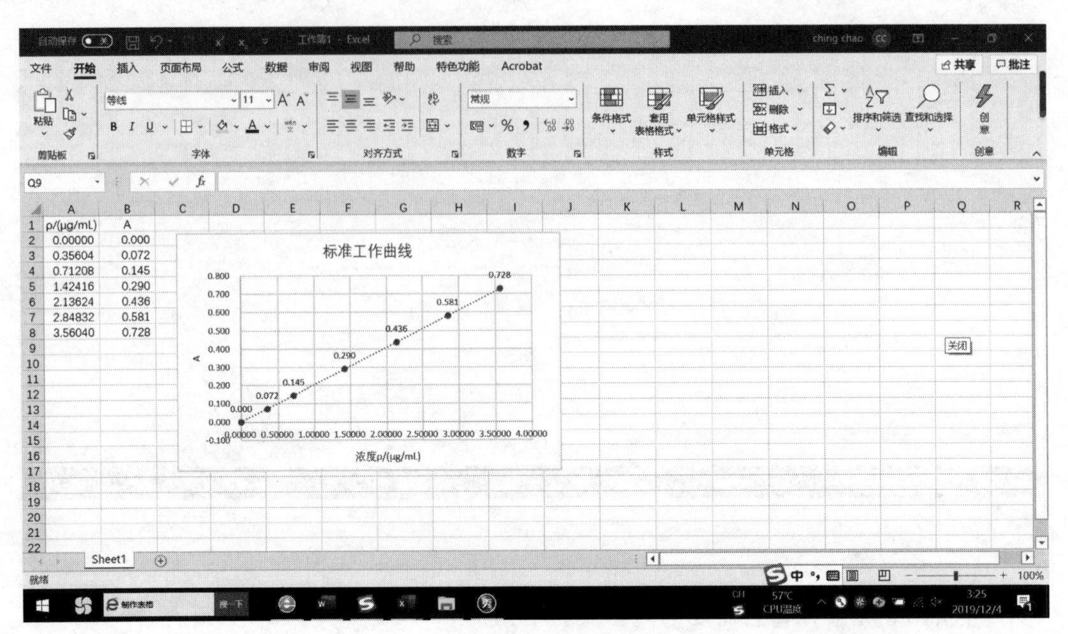

图 4-14　填写标注

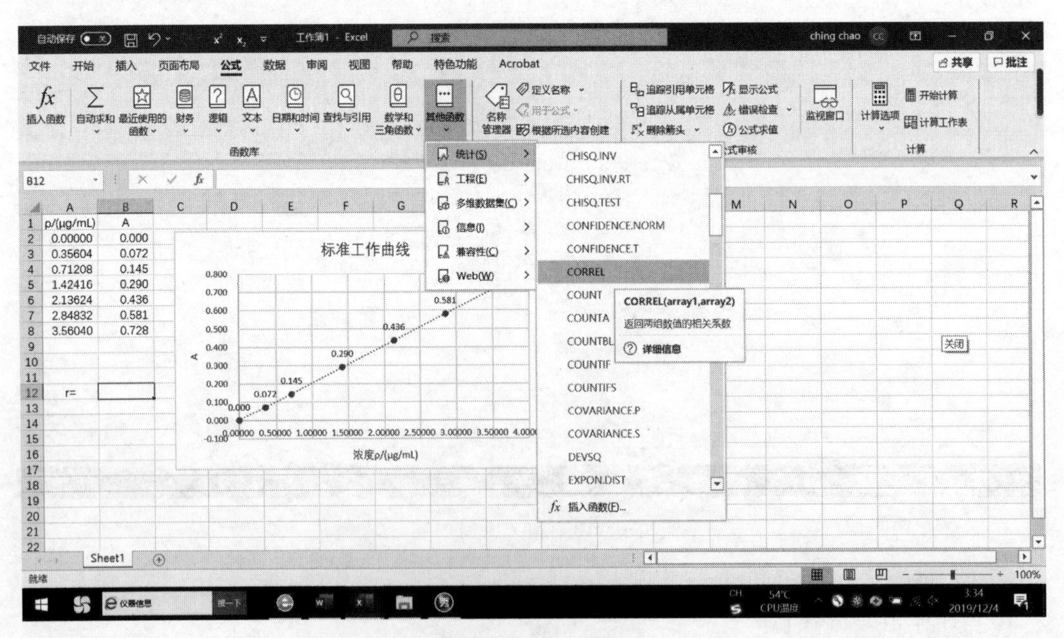

图 4-15　插入公式

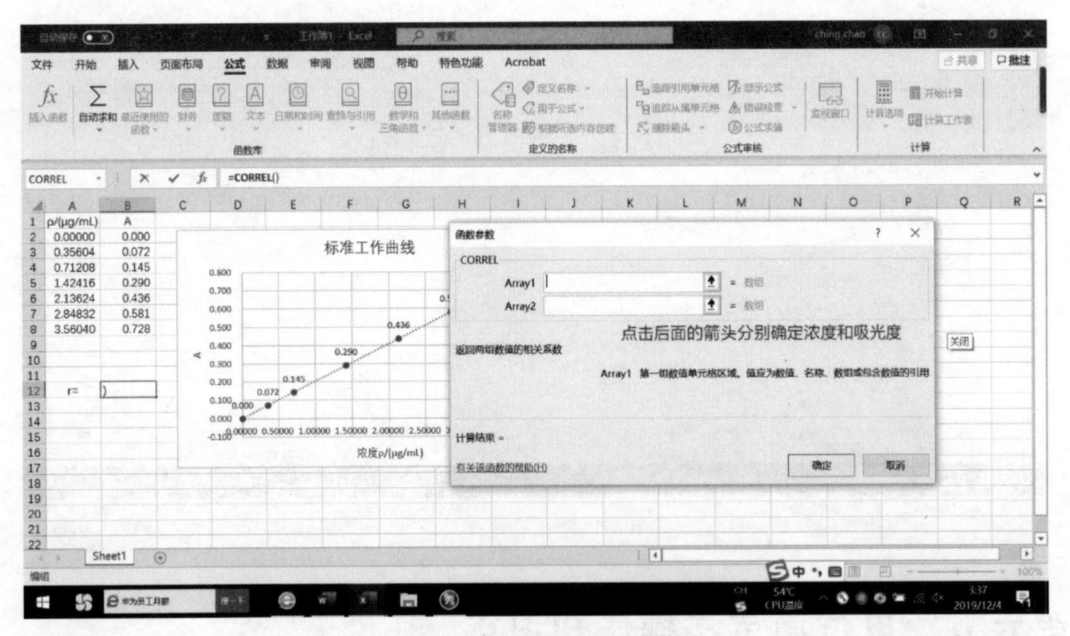

图 4-16　选中浓度和吸光度数列

③ 出现下列图示，点击确定（图 4-17）。

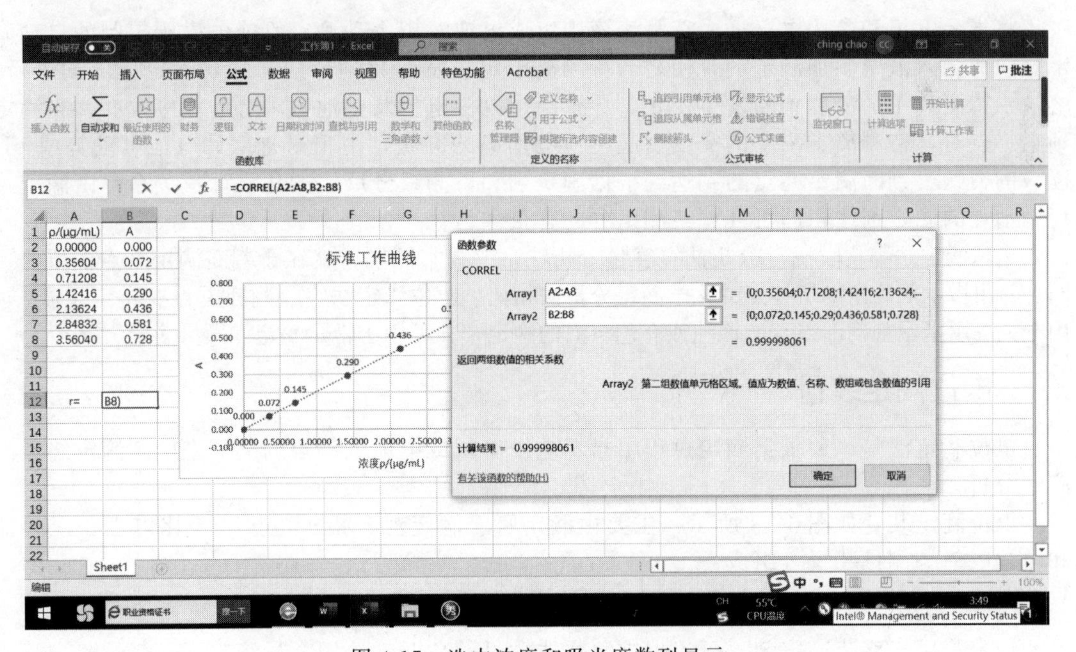

图 4-17　选中浓度和吸光度数列显示

④ 出现结果 0.999998（图 4-18）。

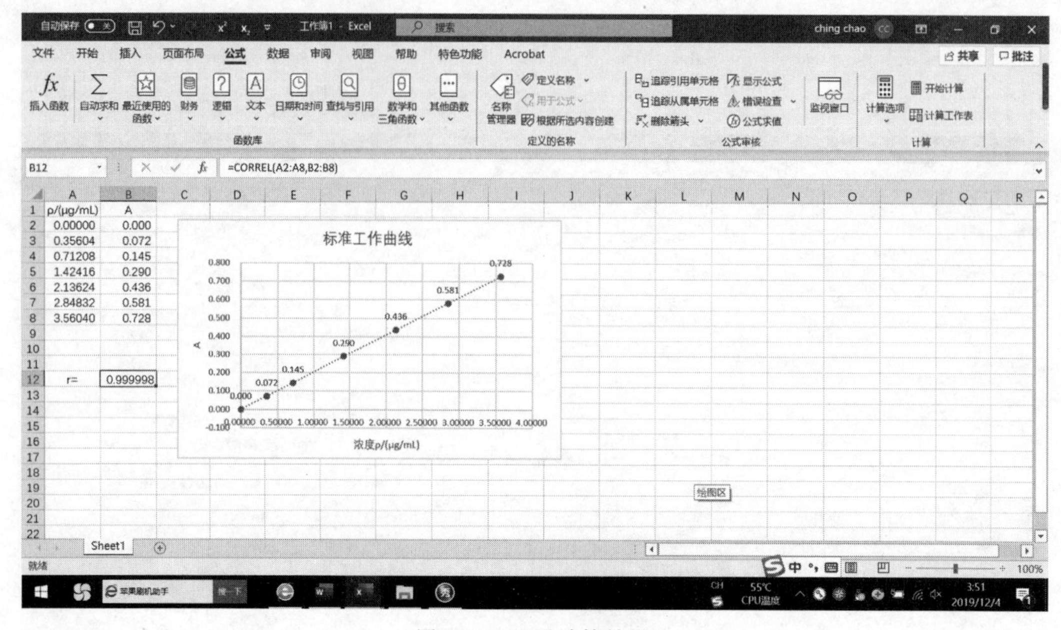

图 4-18　显示计算结果

第六节　电位滴定法操作知识点

一、 电位滴定法基本原理

将指示电极和参比电极插入待测溶液中组成电池，用手动滴定管或电磁阀控制的自动滴定管向待测溶液中滴加滴定剂，使之与待测离子定量发生化学反应。随着滴定反应的进行，溶液中待测离子的浓度不断发生变化，导致指示电极电位及电池电动势的相应改变。当滴定到达终点时，待测离子浓度的突变引起电池电动势的突跃，由精密毫伏计电池电动势或 pH 读数的突跃可判断滴定终点的到达。根据滴定剂和待测组分反应的化学计量关系，由滴定过程中消耗的滴定剂体积即可计算待测组分的含量。

电位滴定法与化学滴定分析法（容量分析法）的根本区别，就在于判断滴定终点的方法不同。与用指示剂确定滴定终点的化学滴定分析法相比，电位滴定法终点判断更为准确、可靠，可用于无法用指示剂判断终点的浑浊或有色溶液的滴定，并可用于常量滴定和微量滴定。

二、 电位滴定装置

电位滴定法是一种根据滴定过程中指示电极电位或电池电动势的突变来确定滴定终点的滴定分析方法。

电位滴定装置如图 4-19 所示，主要由滴定管、滴定池、指示电极、参比电极、搅拌器和电池电动势测量装置等组成。

1. 滴定管

滴定管用于盛装滴定剂。可根据被测物质含量的高低，选用常量滴定管、微量滴定管或半微量滴定管。

2. 指示电极

指示电极用于指示被滴定离子浓度的变化，应根据被滴定物质的性质合理选择。

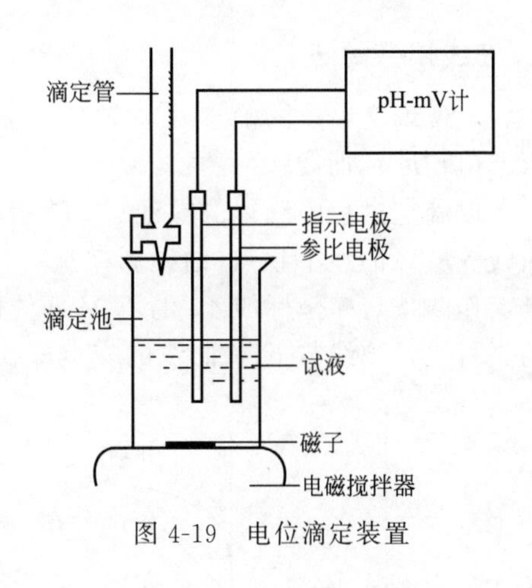

图 4-19　电位滴定装置

3. 参比电极

电位滴定中，一般选用饱和甘汞电极作参比电极。实际工作中应使用产品分析标准规定的指示电极和参比电极。

4. 滴定池

滴定池用于存放被滴定溶液，应根据滴定剂和被滴定物质的性质选择玻璃或塑料等材料的滴定池。

5. 电池电动势测量装置

电池电动势测量装置为高阻抗毫伏计，可用酸度计或离子计替代。

三、 电位滴定终点的确定方法

1. 预滴定方法

进行电位滴定时，先称取一定量试样制成试液，用移液管移取一定体积试液置于滴定池中，插入指示电极和参比电极，将标准溶液(滴定剂)装入滴定管中，按图 4-19 组装好装置。开启电磁搅拌器和毫伏计，读取滴定前试液的电池电动势(读数前都要关闭电磁搅拌器，待读数稳定后再读数)，并记录，然后开始滴定。滴定过程中，每加一次一定量的滴定剂就要测量一次电池电动势或 pH。滴定刚开始时，可滴定快一些，测量间隔大一些(如每滴入 5mL 滴定剂测量一次电池电动势)。当滴定剂加入量约为所需总体积的 90%时，测量间隔就要小一些。滴定至化学计量点附近时，每滴入 0.1mL 滴定剂就要测量一次电池电动势，直至电池电动势变化不大为止。必须记录每次滴入滴定剂的体积及其对应的电池电动势。根据测得的一系列电池电动势或 pH 及其相应消耗滴定剂的体积确定滴定终点。表 4-23 列出了以银电极为指示电极，双盐桥饱和甘汞电极为参比电极，用 0.1000mol/L $AgNO_3$ 溶液滴定 20.00mL NaCl 溶液的实验数据。

表 4-23　0.1000mol/L $AgNO_3$ 溶液滴定 20.00mL NaCl 溶液的实验数据

$V(AgNO_3)$/mL	E/mV	ΔE/mV	ΔV/mL	$\Delta E/\Delta V$/(mV/mL)	$\overline{V}$/mL	$\frac{\Delta^2 E}{\Delta V^2}$/(mV/mL^2)
5.0	62					
		23	10	2	10.00	
15.0	85					
		22	5	4	17.50	
20.0	107					
		16	2	8	21.00	
22.0	123					
		15	1	15	22.50	
23.0	138					
		8	0.50	16	23.25	
23.50	146					
		15	0.30	50	23.65	
23.80	161					
		13	0.20	65	23.90	
24.00	174					
		9	0.10	90	24.05	
24.10	183					200
		11	0.10	110	24.15	
24.20	194					2800
		39	0.10	390	24.25	
24.30	233					4400
		83	0.10	830	24.35	
24.40	316					−5900
		24	0.10	240	24.45	
24.50	340					−1300
		11	0.10	110	24.55	
24.60	351					
		7	0.10	70	24.65	
24.70	358					
		15	0.30	50	24.85	
25.00	373					
		12	0.50	24	25.25	
25.50	385					

2. 曲线和微商法

电位滴定终点的确定方法有 E-V 曲线法、$\Delta E/\Delta V$-$\overline{V}$曲线法和二阶微商法。

(1) E-V 曲线法

以滴定过程中测得的电池电动势为纵坐标，滴定消耗滴定剂的体积为横坐标绘制 E-V 曲线。E-V 曲线上拐点(曲线斜率最大处)所对应的体积即终点体积(V_{ep})。确定拐点的方法是：作两条与横坐标成 45°的 E-V 曲线的平行切线，并在两条切线间作一条与两切线等距离的平行线，该线与 E-V 曲线的交点即拐点，如图 4-20 所示。

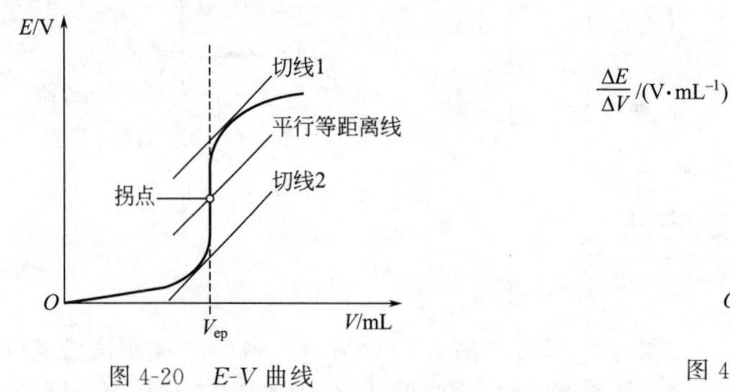

图 4-20　E-V 曲线

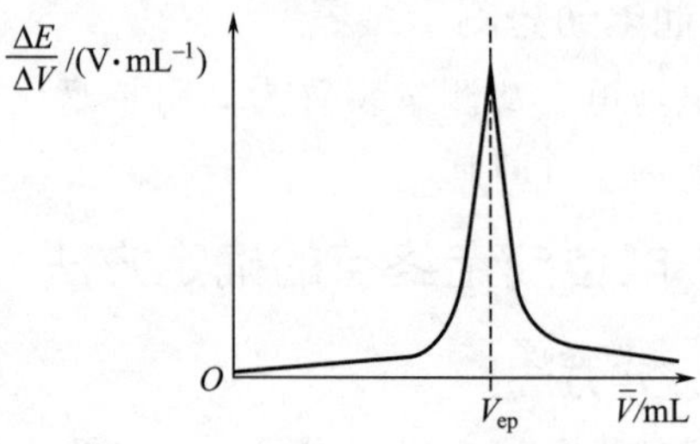

$\frac{\Delta E}{\Delta V}$/(V·mL^{-1})　O　V_{ep}　$\overline{V}$/mL

图 4-21　$\Delta E/\Delta V$-$\overline{V}$曲线

(2) $\Delta E/\Delta V$-$\overline{V}$曲线法

$\Delta E/\Delta V$-$\overline{V}$曲线法又称一阶微商法。若 E-V 曲线较平坦，突跃不明显，则可绘制 $\Delta E/\Delta V$-$\overline{V}$曲线。$\Delta E/\Delta V$ 是 E 的变化值与相应加入滴定剂体积的增量之比。在表 4-23 中，当加入的 $AgNO_3$ 为 24.10～24.20mL 时，相应的 E 由 183mV 变至 194mV，则：

$$\frac{\Delta E}{\Delta V}=\frac{194-183}{24.20-24.10}=110(\mathrm{mV/mL})$$

其对应的体积平均值$\overline{V}=\frac{24.10+24.20}{2}=24.15(\mathrm{mL})$

将 $\Delta E/\Delta V$ 对$\overline{V}$作图，可得一峰形曲线(图 4-21)，曲线最高点由实验点连线外推所得，其对应的体积即终点体积(V_{ep})。用此法作图确定滴定终点较为准确，但较烦琐。

(3) 二阶微商法

二阶微商法基于 $\Delta E/\Delta V$-$\overline{V}$曲线最高点正是 $\Delta^2 E/\Delta V^2$ 为零的点。二阶微商法有作图法和计算法两种。

① $\Delta^2 E/\Delta V^2$-V 曲线法。以 $\Delta^2 E/\Delta V^2$ 对 V 作图可得二阶微商曲线，曲线最高点和最低点连线与横坐标的交点即终点体积(V_{ep})，如图 4-22 所示。

② 二阶微商计算法。GB/T 9725—2007《化学试剂　电位滴定法通则》规定电位滴定法终点确定可用 $\Delta^2 E/\Delta V^2$-V 曲线法，也可用计算法，但实际中一般多采用二阶微商计算法。

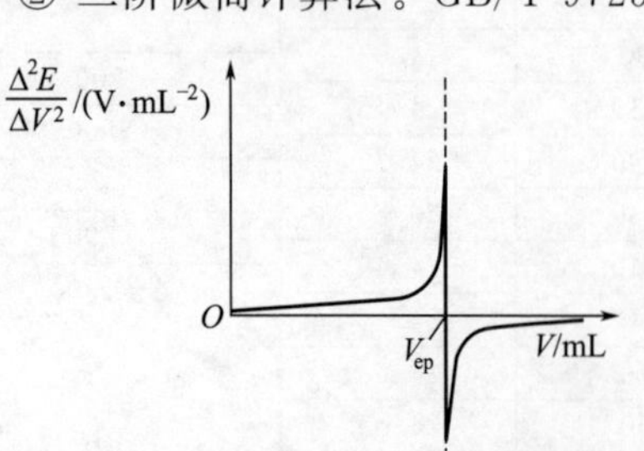

$\frac{\Delta^2 E}{\Delta V^2}$/(V·mL^{-2})　O　V_{ep}　V/mL

图 4-22　$\Delta^2 E/\Delta V^2$-V 曲线

在表 4-23 中，加入 24.30mL $AgNO_3$ 标准溶液时，$\Delta^2 E/\Delta V^2$ 为：

$$\frac{\Delta^2 E}{\Delta V^2}=\frac{\left(\frac{\Delta E}{\Delta V}\right)_{24.35}-\left(\frac{\Delta E}{\Delta V}\right)_{24.25}}{\Delta V}$$

$$=\frac{830-390}{24.35-24.25}=4400(\mathrm{mV/mL^2})$$

同理，加入 24.40mL $AgNO_3$ 标准溶液时，$\Delta^2E/\Delta V^2$ 为：

$$\frac{\Delta^2E}{\Delta V^2}=\frac{\left(\frac{\Delta E}{\Delta V}\right)_{24.45}-\left(\frac{\Delta E}{\Delta V}\right)_{24.35}}{\Delta V}=\frac{240-830}{24.45-24.35}=-5900(\mathrm{mV/mL^2})$$

则终点体积必在 $\Delta^2E/\Delta V^2$ 为 4400 和 −5900 所对应的体积之间，可用内插法计算，即：

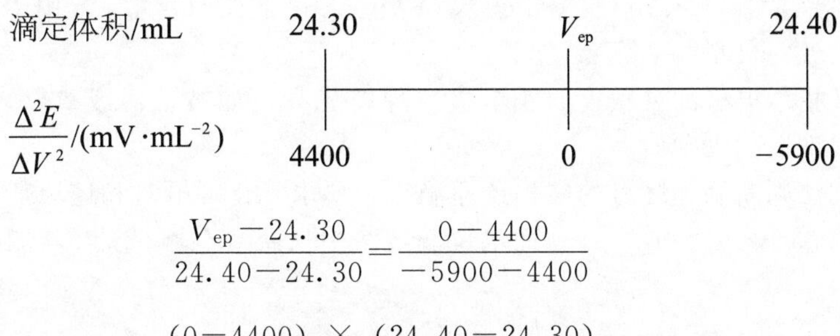

$$\frac{V_{ep}-24.30}{24.40-24.30}=\frac{0-4400}{-5900-4400}$$

解得：$$V_{ep}=24.30+\frac{(0-4400)\times(24.40-24.30)}{-5900-4400}\approx 24.34(\mathrm{mL})$$

四、电位滴定法应用

电位滴定法可用于酸碱滴定、沉淀滴定、氧化还原滴定及配位滴定。不同滴定类型中的滴定反应不同，因此需根据具体滴定反应的特点选择合适的指示电极和参比电极。表 4-24 列出了各类滴定常用的指示电极和参比电极，以供参考。

表 4-24　各类滴定常用的电极

序号	滴定类型	指示电极	参比电极
1	酸碱滴定	pH 玻璃电极，锑电极	饱和甘汞电极
2	沉淀滴定	银电极，硫化银膜电极等离子选择性电极	双盐桥饱和甘汞电极，玻璃电极
3	氧化还原滴定	铂电极	饱和甘汞电极，玻璃电极，钨电极
4	配位滴定	金属基电极，汞电极，离子选择性电极	饱和甘汞电极

1. 酸碱滴定

酸碱滴定中，需选用能指示溶液 pH 变化的指示电极。通常选用 pH 玻璃电极作指示电极，饱和甘汞电极作参比电极。目前应用最多的是由 pH 玻璃电极和 Ag-AgCl 合为一体的 pH 复合电极，使用极为方便。

传统的指示剂法无法准确测定 $c_a\cdot K_a<10^{-8}$ 或 $c_b\cdot K_b<10^{-8}$ 的弱酸或弱碱，而用电位滴定法可测定 $c_a\cdot K_a\geqslant 10^{-10}$ 和 $c_b\cdot K_b\geqslant 10^{-10}$ 的弱酸及弱碱。太弱的酸和碱，或不易溶于水而溶于有机溶剂的酸和碱，不能在水溶液中滴定，可在非水溶剂中进行电位滴定。例如，可用 $HClO_4$ 溶液在冰醋酸介质中滴定吡啶；可用盐酸在乙醇介质中滴定三乙醇胺；可在异丙醇和乙二醇的混合介质中滴定苯胺和生物碱；可在丙酮介质中滴定高氯酸、盐酸、水杨酸的混合物等。

2. 沉淀滴定

沉淀电位滴定中，应根据不同的沉淀反应选用不同的指示电极，常用的有银电极、铂电极和离子选择性电极等。参比电极应选用双盐桥饱和甘汞电极或玻璃电极。例如，以银电极为指示电极，可用 $AgNO_3$ 溶液滴定 Cl^-、Br^-、I^-、SCN^-、S^{2-}、CN^- 等，及一些有机阴离子。用铂电极作指示电极，可用 $K_4Fe(CN)_6$ 溶液滴定 Pb^{2+}、Cd^{2+}、Zn^{2+}、Ba^{2+} 等金属离子，还可间接滴定 SO_4^{2-}。

3. 氧化还原滴定

氧化还原滴定的滴定反应为氧化还原反应，需用不参与氧化还原反应（性质稳定）的电极，通常用惰性电极（如铂电极）作为指示电极，饱和甘汞电极或钨电极作为参比电极。可用 $KMnO_4$ 溶液滴定 I^-、NO_2^-、Fe^{2+}、V^{4+}、Sn^{2+}、$C_2O_4^{2-}$ 等，用 $K_2Cr_2O_7$ 溶液滴定 Fe^{2+}、Sn^{2+}、I^-、Sb^{2+} 等。

为了保证指示电极的灵敏度，铂电极应保持光亮，如被玷污或氧化，可用10%（质量分数）硝酸浸洗以除去杂质。

用指示剂法判断滴定终点的氧化还原滴定，要求氧化剂电对和还原剂电对的标准电极电位之差 $\Delta E \geqslant 0.36V(n_1=n_2=1)$，而电位滴定法中只需 $\Delta E \geqslant 0.2V$，就能准确测定待测物质的含量。

4. 配位滴定

配位滴定使用汞电极作指示电极，可用 EDTA 溶液滴定 Cu^{2+}、Zn^{2+}、Ca^{2+}、Mg^{2+}、Al^{3+} 等多种离子。配位滴定还可用离子选择性电极作指示电极。例如，用钙离子电极作指示电极，可用 EDTA 溶液滴定 Ca^{2+}；以氟电极作指示电极，可用镧滴定氟化物。可见，电位滴定法扩大了离子选择性电极的应用范围。

五、 自动电位滴定

上述电位滴定中，是用手动滴定的，并随时测量、记录滴定剂体积和电池电动势，最后通过绘图或计算确定滴定终点，此方法烦琐而费时。如果使用自动电位滴定仪即可解决上述问题。目前使用的自动电位滴定仪主要有三种。

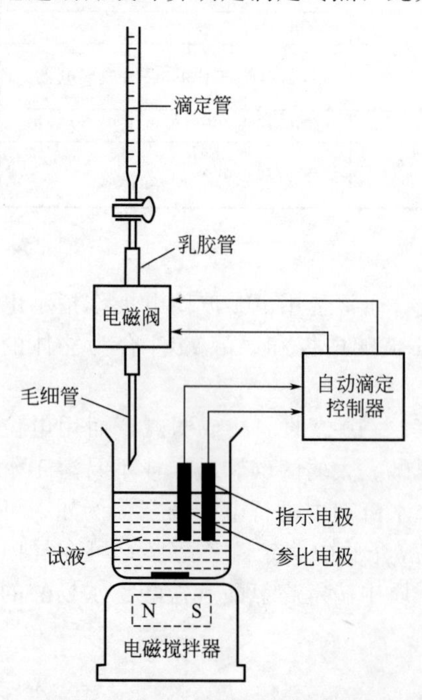

图 4-23 DZ-2 型自动电位滴定仪

第一种为保持滴定速度恒定，在记录仪上自动记录完整的 E-V 滴定曲线，然后根据上述方法确定终点。

第二种是将滴定电池两极间的电位差与预设电位差(用上述手动方法确定的终点电位)相比较，两信号的差值经放大后用来控制滴定速度，近终点时滴定速度减慢，终点时，即滴定至预定终点电位时，自动停止滴定。

第三种基于化学计量点时，滴定电池两极间电位差的二阶微商由大降至最小，从而启动继电器，并通过电磁阀自动关闭滴定管滴定通路，再从滴定管上读出滴定终点时滴定剂消耗的体积。此仪器不需要预设终点电位，自动化程度较高。

商品自动电位滴定仪有多种型号，如 DZ-2、DZ-3、DZ-4 型自动电位滴定仪和 MIA-3-DAB-B 全自动电位滴定仪等。目前使用较为普遍的是 DZ-2 型自动电位滴定仪。

DZ-2 型自动电位滴定仪，由 DZ-2 型滴定计和 DZ-1 型滴定装置通过双头连接插塞线组合而成。它是根据

“终点电位补偿”原理设计的。仪器能自动控制滴定速度，终点时会自动停止滴定，其结构如图 4-23 所示。

插在试液中的指示电极和参比电极与自动滴定控制器相连，自动滴定控制器与滴定管的电磁阀相连。进行自动电位滴定前，先将仪器的比较电位调到预先用手动方法测得的终点电位，滴定开始至终点前设定的终点电位与滴定电池两极间的电位差不相等，控制器向电磁阀发出吸通信号，电磁阀自动打开，使滴定剂滴入试液中。当接近终点时，两者的电位差逐渐减小，电磁阀吸通时间逐渐缩短，滴定剂滴入速度逐渐减慢。到达滴定终点时，设定的电位差与滴定电池两极间的电位差相等，控制器无电位差信号输出，电磁阀自动关闭，终止滴定。DZ-2 型滴定计单独使用时可作为 pH 计或毫伏计，DZ-1 型滴定装置单独使用时可作为电磁搅拌器。

现代的自动电位滴定已广泛采用计算机控制。计算机对滴定过程中的数据自动采集、处理，并利用滴定反应化学计量点前后电位突变的特性，自动寻找滴定终点、控制滴定速度，到达终点时自动停止滴定，因此更加自动、快速。

第七节　色谱法操作知识点

色谱分析法具有高效、快速分离等特性，是现代分离、分析的一个重要方法，特别是气相色谱法和高效液相色谱法的发展与完善，以及离子色谱、超临界流体色谱等新方法的不断涌现，各种与色谱有关的联用技术（如色谱-质谱联用、色谱-红外光谱联用）的使用，使色谱分析法成为生产和科研中完成各种复杂混合物分离、分析任务的重要工具之一。

一、色谱分析法概述

色谱分离过程一般是：当试样由流动相携带进入分离柱并与固定相接触时，被固定相溶解或吸附。随着流动相的不断通入，被溶解或吸附的组分又从固定相中挥发或脱附出来，向前移动时又再次被固定相溶解或吸附，随着流动相的流动，溶解、挥发或吸附、脱附的过程反复进行。由于试样中各组分在两相中分配比例的不同，被固定相溶解或吸附的组分越多，向前移动得越慢，从而实现了色谱分离。色谱分离过程如图 4-24 所示，将分离柱中的连续过程分割成多个单元过程，每个单元上进行一次两相分配。流动相每移动一次，组分即在两相间重新快速分配并平衡，最后流出时，各组分形成浓度呈正态分布的色谱峰。不参加分配的组分最先流出。

两相的相对运动及单次分离的反复进行构成了各种色谱分析过程的基础。

二、色谱分析法特点

在色谱分析法中，将装填在玻璃管或金属管内固定不动的物质称为固定相，将在管内自上而下连续流动的液体或气体称为流动相，装填有固定相的玻璃管或金属管称为色谱柱。各种色谱分析法所使用的仪器种类较多，相互间差别较大，但均由以下几部分组成(图 4-25)。

与其他类型的分析方法相比，色谱分析法具有以下显著特点。

① 分离效率高：可分离、分析复杂混合物，如有机同系物、异构体、手性异构体等。

② 灵敏度高：可以检测出 μg/g(10^{-6})级甚至 ng/g(10^{-9})级的物质量。

③ 分析速度快：一般几分钟或几十分钟内完成一个试样的分析。

④ 应用范围广：气相色谱适用于沸点低于 400℃的各种有机化合物或无机气体的分离、

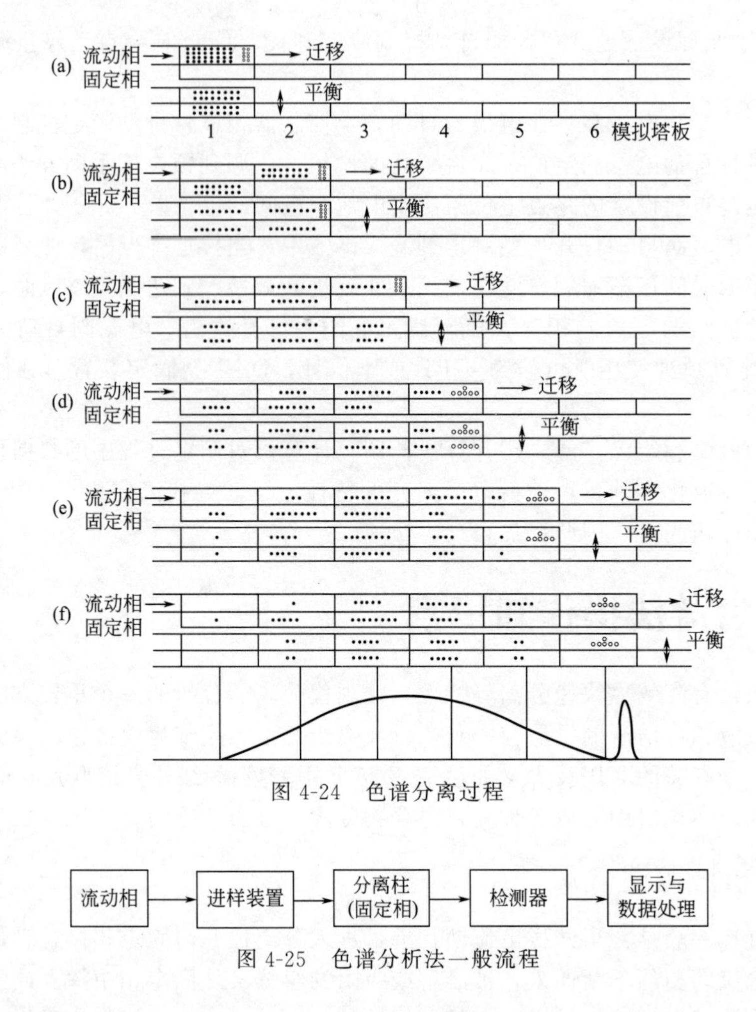

图 4-24　色谱分离过程

流动相 → 进样装置 → 分离柱(固定相) → 检测器 → 显示与数据处理

图 4-25　色谱分析法一般流程

分析。液相色谱适用于高沸点、热不稳定及生物试样的分离、分析。离子色谱适用于无机离子及有机酸碱的分离、分析。其具有很好的互补性。

色谱分析法的不足之处是对被分离组分的定性较为困难。随着色谱与其他分析仪器联用技术的发展，这一问题已经得到较好的解决。

三、 色谱分析法分类

1. 按两相物理状态分类

（1） 根据流动相状态

流动相是气体的，称为气相色谱法；流动相是液体的，称为液相色谱法；若流动相是超临界流体(流动相处于其临界温度和临界压力以上,具有气体和液体的双重性质)，则称为超临界流体色谱法。至今研究较多的是 CO_2 超临界流体色谱法。

（2） 根据固定相状态

根据固定相是活性固体(吸附剂)、不挥发液体或在操作温度下呈液体(此液体称为固定液,它预先固定在一种载体上)，可将气相色谱法分为气-固色谱法和气-液色谱法；同理，液相色谱法可分为液-固色谱法和液-液色谱法，见表 4-25。

表 4-25　按两相物理状态分类

流动相	总称	固定相	色谱名称
气体	气相色谱(GC)	固体	气-固色谱(GSC)
		液体	气-液色谱(GLC)
液体	液相色谱(LC)	固体	液-固色谱(LSC)
		液体	液-液色谱(LLC)

2. 按固定相存在形式分类

按固定相不同的存在形式，色谱可以分为柱色谱、纸色谱和薄层色谱，见表 4-26。

(1) 柱色谱

柱色谱一类是将固定相装入玻璃管或金属管内，称为填充柱色谱；另一类是将固定液直接涂渍在毛细管内壁，或采用交联引发剂在高温处理下将固定液交联到毛细管内壁，称为毛细管色谱。

(2) 纸色谱

纸色谱(PC)以多孔滤纸为载体，以吸附在滤纸上的水为固定相。各组分在纸上经展开而分离。

(3) 薄层色谱

薄层色谱(TLC)以涂渍在玻璃板或塑料板上的吸附剂薄层为固定相，然后按照与纸色谱类似的方法操作。

表 4-26　按固定相存在形式分类

固定相类型		固定相性质	操作方式	色谱名称
柱	填充柱	在玻璃管或不锈钢柱管内填充固体吸附剂或涂渍在载体上的固定液	液体或气体流动相从柱头向柱尾连续不断地冲洗	柱色谱
	开口管柱	在弹性石英玻璃或玻璃毛细管内壁附有吸附剂薄层或涂渍固定液		
纸		具有强渗透能力的滤纸或纤维素薄膜	液体流动相从滤纸一端向另一端扩散	纸色谱
薄层板		在玻璃板上涂有硅胶 G 薄层	液体流动相从薄层一端向另一端扩散	薄层色谱

3. 按分离过程物理化学原理分类

色谱分析法中，固定相的性质对分离起着决定性作用。按分离过程物理化学原理的分类见表 4-27。

(1) 吸附色谱

吸附色谱用固体吸附剂作固定相，根据吸附剂表面对不同组分的物理吸附性能差异进行分离。气-固吸附色谱、液-固吸附色谱均属于此类。

(2) 分配色谱

分配色谱用液体作固定相，利用不同组分在固定相和流动相之间分配系数的差异进行分离。气相色谱法中的气-液色谱和液相色谱法中的液-液色谱均属于分配色谱。

4. 按固定相的材料分类

根据固定相材料的不同可分为离子交换色谱、空间排阻色谱和键合相色谱（表 4-27)。

① 离子交换色谱以离子交换剂为固定相。

② 空间排阻色谱以孔径有一定范围的多孔玻璃或多孔高聚物为固定相。

③ 键合相色谱采用化学键合相，即通过化学反应将固定液分子键合于多孔载体（如硅

胶）上。

表 4-27　按分离过程物理化学原理、固定相材料的分类

色谱类型	原理	平衡常数	流动相为液体	流动相为气体
吸附色谱	利用吸附剂对不同组分吸附性能的差别	吸附系数 K_A	液-固吸附色谱	气-固吸附色谱
分配色谱	利用固定液对不同组分分配性能的差别	分配系数 K_p	液-液分配色谱	气-液分配色谱
离子交换色谱	利用离子交换剂对不同离子亲和能力的差别	选择性系数 K_s	液相离子交换色谱	
空间排阻色谱	按分子大小顺序进行分离	选择性系数 K_m	液-固凝胶色谱	
键合相色谱	利用固定液对不同组分分配性能的差别	分配系数 K_n	液-液分配色谱	

四、 色谱的塔板理论

塔板理论(plate theory)是在 1941 年由马丁(Martin)和詹姆斯(James)提出的，其将色谱分离过程比拟成蒸馏过程，将色谱分离柱中连续的色谱分离过程分割成组分在流动相和固定相之间多次分配平衡过程的重复，类似于蒸馏塔中每块塔板上的平衡过程，并引入了理论塔板高度和理论塔板数的概念。关于塔板理论的假设如下。

① 在每一块塔板高度（H）内，组分在气液两相内迅速达到分配平衡。每一小段的高度(H)叫作理论塔板高度，简称为板高。整个色谱柱是由一系列顺序排列的塔板所组成的。

② 将载气看作做脉冲式进入色谱柱。

③ 试样沿色谱柱方向的扩散可忽略。

④ 假定组分在所有塔板上都是线性等温分配，即组分的分配系数(K)在各塔板上均为常数，且不随组分在某一塔板上的浓度变化而变化。

单一组分进入色谱柱，在流动相和固定相之间经过多次分配平衡，流出色谱柱时，便可得到一个趋于正态分布的色谱峰，色谱峰上组分最大浓度处所对应的流出时间或载气板体积即该组分的保留时间或保留体积。若试样为多组分混合物，则经过多次的平衡后，如果各组分的分配系数有差异，则在柱出口处出现最大浓度时所需的载气板体积亦将不同。由于色谱柱的塔板数相当多，因此不同组分的分配系数即便有微小的差异，仍然可以得到很好的分离效果。

对于一个色谱柱来说，其分离能力(柱效能)的大小主要与塔板的数目有关，塔板数越多，柱效能越高。色谱柱的塔板数可以用理论塔板数 n 和有效塔板数 $n_{有效}$ 来表示。

色谱柱长为 L，理论塔板高度为 H，则：

$$H=\frac{L}{n} \tag{4-40}$$

显然，当色谱柱长 L 固定时，每次分配平衡需要的理论塔板高度 H 越小，则柱内理论塔板数 n 越多，组分在该柱内被分配于两相的次数就越多，柱效能就越高。

计算理论塔板数 n 的经验式为：

$$n=5.54\left(\frac{t_R}{W_{1/2}}\right)^2=16\left(\frac{t_R}{W_b}\right)^2 \tag{4-41}$$

式中　n——理论塔板数；

t_R——组分的保留时间；

$W_{1/2}$——以时间为单位的半峰宽；

W_b——以时间为单位的峰底宽。

在实际应用中，常常出现计算出的 n 值很大、但色谱柱实际分离效能并不高的现象。这是由于保留时间 t_R 包括了死时间 t_M，而 t_M 不参加柱内的分配，即理论塔板数未能真实反映色谱柱的实际分离效能。为此，提出了以 t_R' 代替 t_R 计算有效理论塔板数的方法。

用 $n_{有效}$ 来衡量色谱柱的柱效能。计算公式为：

$$n_{有效}=\frac{L}{H_{有效}}=5.54\left(\frac{t_R'}{W_{1/2}}\right)^2=16\left(\frac{t_R'}{W_b}\right)^2 \tag{4-42}$$

式中　$n_{有效}$——有效理论塔板数；

$H_{有效}$——有效理论塔板高度；

t_R'——组分调整保留时间；

$W_{1/2}$——以时间为单位的半峰宽；

W_b——以时间为单位的峰底宽。

塔板理论给出了衡量色谱柱分离效能的指标，但柱效并不能表示被分离组分的实际分离效果。如果两组分的分配系数 K 相同，虽可计算出色谱柱的塔板数，但无论该色谱柱的塔板数多大，都无法实现分离。该理论无法解释同一色谱柱在不同载气流速下柱效不同的实验结果，也无法指出影响柱效的因素及提高柱效的途径。由于流动相的快速流动及传质阻力的存在，分离柱中两相间的分配平衡不能快速建立，所以塔板理论只是近似地描述了发生在色谱柱中的实际过程。

五、 速率理论

速率理论也称动力学理论，其核心是速率方程，也称范第姆特(Van Deemter)方程。色谱分离过程中峰变宽的原因之一是：有限传质速率引起的动力学效应影响。故理论塔板高度与流动相流速间有着必然的联系，如图 4-26 所示。

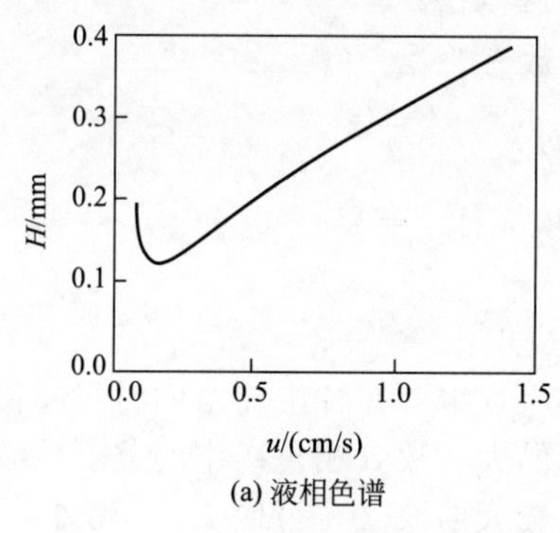

(a) 液相色谱

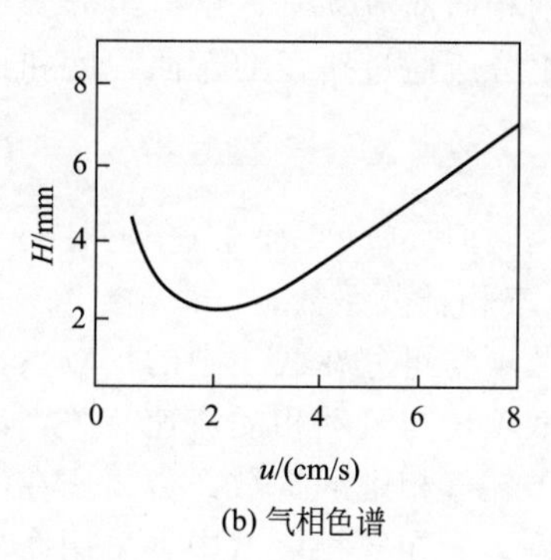

(b) 气相色谱

图 4-26　理论塔板高度 H 与流动相流速 u 的关系

由图 4-26 可知，理论塔板高度是流速的函数，通过数学模型描述两者间的关系，可得到速率方程：

$$H=A+B/u+Cu \tag{4-43}$$

式中　H——理论塔板高度；

A，B，C——常数，分别对应于涡流扩散、分子扩散和传质阻力三项；

u——载气的流速，cm/s。

减小 A、B、C 可提高柱效，所以知晓这三项各与哪些因素有关是解决如何提高柱效问题的关键所在。

1. 涡流扩散项 A

流动相携带试样组分分子在分离柱中向前运动时，组分分子碰到填充剂颗粒将改变方向形成紊乱的涡流，使组分分子各自通过的路径不同，从而导致色谱峰变宽，如图 4-27 所示。A 可表示为：

$$A=2\lambda \bar{d}_{p} \tag{4-44}$$

式中 λ——固定相填充的不均匀因子；

$\bar{d}_{p}$——固定相的平均颗粒直径。

涡流扩散项的大小与固定相的平均颗粒直径和填充是否均匀有关，而与流动相的流速无关。固定相颗粒越小，填充得越均匀，A 值越小，柱效越高，表现在由涡流扩散所引起的色谱峰变宽现象减轻，色谱峰较窄。

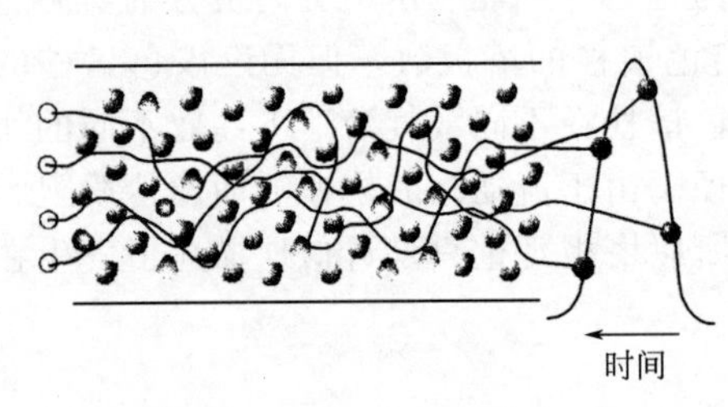

图 4-27 涡流扩散

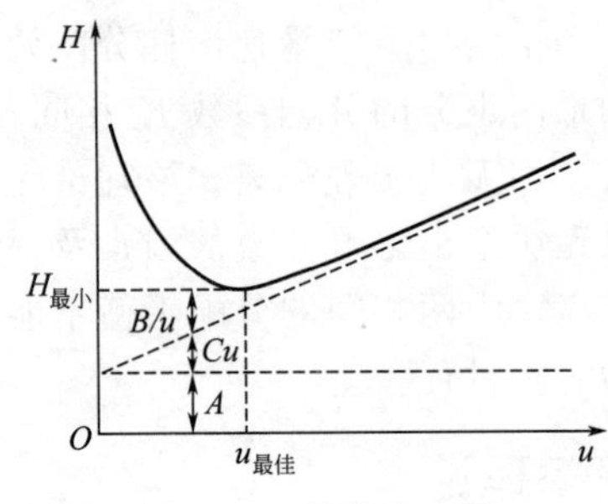

图 4-28 最佳流速图

2. 分子扩散项 B/u

当试样组分以很窄的“塞子”形式进入色谱柱后，由于在“塞子”前后存在着浓度差，当其随着流动相向前流动时，试样组分分子将沿着色谱柱产生纵向扩散，导致色谱峰变宽。分子扩散与组分所通过路径的弯曲程度和扩散系数有关：

$$B=2\gamma D_{g} \tag{4-45}$$

式中 γ——弯曲因子，毛细柱(空心柱)$\gamma=1$，填充柱 $\gamma=0.6\sim0.8$；

D_g——气相扩散系数，cm^3/s。

分子扩散项与组分在载气中的扩散系数 D_g 成正比。

分子扩散项还与流动相的流速有关，流速越小，组分在柱中滞留的时间越长，扩散越严重。组分分子在气相中的扩散系数要比在液相中的大，故气相色谱中的分子扩散要比液相色谱中的严重得多。在气相色谱中，采用摩尔质量较大的载气，可使 D_g 值减小。

3. 传质阻力项 Cu

传质阻力包括流动相传质阻力 C_M 和固定相传质阻力 C_S，即：

$$C=C_M+C_S \tag{4-46}$$

$$C_M=\frac{0.01k^2 d_p^2}{(1+k)^2 D_M} \tag{4-47}$$

$$C_S=\frac{2kd_f^2}{3(1+k)^2 D_S} \tag{4-48}$$

式中 k——容量因子；

D_M，D_S——流动相和固定相中的扩散系数；

d_p——固定相颗粒直径；

d_f——液膜厚度。

由以上各关系式可知，减小固定相粒度、选择分子量小的气体为载气、减小液膜厚度，可降低传质阻力。

速率方程中 B、C 两项对理论塔板高度的贡献随流动相流速的改变而不同，在毛细管色谱中，分离柱为中空毛细管，则 $A=0$。流动相流速较高时，传质阻力项是影响柱效的主要因素。流速增加，传质不能快速达到平衡，柱效下降。载气流速低时，试样由高浓度区向两侧纵向扩散加剧，分子扩散项成为影响柱效的主要因素，流速增加，柱效增加。

流速对 B、C 两项的作用完全相反，使得流速对柱效的总影响存在一个最佳值，即速率方程中理论塔板高度对流速的一阶导数有一极小值。以理论塔板高度 H 对对应流动相流速 u 作图（图 4-28），曲线最低点的流速即最佳流速。

速率理论的要点归纳为：组分分子在柱内运行的多路径、涡流扩散、浓度梯度造成的分子扩散及传质阻力使气液两相间的分配平衡不能瞬间达到等因素是造成色谱峰变宽及柱效下降的主要原因；选择适当的固定相粒度、载气种类、液膜厚度及载气流速可提高柱效；速率理论为色谱分离和操作条件选择提供了理论指导，阐明了流速和柱温对柱效及分离的影响；各种因素相互制约，如流速增大，分子扩散项的影响减小，使柱效提高，但同时传质阻力项的影响增大，又使柱效下降。柱温升高，有利于传质，但又加剧了分子扩散项的影响。只有选择最佳操作条件，才能使柱效达到最高。

六、 分离度

塔板理论和速率理论都难以描述难分离物质对的实际分离程度，即柱效为多大时，相邻两组分能够被完全分离。难分离物质对的分离度大小受色谱分离过程中两种因素的综合影响，保留值之差为色谱分离过程中的热力学因素；区域宽度为色谱分离过程中的动力学因素。

色谱分离中的四种情况如图 4-29 所示。图 4-29① 中，由于柱效较高，两组分的 ΔK（分配系数之差）较大，分离完全。图 4-29② 中的 ΔK 不是很大，但柱效较高，峰较窄，基本上分离完全。图 4-29③ 中的柱效较低，虽然 ΔK 较大，但分离得仍然不好。图 4-29④ 中的 ΔK 小，且柱效低，分离效果较差。

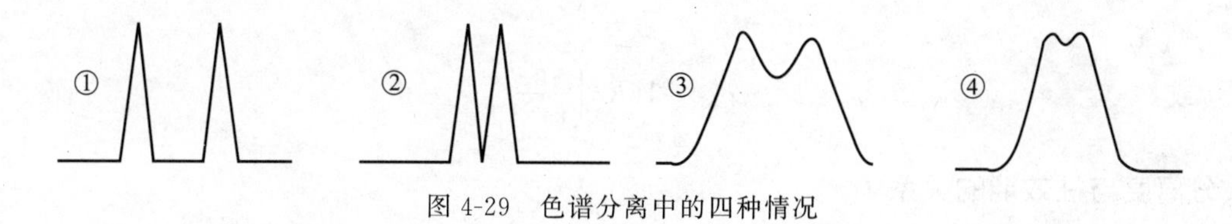

图 4-29　色谱分离中的四种情况

考虑色谱分离过程中的热力学因素和动力学因素，引入分离度(R)来定量描述混合物中相邻两组分的实际分离程度。分离度的表达式为：

$$R=\frac{2[t_{R(2)}-t_{R(1)}]}{W_{b(2)}+W_{b(1)}}=\frac{2[t_{R(2)}-t_{R(1)}]}{1.699[W_{1/2(2)}+W_{1/2(1)}]} \tag{4-49}$$

当 $R=0.8$ 时，分离程度达到 89%；$R=1.0$ 时，分离程度达到 98%；$R=1.5$ 时分离程度达到 99.7%，故将此定义为相邻两峰完全分离的标准。不同分离度时色谱等高峰分离的程度，如图 4-30 所示。

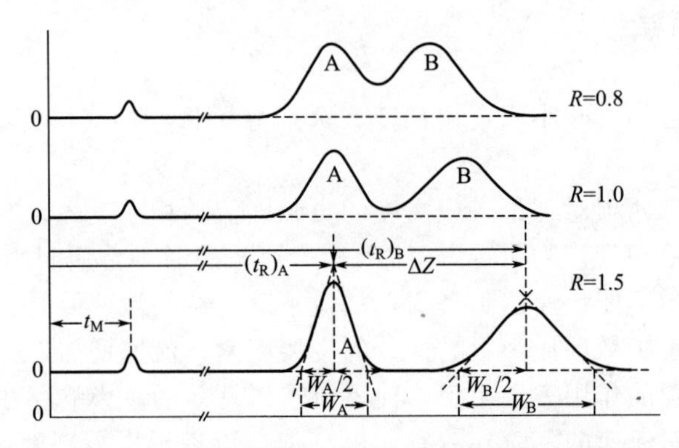

图 4-30　不同分离度时色谱等高峰分离的程度

七、 基本色谱分离方程

分离的热力学和动力学(峰间距和峰宽)两个方面因素，定量地描述了混合物中相邻两组分实际分离的程度，因而用它作色谱柱的总分离效能指标。如果 $W_{b(2)}=W_{b(1)}=W_b$(相邻两峰的峰底宽近似相等)，分离度(R)与柱效能(n_R)、容量因子(k)和选择性因子(α)三者之间的关系可用数学式表示为：

$$R=\frac{\sqrt{n_R}}{4}\left(\frac{\alpha-1}{\alpha}\right)\left(\frac{k}{k+1}\right) \tag{4-50}$$

式(4-50)为基本色谱分离方程。实际应用中，$n_{有效}$作为衡量柱子的一个尺度，也有人称其为有效塔板数，用 $n_{有效}$代替式(4-50)中的 n_R。

$$n_{有效}=n_R\left(\frac{k}{k+1}\right)^2 \tag{4-51}$$

基本色谱分离方程变为：

$$R=\frac{\sqrt{n_{有效}}}{4}\left(\frac{\alpha-1}{\alpha}\right) \tag{4-52}$$

或

$$n_{有效}=16R^2\left(\frac{\alpha}{\alpha-1}\right)^2 \tag{4-53}$$

1. 分离度与柱效能的关系

由式(4-52)可以看出，具有一定 α 的物质对，分离度直接和有效理论塔板数有关，此说明有效理论塔板数能正确地代表柱效能。式(4-50)说明分离度与理论塔板数的关系还受热力学性质的影响。当固定相确定，被分离物质的 α 确定后，分离度将取决于 n_R。这时，对于一定理论板高的色谱柱，分离度的平方与柱长成正比，即：

$$\left(\frac{R_1}{R_2}\right)^2=\frac{n_{R1}}{n_{R2}}=\frac{L_1}{L_2} \tag{4-54}$$

上式说明较长的色谱柱可以提高分离度，但延长了分析时间。因此，提高分离度的好方法是；制备出一根性能优良的色谱柱，通过降低板高，提高分离度。

2. 分离度与选择性因子的关系

由基本色谱分离方程判断，当 $\alpha=1$ 时，$R=0$。这时，无论怎样提高柱效能也无法使两组分分离。显然，α 大，选择性好。研究证明，α 的微小变化，就能引起分离度的显著变化。一般通过改变固定相和流动相的性质和组成或降低柱温，有效增大 α 值。

3. 分离度与容量因子的关系

由式(4-50)可知，增大 k 可以适当增加分离度 R，但这种增加是有限的，当 $k>10$ 时，随容量因子的增大，分离度 R 的增加是非常少的。R 通常以控制在 2～10 为宜。对于气相色谱，提高柱温，选择合适的 k 值，可改善分离度。对于液相色谱，改变流动相的组成比例，就能有效地控制 k 值。

八、 基本色谱分离方程的应用

在实际工作中，基本色谱分离方程将柱效能、选择性因子、分离度三者联系起来，已知其中任意两个指标，即可知道第三个指标。

【例 4-4】 在一定条件下，两个组分的调整保留时间分别为 85s 和 100s，要达到完全分离，即 $R=1.5$，需要多少有效塔板？若填充柱的塔板高度为 0.1cm，则所需柱长是多少？

解：

$$\alpha=\frac{t'_{R_2}}{t'_{R_1}}=\frac{100}{85}\approx 1.18$$

$$n_{有效}=16R^2\left(\frac{\alpha}{\alpha-1}\right)^2=16\times 1.5^2\times\left(\frac{1.18}{1.18-1}\right)^2\approx 1547$$

$$L_{有效}=n_{有效}H_{有效}=1547\times 0.1\approx 155\ (\mathrm{cm})$$

即柱长为 1.55m 时，两组分可以达到完全分离。

【例 4-5】 在一定条件下，两个组分的保留时间分别为 12.2s 和 12.8s，$n=3600$，计算分离度(设柱长为 1m)。若要达到完全分离，即 $R=1.5$，求所需要的柱长。

解： 由 $n=16\left(\dfrac{t_R}{W_b}\right)^2$ 得：

$$W_{b(1)}=\frac{4t_{R(1)}}{\sqrt{n}}=\frac{4\times 12.2}{\sqrt{3600}}\approx 0.8133\ (\mathrm{min})$$

$$W_{b(2)}=\frac{4t_{R(2)}}{\sqrt{n}}=\frac{4\times 12.8}{\sqrt{3600}}\approx 0.8533\ (\mathrm{min})$$

$$R=\frac{2\times(12.8-12.2)}{0.8533+0.8133}\approx 0.72$$

由

$$\left(\frac{R_1}{R_2}\right)^2=\frac{L_1}{L_2}$$ 得：

$$L_2=\left(\frac{R_1}{R_2}\right)^2\times L_1=\left(\frac{1.5}{0.72}\right)^2\times 1\approx 4.34\ (\mathrm{m})$$

九、 定性和定量分析

色谱分析的目的是获得试样组成和各组分含量等信息，以降低试样系统的不确定度。但所获得的色谱图，并不能直接给出每个色谱峰所代表的组分及其准确含量，需要掌握一定的定性与定量分析方法。

1. 定性分析

色谱分析的简单定性可以采取以下几种方法，但均属于间接法，不能提供有关组分分子的结构信息。利用色谱对混合物的高分离能力和其他结构鉴定仪器相结合而发展起来的联用技术，使得色谱分析的定性问题得到较好的解决。

(1) 利用纯物质定性

① 利用保留值定性。在完全相同的条件下，分别对试样和纯物质进行分析。通过对比试样中与纯物质具有相同保留值的色谱峰，确定试样中是否含有该物质及在色谱图中的位置，但这种方法不适用于在不同仪器上获得的数据之间的对比。对于保留值接近或分离不完全的组分，该方法难以准确判断。

② 用加入法定性。将纯物质加入试样中，观察各组分色谱峰的相对变化，确定与纯物质相同的组分。

分离不完全时，不同物质可能在同一色谱柱上具有相同的保留值，在一支色谱柱上按上述方法定性的结果并不可靠，需要在两支不同性质的色谱柱上进行对比。当缺乏标准试样时，可以采用以下方法定性。

(2) 利用文献保留值定性

相对保留值仅与柱温和固定液的性质有关。在色谱手册中列有各种物质在不同固定液上的相对保留值数据，可以用来进行定性鉴定。

(3) 利用保留指数定性

① 保留指数又称柯瓦(Kovats)指数，是一种重现性较好的定性参数，它表示物质在固定液上的保留行为，是目前使用最广泛并被国际公认的定性指标。保留指数也是一种相对保留值，它是把正构烷烃中某两个组分调整保留值的对数作为相对的尺度，并假定正构烷烃的保留指数为 n（分子中碳原子个数）×100。被测物的保留指数值可用内插法计算。

② 测定方法。将正构烷烃作为标准，规定其保留指数为分子中碳原子个数乘以 100(如正己烷的保留指数为 600)。其他物质的保留指数是通过选定两个相邻的正构烷烃，其分别具有 Z 和 $Z+1$ 个碳原子。被测物质 X 的调整保留时间应在相邻两个正构烷烃的调整保留值之间，如图 4-31 所示。大量实验数据表明，化合物调整保留时间的对数值与其保留指数间的关系基本上是一条直线。因此可用内插法计算保留指数 I_X。

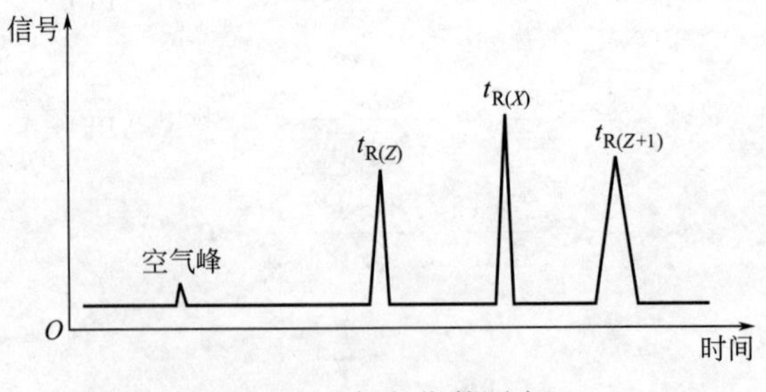

图 4-31 保留指数测定

保留指数的计算方法为：

$$t'_{R(Z+1)} > t'_{R(X)} > t'_{R(Z)} \tag{4-55}$$

$$I_X = 100\left(\frac{\lg t'_{R(X)} - \lg t'_{R(Z)}}{\lg t'_{R(Z+1)} - \lg t'_{R(Z)}} + Z\right) \tag{4-56}$$

2. 定量分析

定量分析就是确定样品中某一组分的准确含量。气相色谱定量分析与绝大部分仪器的定量分析一样，是一种相对定量分析方法，而不是绝对定量分析方法。

在一定的色谱分离条件下，检测器的响应信号，即色谱图上的峰面积，与进入检测器的质量或浓度成正比，这是色谱定量分析的基础。定量计算前需要正确测量峰面积和比例系数（定量校正因子）。

（1）峰面积

① 峰高(h)乘半峰宽($W_{1/2}$)法。该法是近似将色谱峰当作等腰三角形，但此法算出的峰面积是实际峰面积的 0.94 倍，故实际峰面积 A 应为：

$$A=1.064h\cdot W_{1/2} \tag{4-57}$$

② 峰高乘平均峰宽法。当峰形不对称时，可在峰高 0.15 和 0.85 处分别测定峰宽，由下式计算峰面积：

$$A=1/2(W_{0.15}+W_{0.85})h \tag{4-58}$$

③ 峰高乘保留时间法。在一定操作条件下，同系物的半峰宽与保留时间成正比，对于难以测量半峰宽的窄峰、重叠峰(未完全重叠)，可用此法测定峰面积：

$$W_{1/2}\propto t_{\mathrm{R}} \quad W_{1/2}=bt_{\mathrm{R}}$$

$$A=h\cdot b\cdot t_{\mathrm{R}} \tag{4-59}$$

相对计算时，b 可以约去。

④ 自动积分和微机处理法。新型仪器多配备微机，可自动采集数据并进行数据处理，给出峰面积及含量等结果。

（2）定量校正因子

色谱定量分析的依据是被测组分的质量与其峰面积成正比。当两个质量相同的不同组分在相同条件下使用同一检测器进行测定时，所得的峰面积却不相同。因此，混合物中某一组分的质量分数并不等于该组分峰面积在各组分峰面积总和中所占的比例。这样，就不能直接利用峰面积计算物质的含量。为了使峰面积能真实反映出物质的质量，就要对峰面积进行校正，即在定量计算中引入校正因子。

① 绝对校正因子(f_i)。绝对校正因子是指单位面积或单位峰高对应的物质质量，即：

$$f_i=\frac{m_i}{A_i} \tag{4-60}$$

或

$$f_{i(h)}=\frac{m_i}{h_i} \tag{4-61}$$

绝对校正因子 f_i 的大小主要由操作条件和仪器的灵敏度所决定，f_i 无法直接应用，定量分析时，一般采用相对校正因子。

② 相对校正因子(f_i')相对校正因子是指组分 i 与另一标准物 s 的绝对校正因子之比，即：

$$f_i'=\frac{f_i}{f_{\mathrm{s}}}=\frac{m_i/A_i}{m_{\mathrm{s}}/A_{\mathrm{s}}}=\frac{m_iA_{\mathrm{s}}}{m_{\mathrm{s}}A_i} \tag{4-62}$$

当 m_i、m_s 以摩尔为单位时，所得相对校正因子称为相对摩尔校正因子，用 f'_M 表示；当 m_i、m_s 用质量单位时，以 f'_w 表示。

对于气体样品，以体积计量时，对应的相对校正因子称为相对体积校正因子，以 f'_V 表示。

当温度和压力一定时，相对体积校正因子等于相对摩尔校正因子，即：

$$f'_M = f'_V \tag{4-63}$$

相对校正因子值只与被测物、标准物以及检测器的类型有关，而与操作条件无关。因此，f'_i 值可自文献中查出、引用。若文献中查不到所需的 f'_i 值，也可以自己测定。常用的标准物质，对热导检测器(TCD)是苯，对氢火焰离子化检测器(FID)是正庚烷。

测定相对校正因子最好使用色谱纯试剂。若无纯品，也要确知该物质的质量分数。测定时首先准确称量标准物质和待测物，然后将它们混合均匀、进样，分别测出其峰面积，再进行计算。

(3) 定量分析方法

① 归一化法。其在试样中所有 n 个组分全部流出色谱柱，并在检测器上产生信号时使用。归一化法就是以样品中被测组分经校正过的峰面积或峰高占样品中各组分经校正过的峰面积或峰高总和的比例来表示样品中各组分含量的定量方法。

假设试样中有 n 个组分，每个组分的质量分别为 m_1，m_2，…，m_n，各组分含量的总和 m 为 100%，其中组分 i 的质量分数 w_i 可按下式计算：

$$w_i = \frac{m_i}{m_1 + m_2 + \cdots + m_n} \times 100\% = \frac{f_i A_i}{f_1 A_1 + f_2 A_2 + \cdots + f_n A_n} \times 100\% \tag{4-64}$$

f_i 为质量校正因子，得质量分数；如为摩尔校正因子，则得摩尔分数或体积分数(气体)。若各组分的 f 值相近或相同，例如同系物中沸点接近的各组分，则上式可简化为：

$$w_i = \frac{A_i}{A_1 + A_2 + \cdots + A_i + \cdots + A_n} \times 100\% \tag{4-65}$$

对于狭窄的色谱峰，也有用峰高代替峰面积来进行定量测定的。当各种条件保持不变时，在一定的进样量范围内，峰的半宽度是不变的，因此峰高就直接代表某一组分的量。

$$w_i = \frac{h_i f'_{i(h)}}{h_1 f'_{1(h)} + h_2 f'_{2(h)} + \cdots + h_i f'_{i(h)} + \cdots + h_n f'_{n(h)}} \times 100\% \tag{4-66}$$

$f'_{n(h)}$ 为峰高校正因子，此值常自行测定，测定方法同峰面积校正因子，不同的是用峰高代替峰面积。

如果试样中有不挥发性组分或易分解组分，采用该方法将产生较大误差。

② 外标法，即标准曲线法。外标法不是把标准物质加入被测样品中，而是在与被测样品相同的色谱条件下单独测定，把得到的色谱峰面积与被测组分的色谱峰面积进行比较，求得被测组分的含量。

标准曲线法是用对照物质配制一系列浓度的对照品溶液确定工作曲线，求出斜率、截距。在完全相同的条件下，准确进与对照品溶液相同体积的样品溶液，根据待测组分的信号(峰面积或峰高)，从标准曲线上查出其浓度，或用回归方程计算。

标准曲线法的优点是：绘制好标准工作曲线后，可直接从标准曲线上读出含量，因此可用于大量样品的测定。外标法方法简便，使用待测组分的纯样制标准曲线。

外标法不使用校正因子，准确性较高，不论样品中其他组分是否出峰，均可对待测组分定量。但操作条件变化对结果的准确性影响较大，对进样量的准确性控制要求较高，适用于大批量试样的快速分析。

③ 内标法。其是选择一种物质作为内标物，与试样混合后进行分析。这样内标物与试样组分的分析条件完全相同，两者峰面积的相对比值固定，可采用相对比较法进行计算。

内标法的关键是选择一种与试样组分性质接近的物质作为内标物，其应满足试样中不含有该物质，与试样组分性质比较接近，不与试样发生化学反应，出峰位置位于试样组分附近，且无组分峰影响。

选定内标物后，需要重新配制试样：准确称取一定量的原试样(m)，再准确加入一定量的内标物(m_s)，试样中内标物与待测物的质量比为：

$$m_i = f_i A_i \quad m_s = f_s A_s$$

$$\frac{m_i}{m_s} = \frac{f_i A_i}{f_s A_s} = f_i' \frac{A_i}{A_s}$$

$$m_i = \frac{f_i A_i}{f_s A_s} m_s = f_i' \frac{A_i}{A_s} m_s \tag{4-67}$$

设样品的质量为 $m_{试样}$，则待测组分 i 的质量分数为：

$$w_i = \frac{m_i}{m_{试样}} \times 100\% = \frac{m_s \dfrac{f_i A_i}{f_s A_s}}{m_{试样}} \times 100\% = \frac{m_s A_i f_i}{m_{试样} A_s f_s} \times 100\% \tag{4-68}$$

式中　f_i，f_s——组分 i 和内标物 s 的质量校正因子；

A_i，A_s——组分 i 和内标物 s 的峰面积。

也可用峰高代替峰面积，则：

$$w_i = \frac{m_s h_i f_{i(h)}}{m_{试样} h_s f_{s(h)}} \times 100\% \tag{4-69}$$

式中，$f_{i(h)}$、$f_{s(h)}$ 分别为组分 i 和内标物 s 的峰高校正因子，也可改写为式(4-70)。

$$w_i = f_i' \frac{m_s A_i}{m_{试样} A_s} \times 100\% \tag{4-70}$$

$$w_i = f_{i(h)}' \frac{m_s h_i}{m_{试样} h_s} \times 100\% \tag{4-71}$$

当只需测定试样中某几个组分，或试样中所有组分不可能全部出峰时，可采用内标法。内标法的准确性较高，操作条件和进样量的稍许变动对定量结果的影响不大，但对于每个试样的分析，都要先进行两次称量，不适合大批量试样的快速分析。若将试样的取样量和内标物的加入量固定，则：

$$w_i = \frac{A_i}{A_s} \times 常数 \times 100\% \tag{4-72}$$

由式(4-72)可以配制一系列试样的标准溶液进行分析，绘制标准曲线，即内标法标准曲线。

十、 气相色谱仪概述

气相色谱法是以气体作为流动相，液体或固体作为固定相的色谱方法。气相色谱法具有分离效能高，灵敏度高，分析速度快，能够对样品中各组分进行定性、定量分析，应用范围广等优点。

气相色谱法分离效能高是指对化学性质、化学结构极为相似，沸点十分接近的复杂混合物有很强的分离能力。例如，用毛细管柱可同时分析石油产品中 50～100 个组分。

气相色谱法灵敏度高是指使用高灵敏度检测器可检测出 10^{-11}～10^{-13}g 的痕量物质。

气相色谱法分析速度快是指一般情况下，气相色谱完成一个多组分样品的分析，仅需几分钟。目前气相色谱仪普遍配有计算机，能自动打印出色谱图、保留时间、色谱峰面积和分析结果，仪器使用更为便捷。

1. 气相色谱仪的工作过程

气相色谱仪工作流程见图 4-32。气相色谱仪的工作原理是：高压钢瓶提供 N_2 或 H_2 等载气(载气是用来输送试样且不与待测组分、固定相作用的气体)，经减压阀减压后进入净化管(用来除去载气中的杂质和水分)，再由稳压阀和针形阀分别控制载气压力和流量(由浮子流量计指示)，然后通过汽化室进入色谱柱，最后通过检测器放空。待汽化室、色谱柱、检测器的温度以及基线稳定后，试样由进样器进入，并被载气带入色谱柱。由于色谱柱中的固定相对试样中不同组分的吸附能力或溶解能力有所不同，因此不同组分流出色谱柱的时间具有差异，从而使试样中各种组分彼此分离，依次流出色谱柱。组分流出色谱柱后进入检测器，检测器将组分的浓度(mg/mL)或质量流量(g/s)转变成电信号，经色谱工作站处理后，通过显示器或打印机即可得到色谱图和分析数据。

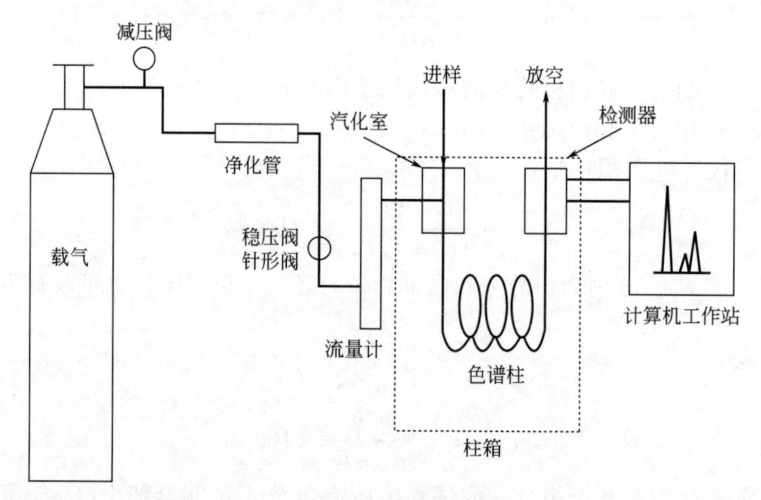

图 4-32　单柱单气路气相色谱仪工作流程

2. 气相色谱仪分类

气相色谱仪的品牌、型号、种类繁多，但它们都由气路系统、进样系统、分离系统、检测系统、温度控制系统和数据处理系统六部分组成。

常见的气相色谱仪有单柱单气路和双柱双气路两种。单柱单气路气相色谱仪(图 4-32)工作流程为：由高压钢瓶供给的载气经减压阀、净化管、稳压阀、转子流量计、进样器、色谱柱、检测器后放空。单柱单气路气相色谱仪结构简单、操作方便、价格便宜。

双柱双气路气相色谱仪(图 4-33)将通过稳压阀后的载气分成两路进入各自的进样器、色谱柱和检测器，样品进入其中一路进行分析，另一路用作补偿气流不稳或固定液流失对检测器产生的影响，提高仪器工作的稳定性，因而适用于程序升温操作和痕量物质的分析。双柱双气路气相色谱仪结构复杂、价格高。

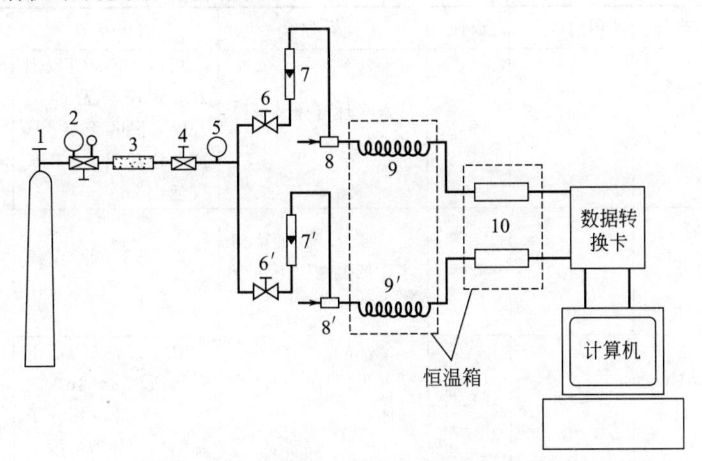

图 4-33　双柱双气路气相色谱仪结构

1—载气钢瓶；2—减压阀；3—净化器；4—稳压阀；5—压力表；6，6′—针形阀；7，7′—转子流量计；8，8′—进样-汽化室；9，9′—色谱柱；10—检测器

十一、 气相色谱的固定相

气相色谱分析是建立在样品中各组分分离基础上的分析方法。而组分之间的分离是基于组分与固定相作用能力的差异。所以，固定相选择是气相色谱分析的主要工作之一。

1. 固体固定相

使用固体固定相的气相色谱称为气-固色谱，固定相是固体吸附剂。试样中各种组分气体由载气携带进入色谱柱，与吸附剂接触时，各种组分分子可被吸附剂吸附。随着载气的不断运行，被吸附的组分分子又从固定相中洗脱下来(脱附)，脱附下来的组分分子随载气向前移动时又被前面的固定相吸附。随着载气的流动，组分吸附-脱附的过程反复、多次进行。由于各组分性质的差异，易被吸附的组分，脱附也较难，在柱内移动的速度就慢，出柱时间就长；反之，不易被吸附的组分在柱内移动速度快，出柱时间短。样品中各组分性质不同，吸附剂对它们的吸附能力不同，造成样品中各组分在色谱柱中运行速度的差异，经过一定柱长后，性质不同的组分便达到了彼此分离。

气-固色谱所采用的固定相为固体吸附剂。因此选择气-固色谱柱也就是选择固体吸附剂。常用的固体吸附剂主要有强极性硅胶、中等极性氧化铝、非极性活性炭及具有特殊作用的分子筛，它们主要用于惰性气体和 H_2、O_2、N_2、CO、CO_2、CH_4 等一般气体及低沸点有机化合物的分析。

吸附剂的种类少，应用范围有限。表 4-28 列出了几种常用吸附剂的性能和使用方法。

表 4-28　气相色谱法常用吸附剂的性能和使用方法

吸附剂	主要化学成分	使用温度/℃	极性	分析对象	活化方法	备注
碳素吸附剂活性炭	C	<300	非极性	永久性气体及低沸点烃类		加少量减尾剂或极性固定液(<2%)可提高柱效，减少拖尾获对称峰
石墨化炭黑	C	>500	非极性	气体及烃类，对高沸点有机化合物峰形对称	用苯浸泡在 350℃，用水蒸气洗至无浑浊，在 180℃下烘干备用	在 200～300℃活化，可脱去 95%以上的水分

续表

吸附剂	主要化学成分	使用温度/℃	极性	分析对象	活化方法	备注
硅胶	$SiO_2 \cdot nH_2O$	<400	氢键型	永久性气体及低级烃类	用(1+1)HCl浸泡2h，水洗至无Cl^-，180℃下烘干备用，或装柱后用200℃载气活化2h	
氧化铝	Al_2O_3	<400	极性	烃类及有机异构体，低温情况下可分离氢的同位素	200～1000℃烘烤活化，冷至室温备用	随活化温度不同，含水量也不同，从而影响保留值和柱效
分子筛	$x(MO) \cdot y(Al_2O_3)$ $x(SiO_2) \cdot nH_2O$	<400	强极性	永久性气体和惰性气体	在350～550℃下烘烤活化3～4h，超过600℃可破坏分子筛结构而导致失败	

2. 液体固定相

使用液体固定相的气相色谱称为气-液色谱。即将液态高沸点有机物(固定液)涂渍在固体支持物(担体或载体)上，然后均匀装填在色谱柱中。试样中各种组分气体由载气携带进入色谱柱，与固定液接触时，气相中各组分分子可溶解到固定液中。随着载气的运行，被溶解的组分分子又从固定液中挥发出来，随载气向前移动时又被前面的固定液溶解。随着载气的运行，溶解-挥发的过程反复进行。由于组分分子性质有差异，固定液对它们的溶解能力有所不同。易被溶解的组分，挥发也较难，在柱内移动的速度慢，出柱的时间就长；反之，不易被溶解的组分，挥发快，在柱内移动的速度快，出柱的时间就短。样品中各组分性质不同，固定液对它们的溶解能力不同，造成样品中各组分在色谱柱中运行速度的差异，经过一定柱长后，性质不同的组分便达到了彼此分离。

组分被固定相溶解的能力可用分配系数衡量，分配系数小的物质先出峰，分配系数大的物质后出峰。组分间分配系数差别越大，分离越容易，需要的色谱柱长度越短。分配系数相同的组分不能得到分离，色谱峰重合。

气-液色谱填充柱中起分离作用的固定相是液体。因此，气-液色谱柱的选择主要就是固定液的选择。

(1) 对固定液的要求

① 固定液沸点高，则在操作柱温下蒸气压低，固定液的流失速度慢、色谱柱寿命长。

② 稳定性好。在操作柱温下不分解、不裂解，黏度较低(可以减小液相传质阻力)。

③ 对样品中各种组分有一定溶解度，并且各组分溶解度必须有差异，这样色谱柱对样品中各种组分才能有良好的选择性，达到相互分离的目的。

④ 化学稳定性好，在操作柱温下，不与载气、载体以及待测组分发生不可逆的化学反应。

(2) 常用固定液的分类

气-液色谱使用的固定液种类繁多，已达1000多种。为了选择和使用方便，一般按固定液的“极性”大小进行分类。固定液极性表示含有不同官能团的固定液与分析组分中官能团及亚甲基间相互作用的能力，通常用相对极性(P)来表示。这种表示方法规定：β,β-氧二丙腈的相对极性$P=100$，角鲨烷的相对极性$P=0$，其他固定液以此为标准，通过实验测出的相对极性均在0～100之间。通常将相对极性值分为五级，即每20个相对单位为一级。相对级性0～+1的是非极性固定液(亦可用“-1”表示非极性)；+2、+3为中等极性固定液；+4、+5为强极性固定液。表4-29列出了一些常用固定液的相对极性值、最高使用温度和主要分析对象等资料，供使用时选择和参考。

表 4-29　常用固定液

固定液		最高使用温度/℃	常用溶剂	相对极性	分析对象
非极性	十八烷	室温	乙醚	0	低沸点碳氢化合物
	角鲨烷	140	乙醚	0	C_8 之前碳氢化合物
	阿匹松(L. M. N)	300	苯、氯仿	+1	各类高沸点有机化合物
	硅橡胶(SE-30,E-301)	300	丁醇+氯仿(1+1)	+1	各类高沸点有机化合物
中等极性	癸二酸二辛酯	120	甲醇、乙醚	+2	烃、醇、醛酮、酸酯各类有机物
	邻苯二甲酸二壬酯	130	甲醇、乙醚	+2	烃、醇、醛酮、酸酯各类有机物
	磷酸三苯酯	130	苯、氯仿、乙醚	+3	芳烃、酚类异构物、卤化物
	丁二酸二乙二醇酯	200	丙酮、氯仿	+4	
强极性	苯乙腈	常温	甲醇	+4	卤代烃、芳烃和 $AgNO_3$ 一起分离烷烯烃
	二甲基甲酰胺	20	氯仿	+4	低沸点碳氢化合物
	有机皂-34	200	甲苯	+4	芳烃，特别对二甲苯异构体有高选择性
	β,β'-氧二丙腈	<100	甲醇、丙酮	+5	低级烃、芳烃、含氧有机物
氢键型	甘油	70	甲醇、乙醇	+4	醇和芳烃，对水有强滞留作用
	季戊四醇	150	氯仿+丁醇(1+1)	+4	醇、酯、芳烃
	聚乙二醇-400	100	乙醇、氯仿	+4	极性化合物：醇、酯、醛、腈、芳烃
	聚乙二醇-20M	250	乙醇、氯仿	+4	极性化合物：醇、酯、醛、腈、芳烃

近年来通过大量实验数据，利用电子计算机优选出 12 种“最佳”(并非最好，而是具有较强的代表性)固定液。这 12 种固定液的特点是：在较宽的温度范围内稳定，并占据了固定液的全部极性范围，实验室只需贮存少量几种固定液就可以满足大部分分析任务的需要。12 种固定液见表 4-30。

表 4-30　12 种“最佳”固定液

固定液名称	型号	相对极性	最高使用温度/℃	溶剂	分析对象
角鲨烷	SQ	−1	150	乙醚、甲苯	气态烃、轻馏分液态烃
甲基硅油或 甲基硅橡胶	SE-30 OV-101	+1	350 200	氯仿、甲苯	各种高沸点化合物
苯基(10%，质量分数)甲基聚硅氧烷	OV-3	+1	350	丙酮、苯	各种高沸点化合物，对芳香族和极性化合物保留值增大 OV-17+QF-1 可分析含氯农药
苯基(25%，质量分数)甲基聚硅氧烷	OV-7	+2	300	丙酮、苯	
苯基(50%，质量分数) 甲基聚硅氧烷	OV-17	+2	300	丙酮、苯	
苯基(60%，质量分数)甲基聚硅氧烷	OV-22	+2	300	丙酮、苯	
三氟丙基(50%,质量分数)甲基聚硅氧烷	QF-1 OV-210	+3	250	氯仿 二氯甲烷	含卤化合物、金属螯合物、甾类
β-氰乙基(25%,质量分数)甲基聚硅氧烷	XE-60	+3	275	氯仿 二氯甲烷	苯酚、酚醚、芳胺、生物碱、甾类
聚乙二醇	PEG-20M	+4	225	丙酮、氯仿	选择性保留、分离含 O、N 官能团及 O、N 杂环化合物
聚己二酸 二乙二醇酯	DEGA	+4	250	丙酮、氯仿	分离 C_1～C_{24}脂肪酸甲酯、甲酚异构体
聚丁二酸 二乙二醇酯	DEGS	+4	220	丙酮、氯仿	分离饱和及不饱和脂肪酸酯、苯二甲酸酯异构体
1,2,3-三(2-氰乙氧基)丙烷	TCEP	+5	175	氯仿、甲醇	选择性保留低级含 O 化合物，伯、仲胺，不饱和烃、环烷烃等

（3）固定液的选择

固定液选择应根据不同的分析对象和分析要求进行。一般可以按照“相似相溶”的原理进行选择，即按固定液的极性或化学结构与待分离组分相近似的原则来选择，其一般规律如下。

① 分离非极性物质时，一般选用非极性固定液。试样中各组分按沸点从低到高的顺序流出色谱柱。

② 分离极性物质时，一般按极性强弱来选择相应极性的固定液。试样中各组分一般按极性从小到大的顺序流出色谱柱。

③ 分离非极性和极性混合物时，一般选用极性固定液。这时非极性组分先出峰，极性组分后出峰。

④ 能形成氢键试样（如醇、酚、胺、水）的分离，一般选用氢键型固定液。此时试样中各组分按与固定液分子间形成氢键能力大小的顺序流出色谱柱。

⑤ 对于复杂组分，一般可选用两种或两种以上的固定液配合使用，以增强分离效果。

⑥ 对于含有异构体的试样（主要是含有芳香型异构部分），可以选用具有特殊保留作用的有机皂土或液晶为固定液。

以上是固定液选择的大致原则。由于色谱分离的影响因素比较复杂，因此固定液还可以通过参考文献资料、实验进行选择。

（4）载体

载体也称担体，它的作用是提供一个具有较大表面积的惰性表面，使固定液能在其表面上形成一层薄而均匀的液膜。

① 对载体的要求如下：

a. 化学惰性好，即无吸附性、无催化性，且热稳定性好。

b. 表面具有多孔结构、孔径分布均匀，即载体比表面积大，能涂渍更多的固定液又不增加液膜厚度。

c. 载体机械强度高，不易破碎。

② 载体的分类。载体可分为无机载体和有机聚合物载体两大类。前者应用最为普遍的主要有硅藻土型载体和玻璃微球载体；后者主要包括含氟载体以及其他各种聚合物载体。

a. 硅藻土型载体。硅藻土型载体使用的历史最长，应用也最普遍。这类载体以硅藻土为原料，加入木屑及少量黏合剂，加热煅烧制成。硅藻土型载体以硅、铝氧化物为主体，以水合无定型氧化硅和少量金属氧化物杂质为骨架。一般分为红色硅藻土载体和白色硅藻土载体两种。它们的表面结构差别很大，红色硅藻土载体表面孔隙密集，孔径较小，表面积大，能负荷较多的固定液；由于结构紧密，所以机械强度较高。常见的红色硅藻土载体有国产的6201载体及国外的C-22火砖和Chromosorb P等。白色硅藻土载体由于在烧结过程中破坏了大部分的细孔结构，变成了较多松散的烧结物，所以孔径比较粗，表面积小，能负荷的固定液少，机械强度不如红色载体。它的优点是表面吸附作用和催化作用比较小，适用于极性组分的分析。常见的白色硅藻土载体有国产的101白色载体、405白色载体，国外的Celite和Chromosorb W载体等。

b. 玻璃微球载体。玻璃微球是一种有规则的颗粒小球，具有很小的表面积，通常把其看作是非孔性、表面惰性的载体。玻璃微球载体的主要优点是能在较低的柱温下分析高沸点物质，使某些热稳定性差但选择性好的固定液获得应用。缺点是柱负荷量小，只能用于涂渍低配比固定液，而且，柱寿命较短。国产的各种筛目的多孔玻璃微球载体性能很好，可供选择使用。

c. 含氟载体。含氟载体的特点是吸附性小，耐腐蚀性强，适合于强极性物质和腐蚀性气体的分析。其缺点是表面积较小，机械强度低，对极性固定液的浸润性差，涂渍固定液的量一般不超过5%。

这类载体主要有两种，常用的一种是聚四氟乙烯载体，通常可以在200℃柱温下使用，主要产品有国外的Hablopart F、Teflon、Chromosorb T等；另一种是聚三氟氯乙烯载体，与前者相比，颗粒比较坚硬，易于填充，但表面惰性和热稳定性较差，使用温度不能超过160℃，其主要产品有国外的Hablopart K和Ekatlurin，Daiflon Kel-F-300等。

③ 载体的预处理。理想的载体表面应具备化学惰性，但载体实际上总是呈现出不同程度的吸附活性和催化活性。特别是当固定液的液膜厚度较薄，组分极性较强时，载体对组分有明显的吸附作用，其结果是造成色谱峰严重的不对称。

载体经过处理可以起到改性作用：

a. 酸洗载体：可除去载体表面的铁等金属氧化物杂质。酸洗载体可用于分析酸性物质和酯类样品。

b. 碱洗载体：可以除去载体表面的Al_2O_3等酸性作用点。碱洗载体可用于分析胺类碱性物质。

c. 硅烷化载体：载体表面的硅醇和硅醚基团失去氢键力，因而纯化了表面，消除了色谱峰拖尾现象。硅烷化处理后的载体只适于涂渍非极性及弱极性固定液，而且只能在低于270℃的柱温下使用。

d. 釉化载体：釉化处理后载体吸附性能差，强度大，可用于分析强极性物质。

市售载体有各种类型，用上述方法处理过的载体都有出售，可根据需要选购。

④ 载体的选择。选择适当载体能提高柱效，有利于混合物的分离，改善峰形。

选择载体的原则如下：

a. 固定液用量＞5%时，一般选用红色硅藻土载体或白色硅藻土载体。若固定液用量＜5%，一般选用表面处理过的载体。

b. 腐蚀性样品可选用含氟载体；而高沸点组分可选用玻璃微球载体。

c. 载体粒度一般选用60～80目或80～100目；高效柱可选用100～120目的。

3. 合成固定相

(1) GDX——高分子多孔小球

GDX高分子多孔小球(微球)是以苯乙烯等为单体与交联剂二乙烯基苯交联共聚的小球。高分子多孔小球在交联共聚过程中，使用不同的单体或不同的共聚条件，可获得不同极性、不同分离效能的产品。GDX既有吸附剂的性能又有固定液的性能。

高分子多孔小球既可以作为固定相直接使用，也可以作为载体涂上固定液后使用。高分子多孔小球作为固定相，对含羟基的化合物具有很低的亲和力。在实际应用中常被用来分析有机物中的微量水。

(2) 化学键合固定相

化学键合固定相，又称化学键合多孔微球固定相。这是一种以表面孔径度可人为控制的球形多孔硅胶为基质，利用化学反应把固定液键合于载体表面上制成的固定相。

化学键合固定相主要有以下优点：良好的热稳定性；适合于进行快速分析；对极性组分和非极性组分都能获得对称峰。

十二、 气相色谱检测器

目前气相色谱的检测器已有几十种。其中最常用的是热导检测器(TCD)、氢火焰离子化检测器(FID)。普及型的仪器大都配有这两种检测器。此外电子捕获检测器(ECD)、火焰光度检测器(FPD)及氮磷检测器(NPD)也是使用比较多的检测器。

1. 热导检测器

热导检测器是利用被测组分和载气热导率不同而产生响应的浓度型检测器。

(1) 热导检测器结构、测量电桥和工作原理

① 热导检测器结构：热导池池体用不锈钢或铜制成，内部装有热敏元件铼-钨丝，其电阻值随本身温度变化而变化。

热导检测器有双臂热导池[图 4-34(a)]和四臂热导池[图 4-34(b)]两种。双臂热导池中一个通道通过纯载气作为参比池，另一个通道通过样品作为测量池；四臂热导池中，两臂为参比池，另两臂为测量池。参比池用来消除载气流速波动对检测器信号产生的影响。

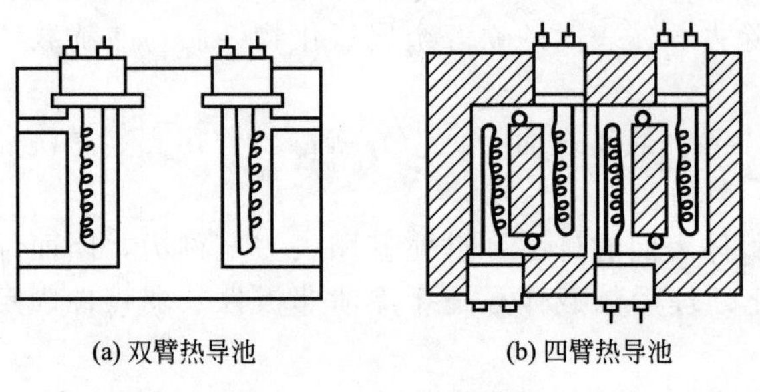

图 4-34　热导池结构

② 测量电桥：热导检测器中热敏元件电阻值的变化可以通过惠斯通电桥来测量。图 4-35为四臂热导池测量电桥。

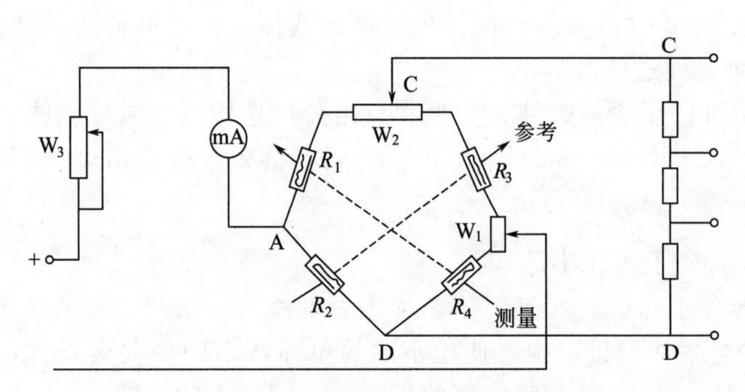

图 4-35　四臂热导池测量电桥

将四臂热导池的四根热丝分别作为电桥的四个臂，四根热丝阻值分别为：R_1、R_2、R_3、R_4。在同一温度下，四根热丝阻值相等，即 $R_1=R_2=R_3=R_4$；其中 R_1 和 R_4 为测量池中热丝，作为电桥测量臂；R_2 和 R_3 为参比池中热丝，作为电桥参考臂。W_1、W_2、W_3，分别为三个电位器，用于调节电桥平衡和电桥工作电流(桥流-热丝电流)大小。

③ 工作原理：基于不同气体具有不同的热导率。热丝具有电阻随温度变化的特性(温度越高，电阻越大)。当一恒定电流通过热导池热丝时，热丝被加热(池内已预先通有恒定流速的纯载气)，载气的热传导作用使热丝的一部分热量被载气带走，一部分传给池体。当热丝产生的热量与散失的热量达到平衡时，热丝温度就稳定在一定数值，也就使热丝阻值稳定在一定数值。没有进样时，参比池和测量池通过的都是纯载气，热导率相同，热丝温度相同，因此两臂的电阻值相同，电桥平衡，输出端CD之间无信号输出，记录系统记录的是一条直

线(基线)。

当有试样进入仪器系统时，载气携带着组分蒸气流经测量池，待测组分的热导率和载气的热导率不同，测量池中散热情况发生变化；而参比池中流过的仍然是纯载气，参比池和测量池两池孔中热丝热量损失不同，热丝温度不同，从而使热丝电阻值产生差异，使测量电桥失去平衡，电桥输出端CD之间有电压信号输出，记录系统绘出相应组分产生的电信号变化(色谱峰)。载气中待测组分的热导率与载气的热导率相差愈大、待测组分的浓度愈大，测量池中气体热导率改变就愈显著，热丝温度和电阻值改变也愈显著，输出电压信号就愈强。输出的电压信号(色谱峰面积或峰高)与待测组分和载气热导率的差值有关，与载气中样品的浓度成正比，这就是热导检测器定量测定的基础。

(2) 热导检测器的特点

热导检测器对无机物或有机物均有响应(待测组分和载气热导率有差异即可产生响应)，是通用型检测器。热导检测器定量准确，操作维护简单、价廉；主要缺点是灵敏度相对较低。

(3) 热导检测器检测条件的选择

热导检测器检测条件主要有载气、电桥工作电流和检测器温度。

① 载气种类、纯度和流速。

a. 载气种类。载气与样品的热导率(导热能力)相差越大，检测器灵敏度越高。由于分子量小的H_2、He等导热能力强，而一般气体和有机物蒸气热导率(表4-31)较小，所以TCD用H_2或He作载气时灵敏度高，线性范围宽；用N_2或Ar作载气时，灵敏度低，线性范围窄。

表4-31 一些物质蒸气和气体的相对热导率

物质	相对热导率(He=100)	物质	相对热导率(He=100)	物质	相对热导率(He=100)
氦(He)	100.0	乙炔	16.3	甲烷(CH_4)	26.2
氮(N_2)	18.0	甲醇	13.2	丙烷(C_3H_8)	15.1
空气	18.0	丙酮	10.1	环己烷	12.0
一氧化碳	17.3	四氯化碳	5.3	乙烯	17.8
氨(NH_3)	18.8	二氯甲烷	6.5	苯	10.6
乙烷(C_2H_6)	17.5	氢(H_2)	123.0	乙醇	12.7
正丁烷(C_4H_{10})	13.5	氧(O_2)	18.3	乙酸乙酯	9.8
异丁烷	13.9	氩(Ar)	12.5	氯仿	6.0
己烷	10.3	二氧化碳(CO_2)	12.7		

b. 载气纯度。其也影响TCD的灵敏度。实验表明：桥流在160～200mA时，用99.999%的超纯氢气比用99%的普通氢气灵敏度高6%～13%。此外，长期使用低纯度的载气，载气中的杂质气体会被色谱柱保留，使检测器噪声或漂移增大。所以，在不考虑运行成本的前提下(高纯度载气价格通常要高出数倍)，建议使用高纯度载气。

c. 载气流速。热导检测器为浓度型检测器，载气流速波动将导致基线噪声和漂移增大。因此，在检测过程中，载气流速必须保持恒定。参比池的气体流速通常与测量池的相等。但在程序升温操作时，参比池的载气流速应调整至以基线波动和漂移最小为宜。

② 电桥工作电流：通常情况下，灵敏度S与电桥工作电流的三次方成正比。因此，常

增大桥流来提高检测器灵敏度。但是，桥流增大，噪声也将随之增大。并且桥流越大，热丝越易被氧化，使用寿命越短。所以，在灵敏度满足分析要求的前提下，应选取较小的桥流，以使检测器噪声小，热丝寿命长。一般商品TCD均有不同检测器温度下推荐使用的桥流值，实际工作中可参考设置。

③ 检测器温度：热导检测器的灵敏度与热丝和池体间的温差成正比。在实际操作中，增大温差有两种途径：一是增大桥流，以提高热丝温度，但噪声随之增大，热丝使用寿命缩短，所以热丝温度不能过高；二是降低检测器池体温度，但其又不能太低，以保证样品中的各种组分及色谱柱流失的固定液在检测器中不发生冷凝、造成污染。使用气-固色谱对永久性气体进行分析时，降低池体温度可大大提高灵敏度。

（4）热导检测器的应用

热导检测器是一种通用的非破坏型浓度型检测器，是实际工作中应用最多的气相色谱检测器之一，适用于氢火焰离子化检测器不能直接检测的无机气体的分析。TCD在检测过程中不破坏被检测的组分，有利于样品的收集或与其他分析仪器联用。工业生产中需要在线监测，要求检测器长期稳定运行，而TCD是所有气相色谱检测器中最适于在线监测的检测器。

（5）热导检测器的维护

① 使用注意事项如下。

a. 尽量采用高纯度载气，载气中应无腐蚀性物质、机械性杂质或其他污染物。

b. 未通载气时严禁加载桥流。因为热导池中没有气流通过时，热丝温度急剧升高会烧断热丝。载气至少通入10min，将气路中的空气置换完全后，方可通电，以防止热丝元件氧化。

c. 根据载气的种类，桥流不允许超过额定值。不同品牌的TCD桥流额定值有所不同，可参照仪器说明书。如某品牌TCD载气为氮气时，桥流应低于150mA；载气为氢气时，桥流则应低于270mA。

d. 检测器不允许有剧烈振动，以防将热丝振断。

② 热导检测器的清洗：热导检测器长时间使用或被玷污后，必须进行清洗。方法是：用丙酮、乙醚、十氢萘等溶剂装满检测器的测量池，浸泡一段时间（20min左右）后倾出，如此反复进行多次，直至所倾出的溶液非常干净为止。

当选用一种溶剂不能洗净时，可根据污染物的性质先选用高沸点溶剂进行浸泡清洗，然后再用低沸点溶剂反复清洗。洗净后加热使溶剂挥发，冷却至室温后，装到仪器上，然后加热检测器，通载气数小时后即可使用。

2. 氢火焰离子化检测器

氢火焰离子化检测器（FID）是气相色谱检测器中使用最广泛的一种，属质量型检测器。

（1）氢火焰离子化检测器结构和工作原理

① 氢火焰离子化检测器的结构。如图4-36所示，氢火焰离子化检测器由离子室、火焰喷嘴、极化极和收集极、点火器等的主要部件组成。离子室由不锈钢制成，包括气体入口、出口。极化极为铂丝做成的圆环，安装在喷嘴上端。收集极是金属圆筒，位于极化极上方。以收集极作负极、极化极作正极，收集极和极化极间施加一定的直流电压（通常可在150～300V范围内调节）构成一个电场。FID载气一般为氮气，氢气用作燃气，分别由气体入口处引入，调节载气和燃气的流量使其以适宜比例混合后由喷嘴喷出。以压缩空气作为助燃气引入离子室，提供氧气，使用点火装置点燃后，在喷嘴上方形成氢火焰。

② 工作原理。当没有样品从色谱柱后流出时，载气中的有机杂质和流失的固定液进入

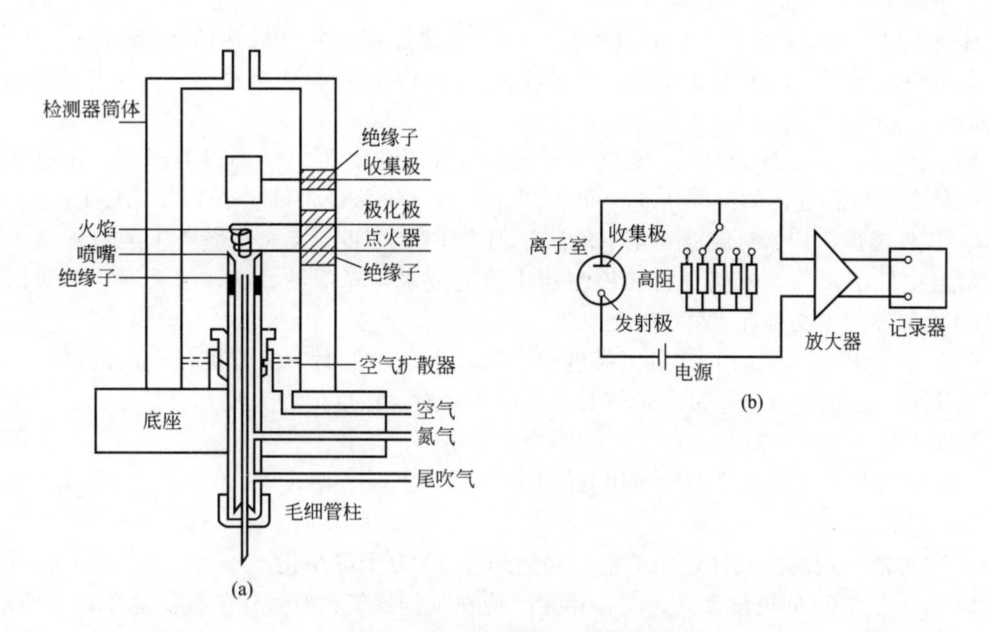

图 4-36　氢火焰离子化检测器结构

检测器，在氢火焰作用下发生化学电离(载气不被电离)，生成正、负离子和电子。在电场作用下，正离子移向收集极(负极)，负离子和电子移向极化极(正极)，形成微电流，流经输入电阻时，在其两端产生电压信号 E。经微电流放大器放大后形成基流，仪器在稳定的工作状态下，载气流速、柱温等条件不变时，基流应该稳定不变。

分析过程中，基流越小越好，但不会为零。仪器设计上调节电阻产生反方向的补偿电压使流经输入电阻的基流降至“零”——“基流补偿”。一般在进样前需使用仪器上的基流补偿调节装置将色谱图的基线调至零位。进样后，载气携带分离后的组分从柱后流出，氢火焰中增加了组分电离后产生的正、负离子和电子，从而使电路中的微电流显著增大——组分产生的信号。该信号的强弱与进入火焰中组分的组成、质量成正比，这便是 FID 的定量依据。

(2) 氢火焰离子化检测器的特点

FID 的特点是灵敏度高(比 TCD 的灵敏度高约 10^3 倍)、检出限低(可达 10^{-12} g/s)、线性范围宽(可达 10^7)。FID 结构简单，既可以用于填充柱，也可以用于毛细管柱。FID 对能在火焰中燃烧电离的有机化合物都有响应，是目前应用最为广泛的气相色谱检测器之一。FID 的主要缺点是不能检测永久性气体、水、一氧化碳、二氧化碳、氮的氧化物、硫化氢等物质。

(3) 氢火焰离子化检测器检测条件的选择

FID 需要选择的操作条件主要有：载气种类和流速；载气与氢气的流量比（氮氢比）、空气流速；气体纯度；柱温、汽化室温度和检测室温度；极化电压。

① 载气的种类、流速。FID 可以使用 N_2、Ar、H_2、He 作载气。使用 N_2、Ar 作载气时灵敏度高、线性范围宽，N_2 价格较 Ar 低很多，所以 N_2 是最常用的载气。

载气流速需要根据色谱柱分离的要求和分析速度的提高进行调节。

② 氮氢比。使用 N_2 作载气较 H_2 灵敏度高。为了使 FID 灵敏度较高，氮氢比应控制在 1∶1 左右(为了较容易点燃氢火焰,点火时可加大 H_2 流量)。增大氢气流速，氮氢比下降至 0.5 左右，灵敏度将会有所降低，但可使线性范围得到提高。

③ 空气流速。空气是 H_2 的助燃气，为火焰燃烧和电离反应提供必要的氧，同时把燃

烧产生的 CO_2、H_2O 等产物带出检测器。空气流速通常为氢气流速的 10 倍左右。流速过小，氧气供应量不足，灵敏度较低；流速过大，扰动火焰，噪声增大。一般空气流量为 300～500mL/min。

④ 气体纯度。常量分析时，载气、氢气和空气的纯度在 99.9%以上即可。作痕量分析时，一般要求三种气体的纯度达 99.999%以上，空气中总烃含量应小于 0.1μL/L。

⑤ FID 温度。FID 对温度变化不敏感。但在 FID 内部，氢气燃烧产生大量水蒸气，若检测器温度低于 80℃，水蒸气将在检测器中冷凝成水，降低灵敏度，增大噪声。所以，要求 FID 检测器温度必须在 120℃以上。

⑥ 极化电压。其影响 FID 的灵敏度。当极化电压较低时，随着极化电压的增加，灵敏度迅速增大。当极化电压超过一定值时，其的增加对灵敏度的增大没有明显影响。正常操作时，极化电压一般为 150～300V。

（4）氢火焰离子化检测器的使用与维护

① 使用注意事项如下。

a. 尽可能采用高纯气体，压缩空气必须经过 5A 分子筛净化。

b. 为了使 FID 的灵敏度高、工作稳定，应在最佳氮氢比及最佳空气流速条件下使用。

c. FID 长期使用后喷嘴有可能发生堵塞，造成火焰燃烧不稳定、漂移和噪声增大。实际使用中应经常对喷嘴进行清洗。

② FID 的清洗。当 FID 漂移和噪声增大时，原因之一可能是检测器被污染。解决方法是：将色谱柱卸下，用一根不锈钢空管将进样口与检测器连接起来。通载气将检测器恒温箱升至 120℃以上后，从进样口注入约 20μL 蒸馏水，再用几十微升丙酮或氟利昂溶剂进行清洗。清洗后在此温度下运行 1～2h，如果基线平直说明清洗效果良好；若基线还不理想，说明简单清洗已不能奏效，必须将 FID 卸下进行清洗。具体方法是：从仪器上卸下 FID，灌入适当溶剂（如 1∶1 甲醇-苯、丙酮、无水乙醇等）浸泡[注意切勿用卤代烃溶剂（如氯仿、二氯甲烷等）浸泡，以免其与卸下零件中的聚四氟乙烯材料作用，导致噪声增大]，最好用超声清洗机清洗；最后用乙醇清洗后置于烘箱中烘干。清洗工作完成后将 FID 装入仪器，先通 30min 载气，再在 120℃下保持数小时，然后点火升至工作温度。

（5）氢火焰离子化检测器的应用

由于 FID 具有灵敏度高、线性范围宽、工作稳定等优点，被广泛应用于化学、化工、药物、农药、法医鉴定、食品和环境科学等诸多领域。由于 FID 灵敏度高，还特别适合进行样品的痕量分析。

3. 电子捕获检测器

电子捕获检测器（ECD）是一种具有选择性的高灵敏度检测器，其应用仅次于热导检测器和氢火焰离子化检测器。ECD 仅对具有电负性的组分（如含有卤素、硫、磷、氧、氮等的组分）有响应，组分的电负性愈强，检测器的灵敏度愈高。所以 ECD 特别适用于分析多卤化物、多环芳烃、金属离子的有机螯合物，其还广泛应用于农药、大气及水质污染的检测。

（1）电子捕获检测器结构和工作原理

① 电子捕获检测器结构。如图 4-37 所示，电子捕获检测器的主体是电离室，离子室内装有镍-63β 射线放射源。阳极是外径约 2mm 的铜管或不锈钢管，金属池体作为阴极。在阴极和阳极间施加一直流或脉冲极化电压。

② 电子捕获检测器工作原理。当载气 N_2 以恒定流速进入检测器时，放射源放射出的 β 射线，使载气电离，产生正离子及电子：

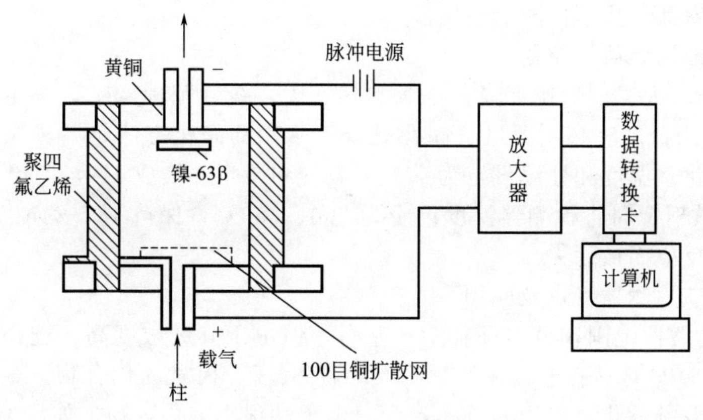

图 4-37　ECD 的结构

$$N_2 \xrightarrow{\beta射线} N_2^+ + e^-$$

正离子及电子在电场力的作用下向阴极和阳极定向流动，形成约 10^{-8}A 的离子流——检测器基流。

当电负性物质 AB 进入离子室时，可以捕获电子形成负离子。电子捕获反应如下：

$$AB + e^- \longrightarrow AB^-$$

电子捕获反应中生成的负离子 AB^- 与载气的正离子 N_2^+ 作用生成中性分子。反应式为：

$$AB^- + N_2^+ \longrightarrow N_2 + AB$$

由于电负性物质捕获电子和正、负离子的复合，阴极、阳极间电子数和离子数减少，导致基流降低，即产生了样品的检测信号。

(2) 电子捕获检测器操作条件的选择

① 载气和载气流速。电子捕获检测器可以使用 N_2 或 Ar 作载气，最常采用 N_2。应该选择高纯度载气和尾吹气，其纯度应大于 99.999%，载气必须彻底除去水和氧气。

尾吹气是从色谱柱出口直接引入检测器的一路气体，以保证检测器在高灵敏度状态下工作。毛细管柱内载气流量太低(常规为 1～3mL/min)，不能满足检测器的最佳操作条件(一般要求检测器的载气流量为 20mL/min)，故毛细管柱大多采用尾吹气。尾吹气的另一个重要作用是消除检测器死体积引起的柱外效应，经分离的化合物流出色谱柱后，可能由管道容积的增大而出现体积膨胀，导致流速减缓，从而使色谱峰变宽。

当载气流速较低时，增加载气流速，基流随之增大。当 N_2 达到 100mL/min 左右时，基流最大，检测器灵敏度高；但色谱柱分离效果将受到影响，为了解决这一矛盾，采用在柱与检测器间引入补充 N_2 的方法。

② 使用温度。其应保证样品中的各种组分及色谱柱流失的固定液在检测器中不发生冷凝(检测器温度必须高于柱温 10℃以上)。采用镍-63-β 作放射源时，检测器最高使用温度可达 400℃；采用 ^{3}H 作放射源时，检测器温度不能高于 220℃。

③ 极化电压。其对基流和响应值都有影响，选择饱和基流值 85%时的极化电压为最佳极化电压。直流供电型的 ECD，极化电压为 20～40V；脉冲供电型的 ECD，极化电压为 30～50V。

④ 使用安全。ECD 中安装有镍-63β 放射源，使用中必须严格执行放射源使用、存放管理条例，比如，至少 6 个月应测试 ECD 中有无放射性泄露。拆卸、清洗应由专业人员进行。

尾气必须排放到室外，严禁检测器超温。

（3）检测器被污染后的净化

若ECD噪声增大、信噪比下降、基线漂移变大、线性范围变窄，甚至出负峰，则表明ECD可能已被污染，此时必须要进行净化处理。常用的净化方法是“氢烘烤”法。具体操作方法是：将汽化室温度和柱温设定为室温，载气和尾吹气换成H_2，调流速至30～40mL/min，镍-63β作放射源时将检测器温度设定为300～350℃，保持18～24h，使污染物在高温下与氢发生化学反应而被除去。

（4）电子捕获检测器特点及应用

虽然ECD的线性范围较窄，仅有10^4左右，但由于其灵敏度高、选择性强，仍然得到了广泛应用。ECD只对具有电负性的物质（如含S、P、卤素的化合物，金属有机物及含羰基、硝基、共轭双键的化合物）有响应，而对电负性很小的化合物，如烃类化合物，只有很小输出信号或没有。ECD对电负性大物质的检测限可达10^{-12}～10^{-14}g，所以特别适于分析痕量电负性化合物。

4. 火焰光度检测器

火焰光度检测器(FPD)是一种高灵敏度和高选择性的检测器，对含有硫、磷的化合物有较高的选择性和灵敏度，常用于含硫、磷农药的分析及环境监测中含微量硫、磷有机污染物的分析。

FPD对磷的检测限可达0.9pg/s，线性范围大于10^6；对硫的检测限可达20pg/s，线性范围大于10^5。

（1）火焰光度检测器的结构和工作原理

① 火焰光度检测器结构。FPD由氢焰部分和光度部分构成。氢焰部分包括喷嘴、遮风槽等；光度部分包括石英窗、滤光片和光电倍增管，如图4-38所示。组分被色谱柱分离后，先与过量的燃气(氢气)混合，再由检测器下部进入喷嘴，在空气中氧气的助燃下点燃，后产生明亮、稳定的富氢火焰。硫、磷燃烧产生的特征光通过石英窗、滤光片(含硫组分用394nm滤光片,含磷组分用526nm滤光片)，然后经光电倍增管转换为电信号后由计算机处理。

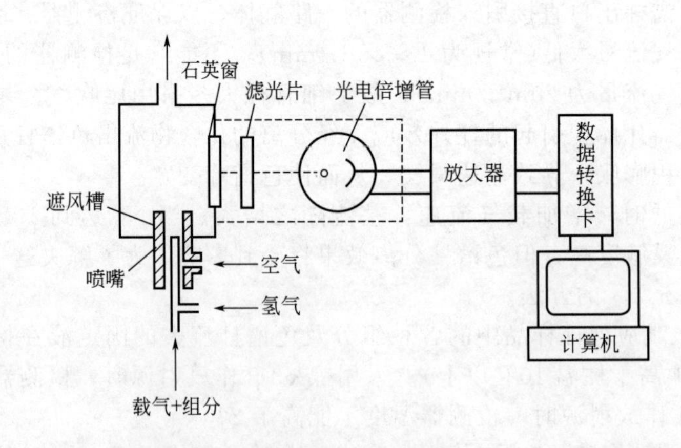

图4-38　FPD结构

② 火焰光度检测器工作原理。含硫或磷的化合物在火焰中燃烧时，硫、磷被激发而发射出特征波长的光谱。当含硫化合物进入富氢火焰后，在火焰高温作用下形成激发态的S_2^*分子，激发态的S_2^*分子回到基态时发射出蓝紫色光(波长为350～430nm,最大强度对应的

波长为 394nm)；当含磷化合物进入富氢火焰后，在火焰高温作用下形成激发态的 HPO^* 分子，激发态的 HPO^* 分子回到基态时发射出绿色特征光(波长为 480～560nm,最大强度对应的波长为 526nm)。特征光的光强度与被测组分的含量成正比。

(2) 火焰光度检测器操作条件的选择

影响 FPD 响应值的主要因素有气体流速、检测器温度和样品浓度等。

① 气体流速。FPD 操作中需要使用三种气体：载气、氢气和空气。

使用 FPD 时最好用 H_2 作载气，其次是 He，最好不用 N_2。这是因为用 N_2 作载气时，FPD 对硫的响应值会随 N_2 流速的增加而减小。H_2 作载气时，在相当大范围内响应值随 H_2 流速的增加而增大。因此，最佳载气流速应通过实验确定。

氧氢比决定了火焰的性质和温度，从而影响 FPD 的灵敏度，其是最关键影响因素。实际工作中应根据被测组分性质，参照仪器说明书，通过实验确定最佳氧氢比。

② 检测器温度。用 FPD 检测硫时，灵敏度随检测器温度的升高而减小；而检测磷时，灵敏度基本上不受检测器温度的影响。实际操作中，检测器的操作温度应大于 100℃，以防 H_2 燃烧生成的水蒸气在检测器中冷凝而增大噪声。

③ 样品浓度。对低浓度的标准气体和高浓度的标准气体分别进行检测，每个样品重复 3 次，通过软件计算出平均值，然后用软件计算出标准曲线。高浓度样品曲线的相关性比较高，FPD 响应值比较好。

5. 检测器性能指标

检测器种类繁多，结构、原理、适用范围各不相同。各种检测器的优劣不能简单地进行比较。但是，通过检测器的一些通用技术指标，人们可以对检测器性能进行一定评价。

(1) 噪声和漂移

在只有纯载气进入检测器的情况下，仅由检测仪器本身及其他操作条件(如色谱柱内固定液的流失,橡胶隔垫内杂质挥发,载气、温度、电压的波动,漏气等因素)使基线在短时间内发生起伏变化的信号，称为噪声(N)，单位为 mV。噪声是仪器的本底信号。基线在一定时间内对起点产生的偏离，称为漂移(M)，单位为 mV/h，图 4-39描述的是噪声与漂移的关系。检测器的噪声与漂移越小越好，噪声与漂移小表明检测器工作稳定。

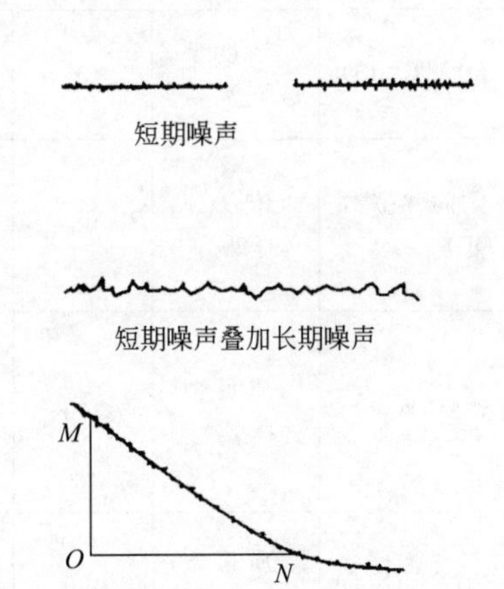

图 4-39 噪声与漂移

(2) 线性与线性范围

检测器的线性是指检测器内载气组分浓度或质量与响应信号成正比的关系。线性范围是指被测物质质量或浓度与检测器响应信号成线性关系的范围，以线性范围内最大进样量与最小进样量的比值表示。检测器的线性范围越宽，所允许的进样量范围就越大。

(3) 检测器的灵敏度

气相色谱检测器的灵敏度(S)是指某物质通过检测器时质量或浓度变化率引起检测器响应值的变化率。即：

$$S=\frac{\Delta R}{\Delta Q} \tag{4-73}$$

式中，ΔR 是检测器响应值的变化；ΔQ 是组分的浓度变化或质量变化。

检测器灵敏度越高，检测器检测组分的浓度或质量下限越低，但是检测器的噪声往往也较大。

(4) 检测器的检测限

当待测组分的量非常小时，在检测器上产生的信号也会非常小，原则上通过放大器多级放大(提高检测器灵敏度)最终也能将其检测出来，但在实际操作中是行不通的。因为没有考虑仪器噪声的影响。放大器放大组分信号的同时也会放人噪声信号，组分信号太小则会被噪声信号掩盖。

通常将产生两倍噪声信号时，单位体积载气中或单位时间内进入检测器的组分量（N）称为检测限 D(敏感度)，其定义可用下式表示：

$$D=\frac{2N}{S} \tag{4-74}$$

灵敏度和检测限是从两个不同方面衡量检测器对物质敏感程度的指标。灵敏度越大，检测限越小，则表明检测器性能越好。

表 4-32 列出了商品检测器中性能较好的几种常用检测器的特点和技术指标。

表 4-32　常用气相色谱检测器的特点和技术指标

检测器	类型	最高操作温度/℃	最低检测限	线性范围	主要用途
氢火焰离子化检测器(FID)	质量型，准通用型	450	丙烷：碳＜5pg/s	10^7(±10%)	适用于各种有机化合物的分析，对碳氢化合物的灵敏度高
热导检测器(TCD)	浓度型，通用型	400	丙烷：＜400pg/mL 壬烷：2000mV·mL/mg	10^5(±5%)	适用于各种无机气体和有机物的分析，多用于永久性气体的分析
电子捕获检测器(ECD)	浓度型，选择型	400	六氯苯：＜0.04pg/s	＞10^4	适用于分析含有电负性元素或基团的有机化合物，多用于分析含卤素的化合物
微型 ECD	质量型，选择型	400	六氯苯：＜0.008pg/s	＞5×10^4	适用于分析含有电负性元素或基团的有机化合物，多用于分析含卤素的化合物
氮磷检测器(NPD)	质量型，选择型	400	用偶氮苯和马拉硫酸的混合物测定：氮＜0.4pg/s；磷＜0.2pg/s	10^5	适用于含氮和含磷化合物的分析
火焰光度检测器(FPD)	浓度型，选择型	250	用十二烷硫醇和三丁基磷酸酯混合物测定：硫＜20pg/s；磷＜0.9pg/s	硫：10^6 磷：10^5	适用于含硫氮和含磷化合物的分析
脉冲 FPD(PFPD)	浓度型，选择型	400	对硫醇：磷＜0.1pg/s；对硫醇：硫＜1pg/s；硝基苯：氮＜10pg/s	磷：10^5 硫：10^3 氮：10^2	适用于含硫、含氮和含磷化合物的分析

十三、 分离条件的选择

固定相确定后，对于一个分析项目，主要任务是选择最佳分离操作条件，实现试样中组分间的分离。

1. 载气及其流速的选择

（1）载气种类的选择

作为气相色谱载气的气体，化学稳定性要好、纯度高、价格便宜并易取得、能适于所用的检测器。常用的载气有氢气、氮气、氦气等。氢气和氮气价格便宜，性质良好，是气相色谱分析最常用的载气。

① 氢气。其具有分子量小、热导率大、黏度小等特点，在使用 TCD 时常被用作载气，在 FID 中它是必用的燃气。氢气的来源除氢气高压钢瓶外，还可以为氢气发生器。氢气易燃、易爆，使用时应特别注意安全。

② 氮气。由于它的扩散系数小，柱效比较高，除 TCD 外（在 TCD 中用得较少，主要因为氮气热导率小、灵敏度低），其他形式的检测器，多采用氮气作载气。

③ 氦气。从气体性质上看，氦气与氢气接近，且具有安全性高的优点。但由于价格较高，使用不普遍。

载气种类的选择首先要考虑使用何种检测器，比如，使用 TCD，选用氢气或氦气作载气，能提高灵敏度；使用 FID 则选用氮气作载气。然后再考虑所选的载气要有利于提高柱效能和分析速度，例如，选用摩尔质量大的载气（如 N_2）可以提高柱效能。

（2）载气流速的选择

$$u\text{（载气流速）}=\frac{L\text{（柱长）}}{t_M\text{（死时间）}} \tag{4-75}$$

由速率方程可知，分子扩散项与载气流速成反比，而传质阻力项与流速成正比，所以必然有一最佳流速使板高 H 最小、柱效能最高。

最佳流速一般通过实验选择。其方法是：选择好色谱柱和柱温后，固定其他实验条件，依次改变载气流速，将一定量标准物质注入色谱仪，出峰后，分别测出不同载气流速下，该标准物质的保留时间和峰底宽，并计算出不同流速下的有效理论塔板高度（$H_{有效}$）。以载气流速 u 为横坐标，板高 H 为纵坐标，绘制出 H-u 曲线（图 4-40）。

图 4-40 中曲线最低点处对应的塔板高度最小，因此对应的载气流速称为最佳载气流速 u_{opt}。在最佳载气流速下操作时，虽然柱效最高，但分析速度慢。因此实际工作中，为了加快分析速度，同时又不明显增加塔板的高度，一般采用比 u_{opt} 稍大的载气流速进行操作。一般填充色谱柱（内径 3～4mm）常用流速为 20～100mL/min。

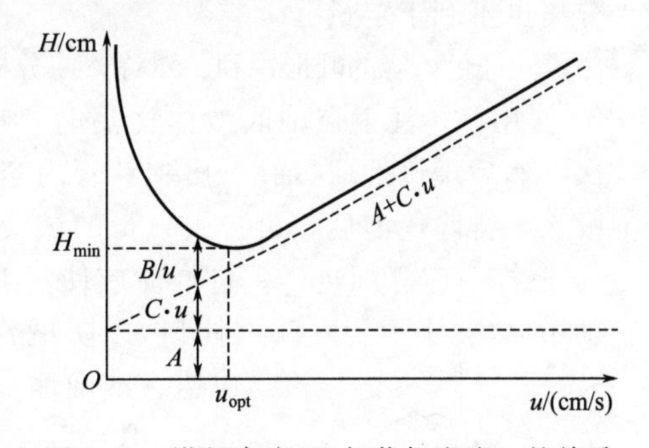

图 4-40　塔板高度 H 与载气流速 u 的关系

2. 柱温的选择

柱温是气相色谱的重要操作条件，柱温直接影响色谱柱的选择性、柱效能、分析速度和使用寿命。柱温低有利于分配和组分之间的分离。但柱温过低，组分保留时间长、被测组分可能在柱中冷凝、传质阻力增加、使色谱峰扩张，甚至造成色谱峰拖尾。柱温高，组分保留时间短、分析速度快、有利于传质；但各个组分在固定液中的分配差异变小，不利于组分之间的分离。

柱温一般为各组分沸点平均温度或稍低于各组分沸点平均温度。表 4-33 列出了各类组分适宜的柱温和固定液配比，以供选择参考。

表 4-33　柱温和固定液配比选择参考

样品沸点/℃	固定液配比/%	柱温/℃
气体、气态烃、低沸点化合物	15～25	室温或<50
100～200 的混合物	10～15	100～150
200～300 的混合物	5～10	150～200
300～400 的混合物	<3	200～250

一般通过实验选择最佳柱温。柱温的选择原则是：既使样品中各个组分分离满足定性、定量分析要求，又不使峰形扩张、拖尾。

当被分析样品组成复杂、组分沸点范围很宽时，用某一恒定柱温操作往往造成低沸点组分分离不好，而高沸点组分保留时间很长、峰形扁平。此时采用程序升温的方法可以使高沸点组分获得最高柱效。最佳载气流速下操作，低沸点组分都能获得满意的分离效果及理想的峰形。

在选择、设定柱温时还必须注意：柱温不能高于固定液最高使用温度，否则固定液短时间内大量挥发流失，致使色谱柱寿命降低甚至报废。

3. 进样量和进样时间的选择

（1）进样量

在进行气相色谱分析时，进样量要适当。若进样量过大超过柱容量，将导致色谱峰峰形不对称程度增加、峰变宽、分离度变小、保留值发生变化，峰高和峰面积与进样量不成线性关系，无法定量。若进样量太小，又会因检测器灵敏度不够，不能准确检出。对于内径为 3～4mm，固定液用量为 3%～15%的色谱柱，检测器为 TCD 时液体进样量为 0.1～10μL；检测器为 FID 时进样量一般不大于 1μL。

（2）进样时间

利用气相色谱分析液体样品时，要求进样全过程快速、准确。这样可以使液体样品在汽化室汽化后被载气稀释程度小，以浓缩状态进入柱内，从而色谱峰的原始宽度窄，有利于分离。反之，若进样缓慢，样品汽化后被载气稀释较严重，使峰形变宽，并且不对称，则既不利于分离也不利于定量。

为了保证色谱峰的峰形锐利、对称，使分析结果重现性较好，进样时应注意以下操作要点。

① 使用微量注射器抽取液体样品时，应先用丙酮或乙醚抽洗 5～6 次，再用试液抽洗 5～6次，然后缓慢抽取（抽取过快，针管内容易吸入气泡）一定量试液（稍多于需要量），如有气泡吸入，排除气泡后，再排去过量的试液。

② 取样后应立即进样。进样时应使注射器针尖垂直于进样口。左手把持针尖以防弯曲，并辅助用力（左手不要触碰进样口，以防烫伤）。右手握住注射器（图 4-41），刺穿硅橡胶垫，快速、准确地推进针杆（针尖不要碰到汽化室内壁，针尖应扎到底）。用右手食指轻巧、迅速地将样品注入（沿注射器轴线方向用力，以防把注射器柱塞杆压弯），注射完成后立即拔出注射器。

③ 进样时针尖穿刺速度、样品注入速度、针尖拔出速度应该快速、一致，否则会影响进样的重现性。

④ 汽化室温度的选择。适宜的汽化室温度既能保证样品迅速汽化，又不引起样品分解。一般汽化室温度设定为比柱温高 30～70℃或比样品中组分最高沸点高 30～50℃。汽化室温度是

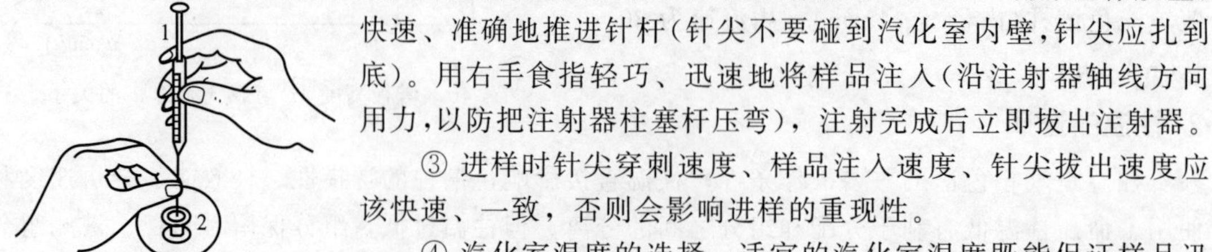

图 4-41　微量注射器进样姿势
1—微量注射器；2—进样口

否适宜，可通过实验检验。检验方法是：在不同汽化室温度下重复进样，若出峰数目变化、重现性差，则说明汽化室温度过高；若峰形不规则、出现扁平峰，则说明汽化室温度太低；若峰形正常、峰数不变、峰形重现性好，则说明汽化室温度合适。

十四、 气相色谱法应用案例

气相色谱法广泛用于石油化工、高分子材料、药物分析、食品分析、农药分析、环境保护等领域。下面以几个简单实例来说明气相色谱的广泛应用。

1. 气相色谱在石油化工中的应用

早期气相色谱的主要应用就是快速、有效地分析石油产品，石油产品包括各种液态、气态烃类物质，汽油与柴油，重油与蜡等。图 4-42 为用 Al_2O_3/KCl PLOT 柱分离分析 C_1～C_5 烃的色谱图。

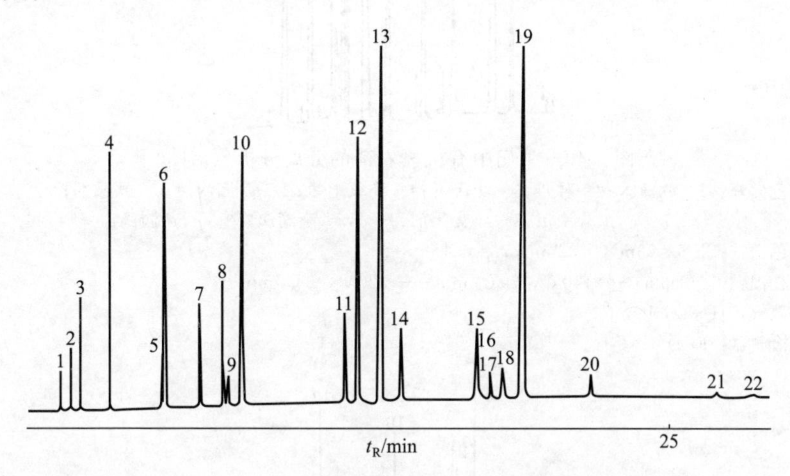

图 4-42　C_1～C_5 烃类物质的分离分析色谱图

色谱峰：1—甲烷；2—乙烷；3—乙烯；4—丙烷；5—环丙烷；6—丙烯；7—乙炔；8—异丁烷；9—丙二烯；10—正丁烷；11—反-2-丁烯；12—1-丁烯；13—异丁烯；14—顺-2-丁烯；15—异戊烷；16—1,2-丁二烯；17—丙炔；18—正戊烷；19—1,3-丁二烯；20—3-甲基-1-丁烯；21—乙烯基乙炔；22—乙基乙炔

色谱柱：Al_2O_3/KCl PLOT 柱，50×0.32mm，d_f=5.0μm

载气：N_2，$\bar{u}$=26cm/s

汽化室温度：250℃

柱温：70～200℃，3℃/min

检测器：FID

检测器温度：250℃

2. 气相色谱在食品分析中的应用

食品分析可分为三个方面：一是添加剂（如乳化剂、营养补剂、防腐剂等）的分析；二是食品组成（如水溶性类、糖类、类脂类等样品）的分析；三是污染物（如生产和包装中污染物、农药）的分析。目前对食品组成的分析居多，其中酒类与其他饮料、油脂和蔬菜、瓜果是重点分析对象。图 4-43 为牛奶中有机氯农药的分离分析色谱图。

3. 气相色谱在环境保护中的应用

气相色谱在环境保护方面也有广泛的应用。例如，室内空气质量的检测、大气中有害污染物的监测、水质和土壤污染物的分析。图 4-44 为水溶剂中常见有机溶剂的分离分析色谱图。

4. 气相色谱在药物分析中的应用

许多中西药物能够直接利用气相色谱进行分析，其中主要有兴奋剂、抗生素、磺胺类药、镇静催眠药、镇痛药以及中药中常见的萜烯类化合物等。图 4-45 为镇静药的分离分析色谱图。

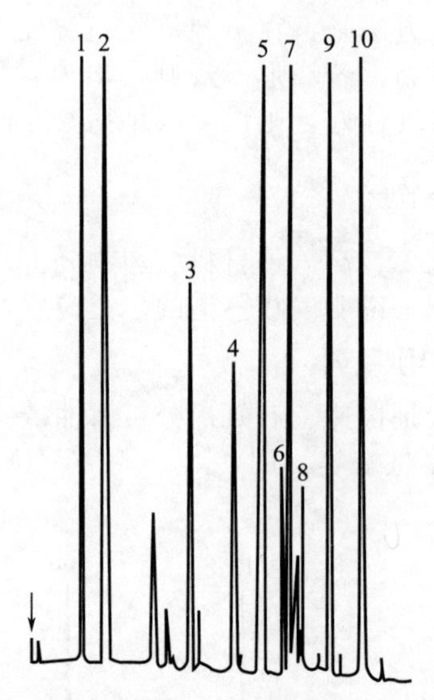

图 4-43　牛奶中有机氯农药的分离分析色谱图

色谱峰：1—六氯苯；2—林丹；3—艾氏剂；4—环氧七氯；5—p'-滴滴伊；6—狄氏剂；7—p,p'滴滴伊；8—异艾氏剂；9—o,p'-滴滴涕；10—p,p'滴滴涕

色谱柱：SE-52，25m×0.32mm，d_f=0.15μm

柱温：40℃(1min)⟶140℃，20℃/min⟶220℃，3℃/min

载气：H_2，2mL/min

检测器：ECD

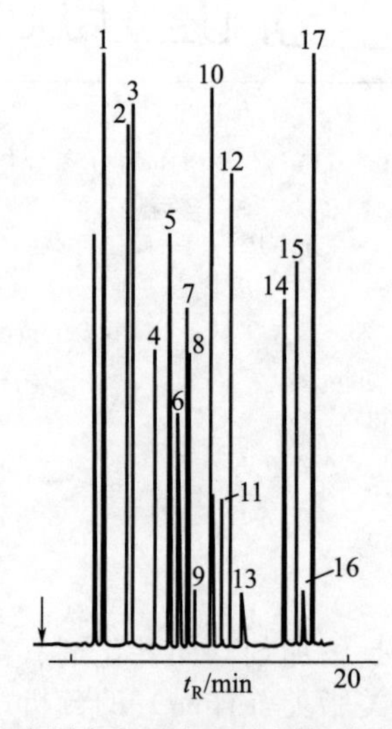

图 4-44　水溶剂中常见有机溶剂的分离分析色谱图

色谱峰：1—乙腈；2—甲基乙基酮；3—仲丁醇；4—1,2-二氯乙烷；5—苯；6—二氯丙烷；7—1,2-二氯丙烷；8—2,3 二氯丙烷；9—氯甲代氧丙烷；10—甲基异丁基酮；11—trans-1,3-二氯丙烷；12—甲苯；13—未定；14—对二甲苯；15—1,2,3-三氯丙烷；16—2,3-二氯取代的醇；17—乙基戊基酮

色谱柱：CP-Sil 5CB，25m×0.32mm

柱温：35℃(3min)⟶220℃，10℃/min

载气：H_2

检测器：FID

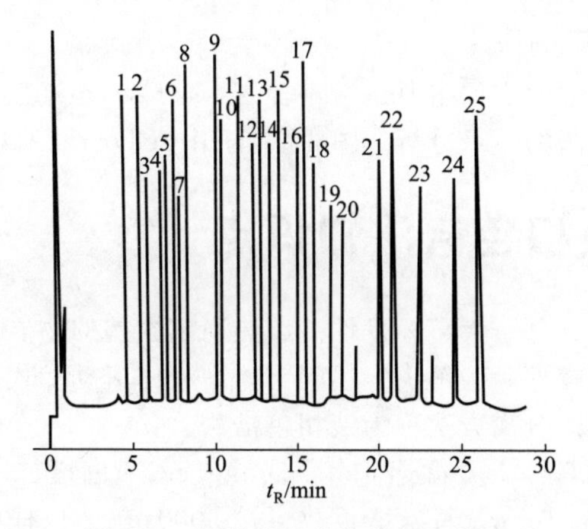

图 4-45　镇静药的分离分析色谱图

色谱峰：1—巴比妥；2—二丙烯巴比妥；3—阿普巴比妥；4—异戊巴比妥；5—戊巴比妥；
6—司可巴比妥；7—眠尔通；8—导眠能；9—苯巴比妥；10—环巴比妥；11—美道明；
12—安眠酮；13—丙咪嗪；14—异丙嗪；15—丙基解痉素(内标)；16—舒宁；17—安定；
18—氯丙嗪；19—3-羟基安定；20—三氟拉嗪；21—氟安定；22—硝基安定；23—利眠宁；
24—三唑安定；25—佳静安定

色谱柱：SE-54，22m×0.24mm

柱温：120℃⟶250℃(15min)，10℃/min

载气：H_2

检测器：FID

汽化室温度：280℃

检测器温度：280℃

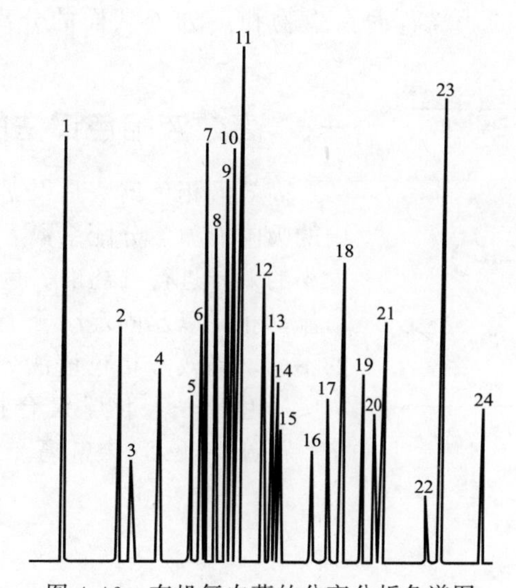

图 4-46　有机氯农药的分离分析色谱图

色谱峰：1—氯丹；2—七氯；3—艾氏剂；4—碳氯灵；5—氧化氯丹；6—光七氯；7—光六氯；
8—七氯环氧化合物；9—反氯丹；10—反九氯；11—顺氯丹；12—狄氏剂；13—异狄氏剂；
14—二氢灭蚁灵；15—p,p'-DDE；16—氢代灭蚁灵；17—开蓬；18—光艾氏剂；19—p,p'-DDT；
20—灭蚁灵；21—异狄氏剂；22—异狄氏剂酮；23—甲氧DDT；24—光狄氏剂

色谱柱：OV-101，20m×0.24mm

柱温：80℃⟶250℃，4℃/min

检测器：ECD

5. 气相色谱在农药分析中的应用

气相色谱在农药分析中的应用主要是指对含氯、含磷、含氮三类农药的分析。使用选择性检测器，可直接进行农药的痕量分析。图 4-46 为用 ECD 分析有机氯农药的色谱图。

第八节　高效液相色谱法知识点

气相色谱对于沸点高、分子大、挥发性差、热稳定性差的物质以及高分子化合物和极性化合物的分离、分析效果较差，为解决上述问题，用液体流动相代替气体流动相，可较好地分离上述物质，对应的色谱分离方法称为液相色谱法。

高效液相色谱（HPLC）压力可达 150～300kg/cm²（色谱柱每米降压达 75kg/cm² 以上）；流速为 0.1～10.0mL/min，每米塔板数可达 5000（在一根柱中可同时分离成分达 100 种）；紫外检测器灵敏度可达 0.01ng，同时消耗样品少。高效液相色谱不受样品挥发度和热稳定性的限制，非常适合分子量较大、难汽化、不易挥发或对热敏感的物质，离子型化合物及高聚物的分离、分析，大约 70%～80%的有机物可采用 HPLC 进行分析。高效液相色谱法的应用范围从无机物到有机物，从天然物质到合成物质，从小分子到大分子，从一般化合物到生物活性物质等。高效液相色谱法主要有高压、高速、高效、高灵敏度等几方面特点。

高效液相色谱配有计算机，不仅能够自动处理数据、绘图和打印分析结果，而且能够对仪器的全部操作（包括流动相选择，流量、柱温、检测器波长的选择，进样梯度洗脱方式等）进行程序控制，实现了仪器的全自动化。

HPLC 在有机化学、生化、医学、药物临床、石油、化工、食品卫生、环保监测、商检和法检等方面都有广泛的用途，而在生物和高分子试样的分离和分析中更是有明显的优势。

一、高效液相色谱法的主要类型

高效液相色谱法是根据各组分在固定相及流动相中的吸附能力、分配系数、离子交换作用或分子尺寸大小的差异进行分离的。色谱分离的实质是样品分子与流动相，以及固定相分子间的作用。根据分离机制的不同，高效液相色谱法分为液-液分配色谱法、液-固吸附色谱法、化学键合相色谱法、离子交换色谱法、离子对色谱法、离子色谱法和空间排阻色谱法等。

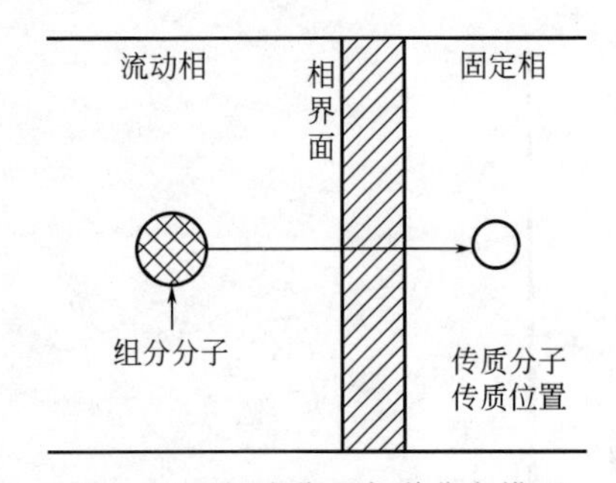

图 4-47　液-液分配色谱分离模型

1. 液-液分配色谱法

液-液分配色谱法是根据样品中各组分在固定相与流动相中相对溶解度（分配系数）的差异进行分离的。流动相和固定相都是液体的色谱法即液-液色谱法，一种液相为流动相，另一种是涂渍于载体上的固定相。从理论上说，流动相与固定相之间应互不相溶，两者之间有一个明显的分界面，即固定液对流动相来说是一种很差的溶剂，对样品组分却是一种很好的溶剂。此法是根据被分离组分在流动相和固定相中的溶解度不同而分离的，分离过程是一个分配平衡过程，与两种互不相溶的液体在分液漏斗中进行的溶剂萃取相类似。其分离机理如图 4-47 所示。样品溶于流动相，并在其携带下通过色谱柱，样品组分分子穿过两相界面进入固定液中，进而很快达到分配平衡。由于各组分在两相中的溶解度、分配系数不同，各组分获得分离，分配系数大的组分保留值大，最后流出色谱柱。

液-液色谱法按固定相和流动相极性的不同可分为正相色谱法和反相色谱法。在正相色谱中，固定相的极性大于流动相的极性，组分在柱内的洗脱按极性从小到大流出。在反相色谱中，固定相是非（弱）极性的，流动相是极性的，组分的洗脱顺序和正相色谱相反，极性大的组分先流出，极性小的组分后流出。正相色谱法与反相色谱法的区别见表 4-34。

表 4-34　正相色谱法与反相色谱法的区别

项目	正相色谱法	反相色谱法
固定相	极性	非(弱)极性
流动相	非(弱)极性	极性
组分洗脱顺序	极性小的先流出	极性大的先流出
流动相极性的影响	极性增加，k'减小	极性增加，k'增大

正相分配色谱法通常用于分离中等极性和较强极性的化合物(如酚类、胺类、羰基类及氨基酸类等)，其固定相载体上涂布的是极性固定液，流动相是非(弱)极性溶剂，可以用来分离较强极性的水溶性样品，非极性组分先洗脱出来；反相分配色谱法适于分离芳烃、稠环芳烃及烷烃等非极性和较弱极性的化合物，其固定相载体上涂布较弱极性或非极性固定液，流动相是较强极性的溶剂，可以用来分离油溶性样品，极性组分先被洗脱出来，非极性组分后被洗脱出来。正相色谱流动相极性增加，各组分在固定相与流动相中的相对溶解度(分配系数 k')会减小，反相色谱流动相极性增加，各组分在固定相与流动相中的相对溶解度(分配系数 k')会增大。

液-液分配色谱法的主要优点是填充物重现性好，色谱柱使用上重现性好，比其他类型色谱法具有更广泛的适应性；有较多的相体系供选用，可用惰性载体；适用于低温，避免了液-固吸附色谱中样品水解、异构或气相色谱中热分解等的问题。液-液分配色谱法可用于几乎所有类型化合物，极性的或非极性的、有机物或无机物、大分子或小分子物质，只要官能团不同、官能团数目不同或者是分子量不同，均可获得满意的分离效果。

2. 液-固吸附色谱法

液-固吸附色谱法中固定相是吸附剂，流动相是以非极性烃类为主的溶剂。它是根据混合物中各组分在固定相上的吸附能力差异进行分离的。当混合物在流动相(移动相或淋洗液)携带下通过固定相时，固定相表面对组分分子和流动相分子的吸附能力不同，有的被吸附，有的脱附，产生竞争吸附，这就导致各组分在固定相上的保留值不同，进而达到最终分离。其作用机制是溶质分子(X)和溶剂分子(S)对吸附剂活性表面的竞争吸附，如图 4-48 所示。

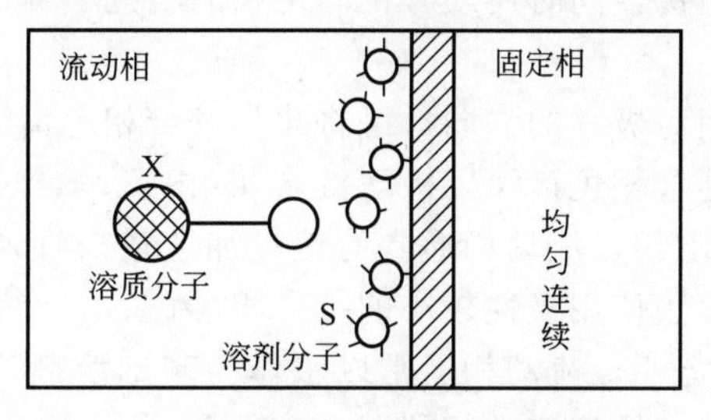

图 4-48　液-固吸附色谱中竞争吸附过程

可用下式表示：

$$X_m + nS_a \longrightarrow X_a + nS_m \tag{4-76}$$

式中　X_m，X_a——流动相中的和被吸附的溶质分子；

S_a——被吸附在表面上的溶剂分子；

S_m——流动相中的溶剂分子；

n——被吸附的溶剂分子数。

被吸附的溶质分子X，将取代固定相表面上的溶剂分子，这种竞争吸附达到平衡时，可用下式表示：

$$K=\frac{[X_a]\,[S_m]^n}{[X_m]\,[S_a]^n} \tag{4-77}$$

式中，K为吸附平衡系数，亦称分配系数。上式表明，如果溶剂分子吸附性更强，则被吸附的溶质分子将相应减少。显然，分配系数大的组分，吸附剂对它的吸附力强，保留值就大。

组分与吸附剂性质相近时，易被吸附，具有高保留值；吸附剂表面具有刚性结构，组分分子构型与吸附剂表面活性中心的刚性几何结构相适应时，易被吸附，有高的保留值。在吸附色谱法中如果采用极性吸附剂(如硅胶或矾土)，则极性分子对吸附剂作用能力较强。由此可知，决定相对吸附作用的主要因素是官能团。官能团差别大的组分，在液-固吸附色谱上可得到良好的选择性分离。液-固吸附色谱对同系物的选择性分离弱。

液-固吸附色谱法是最先创立的色谱法，也是一种最基本的柱色谱法。液-固吸附色谱法具有传质快、分离速度快、分离效率高、易自动化等优点，适用于分离分子量中等(<1000)、低挥发性化合物和非极性或中等极性的、非离子型油溶性样品，以及异构体，稠环芳烃及其羟基、氯化衍生物、类脂化合物、染料等。

由于非线性等温吸附常引起峰的拖尾现象，具有良好重现性的吸附剂难以获得，样品易变性或损失，吸附剂可逆吸附使含水量变化或失活造成柱效不稳定，试样容量小，所以需使用高灵敏度检测器。

3. 化学键合相色谱法

液-液吸附色谱法在色谱分离过程中由于固定液在流动相中有微量溶解，以及流动相通过色谱柱时的机械冲击，固定液会不断流失而导致保留行为变化、柱效和分离选择性变坏等不良后果。为了更好地解决固定液从载体上流失的问题，将各种不同的有机基团通过化学反应共价键合到硅胶(载体)表面的游离羟基上，代替机械涂液的液体固定相，一种新型固定相——化学键合固定相应运而生，为色谱分离开辟了广阔的前景。这种固定相突出的特点是避免了液体固定相流失的困扰，同时还改善了固定相的功能，提高了分离选择性，适用于分离几乎所有类型的化合物。

根据键合相与流动相相对极性的强弱，可将化学键合相色谱法分为正相键合相色谱法和反相键合相色谱法。正相键合相色谱法以极性键合相(由氨基、氰基、醚基等极性有机基团键合在硅胶表面制成)作为固定相，流动相通常为烷烃加适量极性调整剂，流动相的极性比固定相的弱。反相键合相色谱法使用极性较小的键合相(由苯基、烷基等极性较小的有机基团键合在硅胶表面制成)作为固定相，流动相通常以水作为基础溶剂，再加入一定量的能与水互溶的极性调整剂，固定相的极性比流动相的弱。

化学键合相色谱法中的固定相特征和分离机制与分配色谱法存在差异，一般认为，正相键合相色谱法的分离机制属于分配，但对反相键合相色谱法分离机制的认识尚不一致，反相键合相色谱法中固定相表面上溶质分子与烷基键合相之间的缔合作用如图4-49所示，多数人认为吸附与分配机制并存。正相键合相色谱法适用于分离中等极性和较强极性的化合物，而非极性、较弱极性的化合物或离子型化合物可采用反相键合相色谱法分离。反相键合相色谱法在现代液相色谱中应用最为广泛，据统计约占整个 HPLC 应用的 80%。

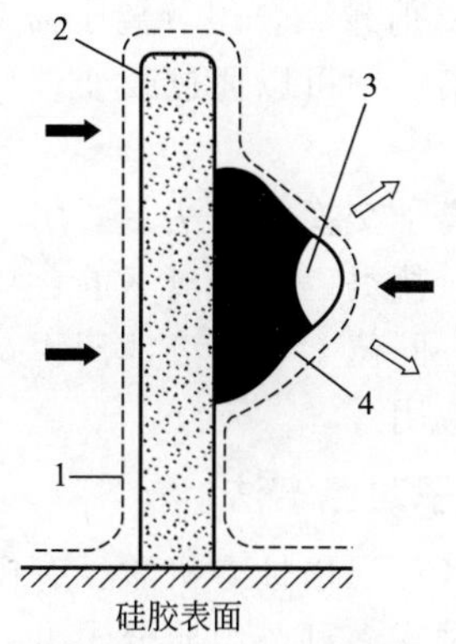

图 4-49　反相键合相色谱法中固定相表面上溶质分子与烷基键合相之间的缔合作用（黑白箭头表示缔合物的形成和解缔）

1—溶剂膜；
2—非极性烷基键合相；
3—溶质分子的极性官能团部分；
4—溶质分子的非极性部分

4. 离子交换色谱法

离子交换色谱法是最先得到广泛应用的现代液相色谱法，是在 20 世纪 60 年代初期随着氨基酸分析的出现而发展起来的。

离子交换色谱法以离子交换树脂为固定相，树脂上具有固定离子基团和可电离的离子基团。能离解出阳离子的树脂称为阳离子交换树脂，能离解出阴离子的树脂称为阴离子交换树脂。当流动相携带组分离子通过固定相时，离子交换树脂上可电离的离子基团与流动相中具有相同电荷的溶质离子进行可逆交换，依据这些离子对交换剂具有的不同亲和力而将它们分离。此法可用于分离、测定离子型化合物，原则上凡是在溶剂中能够电离的物质通常都可以用离子交换色谱法来进行分离。

离子交换色谱法分离机理如图 4-50 所示。这种方法只能分离在溶剂中能离解成离子的组分，固定相是带有固定电荷的活性基团的交换树脂，其离子交换平衡可表示如下。

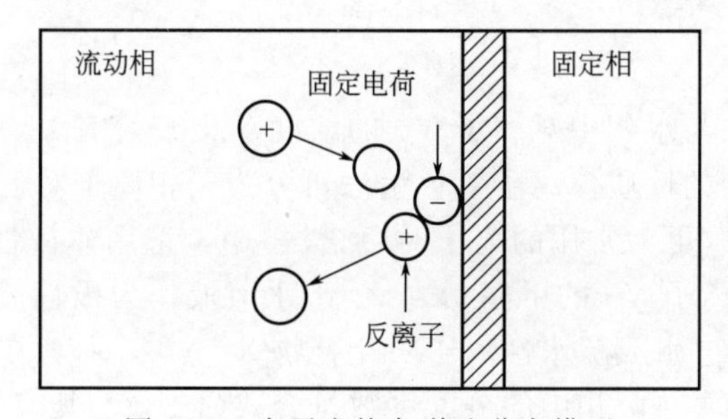

图 4-50　离子交换色谱法分离模型

阳离子交换：

$$M^{+}(\text{溶剂中})+(Na^{+-}O_3S\text{-树脂})=\!=\!=(M^{+-}O_3S\text{-树脂})+Na^{+}(\text{溶剂中}) \quad (4\text{-}78)$$

阴离子交换：

$$X^{-}(\text{溶剂中})+(Cl^{-+}R_4N\text{-树脂})=\!=\!=(X^{-+}R_4N\text{-树脂})+Cl^{-}(\text{溶剂中}) \quad (4\text{-}79)$$

从式(4-78)可以看到，溶剂中的阳离子 M^+ 与树脂中的 Na^+ 交换以后，溶剂中的 M^+ 进入树脂中，而 Na^+ 进入溶剂中，最终达到平衡。同样，在式(4-79)中，溶剂中的阴离子 X^- 与树脂中的 Cl^- 进行交换，到达平衡后，服从下式：

$$K=\frac{[-NR_4^+X^-][Cl^-]}{[-NR_4^+Cl^-][X^-]} \quad (4\text{-}80)$$

分配系数 K 表示离子交换过程达到平衡后组分离子和洗脱液中离子在两相中的分配情

况。K 值越大，组分离子与交换剂的作用越强，组分的保留时间也越长。因此，在离子交换色谱法中可以通过改变洗脱液中离子种类、浓度以及 pH 改变离子交换的选择性和交换能力。

离子交换色谱法主要用来分离离子或可离解的化合物，不仅应用于无机离子的分离，例如碱、盐类、金属离子混合物和稀土化合物及各种裂变产物；还用于有机物的分离，例如有机酸、同位素、水溶性药物及代谢物。在化工、医药、生化、冶金、食品等领域其获得了广泛的应用。

5. 离子对色谱法

各种强极性有机酸、有机碱的分离、分析是液相色谱法中的重要课题。离子对色谱法是将一种或多种与溶质分子电荷相反的离子(对离子或反离子)加到流动相或固定相中，使其与溶质离子结合形成离子对化合物，从而控制溶质离子保留行为的方法。在色谱分离过程中，流动相中待分离的有机离子 X^+(也可以是带负电荷的离子)与固定相或流动相中带相反电荷的对离子 Y^- 结合，形成离子对化合物 X^+Y^-，然后在两相间进行分配：

$$X^+_{水相}+Y^-_{水相}\rightleftharpoons X^+Y^-_{有机相} \tag{4-81}$$

K_{XY}是其平衡常数：

$$K_{XY}=\frac{[X^+Y^-]_{有机相}}{[X^+]_{水相}[Y^-]_{水相}} \tag{4-82}$$

根据定义，溶质的分配系数 D_X为：

$$D_X=\frac{[X^+Y^-]_{有机相}}{[X^+]_{水相}}=K_{XY}\cdot[Y^-]_{水相} \tag{4-83}$$

上式表明，分配系数与水相中对离子 Y^- 的浓度以及 K_{XY}有关。

根据流动相和固定相的性质，离子对色谱法可分为正相离子对色谱法和反相离子对色谱法。在反相离子对色谱法(更为常用的离子对色谱法)中，采用非极性的疏水固定相(例如十八烷基键合相)，含有对离子 Y^- 的甲醇-水或乙腈-水溶液作为极性流动相。试样离子 X^+ 进入柱内以后，与对离子 Y^- 生成疏水性离子对化合物 X^+Y^-，后者在疏水固定相表面分配或吸附。此时待分离离子 X^+ 在两相中的分配系数符合式(4-83)，其容量因子 k 为：

$$k=D_X\frac{V_S}{V_M}=K_{XY}\ [Y^-]_{水相}\cdot\frac{1}{\beta} \tag{4-84}$$

将上式与保留时间公式结合可整理得：

$$t_R=\frac{L}{u}\left(1+K_{XY}[Y^-]_{水相}\cdot\frac{1}{\beta}\right) \tag{4-85}$$

式中 L——色谱柱长；

u——流动相流速；

β——相比。

由此可知，保留值随 K_{XY}和 $[Y^-]_{水相}$的增大而增大。平衡常数 K_{XY}决定了对离子和有机相的性质。对离子的浓度是控制反相离子对色谱溶质保留值的主要因素，可在较大范围内改变分离选择性。

离子对色谱法，特别是反相离子对色谱法解决了以往难分离混合物的分离问题，诸如酸、碱和离子、非离子的混合物，特别是对一些生化样品（如核酸、核苷、儿茶酚胺、生物碱以及药物等）的分离。另外，还可借助离子对的生成给样品引入紫外吸收或发荧光的基团，以提高检测的灵敏度。

6. 离子色谱法

离子色谱法是 20 世纪 70 年代中期发展起来的一项新的液相色谱法，其很快发展成为水溶液中阴离子分析的最佳方法。这种方法以离子交换树脂为固定相，电解质溶液为流动相，通常以电导检测器为通用检测器，为消除流动相中强电解质背景离子对电导检测器的干扰，设置了抑制柱。图 4-51 为典型的双柱型离子色谱仪流程示意图。试样组分在分离柱和抑制柱上的反应原理同离子交换色谱法。例如在阴离子分析中，试样通过阴离子交换树脂时，流动相中的待测阴离子(以 Br^- 为例)与树脂上的 OH^- 交换。洗脱反应则为交换反应的逆过程：

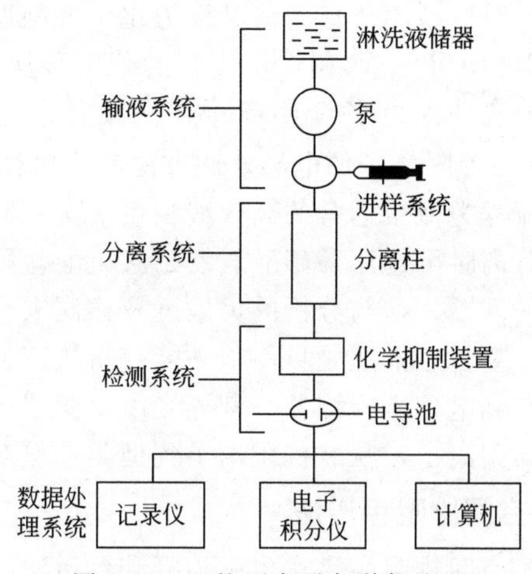

图 4-51　双柱型离子色谱仪流程

$$R—OH^- + Na^+ Br^- \underset{洗脱}{\overset{交换}{\rightleftharpoons}} R—Br^- + Na^+ OH^- \quad (4\text{-}86)$$

式中，R 代表离子交换树脂。在阴离子分离中，最简单的洗脱液是 NaOH，洗脱过程中 OH^- 从分离柱的阴离子交换位置置换待测阴离子 Br^-。当待测阴离子从柱中被洗脱下来进入电导池时，要求能检测出洗脱液中电导的改变。但洗脱液中 OH^- 浓度比试样阴离子浓度大得多时才能使分离柱正常工作。因此，与洗脱液的电导值相比，由试样离子进入洗脱液而引起的电导改变就非常小，其结果是用电导检测器直接测定试样中阴离子时的灵敏度极低。若使分离柱流出的洗脱液通过填充有高容量 H^+ 型阳离子交换树脂的抑制柱，则将在抑制柱上发生两个非常重要的交换反应：

$$R—H^+ + Na^+ OH^- \longrightarrow R—Na^+ + H_2O \quad (4\text{-}87)$$

$$R—H^+ + Br^- Na^+ \longrightarrow R—Na^+ + H^+ Br^- \quad (4\text{-}88)$$

由此可见，从抑制柱流出的洗脱液中，洗脱液(NaOH)已被转变成电导值很小的水，消除了水对电导的影响；试样阴离子则被转变成其相应的酸，由于 H^+ 的浓度 7 倍于 Na^+，大大提高了所测阴离子的检测灵敏度。

在阳离子分析中，也有相似的反应。此时以阳离子交换树脂作分离柱，一般用无机酸为洗脱液，洗脱液进入阳离子交换柱洗脱、分离阳离子后，进入填充有 OH^- 型高容量阴离子交换树脂的抑制柱，将酸(洗脱液)转变为水：

$$R—OH^- + H^+ Cl^- \longrightarrow R—Cl^- + H_2O$$

同时，将样品中阳离子 M^+ 转变成其相应的碱：

$$R—OH^- + M^+ Cl^- \longrightarrow R—Cl^- + M^+ OH^-$$

因此，抑制反应不仅降低了洗脱液的电导值，而且由于 OH^- 浓度为 Cl^- 的 2.6 倍，从而提高了所测阳离子的检测灵敏度。

双柱型离子色谱法又称为化学抑制型离子色谱法。如果选用低电导的洗脱液(流动相)，如$1\times10^{-4}\sim5\times10^{-4}$mol/L的苯甲酸盐或邻苯二甲酸盐等稀溶液，不仅能有效地分离、洗脱分离柱上的各个阴离子，而且背景电导较低，能显示样品中痕量F^-、Cl^-、NO_3^-和SO_4^{2-}等阴离子的电导，此方法称为单柱型离子色谱法，又称为非抑制型离子色谱法，其分析流程类似于通常的高效液相色谱法，其分离柱直接联结电导检测器而不采用抑制柱。阳离子分离时可选用稀硝酸、乙二胺硝酸盐稀溶液等作为洗脱液。洗脱液的选择是单柱法中最重要的问题，除与分析的灵敏度及检测限有关外，还决定着能否将样品组分分离。

离子色谱法是目前唯一能获得快速、灵敏、准确和多组分分析效果的方法，检测手段已扩展到电化学检测器、紫外光度检测器等。可分析的离子正在增多，从无机和有机阴离子到金属阳离子，从有机阳离子到糖类、氨基酸等，均可用离子色谱法进行分析。

7. 空间排阻色谱法

空间排阻色谱法也称为凝胶色谱法。溶质分子在多孔填料表面上受到的排斥作用称为排阻。空间排阻色谱法的固定相是化学惰性的多孔性物质(凝胶)。根据所用流动相的不同，凝胶色谱可分为两类，一类用水溶液作流动相，称为凝胶过滤色谱；另一类用有机溶剂作流动相，称为凝胶渗透色谱。

空间排阻色谱法的分离机理与其他色谱法完全不同。它类似于分子筛，但凝胶的孔径要比分子筛大得多，一般为数纳米到数百纳米。在空间排阻色谱中，组分和流动相、固定相之间没有力的作用，分离只与凝胶的孔径分布和溶质的流体力学体积或分子大小有关。当被分离混合物随流动相通过凝胶色谱柱时，大于凝胶孔径的组分大分子，因不能渗入孔内而被流动相携带着沿凝胶颗粒间隙最先被淋洗出色谱柱；组分的中等体积分子能渗透到某些孔隙，但不能进入另一些更小的孔隙，它们以中等速度被淋洗出色谱柱；小体积的组分分子可以进入所有孔隙，因而被最后淋洗出色谱柱，由此实现分子大小不同的组分的分离。分离过程见图4-52。分子大小不同，渗透到固定相凝胶颗粒内部的程度和比例不同，被滞留在柱中的程度不同，保留值不同。洗脱顺序将取决于分子量的大小，分子量大的先洗脱。分子的形状也同分子量一样，对保留值有重要的作用。

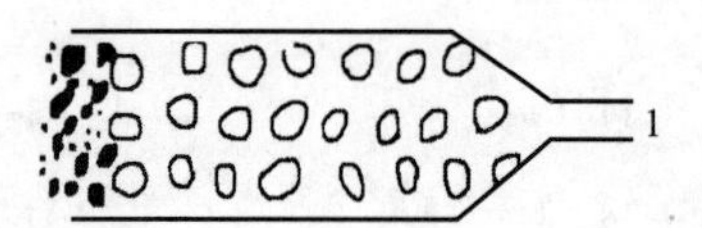

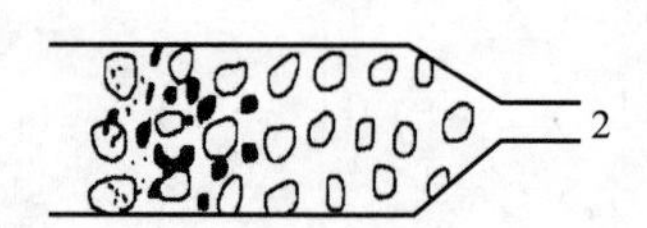

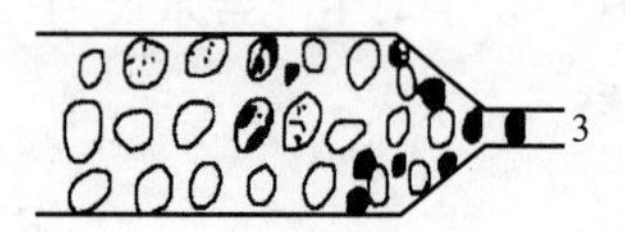

图4-52　凝胶色谱分离过程模型

空间排阻色谱法，高效液相色谱法中一种最易操作的技术，不必用梯度淋洗，出峰快，峰形窄，可采用灵敏度较低的检测器，柱寿命长。它可以分离分子量$100\sim8\times10^5$任何类型的化合物，只要其能溶于流动相，如分离大分子蛋白质、核酸等，测定合成高聚物分子量分布等。在分离小分子量物质时，其分离度更大。对于同系物来说，分子量大的先流出色谱柱，分子量小的后流出色谱柱，可实现按分子量大小顺序的分离。其缺点是不能分辨分子大小相近的化合物，分子量差别必须大于10%或分子量相差40以上时才能得以分离。

二、 高效液相色谱中的固定相和流动相

1. 固定相

高效色谱柱是高效液相色谱的心脏，而其中最关键的是固定相及其填装技术。高效液相色谱主要采用$3\sim10\mu m$的微粒固定相，使用微粒填料有利于减小涡流扩散，缩短溶质在两相间的传质扩散过程，提高色谱柱的分离效率。不同类型的高效液相色谱，其固定相或柱填

料的性质和结构各不相同。

目前，高效液相色谱采用的固定相，根据载体孔径大小、表面性质和结构特性可分为两类：薄壳型微球载体和全多孔型微球载体。

薄壳型微球载体由一个实心的硬质玻璃球或硅球(直径为30～50μm)，外表包一层极薄的多孔性材料(如硅胶、氧化铝、聚酰胺或离子交换树脂等)形成的外壳所构成。因此，其又称为表面多孔型载体。这种表面多孔型载体的优点是多孔层很薄，孔穴浅，组分传质速度快，机械性能好，易于填充紧密以降低涡流扩散，提高柱效，相对死体积小，出峰快，粒径大，渗透性好，用于梯度洗脱，孔内外可以很快平衡。它的缺点是柱容小，即样品容量小。

全多孔型微球载体，由直径只有5～10μm的全多孔硅胶微球所构成。载体全多孔粒径小、孔穴浅，使组分在固定相间或固定相与流动相间的运动距离缩短，传质速度快，柱效高。表面多孔型载体色谱柱效率较经典柱色谱高50～100倍，而这种全多孔型微球载体柱效率较经典柱色谱高500～2000倍，也适用于梯度洗脱，孔内外亦可很快平衡，这种载体可用于多组分与痕量组分的分离和测定。其缺点是不易填充，需要很高的柱压。

两类固定相见表4-35。

表4-35　两类固定相参数的比较

参数	薄壳型	全多孔型	参数	薄壳型	全多孔型
平均直径/μm	30～40	5～10	比表面积/(m^2/g)	10～5	400～600
最佳塔板高度/mm	0.2～0.4	0.01～0.03	键合相覆盖率/%	0.5～1.5	5～25
所需柱长/cm	5.0～100	10～30	离子交换容量/(mmol/g)	10～40	200～5000
柱径/mm	2～3	2～5	装柱方式	干装	匀装
压力/Pa	14×10^5	140×10^5			

(1) 液-液分配色谱固定相

液-液分配色谱固定相由载体上涂渍一层固定液构成。载体可采用表面多孔型及全多孔型吸附剂，如硅胶、氧化铝、分子筛、聚酰胺、新型合成固定相等。所用固定液为有机液体，应不与流动相作用，并能用于梯度淋洗技术，可选用的固定液为数不多。气相色谱用的固定液，只要不和流动相互溶，就可用作液-液色谱固定液。常用的固定液只有极性不同的几种：强极性的β,β'-氧二丙腈、聚乙二醇-400，中等极性的聚丙烯酰胺(PAM)、三次甲基二醇、羟乙基硅酮、聚乙二醇-500、聚乙二醇-600、聚乙二醇-750、聚乙二醇-40000(PEG)和非极性的阿匹松、角鲨烷等。

① 表层多孔型载体。其又称薄壳型微球载体，是直径为30～40μm的实心核(玻璃微球)，表层上附有一层厚度约为1～2μm的多孔表面(多孔硅胶)。由于固定相仅是表面很薄一层，因此传质速度快，加上是直径很小的均匀球体，装填容易，重现性较好，因此在20世纪70年代前期得到较广泛使用。但是由于比表面积较小，因此试样容量低，需要配用较高灵敏度的检测器。随着近年来对全多孔微粒载体的深入研究和装柱技术的发展，目前已出现用全多孔微粒载体取代表层多孔固定相的趋势。

② 全多孔型载体。早期使用的载体与气相色谱法的相类似，是颗粒均匀的多孔球体，例如由氧化硅、氧化铝、硅藻土制成的直径为10μm左右的全多孔型载体。由于分子在液相中的扩散系数要比在气相中小4～5个数量级，所以由填料的不规则性和较宽粒度范围所形成的填充不均匀性成为色谱峰扩展的一个显著原因。由于孔径分布不一，并存在“裂隙”，在颗粒深孔中形成滞留液体(液坑)，溶质分子在深孔中扩散和传质缓慢，这样就进一步促使色谱峰变宽。

降低填料的颗粒，改进装柱技术，使之能装填出均匀的色谱柱，达到很高的柱效。20世纪70年代初期出现了直径小于10μm的全多孔型载体，它是由nm级的硅胶微粒堆聚而成的 5μm 或稍大的全多孔小球。由于其颗粒小，传质距离短，因此柱效高，柱容量也不小。

(2) 液-固吸附色谱固定相

液-固吸附色谱固定相为吸附剂，其结构也有表面多孔型和全多孔型两类。吸附剂起固定相作用，应具有适宜的吸附力，比表面积大，为粉末状或纤维状，一般应加热除水活化；吸附作用应可逆，即被吸附组分易于洗脱；吸附剂应纯净无杂质。

① 极性吸附剂。极性固定相主要有硅胶、氧化铝、氧化镁、硅酸镁、分子筛及聚酰胺等，目前较常使用的是 5～10μm 的硅胶微粒(全多孔型)。极性强的组分在这类吸附剂上吸附力强，随着组分降低，吸附力递减。极性固定相可进一步分为酸性吸附剂和碱性吸附剂。酸性吸附剂包括硅胶和硅酸镁等，适于分离碱，如脂肪胺和芳香胺。碱性吸附剂有氧化铝、氧化镁和聚酰胺等，适于分离酸性溶质，如酚、羧酸和吡咯衍生物等。硅胶对各种组分的吸附能力顺序为：羧酸＞醇≈胺＞酮＞醛≈酯＞醚＞硫化物＞芳香族化合物≈有机卤化物＞烯烃＞饱和烃。

氧化铝、氧化镁除能吸附一般组分外，还对某些组分有特殊的吸附性。氧化铝适于分离芳烃异构物及其相应的卤化物，氧化镁能分离开平面分子和非平面分子。

② 非极性吸附剂。非极性固定相最常见的是高强度多孔微粒活性炭，还有近来开始使用的 5～10μm 的多孔石墨化炭黑，以及高交联度苯乙烯-二乙烯苯基共聚物的单分散多孔微球与碳多孔小球等。

组分在非极性吸附剂上的保留规律与上述不同，主要由分子极化度控制分离，适用于芳香族与脂肪族化合物的分离。

(3) 化学键合固定相

化学键合固定相兼有液-固吸附、液-液分配两种作用，将固定液键合在载体上，即用化学反应的方法通过化学键把有机分子结合到载体表面。根据在硅胶表面(具有≡Si—OH)的不同化学反应，键合固定相可分为以下三种。

① 硅酯型键合相(≡Si…O—C≡)。硅球表面羟基(硅醇基)具有一定酸性，可与醇类发生酯化反应，生成硅酯型键合相，其反应为：

$$\equiv Si—OH + HO—R \longrightarrow \equiv Si—O—R + H_2O$$

如 3-羟基丙腈($HO—CH_2—CH_2—CN$)、正辛醇［$HO—(CH_2)_7—CH_3$］分别与硅球酯化，即可制得氧丙腈-硅球、正辛烷-硅球。

② 硅氧烷型键合相(≡Si…O—Si≡)。硅胶、玻璃微球与硅烷化试剂二氯有机硅烷反应：

$$\equiv Si—OH + R_2SiCl_2 \longrightarrow \equiv Si—O—\overset{\displaystyle R}{\underset{\displaystyle R}{Si}}—Cl + HCl$$

③ 硅碳型键合相(≡Si—C≡)利用格氏反应使硅球上硅与 R 基直接键合：

$$\equiv Si—OH + SOCl_2 \longrightarrow \equiv Si—Cl + SO_2 + HCl$$

$$\equiv Si—Cl + RMgCl \longrightarrow \equiv Si—R + MgCl_2$$

化学键合固定相表面没有液坑，比一般液体固定相的传质快得多；无固定液流失，增加了色谱柱的稳定性和寿命；由于可以键合不同官能团，能灵活地改变选择性；有利于梯度洗提；有利于配用灵敏的检测器和收集馏分。

由于存在键合基团覆盖率问题，化学键合固定相的分离机制既不是全部吸附过程，亦不是典型的液-液分配过程，而是双重机制兼而有之，只是根据键含量而各有侧重。

常用的极性键合相主要有氰基(—CN)、氨基($—NH_2$)和二醇基(DIOL)键合相；常用的非极性键合相主要有各种烷基键合相(如 C_2、C_6、C_8、C_{18} 等)和苯基键合相，其中 C_{18} 键合相

(简称 ODS)对于各种类型的化合物都有很强的适应能力，应用最为广泛。

(4) 离子交换色谱固定相

离子交换色谱的固定相为离子交换树脂。它是由苯乙烯-二乙烯苯交联共聚形成的具有网状结构的基质，同时在网格上引入各种酸性或碱性的可交换的离子基团。离子交换树脂也分为表面多孔型和全多孔型两类，前者应用较为广泛。

① 阳离子交换树脂。树脂上具有与样品中阳离子交换的基团，按其离解常数分为强酸性与弱酸性两种。强酸性阳离子交换树脂所带的基团为磺酸基($—SO_3^- H^+$)，能从强酸盐、弱酸盐以及强碱和弱碱中交换阳离子。弱酸性阳离子交换树脂所带的基团为羧基($—COO^- H^+$)，仅能从强碱和中强碱中交换阳离子。

② 阴离子交换树脂。树脂上具有与样品中阴离子交换的基团，按其离解常数分为强碱性及弱碱性两种。强碱性阴离子交换树脂所带的基团为季铵盐型($—CH_2NR_3^+ Cl^-$)，能从强酸、弱酸或强碱盐和弱碱盐中交换阴离子。弱碱性阴离子交换树脂所带的基团为氨基($—NH_2$)，仅能从强酸中交换阴离子。

通常可将约1%(质量分数)的离子交换树脂直接涂渍于玻璃微球上，构成薄壳型离子交换树脂固定相；先在玻璃微球上涂薄层硅胶，之后再涂渍离子交换树脂，构成全多孔型离子交换树脂固定相。化学键合型离子交换树脂固定相一种是键合薄壳型，载体是薄壳玻珠；另一种是键合微粒载体型，载体是微粒硅胶。后者具有键合薄壳型离子交换树脂的优点，室温下即可分离，柱效高，且试样容量较前者大。

离子交换树脂作固定相，传质快，有利于加快分析速度，提高柱效，但柱容太小。强酸(碱) 性树脂适用于无机离子分析，而弱酸(碱)性树脂适用于有机物分析。但由于强酸(碱)性树脂比弱的稳定，且可适用于宽的 pH 范围，因此在高效液相色谱中也常采用强酸(碱)性树脂分析有机物。例如，可用强酸性阳离子树脂分析生物碱、嘌呤，用强碱性阴离子树脂分析有机酸、氨基酸、核酸等。

(5) 空间排阻色谱固定相

空间排阻色谱所用固定相凝胶是含有大量液体(一般是水)的柔软而富有弹性的物质，是一种经过交联而具有立体网状结构的多聚体，有一定形状和稳定性。根据交联程度和含水量的不同可分为软胶、半硬胶及硬胶三种。

① 软质凝胶(软胶)。通常用的软胶有交联葡聚糖凝胶类、琼脂糖凝胶类、聚苯乙烯凝胶类、聚丙烯酸盐凝胶类等。这种凝胶交联度低，溶胀度大，溶胀后的体积是干体的许多倍，不耐压。它们适用于以水溶性溶剂作流动相，一般用于分子量小的物质的分析，不适宜用在高效液相色谱中。

② 半硬质(半刚性)凝胶。常用的半硬胶有聚苯乙烯凝胶类、聚甲基丙烯酸甲酯凝胶类、聚丙烯酰胺凝胶类、琼脂糖-聚丙烯酰胺凝胶类，还有磺化聚苯乙烯微珠、苯乙烯-二乙烯基苯交联共聚凝胶等。溶胀能力弱，容量中等，渗透性较好，可耐较高压力，其孔隙大小范围很宽，适用于小分子到大分子物质的分离。主要适用于有机溶剂流动相，当用于高效液相色谱时，流速不宜过大。

③ 硬质(刚性)凝胶。由实心玻璃球制成，为一种多孔的无机材料，具有恒定的孔径和较窄的粒度分布，易于填充均匀，膨胀度小，不可压缩，渗透性好，受流动相溶剂体系(水或非水溶剂)、压力、流速、pH 值或离子强度等的影响较小，适于高压下使用。

在选择柱填料时先要考虑分子量排阻极限(无法渗透而被排阻的分子量极限)。每种商品填料都给出了其分子量排阻极限位，可以参考有关资料。常用的有多孔硅胶凝胶、多孔玻璃、可控孔径玻璃珠、苯乙烯-二乙烯基苯共聚刚性凝胶类等。凝胶色谱固定相见表 4-36。

表 4-36　凝胶色谱固定相

类型	材料	国内外型号	适用范围
软胶	葡萄糖 聚苯乙烯(低交联度)	Sephadax Bio-Bead-S	适于以水作溶剂，用于凝胶过滤色谱 适于有机溶剂，用于凝胶渗透色谱
半硬胶	聚苯乙烯	Styragel	适于有机溶剂，用于凝胶渗透色谱
硬胶	玻璃珠 多孔硅胶 不规则形硅胶	CPG bcads Porasil Merck-O-Sel-Si	适于有机溶剂，用于凝胶渗透色谱 适于有机溶剂，用于凝胶渗透色谱 适于有机溶剂，用于凝胶渗透色谱

2. 流动相

在液相色谱中，当固定相选定后，选择合适的流动相对色谱分离是十分重要的。流动相的种类、配比能显著地影响液相色谱的分离效果。液相色谱中的流动相，又称冲洗剂、洗脱剂，它有两个作用：一是携带样品前进，二是给样品一个分配相，进而调节选择性，以达到混合物分离的目的。

(1) 流动相选择要求

液相色谱流动相的选择要考虑以下因素。

① 流动相纯度。为保证一定的纯度，一般采用分析纯试剂，必要时需进一步纯化以除去有干扰的杂质。因为在整个色谱柱使用期间，大量的溶剂流过色谱柱，如溶剂不纯，杂质在柱中累积，影响柱性能以及收集的馏分纯度，增大噪声。同时流动相还应易清洗除去，易于更换，安全、廉价。

② 溶剂与固定液不互溶，不发生不可逆作用，不引起柱效能和保留特性的变化，不妨碍柱的稳定性。例如在液-固色谱中，硅胶吸附剂不能使用碱性溶剂(胺类)或含有碱性杂质的溶剂，同样，氧化铝吸附剂不能使用酸性溶剂。在液-液色谱中流动相应与固定相不互溶(不互溶是相对的)，否则，固定相流失，使柱的保留特性变化。

③ 对试样要有适宜的溶解度，否则，易在柱头产生部分沉淀，但不与样品发生化学反应。

④ 溶剂黏度要小，以避免样品中各组分在流动相中的扩散系数及传质速率下降。同时，在同一温度下，柱压随溶剂黏度增加而增加，但柱效能降低。黏度太小，沸点低，在流路中将会形成气泡，造成较大噪声。

⑤ 应与检测器相匹配。例如对紫外光度检测器而言，不能用对紫外光有吸收的溶剂；用荧光检测器时，不能用含有发生荧光物质的溶剂；用示差折光检测器时，选用的溶剂应与组分的折射率有较大差别。

⑥ 应尽量避免使用具有显著毒性的溶剂，以保证工作人员的安全。

完全符合以上要求的溶剂作为流动相是没有的，所以溶剂选择的主要依据还是相对极性大小，兼顾其他物理化学性质。为了获得合适的溶剂强度(极性)，常采用二元或多元组合的溶剂系统作为流动相。通常根据所起的作用，将采用的溶剂分成底剂及洗脱剂两种。底剂决定基本的色谱分离情况；而洗脱剂则调节试样组分的滞留并对某几个组分具有选择性的分离作用。因此，流动相中底剂和洗脱剂的组合选择直接影响分离效率。正相色谱中，底剂采用低极性溶剂，如正己烷、苯、氯仿等；而洗脱剂则根据试样的性质选取极性较强的针对性溶剂，如醚、酯、酮、醇和酸等。在反相色谱中，通常以水为流动相的主体，以加入的不同配比的有机溶剂作调节剂。

(2) 常用流动相溶剂的选择

常用的有机溶剂有甲醇、乙腈、四氢呋喃等。在选用溶剂时，溶剂的极性显然仍为重要的依据。例如在正相液-液色谱中，可先选中等极性的溶剂为流动相，若组分的保留时间太短，表示溶剂的极性太大，改用极性较弱的溶剂；若组分保留时间太长，则再选极性在上述两种溶剂之间的溶剂；如此多次实验，以选得最适宜的溶剂。

常用溶剂的极性顺序如下：水(极性最大)，甲酰胺，乙腈，甲醇，乙醇，丙醇，丙酮，二氧六环，四氢呋喃，甲乙酮，正丁醇，乙酸乙酯，乙醚，异丙醚，二氯甲烷，氯仿，溴乙烷，苯，氯丙烷，甲苯，四氯化碳，二硫化碳，环已烷，己烷，庚烷，煤油(极性最小)。

① 液-液分配色谱流动相。液-液分配色谱中，极性组分使用极性固定液与非极性或弱极性流动相，非极性组分使用非极性固定液与极性流动相，可得到较好的分配系数值。当选定固定液后，可改变流动相组成以调节分配系数值。如果样品极性增强，固定液极性应适当减弱，或者适当增强流动相极性。弱极性样品也可采用非极性固定液(如角鲨烷)、强极性流动相(如甲醇或水)，即反相色谱。此时，极性强的组分先出峰。选用不同强度的溶剂作流动相，是使用液相色谱的一个重要手段。选择流动相时可参照溶剂洗脱序列，可以选用混合溶剂，以实现最佳分离。

例如，当选择的固定液是极性物质时，所选用的流动相通常是极性很小的溶剂或非极性溶剂。正相液-液色谱法通常以相对非极性的疏水性溶剂(烷烃类)作为流动相，常加入乙醇、四氢呋喃、三氯甲烷等以调节组分的保留时间。反相液-液色谱法的流动相通常为水或缓冲液，常加入甲醇、乙腈、异丙醇、丙酮、四氢呋喃等与水互溶的有机溶剂以调节保留时间。

② 液-固吸附色谱流动相。液-固吸附色谱中组分分子与溶剂(流动相)分子对吸附剂竞争吸附，流动相相对极性控制了吸附平衡。所以，流动相选择是否合适，直接影响分离效果。流动相的性能可用溶剂强度参数 ε^0 来表征，ε^0 为溶剂在单位标准吸附剂上的吸附能。ε^0 大说明流动相极性大，溶剂强度大，洗脱能力大。根据 ε^0 值，即溶剂在吸附剂上的吸附强度和洗脱能力大小，将溶剂按次序排列，称为流动相(溶剂)的洗脱序列。

选择流动相的基本原则是：极性大的试样用极性较强的流动相，极性小的则用弱极性流动相。为了获得合适的溶剂极性，常采用两种、三种或更多种不同极性溶剂混合起来使用的方法，如果样品组分的分配系数值范围很广则使用梯度洗脱。液-固吸附色谱法中使用的流动相主要为非极性的烃类(如已烷、庚烷)等，某些极性有机溶剂（如二氯甲烷、甲醇等）作为缓和剂加入其中。极性越大的组分保留时间越长。

③ 化学键合相色谱流动相。在化学键合相色谱法中，溶剂的洗脱能力（溶剂强度）直接与其极性相关。在正相键合相色谱中，随着溶剂极性的增强，溶剂强度也增强；在反相键合相色谱中，溶剂强度随极性增强而减弱。

正相键合相色谱的流动相通常为烷烃(如己烷)加适量极性调整剂(如乙醚、甲基叔丁基醚、氯仿等)。反相键合相色谱的流动相通常以水作为基础溶剂，再加入一定量能与水互溶的极性调整剂，常用的极性调整剂有甲醇、乙腈、四氢呋喃等。反相键合相色谱中各种溶剂的强度按以下次序递增，水＜乙腈＜甲醇＜乙醇＜丙醇＜四氢呋喃＜二氯甲烷，即溶剂强度随溶剂极性降低而增加。

实际使用中，甲醇-水体系已能满足多数样品的分离要求，且流动相的黏度小、价格低，是反相键合相色谱最常用的流动相。虽然实际上采用适当比例的二元混合溶剂就可以适应不同类型的样品分析，但有时为了获得最佳分离效果，也可以采用三元甚至四元混合溶剂作流动相。

④ 离子交换色谱流动相。离子交换色谱分析主要在含水介质中进行，可保持离子交换树脂及试样的离解状态。选择流动相时 pH 格外重要，常用缓冲体系，这样既可保持 pH，又可维持离子强度。增加缓冲液浓度，流动相洗脱能力也随之增加，组分保留值减小。通常

强酸性及强碱性离子交换树脂在较宽 pH 范围内都能离解，而弱酸性阳离子交换树脂在酸性介质中不离解，只能采用中性或碱性流动相。同样，弱碱性阴离子交换树脂也只能采用中性或酸性流动相。流动相 pH 最好选择在样品组分的 pH 附近。同样，保留值依赖于洗脱溶液的离子性质，树脂对洗脱溶液离子亲和力大，组分保留值就小。增加盐的浓度会导致保留值降低，但流动相黏度增加，柱压相应提高。

离子交换色谱也可采用梯度洗脱，一是 pH 梯度，二是离子强度梯度，以便将不同保留值的组分在保证适宜分离度的情况下，在较短时间内洗脱下来。

由于流动相离子与交换树脂相互作用力不同，因此流动相中离子类型对试样组分的保留值有显著的影响。在常用的聚苯乙烯-苯二乙烯树脂上，各种阴离子的滞留次序为：柠檬酸离子$>SO_4^{2-}>C_2O_4^{2-}>I^->NO_3^->CrO_4^{2-}>Br^->SCN^->Cl^->HCOO^->CH_3COO^->OH^->F^-$，所以用柠檬酸离子洗脱要比用氟离子快。阳离子的滞留次序大致为：$Ba^{2+}>Pb^{2+}>Ca^{2+}>Ni^{2+}>Cd^{2+}>Cu^{2+}>Co^{2+}>Zn^{2+}>Mg^{2+}>Ag^+>Cs^+>Rb^+>K^+>NH_4^+>Na^+>H^+>Li^+$。由于阳离子体积大小及电荷特性变化较小，故在阳离子系列中，各组分离子保留值的变化较小。可根据样品中各组分与树脂结合力的强弱，选用不同的流动相。对于阳离子交换柱，流动相 pH 增加，使保留值降低；在阴离子交换柱中，情况相反。

通常用的流动相有水、水与甲醇混合液，钠(钾、铵)的柠檬酸盐、磷酸盐、硼酸盐、甲酸盐、乙酸盐与它们相应的酸混合成的酸性缓冲液或与氢氧化钠混合成的碱性缓冲液。

⑤ 空间排阻色谱流动相。空间排阻色谱所用流动相可为水或非水溶剂。溶剂必须与凝胶本身非常相似，对其有湿润性并防止它的吸附作用。当采用软质凝胶时，溶剂必须能溶胀凝胶，因为软质凝胶孔径是溶剂吸留量的函数。溶剂的黏度非常重要，因为高黏度将限制扩散作用而损害分辨率。对于具有相当低扩散系数的大分子来说，这种考虑更为重要。为提高分离效率，多采用低黏度、与样品折射率相差大的流动相，但应对固定相无破坏作用。一般情况下，分离高分子有机化合物时，采用的溶剂主要是四氢呋喃、甲苯、间甲苯酚、*N*，*N*-二甲基甲酰胺等，生物物质的分离主要用水、缓冲盐溶液、乙醇及丙酮等。

（3）流动相的预处理

高效液相色谱所用的流动相，均需经过纯化、脱气等处理。流动相不纯会带来很多危害，如腐蚀金属部件，干扰分离，影响试剂的稳定性。有杂质的试剂不稳定，如二氯甲烷和乙酯会生成结晶，影响组分纯度、检测器的灵敏度和稳定性；如用紫外检测器，试剂的杂质还可影响检测波长和检测范围。纯化试剂可保证良好的柱性能及延长柱的使用寿命，扩大检测器响应范围，并能降低噪声。

常用的纯化方法有：过滤除去颗粒状杂质，可以事先过滤或用在线过滤器过滤，如水可用 2～5μm 的烧结玻璃滤器或 0.22μm 孔径的滤膜；离子交换除去阴、阳离子杂质；萃取法除去极性与溶剂不同的杂质；蒸馏法；利用吸附剂除去极性不同的杂质，如用氧化铝柱除去烷烃杂质，还可用硅胶柱或混合柱。

流动相中含有微量气体，进入柱和检测器后，影响仪器的正常工作。例如，可使某些检测器产生有效吸收，破坏测量池和参比池的平衡；使基线漂移，导致检测器灵敏度降低；有时还可能与流动相、固定相及组分发生反应。

常用脱气办法有加热脱气法和真空脱气法。可利用在流动相中气体溶解度随温度升高而减小的原理，采用加热回馏法，经 2h，于密封器中冷却。真空脱气是在装有流动相的密闭器中抽真空以除去溶解的气体杂质。比如，可用水泵减压抽吸脱气，至无气泡为止。此外，还可以采用超声波发生器脱气。

除上述一些预处理过程外，还有流动相在进柱前要先用固定液饱和，即两相于柱上相遇前，已达到热力学平衡状态。又如，为使固定液含水量恒定，流动相中要加足够的水分等。

3. 高效液相色谱操作的注意事项

（1）水的纯度

极性溶剂或它们的混合物作流动相。要求用高纯度的溶剂（包括水），必要时需重新蒸馏或纯化。流动相中水的杂质常常积累于色谱柱的柱头，给分析带来麻烦，如产生鬼峰。

（2）pH 范围

一般反相烷基键合固定相要求在 pH＝2～8 时使用，pH＞8.5 会导致基体硅胶溶解。

（3）缓冲溶液要求

缓冲溶液在 pH＝2～8 时要有大的缓冲容量，背景小，与有机溶剂互溶，这样可提高平衡速度，掩蔽吸附剂表面上的硅醇基。分离极性和离子性化合物时选用具有一定 pH 的缓冲溶液是必要的，而且缓冲溶液中盐的浓度应适当，以避免出现不对称峰和分叉峰。

（4）样品的净化预处理

对于组成未知的复杂样品，若直接进入色谱柱，可能使色谱柱污染而失效。通常在分离柱前加一小段与分离柱填料相同的预保护柱，保护色谱柱，延长其使用寿命。但富集在预保护柱中的杂质，可能随流动相缓慢流出而污染样品。

样品的净化预处理可用经典的柱色谱法，对样品按极性大小进行组分预分离。操作虽然麻烦，但净化效果通常很好。

（5）系统的压力

系统的压力应低于 15MPa。一般 HPLC 仪器可承受 30～40MPa 的压力。但实际工作中，最好使工作压力小于泵最大允许压力的 50%，因为长期在高压状态下工作，泵、进样阀、密封垫的寿命将缩短。另外随着色谱柱的使用，微粒物质会逐步堵塞柱头而使校压升高。

（6）最大样品量和最小检测量

样品量对峰宽度和保留值有一定的影响。对于 25cm 的色谱柱，一般操作条件下的最大允许样品量约为 100μg，此时不会明显地改变分离情况。在检测条件不理想的情况下，最小检测量一般为 20μg，在最佳条件下最小检测量可达 5ng。

（7）色谱柱清洗

检测器的基线或背景噪声可能受检测条件和分离条件的影响。长时间使用，基线、噪声会逐渐增大，主要原因是能检测到的物质（后期流出物和/或柱填料的降解物）从所用色谱柱中周期地洗脱出，使得基线发生变化。为降低噪声，建议每日用强溶剂（如甲醇或乙腈）冲洗色谱柱；样品进行预处理以除去其后期流出物；梯度洗脱除去每次进样分析的后期流出物。

三、 高效液相色谱分离类型的选择

每种高效液相色谱分离类型都有其自身的特点和适用范围，没有一种类型可以通用于所有领域，它们往往互相补充。一般情况下，选择最有效的分离类型，应考虑样品来源、样品性质（分子量、化学结构、极性、化学稳定性、溶解度参数等化学性质和物理性质）、分析目的要求、液相色谱分离类型的特点及应用范围、实验室条件（仪器、色谱柱等）等一系列因素。

分子量较小、挥发性较高的样品，适于用气相色谱法。标准的液相色谱法（液-固、液-液、离子交换、离子对色谱、离子色谱等）适用于分离分子量为 200～2000 的样品，大于 2000 的则宜用空间排阻色谱法，此时可判定样品中具有高分子量的聚合物、蛋白质等化合物，以及做出分子量的分布情况。因此在选择时应了解、熟悉各种液相色谱的特点。

了解样品在多种溶剂中的溶解情况，有利于分离类型的选用，例如，对能溶于水的样品可采用反相色谱法；若溶于酸性或碱性水溶液，则表示样品为离子型化合物，以采用离子交换色谱法、离子对色谱法或离子色谱法为佳。

对非水溶性样品(很多有机物属此类)，弄清其在烃类(戊烷、己烷、异辛烷等)、芳烃(苯、甲苯等)、二氯甲烷或氯仿、甲醇中的溶解度是很有用的。如样品可溶于烃类和芳烃(如异辛烷或苯)，则可选用液-固吸附色谱；如溶于二氯甲烷或氯仿，则多用正相色谱和吸附色谱；如溶于甲醇等，则可用反相色谱。一般用吸附色谱分离异构体，用液-液分配色谱分离同系物，空间排阻色谱适用于溶于水或非水溶剂、分子大小有差异的样品。分离类型的选择如图4-53所示。

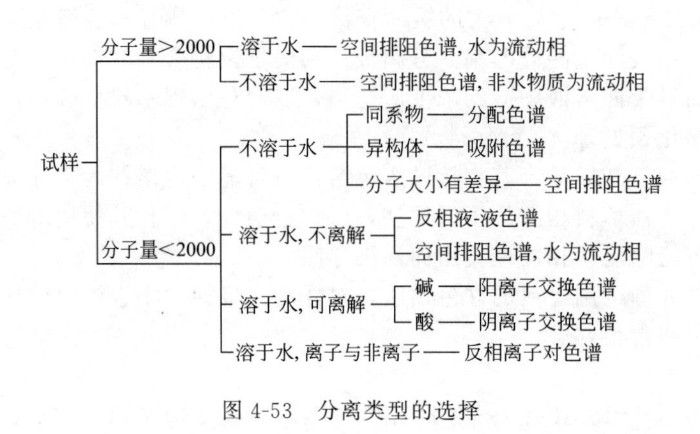

图 4-53　分离类型的选择

第九节　有机合成知识点

有机合成的基础是各种各样的基元合成反应，用新的试剂或技术发现新的反应或改善、提高现有反应是从方法学上发展有机合成的重要途径。总的来讲有机反应可以分为两类，即碳-碳键的形成、断裂和重组以及官能团的转换。围绕着这两类反应以及针对个别的结构特征，100多年来已经有了数千种的有机合成反应。但是为了应付各方面有机合成的需要，仍在不断探索和寻找新的反应或新的应用范围。

合成反应方法学上的一个重大进展是大量合成新试剂的出现，特别是元素有机和金属有机试剂及催化剂。寻找高选择性试剂和反应已成为有机合成化学中最主要的研究课题之一，其中包括化学和区域选择性控制、立体选择性控制等。不对称合成近年来发展较快，它包括反应底物中手性诱导的不对称反应、化学计量手性试剂的不对称反应、手性催化剂不对称反应、利用生物的不对称合成反应和新的拆分方法等。复杂有机分子，包括从自然界获得的或结构化学家所设计的分子，它们的合成一直是最受关注的，体现合成化学的水平。特别是有广泛应用前景的复杂分子的全合成给新试剂、新反应、新方法的发现以巨大的推动力。最近的重要趋势则是与生物科学相结合的合成工作，分子功能和活性已进入了合成化学的舞台。

对于世赛化学实验室技术有机试剂合成板块来讲，有机合成反应涉及的试剂不是很复杂，而且数量有限。合成板块的主要任务是掌握一般的实验室制备方法，能够熟练使用普通的合成设备，掌握分离、提纯的一些手段，完成合成试剂的纯度测定。

一、 有机合成基础和设备的选用

1. 有机反应是有机合成的基础

（1）合成反应的速率控制和平衡控制

在一些有机反应中，由于存在着竞争反应，所以反应的产物往往不是单一的，各产物的比例与反应条件有着密切关系。例如，丁二烯与溴发生加成反应生成 1,2 加成产物和 1,4 加成产物的混合物，这是两个互相竞争的反应，反应过程如下：

$$CH_2{=}CHCH{=}CH_2 \xrightarrow[-15℃]{Br_2,\text{己烷}} Br^- + \overset{+}{CH_2{\overset{...}{-}}CH{\overset{...}{-}}CHCH_2Br}$$

$$\underset{46\%}{BrCH_2CH{=}CHCH_2Br} \longleftarrow Br^- + \overset{+}{CH_2{\overset{...}{-}}CH{\overset{...}{-}}CHCH_2Br} \longrightarrow \underset{54\%}{CH_2{=}CHCHBrCH_2Br}$$

低温时，反应混合物中 1,2 加成产物和 1,4 加成产物的含量取决于两个反应的速率，1,2 加成产物的生成速率比较快，1,2 加成产物的含量比 1,4 加成产物多，反应为速率控制或动力学控制。若将反应混合物加热到 60℃，此时二溴化物离解成碳正离子和溴负离子的速率加快，最后正反应和逆反应建立平衡，由于 1,4 二溴化物比 1,2 二溴化物更稳定，平衡混合物中 1,4 二溴化物多，即反应为平衡控制，反应式如下：

$$\underset{80\%}{BrCH_2CH{=}CHCH_2Br} \rightleftharpoons Br^- + \overset{+}{CH_2{\overset{...}{-}}CH{\overset{...}{-}}CHCH_2Br} \rightleftharpoons \underset{20\%}{CH_2{=}CHCHBrCH_2Br}$$

将等物质的量的环已酮、呋喃甲醛和氨基脲混合，几秒钟后立即处理反应混合物，得到的产物几乎完全是环已酮缩氨脲，反应为速率控制。如放置几小时后再进行处理，得到的产物几乎完全是呋喃甲醛的缩氨基脲，反应为平衡控制或热力学控制。

有的反应可以通过控制反应条件获得所需产物。如酚与酰氯的反应，在三氯化铝催化下主要发生苯环上的酰基化反应生成较稳定的酮产物，不加催化剂时则主要生成较不稳定的氧酰基化酯产物。酚酯在三氯化铝存在下通过 Fries 重排也可以转化为酮。反应过程如下：

$$C_6H_5{-}O{-}\underset{\underset{O}{\|}}{C}{-}C_6H_5 \longleftarrow C_6H_5OH + C_6H_5COCl \xrightarrow{AlCl_3} C_6H_4(COC_6H_5){-}OH\ (\text{邻位}) + C_6H_5CO{-}C_6H_4{-}OH\ (\text{对位})$$

$$C_6H_5{-}O{-}CO{-}C_6H_5 \xrightarrow[\triangle]{AlCl_3} HO{-}C_6H_4{-}COC_6H_5\ (\text{对位}) + C_6H_4(COC_6H_5){-}OH\ (\text{邻位})$$

反应速率控制下生成的产物在适当条件下可以转化为反应平衡控制的产物，这一现象具有普遍性。

（2）有机合成的选择性

有机合成中涉及的反应底物通常会带有多重官能团或多个可能反应的中心，而且即使只在特定官能团或特定中心上进行反应，也有可能生成不止一个异构体产物。因此，合成工作一般要求能广泛地、有目的地控制反应的选择性以提高合成效率。有机合成反应的选择性通常包括化学选择、位置选择和立体选择。

化学选择：不需要加以保护和特殊的活化，分子中的某一官能团本身就有选择性的反应。例如：

$$CH_3CH\,(OH)\,CH_2COR + KMnO_4 \longrightarrow CH_3COCH_2COR$$

相同官能团如果反应活性不同，选择适当的反应试剂和反应条件也可以实现选择性反应。例如：

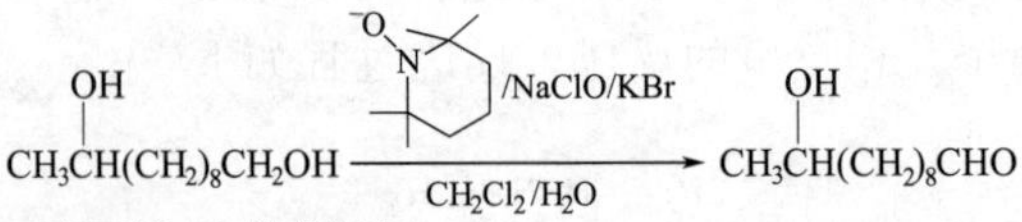

$$CH_3CH(OH)(CH_2)_8CH_2OH \xrightarrow[CH_2Cl_2/H_2O]{TEMPO/NaClO/KBr} CH_3CH(OH)(CH_2)_8CHO$$

优先与伯羟基反应，而不涉及仲羟基。

位置选择：相同官能团在分子中的位置不同，反应活性不同，或生成产物的稳定性不同。反应中所使用的某种试剂只与分子某一特定位置的官能团起作用，而不与其他位置上的相同官能团作用。例如：

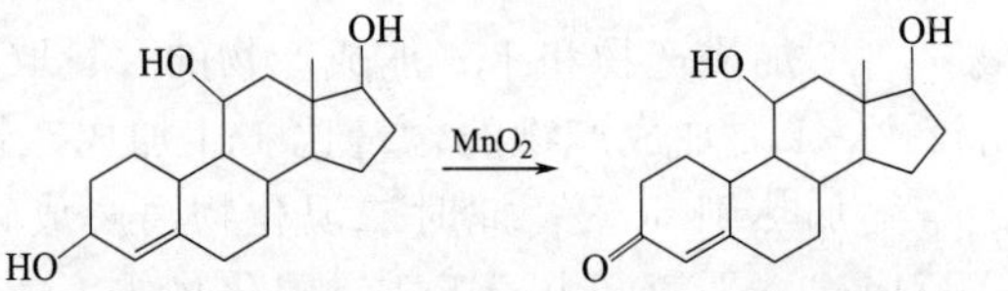

立体选择：一个反应可能生成两种空间结构不同的立体异构体，生成的两种异构体的量不同，则称这个反应具有立体选择性，包括顺反异构、对映异构选择性。这种反应常与作用物的位阻、过渡状态的立体化学要求和反应条件有关。例如：

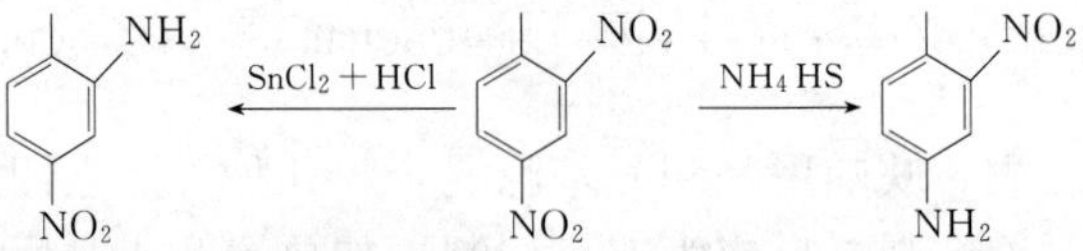

2. 一般实验室合成使用的玻璃仪器和用品

根据合成的有机试剂会有一些不同，但都大同小异。目前使用的都是标准磨口瓶的玻璃仪器，主要的玻璃仪器和规格如下：三颈烧瓶(100mL、250mL)、单颈烧瓶(100mL、250mL)、分液漏斗、布氏漏斗、层析柱、三角漏斗、锥形瓶(50mL)、量筒(25mL、100mL)、烧杯、温度计套管(24#)、反口塞(24#)、空心塞(24#)、恒压滴液漏斗(60mL)、分水器、直形冷凝管(200mm、300mm)、蛇形冷凝管(200mm、300mm)、蒸馏头(24#)、表面皿等。

辅助使用的设备和用品如下：天平(数字天平)、一次性注射器、橡胶管、固定夹(烧瓶夹、万能夹)、升降台、铁架台、电热套(700～1500W)、玻璃珠(沸石)、温度计(100℃、250℃)、药匙、称量纸、便签纸等。

二、 一般的试剂制备方法

按照世赛标准规范中“化学反应机理和官能团转化”的要求，围绕核心内容设计有关知识要点。

1. 化学反应机理和官能团转化

(1) 烷烃的官能团反应

烷烃对亲电试剂和亲核试剂都不活泼，但在自由基反应中，尤其是在卤化反应中，烷烃显得很活泼，因为难以控制这些反应，所以它们的合成应用受到限制。

氯自由基(Cl·)的活性比溴自由基的活性高，氯化的选择性比溴化的选择性要差。300℃

叔丁烷与溴反应时，几乎全部生成 2-溴-2-甲基丙烷，而氯化则得到 2∶1 的 1-氯-2-甲基丙烷和 2-氯-2-甲基丙烷的混合物。反应过程如下：

$$H_3C-C(CH_3)_2-H \xrightarrow[300℃]{Br_2} H_3C-C(CH_3)_2-Br$$

$$H_3C-C(CH_3)_2-H \xrightarrow[300℃]{Cl_2} H_3C-C(CH_3)_2-Cl + H_3C-CH(CH_2Cl)-CH_3$$

（2）烯烃的官能团反应

烯烃与烷烃不同，进行官能团转化时集中表现在碳-碳双键及双键的邻位——烯丙基两个位置上。烯烃在合成上的应用价值是非常大的。

亲电加成：

$$H_3C-CH=CH_2 \xrightarrow[X=Cl,Br,I,HSO_4^-]{HX(强酸)} CH_3CH(X)CH_3$$

$$H_3C-CH=CH_2 \xrightarrow[Y=OH,OCOCH_3]{HY/H^+(弱酸)} CH_3CH(Y)CH_3$$

$$H_3C-CH=CH_2 \xrightarrow{卤酸和次卤酸} CH_3CH(V)CH_2(W)$$

α-H反应：

$$H_3C-CH=CH_2 \xrightarrow{卤化} H_2C=CHCH_2Br$$

$$H_3C-CH=CH_2 \xrightarrow{[O]} H_2C=CHCHO$$

（3）炔烃的官能团反应

炔烃的官能团反应主要是碳-碳叁键的反应和炔氢的反应。碳-碳叁键的反应主要包括：a. 炔烃与卤素、卤化氢、水、硼烷等发生亲电加成反应，且按照马尔科夫尼科夫（Markovnikov）规则；b. 炔烃还易与 HCN、R′COOH、R′OH 等发生亲核加成反应。这两类反应在合成上都有相当重要的意义。

$$HOOC-C\equiv C-COOH + Br_2 \longrightarrow (HOOC)(Br)C=C(Br)(COOH)\quad 75\%$$

$$1\text{-乙炔基环己醇} \xrightarrow[HgO]{H_2O/H^+} [1\text{-(1-羟基乙烯基)环己醇}] \longrightarrow 1\text{-乙酰基环己醇}\quad 91\%$$

$$HC\equiv CH + HCN \xrightarrow[\text{或 }300\sim700℃]{Cu_2Cl_2-NH_4Cl/HCl} CH_2=CH-CN\quad 84\%$$

（4）芳烃的官能团反应

① 芳环上的取代反应。苯的特征反应是亲电加成-消去反应。反应的最终结果是苯的取代，用此方法可以在苯环上引入官能团，其在合成上应用最广。

$$C_6H_6 \xrightarrow[AlCl_3]{RCl} C_6H_5R$$

$$C_6H_6 \xrightarrow{HNO_3,H_2SO_4} C_6H_5NO_2$$

$$C_6H_6 \xrightarrow{SO_3,H_2SO_4} C_6H_5SO_3H$$

$$C_6H_6 \xrightarrow[FeX_3]{X_2} C_6H_5X$$

$$C_6H_6 \xrightarrow[ZnCl_2]{HCHO/HCl} C_6H_5CH_2Cl$$

② 侧链上的反应。烷基苯既可以在环上进行反应，又可以在侧链上进行反应。侧链上主要表现为苄基碳的卤化反应和氧化反应。苄基位上的卤化反应一般是自由基反应，卤化剂为氯或溴，也可以用次氯酸叔丁酯或磺酰氯，溴化反应用 *N*-溴代丁二酰亚胺等。芳烃侧链的氧化反应可以合成芳醛或芳酸。

$$C_6H_5CH(CH_3)_2 + Cl_2 \xrightarrow{h\nu} C_6H_5C(CH_3)_2Cl + HCl$$

（5）取代苯衍生物的反应

取代苯衍生物的反应通常是亲电取代反应，该反应有两个显著的特点。a. 环上已有一个以上的取代基时，最强给电子基团控制进一步取代的位置；b. 为了减少在氮原子上进行取代的可能性，在进行取代之前，首先把芳胺转变成乙酰苯胺。这也是用来降低环对于亲电取代活性的方法。

$$C_6H_5OH \xrightarrow[HNO_3]{发烟H_2SO_4} 2,4,6\text{-}(O_2N)_3C_6H_2OH$$

$$2\text{-}CH_3C_6H_4NO_2 \xrightarrow[50\sim60^\circ C]{Cl_2/FeCl_3} 2\text{-}Cl\text{-}6\text{-}NO_2C_6H_3CH_3$$

$$4\text{-}NO_2C_6H_4NH_2 + NaOCl + HCl \xrightarrow[26\sim30^\circ C]{H_2O} 2\text{-}Cl\text{-}4\text{-}NO_2C_6H_3NH_2 + NaCl + H_2O$$

（6）简单杂环化合物的官能团反应

呋喃、吡咯、噻吩的亲电取代反应一般发生在 α 位，由于它们很容易被氧化，甚至能被空气氧化，所以，一般不用硝酸直接硝化或硫酸直接磺化，而是用比较温和的硝酸乙酰酯（CH_3COONO_2）硝化，用比较温和的吡啶三氧化硫（$C_5H_5N^+\text{-}SO_3^-$）进行磺化。噻吩因稳定性较好可用硫酸直接磺化。当环上有吸电子基团存在时，一般可用硝酸直接硝化，也可用发烟硫酸直接磺化。

六元杂环化合物吡啶是一个弱碱，并且具有较强的芳香性。其与亲电试剂的反应都发生在氮原子的 β 位，而且比苯困难，但它进行亲核取代反应相对较为容易，而且反应发生在环碳的 α 位或 γ 位。

（7）羟基的转换

醇羟基的卤化反应，一般是用醇与氢卤酸作用，此方法常伴随消除、重排等副反应的发生。目前大部分实验室用三卤化磷、五卤化磷和卤化亚砜作卤化试剂。文献还有一些新的方法，诸如反应条件温和、选择性好、副反应少、产率高的卤化反应新试剂，如 *N*-氯代丁二酰亚胺与三苯基磷、四溴化碳等。

醇和酸的反应是合成酯的重要方法。为了使反应有利于酯的生成，可用过量的醇或酸，或利用共沸蒸馏等办法除去生成的水。三氟化硼-乙醚的配合物作催化剂可使芳酸、不饱和酸及杂环芳酸的酯化得到满意的效果。

吡咯 $\xrightarrow{RMgX}$ N-MgX 吡咯 $\xrightarrow[(RCOX)]{RX}$ 2-R(COR)吡咯

吡咯 $\xrightarrow{HCHO,(CH_3)_2NH\text{-}HCl}$ 2-$CH_2N(CH_3)_2$吡咯

吡咯 $\xrightarrow{C_5H_5N\cdot SO_3}$ 2-SO_3吡咯

吡咯 $\xrightarrow{CH_3COONO_2}$ 2-NO_2吡咯

噻吩 $\xrightarrow{H_2SO_4}$ 2-SO_3噻吩

吡啶 —亲核取代→ $\xrightarrow{NaNH_2}$ 2-NH_2吡啶；$\xrightarrow{PhLi}$ 2-Ph吡啶；$\xrightarrow{KOH}$ 2-吡啶酮（N—H）⇌ 2-OH吡啶

吡啶 —亲电取代→ $\xrightarrow[300℃]{Br_2}$ 3-Br吡啶；$\xrightarrow[330℃]{HNO_3/H_2SO_4}$ 3-NO_2吡啶；$\xrightarrow{H_2SO_4}$ 3-SO_3H吡啶

醇与酰卤或酸酐的酯化通常要加入碱性试剂，以中和生成的酸，促进反应的进行。

R—C—C—OH $\xrightarrow[NR_3]{RCOCl/(RCO)_2O}$ R—C—C—OCOR

R—C—C—OH $\xrightarrow[\text{或}RX,OH^-]{(RO)_2SO_2}$ R—C—C—OR

R—C—C—OH $\xrightarrow[\triangle]{H^+}$ $(R—C—C)_2O$

R—C—C—OH $\xrightarrow{SOX_2}$ R—C—C—X

R—C—C—OH $\xrightarrow{H^+}$ R—C=C—

R—C—C—OH $\xrightarrow[H^+]{\text{二氢吡喃}}$ R—C—C—O—(四氢吡喃基)

（8）氨基的转换

氨基是碱性基团，可作为亲核试剂与卤代烷起反应，得到胺和铵盐；与酰卤和酸酐作用得到酰胺。在氨基转换的反应中，伯芳胺转换成重氮盐的反应在合成上具有重要意义。

$Ar—NH_2$ $\xrightarrow[\text{或}(RCO)_2O]{RCOCl}$ Ar—NH—C(=O)—R

$Ar—NH_2$ $\xrightarrow{ArSO_2Cl}$ Ar—NH—SO_2—Ar

$Ar—NH_2$ $\xrightarrow{RX}$ $Ar—N^+H_2R\ X^-$

$Ar—NH_2$ $\xrightarrow[H_2SO_4]{NaNO_2}$ $Ar—N\equiv N^+HSO_4^-$

（9）含卤化物的转换

在卤代烷分子中，碳-卤键能发生多种类型的反应。合成过程中，卤素是一个较好的离去基团，可与 H_2O、NH_3、RO^-、I^-、SH^-、CN^-、SCN^-、NO^{2-} 和 $RC\equiv C^-$ 等亲核试

剂发生亲核取代反应，反应的同时，常伴随与亲核取代反应相竞争的消去反应。随着试剂碱性的增强，溶剂极性减弱，反应温度的升高对消去反应有利。

卤代烷与金属锂、镁反应是制备有机锂化合物和有机镁化合物的重要方法。在卤苯中，当卤素的邻位、对位有强吸电子基团时，可顺利发生亲核取代反应。

$$R-CH_2-CH(X)-R' \xrightarrow[(CH_3CH_2)_2O]{Mg} R-CH_2-CH(MgX)-R'$$

$$R-CH_2-CH(X)-R' \xrightarrow[N_2]{Li} R-CH_2-CH(Li)-R'$$

$$R-CH_2-CH(X)-R' \xrightarrow{KOH-CH_3CH_2OH} R-CH=CH-R'$$

$$R-CH_2-CH(X)-R' \xrightarrow{LiAlH_4} R-CH_2-CH_2-R'$$

（10）硝基的转换

芳基硝基化合物容易生成，并且容易转换成其他含氮官能团，在合成上有重要的应用价值。

$$ArNO_2 \xrightarrow{Fe/HCl或H_2/Ni} ArNH_2$$

$$ArNH_2 \xrightarrow{H_2SO_5} ArNO \xrightarrow{ArNH_2} Ar-N=N-Ar$$

$$ArNH_2 \xrightarrow{HNO_2} ArN_2^+$$

$$ArNO_2 \xrightarrow{CF_3C(=O)O-OH} ArNH_2$$

$$ArNO_2 \xrightarrow[Zn]{NH_4Cl} ArNHOH$$

（11）氰基的转换

在反应条件下，氰类化合物的氰基可以发生转换。

$$R-C\equiv N \xrightarrow[或LiAlH_4]{H_2/Ni} RCH_2NH_2$$

$$R-C\equiv N \xrightarrow[H_3^+O]{R'MgX/醚} RCOR'$$

$$R-C\equiv N \xrightarrow[H^+或OH^-]{H_2O} RC(=O)NH_2$$

$$R-C\equiv N \xrightarrow{R'OH/H^+} RCOOR'$$

（12）醛和酮的转换

醛和酮可以发生缩合反应、亲核加成反应和还原反应等，生成各种各样的化合物。

$$\underset{(R)H}{\overset{R-CH_2}{>}}C=O \xrightarrow[②H_3^+O]{①XCH_2COOCH_2CH_3/Zn} \underset{(R)H}{\overset{R-CH_2}{>}}C(OH)CH_2COOCH_2CH_3 \xrightarrow{-H_2O} \underset{(R)H}{\overset{R-CH_2}{>}}C=CHCOOCH_2CH_3$$

（13）酸酸衍生物的转换

羧酸通过酸催化与醇反应转变为酯。对于较复杂的酯，通过醇与酰卤或酸酐的反应，可得到满意的结果。酰卤中最重要的是酰氯，制备酰氯最方便的方法是使羧酸与 $SOCl_2$ 反应。酰氯与羧酸钠盐作用是制备混合酸酐的重要方法。羧酸与氨或胺直接反应是合成酰胺的重要方法。

三、 合成反应条件的选择和优化

1. 合成反应条件的选择

合成反应条件一般研究合成中的化学反应速率，化学反应平衡的影响因素。对于反应速率来说，温度升高，反应速率加快；气体反应的压强越大，反应速率越快；正催化剂可以加

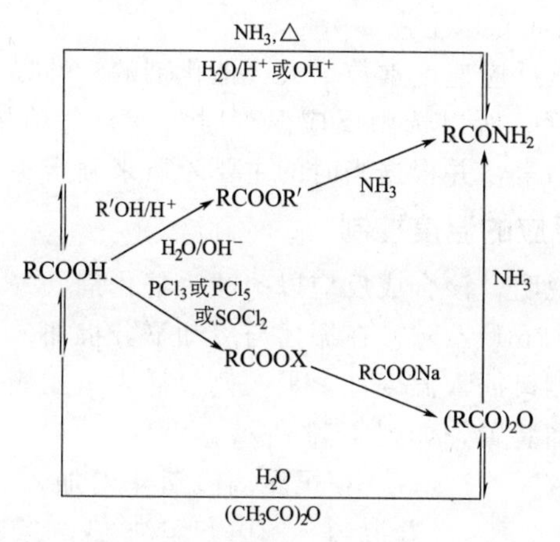

快反应速率；反应物浓度增大，反应速率加快。对于化学平衡来说，升高温度，平衡向吸热方向移动；增大压强，平衡向气态物质系数减小的方向移动；增大反应物浓度，平衡向生成物方向移动。

2. 合成反应条件的优化

合成反应条件的优化是一个非常复杂的问题，要考虑化学热力学和化学动力学因素，如图 4-54 所示。

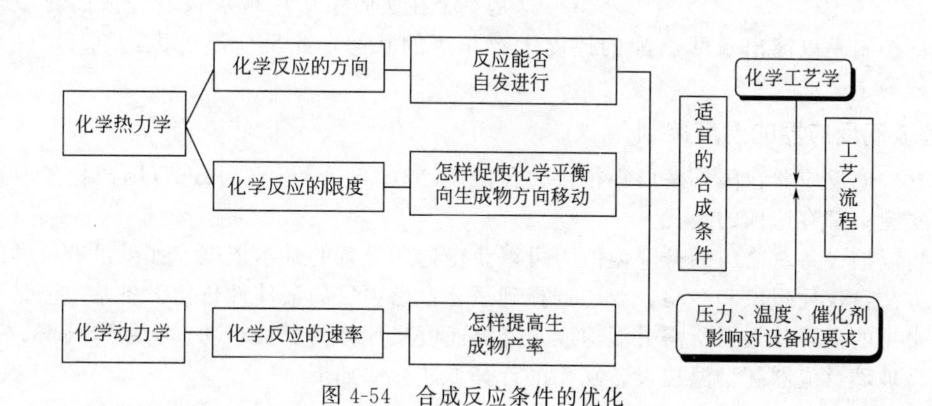

图 4-54　合成反应条件的优化

目前“化学实验室技术”项目合成反应条件选择和优化局限在考虑反应物浓度(加入反应物的量)和催化剂用量上。实质还是从合成反应条件上考量选手实验操作能力和问题分析能力。对于一般的“优化”来说，适当增加反应物质量或体积，提高产物的转化率。增加量的幅度为物质未优化前的 1.05～1.30 倍。同时要注意选用增加量合成进行所消耗的时间，不宜以延长时间为原则。

四、 合成反应中温度的控制

合成反应的温度控制，作为化学实验室技术赛项来说比较简单，一般分为两大类。一类是有固体催化剂的合成反应的温度控制，另一类是无固体催化剂的合成反应的温度控制。除此之外，还有一种近年来发展很快的夹套玻璃反应器的温度控制。

1. 有固体催化剂的合成反应的温度控制

合成醋酸乙烯的反应是醋酸与乙炔通过吸附在活性炭上的醋酸锌而发生的。首先要使乙炔在活性炭表面上产生化学吸附，这个吸附温度最低也要在 160℃左右，所以要使反应能够进行起码要将温度控制在160℃以上。

随着反应温度的提高，反应速度常数增大，催化剂的活性提高，空间收率高，但同时副产品增加，反应液质量下降。所以选用反应温度时要综合各项指标，要考虑产品质量、产量、催化剂消耗等方面的因素，并根据当时的主要矛盾来确定。

2. 无固体催化剂的合成反应的温度控制

以乙酸乙酯合成为例说明，该合成反应以硫酸为催化剂。

在三颈烧瓶中，加入12mL乙醇，在振摇与冷却下分批加入8mL浓H_2SO_4，混匀后加入几粒沸石。三颈烧瓶一侧口插入温度计，另一侧口插入恒压滴液漏斗，漏斗末端应浸入液面以下，中间磨口安装蒸馏装置，如图4-55所示。

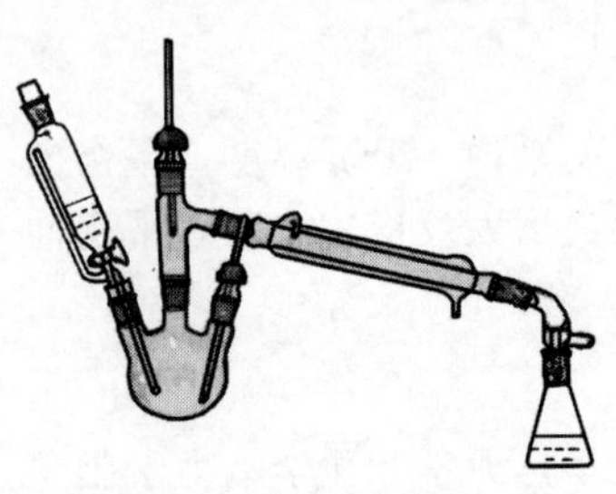

图4-55 乙酸乙酯的合成装置

在恒压滴液漏斗内加入12mL乙醇和15mL冰醋酸并混匀。用电热套加热，当温度升至约120℃时，开始滴加乙醇和冰醋酸的混合液，并调节好滴加速度，使滴入与馏出乙酸乙酯的速度大致相等，同时维持反应温度在115～120℃之间。滴加约需1h。滴加完毕，在115～120℃下继续加热15min。最后可在实验室里用玻璃仪器完成的典型升温至130℃，观察有无液体馏出，若无即可停止加热。等体系冷却后收集粗乙酸乙酯。

这是一个在实验室里用玻璃仪器完成的典型合成反应，温度控制是以馏出乙酸乙酯的速度大致相等的状态，此反应温度大约在115～120℃，滴加过程约1h。

3. 夹套玻璃反应器的温度控制

夹套玻璃反应器在国外发展得很快，我国从2005年开始引进并进行国产化的改造。目前很多实验室都有这样的装置。

分析温控设备对物料的升降温能力可以获得选择设备的基本依据。如果没有科学的分析和计算方法，仅凭想象和经验，要想选择到适合自己项目的最佳性价比设备基本上是不可能的。最常见的需求是根据所需升温速度与降温速度来计算所需加热功率与制冷功率。

现将玻璃反应器配套温控设备功率的计算方法介绍如下。

需要注意以下变量和参数：

(1) 单位时间内反应物质的升降温热量变化$\left(\frac{\Delta Q_1}{\Delta t}, J/s\right)$

$$\frac{\Delta Q_1}{\Delta t}=\frac{G_1 P_1 \Delta T_1}{\Delta t} \tag{4-89}$$

式中 G_1——反应物质质量，kg；

P_1——反应物质比热容，J/(kg·℃)；

$\frac{\Delta T_1}{\Delta t}$——反应物质升降温速度，℃/s。

(2) 单位时间内循环介质的升降温热量变化($\frac{\Delta Q_2}{\Delta t}$, J/s)

$$\frac{\Delta Q_2}{\Delta t}=\frac{G_2 P_2 \Delta T_2}{\Delta t} \tag{4-90}$$

式中 G_2——循环介质质量，kg；

P_2——循环介质比热容，J/(kg·℃)；

$\frac{\Delta T_2}{\Delta t}$——循环介质升降温速度，℃/s。

(3) 单位时间内传热介质接触物的升降温热量变化($\frac{\Delta Q_3}{\Delta t}$，J/s)

$$\frac{\Delta Q_3}{\Delta t}=\frac{G_{31}P_{31}\Delta T_{31}}{\Delta t}+\frac{G_{32}P_{32}\Delta T_{32}}{\Delta t} \tag{4-91}$$

式中　G_{31}——反应器玻璃质量，kg；

P_{31}——反应器玻璃比热容，J/(kg・℃)；

$\frac{\Delta T_{31}}{\Delta t}$——反应器玻璃升降温速度，℃/s；

G_{32}——循环器不锈钢储箱、不锈钢循环管道及附件等的质量，kg；

P_{32}——不锈钢比热容，J/(kg・℃)；

$\frac{\Delta T_{32}}{\Delta t}$——不锈钢升降温速度，℃/s。

(4) 加热量及制冷量损耗率(n，%)

与传热介质接触物另一界面相接触的空气、设备其他部分的传热也应该考虑进去，因这一部分无法计算，只能估计，可视为冷热量损耗。即使传热介质接触物的保温措施做得很好，损耗也不可能避免，只能降低损耗率。

(5) 设备输出功率(W)

$$W=\frac{\frac{\Delta Q_1}{\Delta t}+\frac{\Delta Q_2}{\Delta t}+\frac{\Delta Q_3}{\Delta t}}{n} \tag{4-92}$$

(6) 油槽加热功率

水比热容：4200J/(kg・℃)；

硅油比热容：1630J/(kg・℃)；

玻璃平均比热容：920J/(kg・℃)；

304不锈钢比热容：460J/(kg・℃)；

物料(以水计算)升温速度：80℃/h(从室温20℃升到100℃)；

物料(以水计算)质量：14kg；

油箱装油量：15kg；

油管装油量：0.5kg；

夹套装油量：6kg；

20L夹套玻璃反应器质量：16 kg；

304不锈钢箱、泵、阀门及接头等质量：35kg。

根据经验，在保温措施较好和传热介质流速足够的情况下，20L反应器的物料(以水计算)达到要求温度(t)时，夹套平均油温约为 ($t+10$)℃；油管平均温度约为 ($t+15$)℃；油槽平均温度为 ($t+20$)℃。油直接受热部位为油槽。

无加热量损耗的理想状态下的最小功率(W)：

$$W=\frac{\left(\underset{\text{水的热量变化}}{4200\times80\times14}+\underset{\text{油的热量变化}}{1630\times100\times21.5}+\underset{\text{玻璃的热量变化}}{920\times90\times16}+\underset{\text{不锈钢的热量变化}}{460\times100\times35}\right)}{3600}$$

$=3095.35$ (W)

考虑到保温不完全导致的损耗，设备加热温控能力的弹性，泵速促进及时、充分地进行热交换的水平，功率应至少设计为 4kW。

五、 洗涤和干燥

按照世赛标准规范中“从液体和固体混合物中的分离过程”“实施浓缩工艺，如蒸馏、萃取、蒸发”等要求，重点讨论有机合成试剂中分离和提纯的有关实验内容。

1. 粗产物的洗涤

有机合成试剂中粗产物的洗涤和干燥，要根据具体情况去设计和完成。对粗产物中原料、产物、副产物、催化剂进行洗涤时，一般情况下先加适量的水，然后再加适量的酸或碱去中和反应中的碱和酸。例如正溴丁烷的合成，粗产物中含有杂质硫酸、烯烃、醚，先用浓硫酸洗涤，以除去烯烃和醚；然后用水洗涤，除去新引入的硫酸；再用碳酸氢钠溶液洗涤，除去多余的可能没被水完全除去的酸(包括杂质硫酸)；最后用水洗涤，除去引入的碳酸氢钠。

再如乙酸乙酯的合成，粗产物乙酸乙酯中含有硫酸、乙醇等杂质。先中和除去硫酸，在粗乙酸乙酯中慢慢加入饱和 Na_2CO_3 溶液，边搅拌边冷却，直至无 CO_2 逸出，并用 pH 试纸检验酯层呈中性。然后将此混合液移入分液漏斗中，充分振摇，静置分层后，分出水层。然后用饱和食盐水洗涤酯层，静置分层，分出水层。再除乙醇，用饱和 $CaCl_2$ 溶液分两次洗涤酯层，分出水层。

洗涤时，溶液可能有多种，每种溶液要分多次进行。按照萃取理论中“少量多次”的原则，洗涤同样体积的溶液，去掉杂质时多次洗涤比一次洗涤会更好一点。

2. 粗产物的干燥

粗产物干燥时要选用合适的干燥剂，干燥之前要处理好粗产物，处理和干燥试剂选用不当，都会给后面的蒸馏带来麻烦。

常用的干燥剂和用途大致如下。

① 浓硫酸(H_2SO_4)：具有强烈的吸水性，常用来除去不与 H_2SO_4 反应的气体中的水分。例如，常作为 H_2、O_2、CO、SO_2、N_2、HCl、CH_4、CO_2、Cl_2 等气体的干燥剂。

② 无水氯化钙($CaCl_2$)：因价廉、干燥能力强而被广泛应用。干燥速度快，能再生，脱水温度为 473K。一般用以填充干燥器和干燥塔，干燥药品和多种气体。不能用来干燥氨、酒精、胺、酰、酮、醛、酯等。

③ 无水硫酸镁($MgSO_4$)：有很强的干燥能力，吸水后生成 $MgSO_4 \cdot 7H_2O$。吸水作用迅速，效率高，价廉，为良好干燥剂。常用来干燥有机试剂。

④ 固体氢氧化钠(NaOH)和碱石灰[$NaOH+Ca(OH)_2$ 或 $KOH+Ca(OH)_2$ 的混合物]：吸水快、效率高、价格低，是极佳的干燥剂，但不能用来干燥酸性物质。常用来干燥 H_2、O_2 和 CH_4 等气体。

⑤ 变色硅胶：常用来保持仪器、天平的干燥。吸水后变红。失效的硅胶经烘干再生后可继续使用。可干燥 RNH_2、NH_3、O_2、N_2 等。

⑥ 活性氧化铝(Al_2O_3)：吸水量大、干燥速度快，能再生(400～500K 烘烤)。

⑦ 无水硫酸钠(Na_2SO_4)：干燥温度必须控制在 30℃以内，干燥性比无水硫酸镁差。

⑧ 硫酸钙($CaSO_4$)：可以干燥 H_2、O_2、CO_2、CO、N_2、Cl_2、HCl、H_2S、NH_3、CH_4 等气体。

六、 蒸馏

蒸馏是指利用液体混合物中各组分挥发性的差异而将组分分离的传质过程，是一种将液体沸腾产生的蒸气导入冷凝管，使之冷却、凝结成液体的蒸发、冷凝过程。蒸馏是一种重要的分离混合物的操作技术，尤其对于液体混合物的分离有重要的实用意义。

蒸馏需要注意的若干问题如下。

① 常压蒸馏时，蒸馏烧瓶中所盛放液体的体积不能超过其容积的 2/3，也不能少于 1/3，加热时，不能将液体蒸干；减压蒸馏时，所盛放液体的体积不能超过其容积的 1/2。

② 加料时，将待蒸馏液通过玻璃漏斗小心倒入蒸馏瓶中，注意不要使液体从支管流出。

③ 蒸馏前，蒸馏烧瓶加入几粒沸石或碎瓷片，防止液体暴沸。

④ 温度计插入时，水银球应位于蒸馏烧瓶的支管口下沿。

⑤ 蒸馏时注意保持温度缓慢上升，加热时蒸馏瓶中的液体逐渐沸腾，蒸气逐渐上升，温度计的读数也略有上升。当蒸气的顶端到达温度计水银球部位时，温度计读数急剧上升。这时应适当调电热套电压，使加热速度略减慢，蒸气顶端停留在原处，使瓶颈上部和温度计受热，让水银球上液滴和蒸气温度达到平衡。

⑥控制加热温度，调节蒸馏速度，通常以每秒 1～2 滴为宜。在整个蒸馏过程中，应使温度计水银球上常有被冷凝的液滴。一方面，蒸馏时加热电压不宜太高，否则会在蒸馏瓶的颈部造成过热现象，使一部分液体的蒸气直接受到火焰的热量，这样由温度计读得的沸点就会偏高；另一方面，蒸馏也不能进行得太慢，否则由于温度计水银球不能被馏出液蒸气充分浸润而使由温度计所读得的沸点偏低或不规范。

⑦观察沸点及收集馏液。进行蒸馏前，至少要准备两个接收瓶。因为在达到预期物质的沸点之前，带有沸点较低物质的液体先蒸出。这部分馏液称为“前馏分”或“馏头”。前馏分蒸完，温度趋于稳定后，蒸出的就是较纯的物质，这时应更换一个洁净、干燥的接收瓶接收，记下这部分液体开始馏出时和最后一滴时温度计的读数，即该馏分的沸程(沸点范围)。

⑧一般液体中会或多或少地含有一些高沸点杂质，在所需要的馏分蒸出后，若再继续升高加热温度，温度计的读数会显著升高；若维持原来的加热温度，就不会再有馏液蒸出，温度会突然下降，这时就应停止蒸馏。

⑨即使杂质含量极少，也不要蒸干，以免蒸馏瓶破裂或发生其他意外事故。

⑩冷凝管中通入冷却水时应下进上出。

⑪蒸馏开始时，先开冷凝水，后加热。蒸馏结束时，先停止加热，后关冷凝水。

⑫拆除仪器的顺序和装配的顺序相反，先取下接收器，然后拆下尾接管、冷凝管、蒸馏头和蒸馏瓶等。

第十节　数据处理和结果分析

在统计学中，所考查对象的全体称为总体或母体。自总体中随机抽出的一组测量值，称为样本或子样。样本中所含测量值的数目，称为样本大小或容量。例如，对某批矿石中的锑含量进行分析，经取样、粉碎、缩分后，得到一定数量(如 500g)的试样进行定量分析，此试样即供分析用的试样总体。如果从中称取 4 份试样进行平行测定，得 4 个测定结果(x_1、x_2、x_3 和 x_4)，则这一组测定结果即该矿石试样总体的随机样本，其样本容量为 4。

一、 分析数据的统计处理

1. 数据集中趋势的表示

(1) 算术平均值和总体平均值

设样本容量为 n，总体平均值(μ)是无限次测量结果的平均值。即：

$$\mu=\frac{1}{n}\sum_{i=1}^{n}x_i(n\longrightarrow\infty),\ \overline{x}=\frac{1}{n}\sum_{i=1}^{n}x_i\quad(i=1,2,\cdots,n)\tag{4-93}$$

在无限次测量中用 μ 描述测量值的集中趋势，而在有限次测量中则用算术平均值$\overline{x}$(式4-93)描述测量值的集中趋势。

(2) 中位数(x_M)

中位数是将一组测量数据按大小顺序排列后中间的数据。当测量值个数为偶数时，中位数为中间两个相邻测量值的平均值。中位数的优点是能简便、直观地说明一组测量数据的结果，且不受两端具有过大误差数据的影响。缺点是不能充分利用所有的测量数据。显然用中位数表示数据的集中趋势不如平均值好。

2. 数据分散程度的表示

数据分散程度可用平均偏差$\overline{d}$和标准偏差来衡量。用统计方法处理数据时，广泛采用标准偏差来衡量数据的分散程度。

(1) 总体标准偏差(σ)

当测量次数为无限次时，各测量值对总体平均值 μ 的偏离，用总体标准偏差(σ)表示。即：

$$\sigma=\sqrt{\frac{\sum_{i=1}^{n}(x_i-\mu)^2}{n}}(n\longrightarrow\infty)\tag{4-94}$$

计算标准偏差时，对单次测量偏差加以平方，不仅能避免单次测量偏差相加时的正负抵消，更重要的是能更显著地反映大偏差，因而可以更好地说明数据的分散程度。

(2) 样本标准偏差(s)

当测量次数为有限次，且不知道总体平均值时，可用样本标准偏差来衡量该组数据的分散程度。样本标准偏差的计算式为：

$$s=\sqrt{\frac{\sum_{i=1}^{n}(x_i-\overline{x})^2}{n-1}}\tag{4-95}$$

相对标准偏差(s_r)也称变异系数(CV)，其计算式为：

$$s_r=\frac{s}{\overline{x}}\times100\%\tag{4-96}$$

式(4-95)中的($n-1$)为自由度，以 f 表示。自由度是指独立偏差的个数。对于一组 n 个测量数据的样本，可以计算出 n 个偏差值，但仅有 $n-1$ 个偏差是独立的，因而自由度 f 比测量次数 n 少1。引入 $n-1$ 主要是为了校正以$\overline{x}$代替μ 时所引起的误差。显然，当测量次数很多时，测量次数 n 与自由度 f 的区别就很小，此时$\overline{x}\longrightarrow\mu$，$s\longrightarrow\sigma$。

用平均偏差表示精密度的计算较简单，但在一系列测定结果中，通常小偏差占多数，大偏差占少数，如果按总的测量次数求算平均偏差，其值会偏小，大偏差得不到应有的反映。如表4-37是两组测量数据的偏差，其平均偏差均为0.28。但第二组数据中含有两个偏差较大(−0.73和0.51)的数据，分散程度明显大于第一组数据，即精密度较第一组差。

表 4-37　化学分析测定的数据统计

组别	d_1	d_2	d_3	d_4	d_5	d_6	d_7	d_8	$\overline{d}$	s
1	0.18	0.26	−0.25	−0.37	0.32	−0.28	0.31	−0.27	0.28	0.29
2	0.11	−0.73*	0.24	0.51*	−0.14	0.00	0.30	−0.21	0.28	0.38

若用标准偏差表示，将各次测量结果的偏差加以平方，可使大偏差显著地反映出来，能更好地说明数据的分散程度，且将它们的精密度区分开来。因此，在实际中，当各平行测量值较接近(数据较集中)时，用计算较简单的平均偏差表示测量结果的精密度；而当平行测量值相差较大(数据较分散)时，用标准偏差表示测量结果的精密度更为确切。

(3) 样本标准偏差的等效式

假定一组平行测量值为 x_1、$x_2 \cdots x_n$，其平均值为 $\overline{x}$，按照式(4-95)计算标准偏差 s 较麻烦，且计算平均值时会带来数字取舍误差。此时，可用下列等效式进行计算：

$$s=\sqrt{\frac{\sum x^2-\frac{(\sum x)^2}{n}}{n-1}} \tag{4-97}$$

目前，一般的计算器都有此计算功能，只要将数据输入计算器即可得到结果。

(4) 平均值的标准偏差

样本平均值 $\overline{x}$ 是一个重要的统计量，通常以此来估计总体平均值 μ。若对同一总体中的一系列样本分别进行平行测量，每个样本有 n 个测量结果，由此可求得一系列样本的平均值 $\overline{x}_1$、$\overline{x}_2 \cdots \overline{x}_n$。这些样本平均值并不完全相等，而是有一定的波动，它们的分散程度可用样本平均值的标准偏差($\sigma_{\overline{x}}$)表示，其计算公式为：

$$\sigma_{\overline{x}}=\frac{\sigma}{\sqrt{n}} \quad (n \longrightarrow \infty) \tag{4-98}$$

有限次测量样本平均值的标准偏差($s_{\overline{x}}$)则为：

$$s_{\overline{x}}=\frac{s}{\sqrt{n}} \quad (n\text{ 为有限次}) \tag{4-99}$$

由式(4-98)可知，平均值的标准偏差与测量次数的平方根成反比。4 次测量平均值的标准偏差，是单次测量标准偏差的 1/2；9 次测量平均值的标准偏差是单次测量标准偏差的 1/3。因此增加测量次数，能使平均值的标准偏差减少，其变化规律可用图 4-56 表示。由图 4-56 可知，当 $n>5$ 时，平均值标准偏差的变化就较慢，$n>10$ 时变化已很小。

所以，在实际中，一般测量 4～6 次即可，对准确度要求较高的分析，需测量 5～9 次。对于有限次测量样本，只要计算出分析结果的 $\overline{x}$ 和 s，即可表示出数据的集中趋势与分散程度，就能进一步对总体平均值可能存在的区间进行估计。

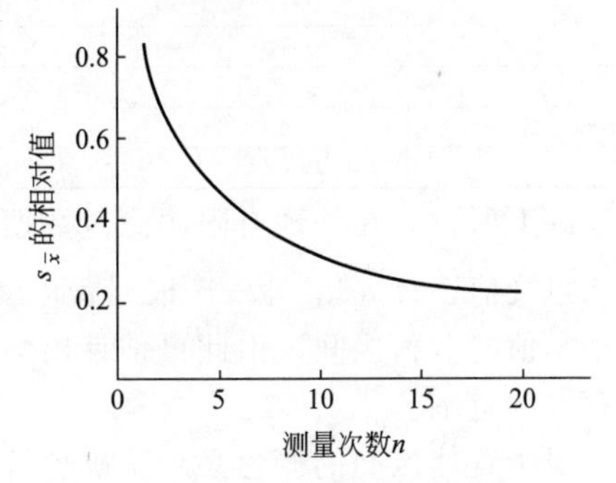

图 4-56　平均值的标准偏差与测量次数的关系

二、置信度与平均值的置信区间

正态分布是无限次测量数据的分布规律，通常分析测试只进行 3～5 次，是小样本实验，无法求得无限次测量数据的总体平均值 μ 和总体标准

偏差 σ，只能用有限样本的平均值 $\bar{x}$ 和标准偏差 s 来估计测量数据的分散情况。用 s 代替 σ 时，必然引起误差。对此，英国统计学家、化学家 W. S. Gosset 于 1908 年提出了"t 分布"，用 t 值代替 μ 值，以补偿这一误差，此时随机误差不是正态分布而是 t 分布。统计量 t 的定义为：

$$t=\frac{|\bar{x}-\mu|}{s_{\bar{x}}}=\frac{|\bar{x}-\mu|}{s}\sqrt{n} \tag{4-100}$$

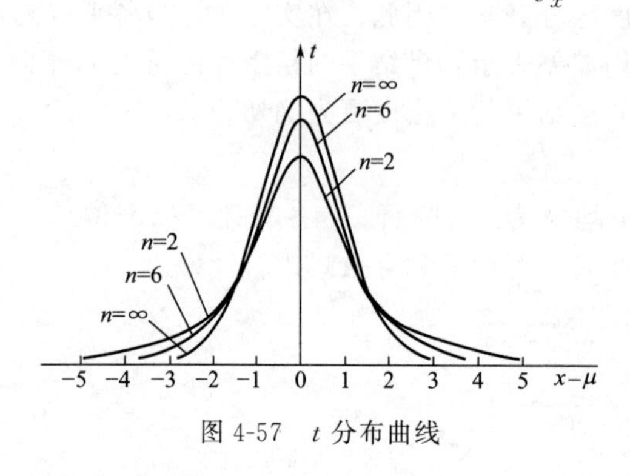

图 4-57 t 分布曲线

t 分布曲线（图 4-57）与正态分布曲线相似，只是 t 分布曲线随测量次数的减少而呈重尾分布，当 $n \longrightarrow \infty$ 时，t 分布曲线就趋于正态分布。t 分布曲线下一定范围内的面积即某测量值出现的概率，但一定 t 值时的概率随测量次数 n 或自由度 f 的变化而变化。

因此，t 分布概率与 t 值及测量次数有关。t 分布将有限次测量的 $\bar{x}$ 和 s 与 μ 联系起来，其关系即平均值的置信区间：

$$\mu=\bar{x}\pm\frac{ts}{\sqrt{n}} \tag{4-101}$$

表 4-38 列出的是部分常用的 t 值，表中的置信度通常用 P 表示，它表示在某一 t 值时，测定值落在（$\mu \pm ts$）范围内的概率。显然，落在此范围之外的概率为 $1-P$，称为显著性水平，用 α 表示。由于 t 值与测量次数 n 或自由度 f 及置信度 P 有关，故引用时要加注脚说明，一般表示为 $t_{\alpha,f}$。例如，$t_{0.05,8}$ 表示置信度为 95%、自由度为 8（$n=9$）时的 t 值。

表 4-38 不同测量次数及不同置信度时的 t 值

n	置信度，显著性水平				
	$P=0.50$ $\alpha=0.50$	$P=0.90$ $\alpha=0.10$	$P=0.95$ $\alpha=0.05$	$P=0.99$ $\alpha=0.01$	$P=0.995$ $\alpha=0.005$
2	1.000	6.314	12.706	63.657	127.32
3	0.816	2.920	4.303	9.925	14.089
4	0.765	2.353	3.182	5.841	7.453
5	0.741	2.132	2.776	4.604	5.598
6	0.727	2.015	2.571	4.032	4.773
7	0.718	1.943	2.447	3.704	4.317
8	0.711	1.895	2.365	3.500	4.029
9	0.706	1.860	2.306	3.355	3.832
10	0.703	1.833	2.262	3.320	3.690
11	0.700	1.812	2.228	3.169	3.581
21	0.687	1.725	2.086	2.845	3.153
∞	0.674	1.645	1.960	2.576	2.807

综上所述，在处理有限次测量数据时，需先校正系统误差，然后对数据进行统计处理，剔除可疑值，计算出 $\bar{x}$ 和 s，根据置信度的要求，查出表 4-38 中的 t 值，再依据式（4-101）计算平均值的置信区间，由此可估计出测定平均值与真值接近的程度，即真值在平均值附近可能存在的范围。

对于置信区间的概念必须正确理解，如 $\mu=47.50\pm0.10$（置信度为 95%），应理解为在 47.50±0.10 区间内包括总体平均值（真值）μ 的概率为 95%。

例如，对某试样中 SiO_2 的含量平行测定 6 次，得一组测量数据为 28.62%、28.59%、

28.51%、28.48%、28.52%、28.63%。计算置信度分别为90%、95%和99%时总体平均值的置信区间。计算得$\overline{x}=28.56\%$，$s=0.06\%$，$n=6$，$f=n-1=5$，查表4-38得置信度为90%的$t_{0.10,5}=2.015$，则$\mu=28.56\%\pm\frac{2.015\times0.06\%}{\sqrt{6}}=(28.56\pm0.05)\%$。同理，置信度为95%时，$t_{0.05,5}=2.571$，$\mu=28.56\%\pm\frac{2.571\times0.06\%}{\sqrt{6}}=(28.56\pm0.06)\%$。置信度为99%时，$t_{0.01,5}=4.032$，$\mu=28.56\%\pm\frac{4.032\times0.06\%}{\sqrt{6}}=(28.56\pm0.10)\%$

由上例可见，置信度越高，置信区间越大，即所估计的区间包括真值的可能性越大，在实际测定中，通常将置信度选为95%或90%。

由表4-38可知，测定次数越多，t值越小，因而求得的置信区间越窄，即测定平均值与总体平均值越接近，但测定20次以上与测定无限多次时的t值相差不大。这表明，当测定超过20次以上时，再增加测定次数对提高测定结果的准确度已没有意义了。可见，只有在一定测定次数范围内，分析数据的可靠性才随测定次数的增多而增加。

三、分析数据的可靠性检验

在实际中，常使用标准方法与所用分析方法进行对照试验，然后用统计学方法检验两种分析结果是否存在显著性差异。若存在显著性差异，而又肯定测定过程没有错误，则可以认定所用方法有不完善之处，即存在较大的系统误差；在统计学上，此情况称为两批数据来自不同总体。若不存在显著性差异，说明差异只来源于随机误差，或两批数据来自同一总体，可认为所用分析方法与标准方法一样准确。同样，如果用同一方法分析试样和标准试样，两分析人员或两个实验室对同一试样进行测定，结果也需要进行显著性检验。

显著性检验的一般步骤是：先假设不存在显著性差异，或所有样本来源于同一总体；再确定一个显著性水平，可用$\alpha=0.1$、0.05、0.01等值，实际中则多采用0.05的显著性水平，其含义是差异出现的概率在95%以上时，则取消前面的假设，承认有显著性差异存在；最后计算统计量，作出判断。常用的显著性检验方法是t检验法和F检验法。

1. t检验法

(1) 平均值与标准值的比较

t检验通常要确定所用分析方法是否存在较大的系统误差。因此，要先用该分析方法对标准试样进行分析，然后将得到的分析结果与标准值比较，进行t检验。检验时，由式(4-100)求得$t_{计}$值(式中，$\overline{x}$为标样测定平均值，μ为标样标准值；s为标样测定的标准偏差)，根据自由度f与置信度P查表4-38得$t_{\alpha,f}$值，与$t_{计}$比较，若$t_{计}>t_{\alpha,f}$，则存在显著性差异，反之不存在显著性差异。在实际中，通常以95%的置信度（5%的显著性水平）为检验标准。

【例4-6】 用一新分析方法对某含铁标准试样平行测定10次，已知该铁标准试样的标准值为1.06%，10次测定的平均值为1.054%，标准偏差为0.009%，要求置信度为95%，试判断此新分析方法是否存在较大的系统误差。

解： 将$\mu=1.06\%$、$\overline{x}=1.054\%$、$s=0.009\%$代入下式得：

$$t_{计}=\frac{|\overline{x}-\mu|}{s}\sqrt{n}=\frac{|1.054\%-1.06\%|}{0.009\%}\sqrt{10}\approx2.11$$

由$\alpha=0.05$和$f=n-1=10-1=9$，查表4-38，得$t_{0.05,9}=2.262$

因为$t_{计}<t_{0.05,9}$，故该新方法无较大的系统误差。

(2) 两组数据平均值的比较

在实际中，常需要对两种分析方法，两个不同实验室或两个不同操作者的分析结果进行比较。比较的方法是：双方对同一试样进行若干次测定，比较两组数据各自的平均值，以判断两者是否存在显著性差异。若以 x_{1i}、x_{2i} 分别表示两者各次测定值，$\overline{x}_1$、$\overline{x}_2$ 分别为两组数据的平均值，n_1、n_2 分别表示两组各自的测定次数，s_1、s_2 分别为两组数据的标准偏差。进行检验时，先用 F 检验法检验两组数据的精密度是否存在显著性差异，再在无显著性差异前提下进行 t 检验。在 t 检验时，先用式(4-102)求出合并标准偏差(s_P)，再由式(4-103)计算 t 值。

$$s_P=\sqrt{\frac{(n_1-1)s_1^2+(n_2-1)s_2^2}{n_1+n_2-2}} \tag{4-102}$$

$$t_{计}=\frac{|\overline{x}_1-\overline{x}_2|}{s_P}\cdot\sqrt{\frac{n_1n_2}{n_1+n_2}} \tag{4-103}$$

总自由度 $f=n_1+n_2-2$，$P=95\%$，查表 4-38 得 $t_{\alpha,f}$ 值，若 $t_{计}>t_{\alpha,f}$ 则存在显著性差异，反之不存在显著性差异。

此方法与 (1) 的不同点是两个平均值不是真值，因此，即使两者存在显著性差异，也不能说明其中一组数据或两组数据是否存在较大的系统误差。

【例 4-7】 甲、乙两个分析人员用同一分析方法测定合金中 Al 的含量，测定次数、所得结果的平均值及各自的标准偏差如下：

甲	$n=4$	$\overline{x}=15.1$	$s=0.41$
乙	$n=3$	$\overline{x}=14.9$	$s=0.31$

试判断两人的测得结果是否有显著性差异。

解： 根据式(4-102)和(4-103)得：

$$s_P=\sqrt{\frac{(4-1)\ \times 0.41^2+\ (3-1)\ \times 0.31^2}{3+4-2}}\approx 0.37$$

$$t_{计}=\frac{|15.1-14.9|}{0.37}\times\sqrt{\frac{3\times 4}{3+4}}\approx 0.71$$

由于 $\alpha=0.05$ $f=3+4-2=5$，查表 4-38，得 $t_{0.05,5}=2.571$。

因为 $t_{计}<t_{0.05,5}$，所以两人测定结果无显著性差异。

2. F 检验法

F 检验法用于检验两组数据的精密度，即标准偏差 s 是否存在显著性差异。

F 检验法的步骤是，先求出两组数据的标准方差（$s_{大}^2$ 和 $s_{小}^2$），$s_{大}^2$ 和 $s_{小}^2$ 分别表示方差较大和较小数据的标准方差。再用下式计算统计量 F 值。

$$F_{计}=\frac{s_{大}^2}{s_{小}^2} \tag{4-104}$$

最后，在一定置信度及自由度下，从 F 分布表查得 $F_{表}$，比较 $F_{计}$ 与 $F_{表}$。若 $F_{计}>F_{表}$，则存在显著性差异，反之不存在显著性差异。检验时要区别是单边检验还是双边检验，单边检验是指一组数据的方差只能大于、等于但不能小于另一组数据的方差；双边检验则是指一组数据的方差可以大于、等于或小于另一组数据的方差。表 4-39 中 f_1 为两组数据中方差大的自由度，而 f_2 为方差小的自由度。该表中的 F 值适用于单边检验和双边检验。但是，用于双边检验时显著性水平不再是 0.05 而是 0.1。

表 4-39　*F* 分布表（$\alpha=0.05$）

f_2	f_1												
	1	2	3	4	5	6	7	8	9	10	12	15	20
1	161.4	199.5	215.7	224.6	230.2	234.0	236.8	238.9	240.5	241.9	243.9	245.9	248.0
2	18.51	19.00	19.16	19.25	19.30	19.33	19.36	19.37	19.38	19.39	19.41	19.43	19.45
3	10.13	9.55	9.28	9.12	9.01	8.94	8.89	8.85	8.81	8.79	8.74	8.70	8.66
4	7.71	6.94	6.59	6.39	6.26	6.16	6.09	6.04	6.00	5.96	5.91	5.86	5.80
5	6.61	5.79	5.14	5.19	5.05	4.95	4.88	4.82	4.77	4.74	4.68	4.62	4.56
6	5.99	5.14	4.76	4.53	4.39	4.28	4.21	4.15	4.10	4.06	4.00	3.94	3.87
7	5.59	4.74	4.35	4.12	3.97	3.87	3.79	3.73	3.68	3.64	3.57	3.51	3.44
8	5.32	4.46	4.07	3.84	3.69	3.58	3.50	3.44	3.39	3.35	3.28	3.22	3.15
9	5.12	4.26	3.86	3.63	3.48	3.37	3.29	3.23	3.18	3.14	3.07	3.01	2.94
10	4.96	4.10	3.71	3.48	3.33	3.22	3.14	3.07	3.02	2.98	2.91	2.85	2.77
11	4.84	3.98	3.59	3.36	3.20	3.09	3.01	2.95	2.90	2.85	2.79	2.72	2.65
12	4.75	3.89	3.49	3.26	3.11	3.00	2.91	2.85	2.80	2.75	2.69	2.62	2.54
13	4.67	3.81	3.41	3.18	3.03	2.92	2.83	2.77	2.71	2.67	2.60	2.53	2.46
14	4.60	3.74	3.34	3.11	2.96	2.85	2.76	2.70	2.65	2.60	2.53	2.46	2.39
15	4.54	3.68	3.29	3.06	2.90	2.79	2.71	2.64	2.59	2.54	2.48	2.40	2.33
20	4.35	3.49	3.10	2.87	2.71	2.60	2.51	2.45	2.39	2.35	2.28	2.20	2.12
30	4.17	3.32	2.92	2.69	2.53	2.42	2.33	2.27	2.21	2.16	2.09	2.01	1.93
60	4.00	3.15	2.76	2.53	2.37	2.25	2.17	2.10	2.04	1.99	1.92	1.84	1.75
∞	3.84	3.00	2.60	2.37	2.21	2.10	2.01	1.94	1.88	1.83	1.75	1.67	1.57

【例 4-8】　同一含铜样品，由两个实验室分别测定 5 次，其结果见下表：

实验室号	1	2	3	4	5	$\bar{x}$	s
1	0.098	0.099	0.098	0.100	0.099	0.0988	0.00084
2	0.099	0.101	0.099	0.098	0.097	0.0988	0.00148

试用 *F* 检验法判断两个实验室所测数据的精密度是否存在显著性差异。

解：此问题属于双边检验，显著性水平为 0.1。

$$s_{大}=0.00148 \qquad s_{小}=0.00084$$

$$F_{计}=\frac{s_{大}^2}{s_{小}^2}\approx 3.10$$

$$f_1=f_2=5-1=4$$

查表 4-39 得，$F_{表}=6.39$。

$F_{计}<F_{表}$，所以两组测定结果的精密度不存在显著性差异。

四、可疑数据的取舍

在多次平行测定所得的一组数据中，往往有个别数据与其他数据相差较大，其称为可疑值，又称异常值或离群值，若不是由过失造成的，则应根据随机误差分布规律决定取舍。常用可疑值取舍的判别方法有以下几种。

1. 4$\overline{d}$法

用4$\overline{d}$法判断可疑值取舍时，先求出除可疑值以外的其余数据的平均值$\overline{x}$和平均偏差$\overline{d}$，再将可疑值与平均值比较，若其绝对偏差大于4$\overline{d}$，可疑值应舍去，反之应保留。

【例4-9】 用Na_2CO_3基准物质标定HCl溶液浓度时，6次平行标定结果分别为0.5050mol/L、0.5042mol/L、0.5086mol/L、0.5063mol/L、0.5051mol/L和0.5064mol/L，试用4$\overline{d}$法判断可疑值0.5086mol/L是否应舍去。

解： 不计可疑值0.5086mol/L，其余数据的平均值和平均偏差分别为：

$$\overline{x}=0.5054(\text{mol/L})$$

$$\overline{d}=0.00076$$

则$4\overline{d}=4\times0.00076=0.00304$，可疑值与平均值的绝对偏差为：

$$|0.5086-0.5054|=0.0032>4\overline{d}$$

故数据0.5086mol/L应舍去。

用4$\overline{d}$法判断可疑数据的取舍时，存在较大的误差，但由于方法简单，不必查表，故至今仍被人们所采用。显然，此方法只能用于处理要求不高的实验数据。

2. Q检验法

当测定次数$3\leqslant n\leqslant10$时，根据所要求的置信度，按下列步骤判断可疑值是否应舍弃。

① 将各测定数据按从小到大的顺序排列，即x_1，x_2，…，x_n；

② 求出最大值与最小值之差，即x_n-x_1；

③ 求出可疑值与其相邻值之差，即x_n-x_{n-1}或x_2-x_1；

④ 求$Q_{计}=\dfrac{x_n-x_{n-1}}{x_n-x_1}$或$Q_{计}=\dfrac{x_2-x_1}{x_n-x_1}$；

⑤ 根据测定次数和要求的置信度，查表4-40，得$Q_{表}$；

⑥ 将$Q_{计}$与$Q_{表}$比较，若$Q_{计}>Q_{表}$，则舍去可疑值，反之应予以保留。

表4-40 取舍可疑数据的Q值(置信度为90%和95%)

测定次数	3	4	5	6	7	8	9	10
$Q_{0.90}$	0.94	0.76	0.64	0.56	0.51	0.47	0.44	0.41
$Q_{0.95}$	1.53	1.05	0.86	0.76	0.69	0.64	0.60	0.58

【例4-10】 对某轴承合金中锑的含量进行了10次平行测定，测定结果为15.48%、15.51%、15.52%、15.53%、15.52%、15.56%、15.53%、15.54%、15.68%、15.56%，试用Q检验法判断有无可疑值需舍去(置信度90%)。

解： ① 将各测定数据按从小到大的顺序排列：

15.48%，15.51%，15.52%，15.52%，15.53%，15.53%，15.54%，15.56%，15.56%，15.68%

② 求出最大值与最小值之差：

$$x_n-x_1=15.68\%-15.48\%=0.20\%$$

③ 求出可疑值与其相邻值之差：

$$x_n-x_{n-1}=15.68\%-15.56\%=0.12\%$$

④ 计算$Q_{计}$值：

$$Q_{计}=\frac{x_n-x_{n-1}}{x_n-x_1}=\frac{0.12\%}{0.20\%}=0.60$$

⑤ 查表 4-40 得，$n=10$ 时 $Q_{0.90}=0.41$，$Q_{计}>Q_{表}$，所以最大值 15.68%必须舍去。此时分析结果的范围为 15.48%～15.56%，$n=9$。

同样，检验最小值 15.48%：

$$Q_{计}=\frac{15.51\%-15.48\%}{15.56\%-15.48\%}\approx 0.38$$

查表 4-40 得，$n=9$ 时 $Q_{0.90}=0.44$，$Q_{计}<Q_{表}$，所以最小值 15.48%应予以保留。

Q 检验法的缺点是：没有充分利用测定数据，仅将可疑值与其相邻值比较，可靠性差。在测定次数少时，如 3～5 次，误将可疑值判为正常值的可能性较大。Q 检验可以重复检验至无其他可疑值为止。

3. 格鲁布斯检验法

格鲁布斯（Grubbs）检验法即 G 检验法，常用于检验多组测定值平均值的一致性，也可用于检验同组测定中各测定值的一致性。现以同组测定值中数据一致性的检验为例，说明其检验步骤。

① 将各数据按从小到大的顺序排列为 x_1、x_2、…、x_n，求出其算术平均值 $\overline{x}$ 和标准偏差 s。

② 确定检验值 x_1 或 x_n，或对两者都进行检验。

③ 计算 G 值。设 x_1 为可疑值，可用式(4-105)计算；若 x_n 为可疑值，则用式(4-106)计算。

$$G=\frac{\overline{x}-x_1}{s} \tag{4-105}$$

$$G=\frac{x_n-\overline{x}}{s} \tag{4-106}$$

④ 查表 4-41 格鲁布斯检验临界值(不作特别说明时，α 取 0.05)，得 G 的临界值 $G_{(\alpha,n)}$。

⑤ 比较 $G_{计}$ 与 $G_{(\alpha,n)}$。若 $G_{计}\geqslant G_{(\alpha,n)}$，则可疑值 x_1 或 x_n 是异常的，应予以剔除；反之应予保留。

⑥ 在第一个异常数据被剔除后，如果仍有可疑数据需判别时，则应重新计算 $\overline{x}$ 和 s，并求出新的 $G_{计}$ 值，再次检验，依次类推，直到无异常的数据为止。

表 4-41　格鲁布斯检验临界值

测定次数 n	自由度 f	G 值		测定次数 n	自由度 f	G 值	
		显著性水平 $\alpha=0.05$	显著性水平 $\alpha=0.01$			显著性水平 $\alpha=0.05$	显著性水平 $\alpha=0.01$
3	2	1.153	1.155	14	13	2.371	2.659
4	3	1.463	1.492	15	14	2.409	2.705
5	4	1.672	1.749	16	15	2.443	2.747
6	5	1.822	1.944	17	16	2.475	2.785
7	6	1.938	2.097	18	17	2.504	2.821
8	7	2.032	2.221	19	18	2.532	2.854
9	8	2.110	2.323	20	19	2.557	2.884
10	9	2.176	2.410	21	20	2.580	2.912
11	10	2.234	2.485	31	30	2.759	3.119
12	11	2.285	2.550	51	50	2.963	3.344
13	12	2.331	2.607	101	100	3.211	3.604

对多组测定值的检验，只需把平均值作为一个数据，用以上相同的步骤进行计算与检验即可。

【例 4-11】 由不同实验室分析同一样品，各实验室测定的平均值按由小到大的顺序排列为 4.41、4.49、4.50、4.51、4.64、4.75、4.81、4.95、5.01、5.39，用格鲁布斯检验法检验最大均值 5.39 是否应该剔除。

解： $\overline{x}=\frac{1}{10}\sum_{i=1}^{10}\overline{x_i}=4.75$

$$s=\sqrt{\frac{1}{10-1}\sum_{i=1}^{10}(\overline{x_i}-\overline{x})^2}=0.305$$

将$\overline{x}$和 s 代入(4-106)得：

$$G_{计}=\frac{x_n-\overline{x}}{s}=\frac{5.39-4.75}{0.305}=2.10$$

当 $n=10$，显著性水平 $\alpha=0.05$ 时，临界值 $G_{(0.05,10)}=2.176$，因 $G_{计}<G_{(0.05,10)}$，故 5.39 为正常均值，即平均值为 5.39 的一组测定值无须剔除。

第五章　典型仪器设备操作指南

本章所述的典型仪器设备仅涉及六个模块相关内容和部分必备检测的熔点、沸点、折射率、比旋光度、闪点等的常规设备。对于一些特殊设备，由于使用的可能性很小，请选手按照指导教师的安排查看相关资料。

第一节　化学分析模块

一、 典型仪器设备

化学分析模块使用的典型仪器设备大部分是玻璃量器和容器。玻璃仪器的主要成分是SiO_2、CaO、Na_2O、K_2O。引入B_2O_3、Al_2O_3、ZnO等会形成不同用途的玻璃量器和容器。目前使用的玻璃量器大部分是硼-硅玻璃含量比较高、精度比较高、质量比较好的进口仪器。玻璃仪器的化学组成和主要用途见表5-1。

表5-1　玻璃仪器的化学组成和主要用途

玻璃种类	化学组成/%						主要用途
	SiO_2	Al_2O_3	B_2O_3	CaO	ZnO	Na_2O、K_2O	
特硬玻璃	80.7	2.1	12.8	0.6	—	3.8	制作耐热玻璃
硬质玻璃	79.1	2.1	12.6	0.6	—	5.8	制作烧器产品
一般仪器玻璃	74	4.5	4.5	3.3	1.7	12	制作滴管、培养皿等
量器玻璃	73	5	4.5	3.8	0.5	13.2	制作量器

化学实验室常用玻璃仪器的种类和规格很多，其用途也不同，详见表5-2。

表5-2　化学实验室常用玻璃仪器的规格、主要用途及使用注意事项

名称	规格及表示方法	主要用途	使用注意事项
烧杯	以容积(mL)表示，有一般型、高型；有刻度和无刻度几种	配制溶液、溶解样品，反应容器等	加热时应置于石棉网上，使其受热均匀，一般不可烧干；反应液体积不能超过烧杯容积的2/3
锥形瓶	以容积(mL)表示，有具塞、无塞；广口、细口和微型几种	加热、处理试样和容量分析滴定	磨口锥形瓶加热时要打开瓶塞，非标准磨口要保持原配瓶塞

续表

名称	规格及表示方法	主要用途	使用注意事项
碘量瓶	以容积(mL)表示	碘量法或其他生成挥发性物质的定量分析	磨口要保持原配塞；加热时应置于石棉网上，使其受热均匀，一般不可烧干
量筒、量杯	以所能量度的最大容积(mL)表示	粗略地量取一定体积的液体	不能加热，不能在其中配制溶液，不能在烘箱中烘烤，操作时要沿壁加入或倒出溶液
容量瓶	以容积(mL)表示，量入式（In）	配制准确体积的标准溶液或被测溶液	非标准的磨口塞要保持原配；漏水的不能用；不能在烘箱内烘烤，不能加热，不能用毛刷洗刷；不能代替试剂瓶用来存放溶液
滴定管	滴定管分酸式、碱式两种，也有酸、碱都可以用的聚四氟塞的，以容积(mL)表示；管身颜色为棕色或无色	容量分析滴定	活塞要原配；漏水的不能使用；不能加热；不能长期存放碱液；碱式管不能放与乳胶管作用的滴定液
移液管	以所能量度的最大容积(mL）表示，单标线大肚型	准确地移取一定体积的液体	不能加热；上端和尖端不可磕破
吸量管	以所能量度的最大容积(mL)表示，有分刻度直管型	准确地移取各种不同体积的液体	不能加热；上端和尖端不可磕破
称量瓶	以外径（mm）×高（mm）表示，分扁形、筒形	扁形用于测定干燥失重；筒形用于称量基准物、样品	不可盖紧磨口塞烘烤，磨口塞要原配；不能直接用火加热
试剂瓶	以容积表示，有广口瓶、细口瓶两种，又分磨口、不磨口，无色、棕色等	细口瓶用于存放液体试剂；广口瓶用于装固体试剂；棕色瓶用于存放见光易分解的试剂	不能加热；不能在瓶内配制在操作过程中放出大量热量的溶液；磨口塞要保持原配；放碱液的瓶子应使用橡皮塞，以免长时间后打不开
滴瓶	以容积(mL)表示，分无色、棕色两种	装需滴加的试剂	不能加热；棕色瓶盛放见光易分解或不稳定的试剂；取用试剂时，滴管要保持垂直，不接触接收容器内壁，不插入其他试剂中
漏斗	以直径(cm)表示，有短颈、长颈、粗颈、无颈几种	过滤沉淀；引导溶液入小口容器；粗颈漏斗用于转移固体	不能直接用火灼烧；过滤时，漏斗颈尖端必须紧靠承接滤液的容器壁
分液漏斗	以容积(mL)、漏斗颈长短表示，有球形、梨形、筒形、锥形几种	分离两种互不相溶的液体；用于萃取分离和富集(多用梨形)；制备反应中加液体(多用球形及滴液漏斗)	磨口旋塞必须原配，漏水的漏斗不能使用；不能加热
试管	试管分普通试管和离心试管。普通试管又有翻口、平口，有支管、无支管，有塞、无塞几种 有刻度的以容积(mL)表示；无刻度的用管口直径（mm）×管长(mm)表示	反应容器，便于操作、观察，药量少；离心试管可在离心机中通过离心作用分离溶液和沉淀	反应液体不超过试管容积的1/2，加热时不超过1/3；加热液体时，管口不要对人，并将试管倾斜与桌面成45°；加热固体时，管口略向下倾斜；离心管只能水浴加热

续表

名称	规格及表示方法	主要用途	使用注意事项
比色管	以最大容积表示，有无塞和具塞两种	比色、比浊分析	不可直火加热；非标准磨口塞必须原配；注意保持管壁透明，不可用去污粉刷洗
烧瓶	以容积（mL）表示。有普通型和标准磨口型。从形状分，有圆形、茄形、梨形；平底、圆底；长颈、短颈；两口、三口等	加热及蒸馏液体	一般避免直火加热，隔石棉网或各种加热浴加热；盛放液体体积不能超过烧瓶容量的2/3，也不能太少
凯氏烧瓶		消解有机物质	置石棉网上加热，瓶口勿对向自己及他人
冷凝管	以外套管长（cm）表示，分空气、直形、球形、蛇形冷凝管几种	用于冷却蒸馏出的液体，蛇形管适用于冷凝低沸点液体蒸气，空气冷凝管用于冷凝沸点高于150℃以上的液体蒸气，球形冷凝管冷却面积大，适用于加热回流	不可骤冷骤热；注意从下口进冷却水，上口出水；开冷却水需缓慢，水流不能太大
蒸馏头和加料管	磨口仪器	用于蒸馏，与温度计、蒸馏瓶、冷凝管相连	磨口处需洁净，不得有脏物；注意不要让磨口结死，用后立即洗净
应接管	有磨口、普通两种，分单尾、双尾、三尾等	承接液体，上口接冷凝管，下口接接收瓶	磨口处需洁净，不得有脏物；注意不要让磨口结死，用后立即洗净
洗气瓶	以容积表示	净化气体，反接可作安全瓶（缓冲瓶）	接法要正确（进气管通入液体中）；洗涤液注入容器高度的1/3，不得超过1/2
抽滤瓶	以容积（mL）表示	抽滤时接收滤液	属于厚壁容器，能耐负压；不可加热
垂熔玻璃滤器	以滤板孔径大小表示，分成G1～G6	过滤	必须抽滤；不能骤冷骤热；不能过滤氢氟酸、碱，不宜浆状沉淀过滤；用后立即洗净
表面皿	以口径（cm）表示	盖烧杯及漏斗，以免溶液溅出或灰尘落入	不可直火加热，直径要略大于所盖容器
培养皿	以玻璃底盖外径（cm）表示	放置固体样品	固体样品放在培养皿中，可放在干燥器或烘箱中烘干；不能加热
干燥器	以内径（cm）表示，分普通、真空干燥两种	保持烘干或灼烧过物质的干燥；也可干燥少量制备的产品	底部放变色硅胶或其他干燥剂，盖磨口处涂适量凡士林；不可将红热的物体放入，放入热的物体后要每隔一定时间开一开盖子，以调节干燥器内压力
干燥管	以大小表示，有直形、弯形、U形几种	盛装干燥剂，干燥气体	干燥剂置于球形部分，不宜过多；小管与球形交界处放少许棉花填充；大头进气，小头出气
干燥塔	以容积表示	净化、干燥气体	塔体上室底部放少许玻璃棉，上面容器放干燥剂（固体）；干燥塔下面进气，上面出气，球形干燥塔内管进气

化学分析模块中，主要使用的容器和规格如下。

1. 玻璃量器和容器

（1）容量瓶

容量瓶是一种细颈梨形平底玻璃瓶，带有玻璃磨口、玻璃塞或塑料塞，可用橡皮筋将塞子系在容量瓶的颈上。颈上有一环形标线，表示在所指定温度（一般为20℃）下液体到达标线时，液体体积恰好等于瓶上所标明的体积。常见的有10mL、25mL、50mL、100mL、250mL、500mL和1000mL等规格。

容量瓶主要用于配制准确浓度的溶液或定量地稀释溶液。容量瓶有无色和棕色两种。

容量瓶是量入式(In)计量玻璃仪器，必须符合 GB/T 12806—2011《实验室玻璃仪器 单标线容量瓶》要求。容量瓶按精度的高低分为 A 级和 B 级，A 级比 B 级高。容量瓶的容量允差见表 5-3。

表 5-3 容量瓶的容量允差

标准容量/mL		1	2	5	10	20	25	50	100	200	250	500	1000	2000	5000
容量允差/mL(±)	A 级	0.01	0.01	0.02		0.03		0.05	0.10	0.15		0.25	0.40	0.60	1.20
	B 级	0.02	0.03	0.04		0.06		0.10	0.20	0.30		0.50	0.80	1.20	2.40

（2）移液管

移液管是用来准确移取一定体积溶液的量器，准确度与滴定管相当。移液管中部具有球部结构，无分刻度，两端细长，只有环行标线，“胖肚”上标有指定温度下的容积。常见的规格为 5mL、10mL、25mL、50mL、100mL 等，按移液管的容量精度分为 A 级和 B 级。移液管必须符合 GB/T 12808—2015《实验室玻璃仪器 单标线吸量管》的要求，容量允差见表 5-4。

表 5-4 移液管的容量允差

标准容量/mL		1	2	3	5	10	15	20	25	50	100
容量允差/mL(±)	A 级	0.007	0.010	0.015	0.020	0.025	0.03	0.05	0.08		
	B 级	0.015	0.020	0.030	0.040	0.050	0.06	0.10	0.16		

（3）吸量管

吸量管是有分刻度的直形玻璃管，分不完全流出式、完全流出式、规定等待 15s 的。吸量管上端标有指定温度下的总体积，管的容积有 1mL、2mL、5mL、10mL 等，可用来吸取不同体积的溶液，一般只量取小体积的溶液，其准确度比移液管稍差。吸量管必须符合 GB 12807—91《实验室玻璃仪器 分度吸量管》的要求。

（4）滴定管

滴定管可分为酸式和碱式两种。酸式滴定管下端装有玻璃活塞，用来盛放酸性、中性及具有氧化性的溶液，碱溶液会使活塞与活塞套黏结。碱式滴定管下端用乳胶管连接一个小玻璃管，乳胶管内有一玻璃珠，用以控制溶液的流出。碱式管用来装碱性溶液，但不能盛放氧化性溶液，因为氧化性溶液会腐蚀乳胶管。活塞为聚四氟乙烯的滴定管，酸、碱及氧化性溶液均可采用，其结构及滴定操作跟酸式滴定管大体相同。

常量分析用的滴定管有 25mL、50mL 等规格，其最小刻度值为 0.1mL，读数可估计到 0.01mL。此外，还有容积为 10mL、5mL、2mL、1mL 的半微量和微量滴定管，其最小刻度为 0.01mL。滴定管的精度分 A 级和 B 级。滴定管必须符合 GB/T 12805—2011《实验室玻璃仪器 滴定管》的要求，容量允差见表 5-5。

表 5-5 滴定管的容量允差

标准容量/mL		1	2	5	10	25	50	100
容量允差/mL(±)	A 级	0.01	0.01	0.01	0.025	0.04	0.05	0.10
	B 级	0.02	0.02	0.02	0.050	0.08	0.10	0.20

2. 大赛使用的滴定管、吸量管、移液管、容量瓶

第 45 届世赛赛场使用的仪器是德国 Manufacturer Simax 直管芯旋塞阀滴定管，等级 AS(10mL)和等级 AS(25mL)。吸量管完全流出，带有两行刻度线，级别为 AS(10mL)和 AS(25mL)。单标线的具玻璃塞容量瓶规格为 100mL、250mL、500mL。目前，笔者使用的

是德国 HIRSCHMAINN@滴定管、吸量管、移液管和容量瓶。

德国玻璃量器的校准是在基于量入环境+20℃的温度下进行的。挥发的容量以及同时黏附在玻璃表面的液体都在准确考虑之内。因此只有按照特定的等待时间标准来读取数据才能达到这种效果。刻度移液管的允许误差符合 DIN 和 ISO 精度标准。

B 标准是一个比较粗略的标准。其精度只有 AS 标准的一半。然而 B 标准的允许误差比 DIN 标准更严格。在第 15 次标准修正案中，德国计量中心已经承认了 AS 标准的有效性。特别是在临床实验室，以水和稀释水溶液进行的实验中。因此在相同精度要求的同时，排水时间比之前缩短了。

HIRSCHMAINN@滴定管由耐化学腐蚀的 DURAN@玻璃制成，主要用于溶液滴定。精度等级标准要求滴定管准确读取液体容量，从而达到滴定的功效。校准是在基于量入环境+20℃的温度下进行的，标准也考虑了液体挥发而引起的误差。级别为 AS 级。

按照 DIN EN ISO 835—2007 的标准要求，刻度移液管的等待时间从 15s 减少到 5s，标称量程在顶部，完全排出的 2 类移液管也包含在内。

德国 HIRSCHMAINN@刻度吸量管分为三类，见表 5-6。

表 5-6　刻度吸量管分类

分类	顶端刻度	排出方式	标识
1 类	顶端无刻度	部分排出	零刻度位于顶部
2 类	顶端有刻度	完全排出	标称量程位于顶部
3 类	顶端有刻度	完全排出	零刻度位于底部

HIRSCHMAINN@容量瓶由耐热和耐化学腐蚀的 DURAN@玻璃制成，并且耐用。通过精确的校准，量取精准。容量瓶适用于一定体积液体样品的精确测量，容量瓶分为 A 级和 B 级 2 种。A 级精度最高，B 级精度大约只有 A 级产品的一半。

A 级透明容量瓶为蓝色印刷，棕色容量瓶为白色印刷。B 级容量瓶为白色印刷，这些产品只提供一般的规格描述。

3. 一般用具

称量电子天平(精度 0.1mg)、天平(粗称)、烧杯、锥形瓶、干燥器、滴定台、滴定管夹、加热板或电炉、玻璃棒、试剂瓶、滤纸、称量纸、标签、记号笔等。

二、　仪器操作指南

仪器操作提示：安全第一，注意使用腐蚀试剂，易挥发试剂，有毒、有害试剂时的安全；注意用电器的安全。

1. 容量瓶的使用

（1）容量瓶试漏

对于玻璃塞的容量瓶，检查时加水近刻度线，盖好瓶塞，用左手食指按住，同时用右手五指托住瓶底边沿，将瓶倒立 2min，如不漏水，将瓶直立，把瓶塞转动 180°，再倒立 2min，若仍不漏水即可使用。

对于 PE 塑料胶塞容量瓶，试漏时将塞子盖上，塞子水平方向旋转 10°左右，锁住瓶口，按上述方法试漏即可。建议参赛选手使用 PE 塑料胶塞容量瓶。

（2）容量瓶洗涤

容量瓶可先用自来水冲洗，对于不洁净或内壁有油污的容量瓶，可以加入适量的铬酸洗液，其用量大约是 250mL 容量瓶中倒入 5～20mL，倾斜转动，使铬酸洗液充分润洗内壁，然后再把铬酸洗液倒回原洗液瓶中，容量瓶用自来水冲洗干净后，再用离子水润洗 2～3 次备用。

对于长期使用有机试剂和溶剂的容量瓶，也可用 3%～5%的氢氧化钠溶液洗涤，但是注意不要浸泡。

（3）容量瓶校正

容量瓶校正参照 GB/T 12810—91《实验室玻璃仪器 玻璃量器的容量校准和使用方法》、JJG 196—2006《常用玻璃量器检定规程》。校正时，根据具体情况可采用绝对校正法（衡量法）和相对校正法。

① 绝对校正法。准确称量洗净、干燥、具塞的容量瓶，空瓶质量为 m_0。注入纯水至标线，用滤纸条吸干瓶颈内壁水滴，盖上瓶塞称量为 m_t，同时记录水温 t。两次称量之差即容量瓶容纳的水的质量，复检一次，求出水的平均质量 $\overline{m_t}$。并根据该温度下 H_2O 的密度 ρ_t，计算该容量瓶 20℃时的真实容积，求出校正值。

$$V_{校正,20℃}=\frac{(\overline{m_t}-m_0)}{\rho_t}$$

校正时，由质量换算成容积时必须考虑 H_2O 的密度、空气浮力、玻璃的膨胀系数三个方面的影响，综合三个因素后确定一个总校正值。此值表示玻璃仪器中 1mL 纯水在不同温度下，于空气中用黄铜砝码称得的质量，也就是密度的概念，见表 5-7。

表 5-7　玻璃容器中 1mL 纯水在空气中用黄铜砝码称得的质量

温度/℃	质量/g	温度/℃	质量/g	温度/℃	质量/g	温度/℃	质量/g
1	0.99824	11	0.99832	21	0.997	31	0.99464
2	0.99832	12	0.99823	22	0.9968	32	0.99434
3	0.99839	13	0.99814	23	0.9966	33	0.99406
4	0.99844	14	0.99804	24	0.99638	34	0.99375
5	0.99848	15	0.99793	25	0.99617	35	0.99345
6	0.99851	16	0.9978	26	0.99593	36	0.99312
7	0.9985	17	0.99765	27	0.99569	37	0.9928
8	0.99848	18	0.99751	28	0.99544	38	0.99246
9	0.99844	19	0.99734	29	0.99518	39	0.99212
10	0.99839	20	0.99718	30	0.99491	40	0.99177

举例说明，校准容量瓶时，在 15℃称得纯 H_2O 质量为 249.43g，查表得 15℃时的综合换算系数为 0.99793，由此算得它在 20℃时的实际体积为：

$$V_{校正,20℃}=\frac{(\overline{m_t}-m_0)}{\rho_t}=\frac{249.43}{0.99793}\approx 249.95\ (\text{mL})$$

② 相对校正法。在大多数情况下，容量瓶与移液管是配合使用的。首先将一定量的物质溶解后在容量瓶中定容，然后用移液管取出一部分进行定量分析。在这里，重要的不是要知道所用容量瓶的绝对容积，而是容量瓶与移液管的容积比是否正确，例如，250mL 容量瓶和 25mL 移液管配套使用时，250mL 容量瓶的容积是否为 25mL 移液管所放出液体体积的 10 倍？此时，只需要进行容量瓶与移液管的相对校正即可。其校正方法如下。

预先将容量瓶洗净、控干，用洁净的移液管吸取蒸馏水注入该容量瓶中。容量瓶容积为 250mL，移液管为 25mL，用移液管平行移取 10 次，观察容量瓶中水的弯月面是否与标线相切，若正好相切，说明移液管与容量瓶的体积比为 1∶10；若不相切，表示有误差，再重复校正一次；如果仍不相切，可在容量瓶颈上作一新标记，以后配合该支移液管使用时即以新标记为准。应该说明的是，配套使用的容量瓶和移液管的玻璃材质应相近，校正和使用时的温度应相近，否则也会因为温度变化使体积出现新的误差。

（4）容量瓶的使用规则

① 容量瓶先用自来水冲洗或用洗液洗涤后用水冲洗，再用离子水润洗 2～3 次备用。

② 配制溶液。将准确称量的药品，倒入干净的小烧杯中，加入少量溶剂使其完全溶解，然后用玻璃棒引流转移至容量瓶中。烧杯中溶液流完后，将烧杯嘴沿玻璃棒上提，同时使烧杯直立。将玻璃棒取出放入烧杯内，用少量溶剂冲洗玻璃棒和烧杯内壁，将冲洗液转移到容量瓶中，如此重复操作 3 次以上。特别提醒，固体样品溶解时，不要用玻璃棒用力碾压，以免用溶剂冲洗时，不能完全冲洗干净，使烧杯有残留。当容量瓶中溶液体积至 1/2～3/4 时，要平摇使其达到初步混匀，要注意溶液不要过容量瓶标线，再继续加溶剂至近标线，最后改用滴管逐滴加入，直到溶液的弯月面恰好与标线相切，盖上瓶塞。将容量瓶倒置，待气泡上升至底部，再倒转过来，待气泡上升到顶部，如此反复 15 次以上，使溶液混匀。

③ 稀释溶液。用移液管移取一定体积的浓溶液于容量瓶中，加水至 1/2～3/4 容积时，初步摇荡混匀，再加水至标线，混合均匀即可。

定量分析使用的容量瓶，不宜长期贮存试剂，配好的溶液需要长期保存时，应转入试剂瓶中。特别注意的是，容量瓶不能在电炉、烘箱中烘烤，如必须干燥，可先用 C_2H_5OH 等有机物润洗，再用电吹风或烘干机的冷风吹干。

2. 移液管、吸量管的使用

（1）移液管、吸量管的洗涤

移液管、吸量管使用前先用铬酸洗液洗涤，然后用自来水洗净，最后用离子水润洗 3 次。具体操作步骤为：将移液管或吸量管插入洗液中，管尖不要进入太深，用移液管吸取洗液至球部 1/4～1/3 处时，立即用右手食指按住管口，将移液管横过来，用两手的拇指及食指分别拿住移液管的两端，转动移液管使溶液流过管内标线稍上所有的内壁，后将洗液从上口倒出。

（2）移液管、吸量管的润洗

洗净后的移液管或吸量管，在移液前必须用吸水纸或滤纸吸净尖端内、外的残留水（注意不要用洗耳球吹出管内的液体，以免破坏管内水膜或溶剂膜的表面张力，后面的操作也不要用洗耳球吹管内溶液），然后用待取液润洗 3 次，以防改变溶液的浓度。具体操作步骤为：洗涤时，将溶液吸至球部 1/4～1/3 处时，即可封口取出。注意勿使溶液回流，以免稀释溶液。润洗后将溶液从下端放出。倒少许溶液于一干净且干燥的小烧杯中（如烧杯不干燥，可用待移取溶液润洗 3 次），用移液管吸取溶液至球部 1/4～1/3 处时，立即用右手食指按住管口，将移液管管横过来，用两手的拇指及食指分别拿住移液管的两端，转动移液管使溶液流过管内标线稍上所有的内壁，当溶液流至距管尖口 2～3cm 时，使管直立，将溶液从尖嘴放出，弃去。

（3）移液管、吸量管的移液

吸量管的操作与移液管的操作基本相同。移液管或吸量管使用前后，应放在移液管架上，以防管下端被污染，用过的移液管或吸量管要及时清洗。

吸取溶液时，一般用右手的拇指和中指拿住管颈的上方，把管下部的尖嘴插入待吸取的溶液中，不宜插入太浅，以免吸空；也不宜插入太深，以免导致管外壁带出的溶液过多；一般控制管尖在液面下约 1～2cm 处。右手的拇指与中指拿住移液管标线以上部分，左手拿洗耳球，先把球内空气压出，然后把球的尖嘴紧按在移液管口上，并封紧移液管口，逐步松开洗耳球，以吸取溶液。当液面升高到标线以上 5mm 时，迅速移去洗耳球，并立即用右手食指按住管口，使移液管离开小烧杯，用吸水纸擦拭管下端原伸入溶液的部分，以除去管壁上的溶液。左手改拿一干净的小烧杯，使之倾斜成30°，管尖紧靠在小烧杯的内壁上，微微松动右手食指，使溶液缓慢平稳下降，直到溶液的弯月面下缘与标线相切，此时立即用食指压紧管口，取出移液管。左手改拿接收溶液的容器，并将接收容器倾斜成30°左右。将移液管插入接收容器中，管的尖嘴应紧靠在容器的内壁上，移液管应垂直于水平面。松开食指，让管内溶液全部自然地沿器壁流下，待液面下降至管尖后，等待15s左右(进口高端滴定管、吸量管停留5s左右)，将管身左右旋动一下，即可将移液管拿出。

3. 滴定管的使用

（1）滴定管的准备

滴定管的准备工作大致分为初步检查、安装、检漏。

初步检查时主要观察一下管尖是否堵塞，旋塞是否灵活，碱式管乳胶管是否老化，玻璃珠大小是否合适。

安装时主要对活塞部分进行调试，需要在活塞上涂凡士林的要处理得当，不宜过多，防止凡士林堵住管的通路。旋塞的灵活性很关键，对后面定量分析操作的“半滴”滴入起着重要作用。

检漏是重要环节。将水装入滴定管内，至“零”刻度线附近，擦干滴定管外壁，放在滴定管架上直立2min，观察管尖及活塞周围是否有水渗出，然后将活塞转动180°，再观察一次，无漏水即可使用。

（2）滴定管的洗涤

滴定管可直接用没有腐蚀性的洗涤剂清洗，后用自来水冲洗干净即可。零刻度线以上的部位用专用洗涤剂刷洗后，再用自来水冲洗；以下的部位如有明显油污，则需用洗液浸洗。洗涤时向管内倒入10mL左右铬酸洗液，先从下端放出少许，再将滴定管逐渐向管口倾斜，并不断旋转，使管壁与洗液充分接触，管口对着铬酸洗液回收瓶，最后将洗液从上口倒出。若油污较重，可装满洗液浸泡，浸泡时间视沾污情况而定。洗毕，洗液应倒回洗瓶中。另外，若长期使用EDTA溶液，可以尝试用3%的氢氧化钠溶液洗涤。洗涤后的滴定管要用大量自来水冲洗，并不断转动，至流出的水无色，再用去离子水润洗三遍，洗净后的管内壁应均匀地润上一层水膜而不挂水珠。

（3）滴定管的润洗

滴定管润洗的意义在于确保滴定液不被稀释，使用待装溶液润洗滴定管3次。操作过程如下：将滴定液装入滴定管之前，首先将试剂瓶中的溶液摇匀(每次润洗都要摇匀)，后直接将其从试剂瓶倒入滴定管中，不得用其他容器(烧杯等)转移，每次用量约为10～15mL；从滴定管下端放出少许，双手平托滴定管，慢慢转动，使溶液流遍全管，然后从下口排放1/3溶液，其余溶液从上口放出。

（4）装溶液和赶气泡

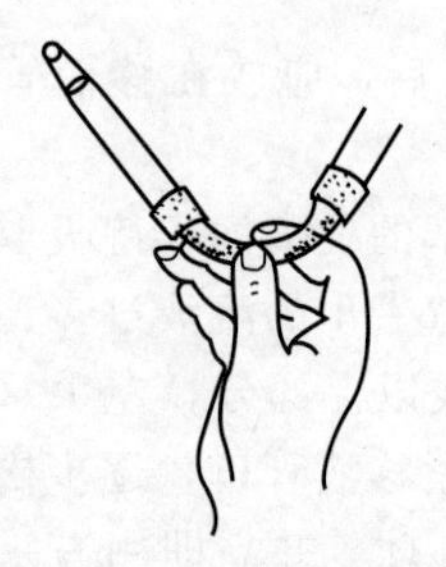

图5-1　碱式滴定管排气泡

将溶液直接从试剂瓶倒入滴定管中，直到液面至零刻度线以上。对装入溶液的滴定管，检查出口下端是否有气泡，尤其是旋塞接口内或碱试管乳胶管处，如有气泡要及时排除。酸式滴定管倾斜，迅速打开活塞，使溶液急速下流排除气泡；将碱式滴定管乳胶管向上弯曲，并用力挤捏玻璃珠所在处的乳胶管，使溶液从尖嘴喷出，即可排除气泡，如图5-1所示。排除气泡后加入溶液，使之在零刻度线以上5mm左右处，备用。

（5）调零点和读数

滴定管垂直静置 1～2min，慢慢打开活塞使溶液液面下降，直至弯月面下缘恰好与零刻度线相切。

读数时，滴定管应垂直于水平面(正面、侧面都要垂直,很多选手侧面不垂直)，并将管下端尖嘴悬挂的液滴除去(用洁净的容器轻触除去)。滴定管内的液面呈弯月形。无色溶液的弯月面较清晰，有色溶液弯月面的清晰程度较差。如何正确读取液面可见图 5-2。在图 5-2(a) 中示意视线不可偏高或偏低；“白带” 蓝线滴定管读数与上述方法不同。应以溶液两个弯月面尖端相交点在滴定管蓝线上的刻度为读数的正确位置，如图 5-2(b) 所示。深色溶液则应读取蓝线两侧液面最上缘的刻度，如图 5-2(c)所示。

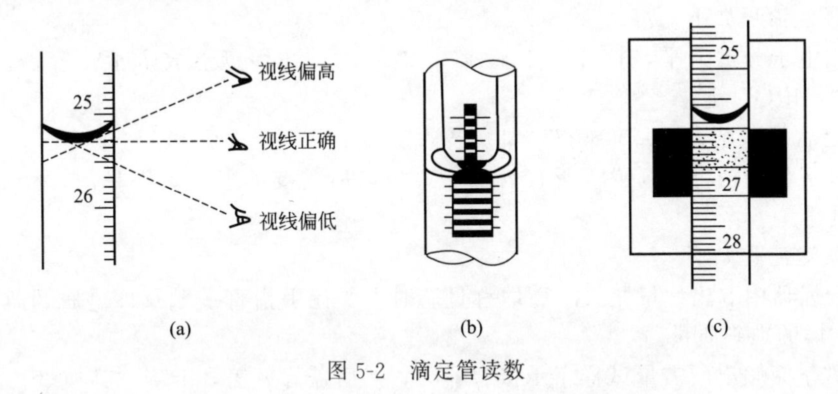

图 5-2　滴定管读数

(6) 滴定操作

世赛使用的是聚四氟活塞酸式滴定管。滴定时要注意滴定速度，一般滴定溶液为 5～8mL/min，控制节奏是慢⟶中速⟶快⟶中速⟶慢⟶半滴⟶半滴直至终点。半滴的滴数以控制在 3 个为宜。当滴定至近终点只滴加半滴溶液时，用锥形瓶或烧杯内壁承接滴定管下端半滴溶液，然后用被滴定液本身或水冲洗半滴承接锥形瓶或烧杯内壁，然后摇匀至终点。

滴定操作注意事项如下。

① 用“减量法”，同一实验每次滴定都从 0.00mL 开始。

② 滴定时，左手不能离开活塞，要控制速度，使反应有效地进行。

③ 右手摇动锥形瓶时应微动腕关节，使溶液向同一方向旋转，不能前后振摇，以免溶液溅出。不能让瓶口碰到滴定管口。摇动要有一定的速度，使溶液出现一漩涡，否则溶液不能充分混匀，影响滴定反应的进行。

④ 滴定速度一般为 5～8mL/min，即 2～3 滴/s。接近终点时应改为一滴一滴加入或半滴半滴加入，并用洗瓶吹入少量水，用以冲洗锥形瓶或烧杯内壁，使附着的溶液全部流下，然后摇动锥形瓶，直至终点。滴定速度练习是非常重要的，对于平行测定的几份溶液，速度要控制为基本一致。一般的规律是：滴定速度过快的溶液，消耗的滴定溶液略多，滴定的精密度就差。尤其重要的比赛，精密度是一个考量选手技能水平高低的指标。

4. 分析天平的使用

(1) 使用前的准备

① 根据称取物质质量和称量精度的要求，选择适宜精度的天平。按照 GB/T 601—2016《化学试剂　标准滴定溶液的制备》的要求，称量工作基准试剂质量小于或等于 0.5g 时，按精确至 0.01mg 称量；大于 0.5g 时，按精确至 0.1mg 称量，也就是说前者用十万分之一精度的天平称量，后者用万分之一精度的天平称量。

② 检查：选择好适宜的分析天平，在使用天平前，应检查该天平的使用登记记录，了解天平前一次的使用情况以及天平是否处于正常可用状态；并检查水准器内气泡是否位于水

准器圆的中心位置，否则应予以调节使天平处于水平状态。

③ 清扫：如天平处于正常可用状态，必要时用软毛刷将天平盘上的灰尘轻刷干净。

（2）称量流程

① 称量前，应先调好零点。

② 称量时，仔细阅读容量分析操作方案，轻拿、轻放称量使用的称量瓶或滴瓶，防止天平晃动，提高称量精度。

③ 使用完毕后将天平复原。

（3）称量方法

① 增量法流程如下。

a. 使用电子分析天平，打开天平显示 0.0000 时，在秤盘上放入承接容器，示值稳定后，轻按“ZERO”键，

b. 稳定后随即显示“0.0000g”，即去皮重。

c. 用试剂勺轻轻将试剂置于承接容器中，称取所需要的量，关天平门，稳定后的示值即称取的质量。

② 减量法流程如下。

a. 从干燥器中取出称量瓶(注意:取称量瓶时不要让手指直接触及称量瓶和瓶盖)，称出称量瓶加试样的准确质量。

b. 从称量瓶倾出所需量试样于承接容器中，然后盖好瓶盖，准确称其质量。

c. 两次质量之差，即试样质量。

（4）称量注意事项

a. 从干燥器中取出的称量瓶、滴瓶，瓶外壁很容易在湿度比较大的实验室“结雾”，天平称量时容易“漂移”，而且是向质量降低的方向移动。因此，称量前要用干布或滤纸对瓶外壁进行擦拭。

b. 称量时，务必将称量瓶、滴瓶或其他称量物放在秤盘中央，以免称量有微小的变化。

三、 玻璃量器校正实例

1. 滴定管、 容量瓶的校正

笔者经常使用下列表格所示方法对滴定管、容量瓶进行校正，数据见表 5-8、表 5-9。

表 5-8 滴定管的校正

标示体积/mL	10	15	20	25	30	35	40	45
水的质量/g	10.0105	14.9717	19.9812	24.9713	29.9610	34.9670	39.9195	44.9262
	9.9883	14.9737	19.9917	24.9782	29.9663	34.9498	39.9561	44.9356
	9.9864	14.9944	19.9947	24.9853	29.9777	—	—	—
校正温度/℃	26.4	26.4	26.2	26.0	26.3	26.4	26.5	26.5
水的密度/(g/mL)	0.99593	0.99593	0.99593	0.99593	0.99593	0.99593	0.99593	0.99593
实际体积/mL	10.0514	15.0329	20.0629	25.0733	30.0834	35.1099	40.0826	45.1098
	10.0291	15.0349	20.0734	25.0803	30.0888	35.0926	40.1194	45.1192
	10.0272	15.0557	20.0764	25.0874	30.1002	—	—	—
实际读数/mL	10.02	15.00	20.00	25.00	30.00	35.03	40.00	44.99
	10.00	14.99	20.01	25.01	30.00	35.00	40.03	45.00
	10.00	15.02	20.01	25.02	30.02	—	—	—

续表

标示体积/mL	10	15	20	25	30	35	40	45
实际差/mL	0.031	0.033	0.063	0.073	0.083	0.080	0.083	0.120
	0.029	0.045	0.063	0.070	0.089	0.093	0.089	0.119
	0.027	0.036	0.066	0.067	0.080	—	—	—
体积校正值/mL	0.029	0.038	0.064	0.070	0.084	0.086	0.086	0.120

表 5-9 容量瓶的校正

标示体积/mL	100	100	250	250	250	250	500	500
瓶号	1	2	1	2	3	4	1	2
空瓶质量/g	56.0884	51.5086	114.89	111.51	114.47	115.45	161.80	166.09
水的质量/g	99.5090	99.5292	248.67	248.91	248.84	248.72	497.93	498.07
	99.5085	99.5286	248.70	248.88	248.83	248.73	497.93	498.03
	99.5075	99.5301	248.72	248.88	248.82	248.72	497.89	498.08
	99.5068	99.5301	248.68	248.90	248.85	248.71	—	—
	—	99.5307	248.71	248.90	248.82	248.73	—	—
校正温度/℃	27.0	27.0	27.0	27.0	27.0	27.0	26.0	26.0
水的相对密度	0.9957	0.9957	0.9957	0.9957	0.9957	0.9957	0.9959	0.9959
实际体积/mL	99.940	99.960	249.746	249.987	249.917	249.797	499.965	500.105
	99.939	99.959	249.777	249.957	249.907	249.807	499.965	500.065
	99.938	99.961	249.797	249.957	249.897	249.797	499.925	500.115
	99.938	99.961	249.756	249.977	249.927	249.787	—	—
	—	99.962	249.787	249.977	249.897	249.807	—	—
平均体积/mL	99.94	99.96	249.77	249.97	249.91	249.80	499.95	500.10

该滴定管的校正曲线见图 5-3。

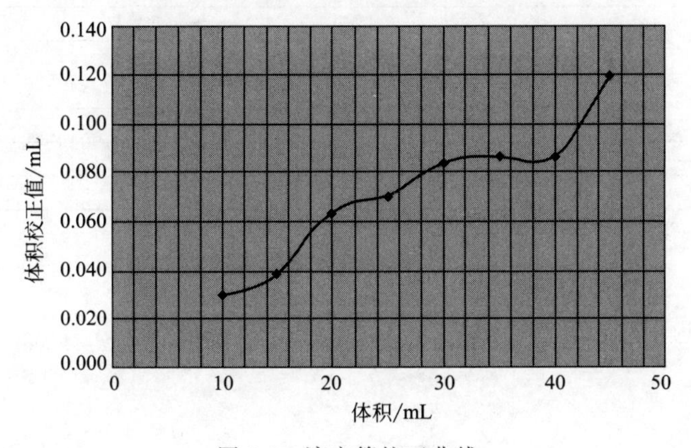

图 5-3 滴定管校正曲线

2. 温度体积补正值表

选手要对滴定管的标准溶液体积进行不同温度下的校正，其补正值见表 5-10。

表 5-10 不同温度下标准滴定溶液的体积补正值(GB/T 601—2016)
[1000mL 溶液由 t℃ 换算为 20℃ 时的补正值/(mL/L)]

温度/℃	水和 0.005 mol/L 以下的各种水溶液	0.1mol/L 和 0.2mol/L 各种水溶液	盐酸溶液 c(HCl)= 0.5mol/L	盐酸溶液 c(HCl)= 1mol/L	硫酸溶液 $c\left(\frac{1}{2}H_2SO_4\right)$=0.5mol/L，氢氧化钠溶液 c(NaOH)= 0.5mol/L	硫酸溶液 $c\left(\frac{1}{2}H_2SO_4\right)$=1mol/L，氢氧化钠溶液 c(NaOH)= 1mol/L	碳酸钠溶液 $c\left(\frac{1}{2}Na_2CO_3\right)$= 1mol/L	氢氧化钾-乙醇溶液 c(KOH)= 0.1mol/L
5	+1.38	+1.7	+1.9	+2.3	+2.4	+3.6	+3.3	
6	+1.38	+1.7	+1.9	+2.2	+2.3	+3.4	+3.2	
7	+1.36	+1.6	+1.8	+2.2	+2.2	+3.2	+3.0	
8	+1.33	+1.6	+1.8	+2.1	+2.2	+3.0	+2.8	
9	+1.29	+1.5	+1.7	+2.0	+2.1	+2.7	+2.6	
10	+1.23	+1.5	+1.6	+1.9	+2.0	+2.5	+2.4	+10.8
11	+1.17	+1.4	+1.5	+1.8	+1.8	+2.3	+2.2	+9.6
12	+1.10	+1.3	+1.4	+1.6	+1.7	+2.0	+2.0	+8.5
13	+0.99	+1.1	+1.2	+1.4	+1.5	+1.8	+1.8	+7.4
14	+0.88	+1.0	+1.1	+1.2	+1.3	+1.6	+1.5	+6.5
15	+0.77	+0.9	+0.9	+1.0	+1.1	+1.3	+1.3	+5.2
16	+0.64	+0.7	+0.8	+0.8	+0.9	+1.1	+1.1	+4.2
17	+0.50	+0.6	+0.6	+0.6	+0.7	+0.8	+0.8	+3.1
18	+0.34	+0.4	+0.4	+0.4	+0.5	+0.6	+0.6	+2.1
19	+0.18	+0.2	+0.2	+0.2	+0.2	+0.3	+0.3	+1.0
20	0.00	0.00	0.00	0.00	0.00	0.00	0.00	0.0
21	−0.18	−0.2	−0.2	−0.2	−0.2	−0.3	−0.3	−1.1
22	−0.38	−0.4	−0.4	−0.5	−0.5	−0.6	−0.6	−2.2
23	−0.58	−0.6	−0.7	−0.7	−0.8	−0.9	−0.9	−3.3
24	−0.80	−0.9	−0.9	−1.0	−1.0	−1.2	−1.2	−4.2
25	−1.03	−1.1	−1.1	−1.2	−1.3	−1.5	−1.5	−5.3
26	−1.26	−1.4	−1.4	−1.4	−1.5	−1.8	−1.8	−6.4
27	−1.51	−1.7	−1.7	−1.7	−1.8	−2.1	−2.1	−7.5
28	−1.76	−2.0	−2.0	−2.0	−2.1	−2.4	−2.4	−8.5
29	−2.01	−2.3	−2.3	−2.3	−2.4	−2.8	−2.8	−9.6
30	−2.30	−2.5	−2.5	−2.6	−2.8	−3.2	−3.1	−10.6
31	−2.58	−2.7	−2.7	−2.9	−3.1	−3.5		−11.6
32	−2.86	−3.0	−3.0	−3.2	−3.4	−3.9		−12.6
33	−3.04	−3.2	−3.3	−3.5	−3.7	−4.2		−13.7
34	−3.47	−3.7	−3.6	−3.8	−4.1	−4.6		−14.8
35	−3.78	−4.0	−4.0	−4.1	−4.4	−5.0		−16.0
36	−4.10	−4.3	−4.3	−4.4	−4.7	−5.3		−17.0

注：1. 本表数值是在 20℃标准温度下以实测法测出的。

2. 表中带有“+”“−”的数值是以 20℃为分界的。室温低于 20℃的补正值为“+”，高于 20℃的补正值为“−”。

3. 本表的用法如下。

如 1L 硫酸溶液 [$c\left(\frac{1}{2}H_2SO_4\right)$=1mol/L] 由 25℃换算为 20℃时，其体积补正值为−1.5mL/L，故 40.00mL 换算为 20℃时的体积为：

$$40.00-\frac{1.5}{1000}\times 40.00=39.94\ (\text{mL})$$

四、第 45 届世赛玻璃仪器及耗材清单

第 45 届世赛玻璃耗材及仪器清单见表 5-11、表 5-12，表中标出耗材、仪器的生产厂家

和型号，同时列出摆放的位置，供大家学习时参考。

表 5-11　第 45 届世界技能大赛“化学实验室技术”材料(耗材)清单

材料/耗材			
数量	项目	厂商/型号	技能专区
每个技能 4 个	圆底烧瓶，带磨砂玻璃接口，单颈(64mm)	生产商 Lenz Laborglasins trumente 型号 002937	参赛者共享工作区
每个技能 4 个	圆底烧瓶，带磨砂玻璃接口，单颈(85mm)	生产商 Lenz Laborglasins trumente 型号 3 0029 49	参赛者共享工作区
每个技能 2 个	圆底烧瓶，带磨砂玻璃接口，单颈(105mm)	生产商 Lenz Laborglasins trumente 型号 0029 58	参赛者共享工作区
每个技能 2 个	三颈圆底烧瓶，侧颈角(100mL)	生产商 Lenz Laborglasins trumente 型号 3141 37	参赛者共享工作区
每个技能 6 个	三颈圆底烧瓶，侧颈角(250mL)	生产商 Lenz Laborglasins trumente 型号 3141 49	参赛者共享工作区
每个技能 2 个	三颈圆底烧瓶，侧颈角(500mL)	制造商 Lenz Laborglasins trumente 型号 3141 1 58	参赛者共享工作区
每个技能 2 盒	短颈漏斗(150mm)	Manufacturer Duran 型号 21 351 57	参赛者共享工作区
每个技能 2 盒	短颈漏斗(100mm)	Manufacturer Duan 型号 21 351 46	参赛者共享工作区
每个技能 2 盒	短颈漏斗(55mm)	Manufacturer Duran 型号 21 351 33	参赛者共享工作区
每个技能 2 盒	短颈漏斗(35mm)	Manufacturer Duran 型号 21 351 23	参赛者共享工作区
每个技能 1 盒	分析漏斗，用于快速过滤(65mm)	Manufacturer Duran 型号 21 331 37	参赛者共享工作区
每个技能 1 盒	1 级滤纸(85mm)	Manufacturer GE Model1001-085	参赛者共享工作区
每个技能 1 盒	1 级滤纸(240mm)	Manufacturer GE Model1001-240	参赛者共享工作区
每个技能 1 盒	4 级滤纸(240mm)	Manufacturer GE Model1004-240	参赛者共享工作区
每个技能 1 盒	5 级滤纸(150mm)	Manufacturer GE Model1005-150	参赛者共享工作区
每个技能 1 盒	纤维素索氏提取套管	Manufacturer GE Model2800-432	参赛者共享工作区
每个技能 4 个	锥形漏斗，带玻璃塞，无刻度，带旋塞阀	Manufacturer Simax Model1632426355250	参赛者共享工作区
每个技能 3 个	锥形漏斗，带玻璃塞，无刻度，带旋塞阀	Manufacturer Simax Model1632426355500	参赛者共享工作区
每个技能 4 个	索氏提取器(NS 旋塞阀连接)	制造商 Lenz Laborglasins trumente™ 型号 5 4001 4	参赛者共享工作区
每个技能 4 个	带旋塞冷凝器索氏提取器(NS 旋塞阀连接)	制造商 Lenz Laborglasins trumente™ 型号 5 2460 06	参赛者共享工作区
每个技能 1 个	橡胶管	ManufacturerSaint 戈班 Model11846301	参赛者共享工作区
每个技能 1 个	橡胶管(8mm)	ManufacturerSaint 戈班 Model11806311	参赛者共享工作区
每个技能 4 个	直形冷凝管	制造商 Lenz Laborglasinstrumente™ 型号 5 2104 04	参赛者共享工作区

续表

材料/耗材			
数量	项目	厂商/型号	技能专区
每个技能 4 个	蒸馏头	制造商 Lenz Laborglasinstrumente™ 型号 5 0280 44	参赛者共享工作区
每个技能 4 个	克氏蒸馏头	制造商 Lenz Laborglasinstrumente™ 型号 5 0300 44	参赛者共享工作区
每个技能 3 个	蒸馏温度计	生产商 OAO《ТЕРМОПРИБОР》 ModelGO6918	参赛者共享工作区
每个技能 3 个	蒸馏温度计(0-250)	生产商 OAO《ТЕРМОПРИБОР》 ModelGO6918	参赛者共享工作区
每个技能 4 个	尾接管(可抽气)	制造商 Lenz Laborglasinstrumente™ 型号 5 2680 04	参赛者共享工作区
每个技能 4 个	尾接管	制造商 Lenz Laborglasinstrumente™ 型号 5 2750 04	参赛者共享工作区
每个技能 6 个	不带磨口的锥形瓶，窄颈(250mL)	Manufacturer Duran 型号 21 216 2403	参赛者共享工作区
每个技能 6 个	带磨口的锥形瓶	Manufacturer Duran 型号 24 193 3701	参赛者共享工作区
每个技能 6 个	带磨口的锥形瓶	Manufacturer Duran 型号 24 193 2705	参赛者共享工作区
每个技能 10 个	空心塞子，六角板，尖底(14/23)	制造商 Lenz Laborglasinstrumente™ 型号 1 4000 14	参赛者共享工作区
每个技能 10 个	空心塞子，六角板，尖底(29/13)	制造商 Lenz Laborglasinstrumente™ 型号 1 4000 29	参赛者共享工作区
每个技能 4 个	空心塞子，六角板，尖底(45/40)	制造商 Lenz Laborglasinstrumente™ 型号 1 4000 45	参赛者共享工作区
每个技能 10 个	塞子，塑料，八角板(14/23)	制造商 Lenz Laborglasinstrumente™ 型号 1 4005 14	参赛者共享工作区
每个技能 10 个	塞子，玻璃，八角板(29/32)	制造商 Lenz Laborglasinstrumente™ 型号 1 4005 29	参赛者共享工作区
每个技能 4 个	塞子，玻璃，八角板(45/50)	制造商 Lenz Laborglasinstrumente™ 型号 1 4005 45	参赛者共享工作区
每个技能 10 个	塞子，塑料，八角板(14/23)	制造商 Lenz Laborglasinstrumente™ 型号 1 4010 14	参赛者共享工作区
每个技能 4 个	塞子，塑料，八角板(45/50)	制造商 Lenz Laborglasinstrumente™ 型号 1 4010 45	参赛者共享工作区
每个技能 10 个	塞子，塑料，八角板(29/32)	制造商 Lenz Laborglasinstrumente™ 型号 1 4010 29	参赛者共享工作区
每个技能 1 个	玻璃珠(4mm)	制造商 Lenz Laborglasinstrumente™ 型号 5 1240 04	参赛者共享工作区
每个技能 10 个	带 DIN 标准螺纹的实验室瓶 GL 45(1000mL)	Manufacturer Duran 型号 21 801 54 55	参赛者共享工作区
每个技能 10 个	带 DIN 标准螺纹的实验室瓶 GL 45(500mL)	Manufacturer Duran 型号 21 801 44 59	参赛者共享工作区
每个技能 10 个	带 DIN 标准螺纹的实验室瓶 GL 45(250mL)	Manufacturer Duran 型号 21 801 36 51	参赛者共享工作区
每个技能 10 个	带 DIN 标准螺纹的实验室瓶 GL 45(100mL)	Manufacturer Duran 型号 21 801 24 58	参赛者共享工作区
每个技能 30 个	单环形标线具塞 A 级容量瓶(100mL)	Manufacturer Simax Model1632431071030	参赛者共享工作区

续表

材料/耗材			
数量	项目	厂商/型号	技能专区
每个技能 30 个	单环形标线具塞 A 级容量瓶(250mL)	Manufacturer Simax Model1632431071038	参赛者共享工作区
每个技能 30 个	单环形标线具塞 A 级容量瓶(500mL)	Manufacturer Simax Model1632431071043	参赛者共享工作区
每个技能 10 个	单环形标线具塞 A 级容量瓶(1000mL)	Manufacturer Simax Model1632431071044	参赛者共享工作区
每个技能 10 个	带六角形底座的量筒，A 级(100mL)	Manufacturer Duran 型号 21 390 24 02	参赛者共享工作区
每个技能 10 个	带六角形底座的量筒，A 级(250mL)	Manufacturer Duran 型号 21 390 36 04	参赛者共享工作区
每个技能 10 个	带六角形底座的量筒，A 级(500mL)	Manufacturer Duran 型号 21 390 44 03	参赛者共享工作区
每个技能 5 个	带六角形底座的量筒，A 级(1000mL)	Manufacturer Duran 型号 21 390 54 08	参赛者共享工作区
每个技能 10 个	B 级量筒(100mL)	Manufacturer Duran ModelCT0100P	参赛者共享工作区
每个技能 10 个	B 级量筒(250mL)	Manufacturer Duran ModelCT0250P	参赛者共享工作区
每个技能 10 个	B 级量筒(500mL)	Manufacturer Duran ModelCT0500P	参赛者共享工作区
每个技能 5 个	低型烧杯，带嘴(1000mL)	Manufacturer Duran 型号 21 106 5408	参赛者共享工作区
每个技能 10 个	低型烧杯，带嘴(600mL)	Manufacturer Duran 型号 21 106 4806	参赛者共享工作区
每个技能 10 个	低型烧杯，带嘴(250mL)	Manufacturer Duran 型号 21 106 3604	参赛者共享工作区
每个技能 10 个	低型烧杯，带嘴(100mL)	Manufacturer Duran 型号 21 106 2402	参赛者共享工作区
每个技能 4 个	带有厚边缘的试管(10mm×100mm)	Manufacturer Duran 型号 26 130 0602	参赛者共享工作区
每个技能 4 个	带有厚边缘的试管(14mm×130mm)	Manufacturer Duran 型号 26 130 1307	参赛者共享工作区
每个技能 10 个	沙漏(50mm)	Manufacturer Duran 型号 21 321 3207	参赛者共享工作区
每个技能 10 个	沙漏(80mm)	Manufacturer Duran 型号 21 321 4109	参赛者共享工作区
每个技能 10 个	沙漏(125mm)	Manufacturer Duran 型号 21 321 5208	参赛者共享工作区
每个技能 10 个	称重瓶，瓶塞磨口，矮式规格(24mL)	Manufacturer Simax Model1632421202603	参赛者共享工作区
每个技能 10 个	称重瓶，瓶塞磨口，矮式规格(72mL)	Manufacturer Simax Model1632421202605	参赛者共享工作区
每个技能 10 个	称重瓶，瓶塞磨口，矮式规格(90mL)	Manufacturer Simax Model1632421202804	参赛者共享工作区
每个技能 10 个	称重瓶，瓶塞磨口，高式规格，SJ(65mL)	Manufacturer Simax Model1632421202408	参赛者共享工作区
每个技能 10 个	称重瓶，瓶塞磨口，高式规格，SJ(8mL)	Manufacturer Simax Model1632421202244	参赛者共享工作区

续表

材料/耗材			
数量	项目	厂商/型号	技能专区
每个技能1个	具玻璃塞子的量筒,全刻度,蓝色/蓝色刻度,A级(100mL)	Manufacturer Simax Model1632432211130	参赛者共享工作区
每个技能1个	具玻璃塞子的量筒,全刻度,蓝色/蓝色刻度,A级(500mL)	Manufacturer Simax Model1632432211343	参赛者共享工作区
每个技能36件	吸液管,无刻度扩展设计,带有两行刻度线,高点彩色,级别为AS(0.5mL)	Manufacturer BLAUBRAND 型号 29721/339 04 90	参赛者共享工作区
每个技能36件	吸液管,无刻度扩展设计,带有两行刻度线,高点彩色,级别为AS(1mL)	Manufacturer BLAUBRAND 型号 29722/339 04 91	参赛者共享工作区
每个技能60个	吸液管,无刻度扩展设计,带有两行刻度线,高点彩色,级别为AS(2mL)	Manufacturer BLAUBRAND 型号 29723/339 04 92	参赛者共享工作区
每个技能54件	吸液管,无刻度扩展设计,带有两行刻度线,高点彩色,级别为AS(5mL)	Manufacturer BLAUBRAND 型号 29727/339 04 94	参赛者共享工作区
每个技能30个	吸液管,无刻度扩展设计,带有两行刻度线,高点彩色,级别为AS(10mL)	Manufacturer BLAUBRAND 型号 29732/339 04 95	参赛者共享工作区
每个技能30个	吸液管,无刻度扩展设计,带有两行刻度线,高点彩色,级别为AS(25mL)	Manufacturer BLAUBRAND 型号 29735/339 04 98	参赛者共享工作区
每个技能60个	吸液管,完全流出,带有两行刻度线,高点彩色,级别为AS(0.5mL)	Manufacturer Simax ModelN555434116312	参赛者共享工作区
每个技能60个	吸液管,完全流出,带有两行刻度线,高点彩色,级别为AS(2mL)	Manufacturer Simax ModelN555434116516	参赛者共享工作区
每个技能60个	吸液管,完全流出,带有两行刻度线,高点彩色,级别为AS(5mL)	Manufacturer Simax ModelN555434116618	参赛者共享工作区
每个技能60个	吸液管,完全流出,带有两行刻度线,高点彩色,级别为AS(10mL)	Manufacturer Simax ModelN555434116719	参赛者共享工作区
每个技能30个	吸液管,完全流出,带有两行刻度线,高点彩色,级别为AS(25mL)	Manufacturer Simax ModelN555434116723	参赛者共享工作区
每个技能10个	直管芯旋塞阀滴定管,等级AS(10mL)	Manufacturer Simax ModelN555435156519	参赛者共享工作区
每个技能10个	直管芯旋塞阀滴定管,等级AS(25mL)	Manufacturer Simax ModelN555435156623	参赛者共享工作区

表5-12 第45届世界技能大赛"化学实验室技术"仪器(设备)清单

仪器/设备			
数量	项目	厂商/型号	技能专区
每个技能2个	热风烘干机	型号 Экрос,ПЭ-2000	参赛者共享工作区
每个技能1个	净水系统及配件	Manufacturer Mediana 过滤器 ModelAL-2PLUS	参赛者共享工作区
每个技能1个	烘箱	制造商 AO"Лоип" ModelLF-120/300 VS1	参赛者共享工作区
每个技能2个	带配件的实验室玻璃器皿清洗机	Manufacturer Miele 型号 G 7883	参赛者共享工作区

续表

仪器/设备			
数量	项目	厂商/型号	技能专区
每个技能2个	分析电子天平	制造商 Ohaus,Pioneer(PX) ModelPX224	参赛者共享工作区
每个技能4个	实验电子天平(精密电子天平)	制造商 Ohaus，先锋 ModelPX523	参赛者共享工作区
每个技能9个	磁力搅拌棒	Manufacturer IKA 型号 RS2Set，编号 0004499100	参赛者共享工作区
每个技能4个	磁力搅拌器（不加热）	Manufacturer IKA Model0003907500	参赛者共享工作区
每个技能4个	带加热板的磁力搅拌器	Manufacturer IKA	参赛者共享工作区
每个技能9个	搅拌棒	Manufacturer IKA Model0001293100	参赛者共享工作区
每个技能3个	电磁搅拌器的油浴附件	Manufacturer IKA Model0002829400	参赛者共享工作区
每个技能3个	250mL 带柄烧瓶	Manufacturer IKA Model0020007954	参赛者共享工作区
每个技能1个	折射仪	Manufacturer Atago ModelX-5000 alpha，№3261	参赛者共享工作区
每个技能2个	带内置电极支架的 pH 计	Manufacturer Ohaus ModelStarter ST2100-B	参赛者共享工作区
每个技能2个	pH 计电极	Manufacturer Ohaus 型号 ST350/№30129354	参赛者共享工作区
每个技能2个	带有软件的分光光度计	Manufacturer Bio-Rad 公司 型号 Smart Spec Plus，№170-2525	参赛者共享工作区
每个技能2个	比色皿	Manufacturer Bio-Rad 公司 型号№170-2415	参赛者共享工作区
每个技能2个	气相色谱仪	Manufacturer Shimadzu	参赛者共享工作区
每个技能2个	HPLC 色谱	Manufacturer Agilent ModelG7111A	参赛者共享工作区
每个技能2个	矩形薄层色谱罐	Manufacturer Cole-帕默 型号 34105-00，# 11795348	参赛者共享工作区
每个技能2个	TLC 薄层板	Manufacturer Biostep ModelBS120. 134	参赛者共享工作区
每个技能1个	TLC 饱和垫	制造商 Supelco(Sigma) 型号 # Z265241	参赛者共享工作区
每个技能2个	带支架的硼硅酸盐一次性移液管	制造商金宝追逐 Model13045813	参赛者共享工作区
每个技能2个	带支架的硼硅酸盐一次性移液管	制造商 DWK Life Sciences Kimble Model13015813	参赛者共享工作区
每个技能2个	TLC 铝箔上的硅胶，带荧光指示剂	Manufacturer SAFC Model60800	参赛者共享工作区
每个技能2个	TLC 铝箔上的硅胶	Manufacturer Sigma-Aldrich 公司 Model02599	参赛者共享工作区
每个技能1个	紫外线观察柜	制造商 CAMAG 紫外线柜 4 Model040. 2000	参赛者共享工作区
每个技能9个	数字计时器和时钟	Manufacturer Sigma ModelHS24780	参赛者共享工作区

续表

仪器/设备			
数量	项目	厂商/型号	技能专区
每个技能 10 个	计算器	Manufacturer Citizen ModelSDC-444S	参赛者共享工作区
每个技能 1 个	电子表	Manufacturer Импульс Model413-R	参赛者共享工作区
每个技能 4 个	机械移液器，1 通道，容量可调，10～100μL	制造商 BIOHIT(Sartorius)，Proline® Plus Model728050	参赛者共享工作区
每个技能 4 个	机械移液器，1 通道，容量可调，0.5～10μL	制造商 BIOHIT(Sartorius)，Proline® Plus Model728020	参赛者共享工作区
每个技能 4 个	机械移液器，1 通道，容量可调，100～1000μL	制造商 BIOHIT(Sartorius)，Proline® Plus Model728070	参赛者共享工作区
每个技能 4 个	六支移液管的旋转支架	生产商 BIOHIT(Sartorius) ModelLH-725630	参赛者共享工作区
每个技能 1 个	安全锥形过滤器(2.51mm)	生产商 BIOHIT(Sartorius) Model721008	参赛者共享工作区
每个技能 1 个	安全锥形过滤器(5.33mm)	生产商 BIOHIT(Sartorius) Model721006	参赛者共享工作区

第二节　电位滴定模块

一、 典型仪器设备

电位滴定模块中，电位滴定仪是主要的设备。和电位滴定仪一起使用的还有磁力搅拌器，有时配有其他型号的滴定管。

1. 电位滴定仪原理

电位滴定法是在滴定过程中通过测量电位变化以确定滴定终点的方法，和直接电位法相比，电位滴定法不需要准确地测量电极电位值。因此，温度、液体接界电位的影响并不重要，其准确度优于直接电位法。普通滴定法是依靠指示剂颜色变化来指示滴定终点的，如果待测溶液有颜色或浑浊时，终点的指示就比较困难，或者根本找不到合适的指示剂。电位滴定法靠电极电位的突跃指示滴定终点。在滴定到电位滴定仪操作达终点前后，滴液中的待测离子浓度往往连续变化 n 个数量级，引起电位的突跃，被测成分的含量仍然通过消耗滴定剂的量来计算。

使用不同的指示电极，电位滴定法可以进行酸碱滴定、氧化还原滴定、配位滴定和沉淀滴定。酸碱滴定时以 pH 玻璃电极为指示电极；在氧化还原滴定中，可以用铂电极作指示电极；在配位滴定中，若用 EDTA 作滴定剂，则可以用汞电极作指示电极，在沉淀滴定中，若用硝酸银滴定卤素离子，则可以用银电极作指示电极；在滴定过程中，随着滴定剂地不断加入，电极电位 E 不断发生变化，电极电位发生突跃，说明滴定到达终点。用微分曲线比普通滴定曲线更容易确定滴定终点。

如果使用自动电位滴定仪，在滴定过程中可以自动绘出滴定曲线，自动找出滴定终点，自动给出体积，滴定快捷、方便。

进行电位滴定时，被测溶液中插入一个参比电极、一个指示电极组成工作电池。随着滴定剂的加入，由于发生化学反应，被测离子浓度不断变化，指示电极的电位也相应地变化。

在化学计量点附近发生电位的突跃。因此测量工作电池电动势的变化，可确定滴定终点。

电位滴定的基本仪器装置包括滴定管、滴定池、指示电极、参比电极、搅拌器、测电动势的仪器。

2. 电位滴定法特点和应用

电位滴定法比起用指示剂的容量分析法有许多优越的地方，首先可用于有色或浑浊溶液的滴定，使用指示剂时是不行的。在没有或缺乏指示剂的情况下，用此法解决。电位滴定法还可用于浓度较稀试液或滴定反应进行不完全的情况。此法灵敏度和准确度高，并可实现自动化和连续测定。

按照滴定反应的类型，电位滴定可用于酸碱滴定(中和滴定)、沉淀滴定、配位滴定、氧化还原滴定。以下是应用及使用方法，不同厂商的设备会有微小的差异，请按照说明书指引操作。

(1) pH 使用

① 接通电源，仪器预热 10min。

② 在测量被测溶液前，仪器先要标定，连续使用时，每天标定一次即可。标定分一点标定法、二点标定法和三点标定法，常规测量时采用一点标定法，精确测量时要采用二点标定法或三点标定法。

a. 一点标定法。仪器拔去短路插头，接上复合电极，先用蒸馏水冲洗电极，然后浸入缓冲溶液中，如被测溶液呈酸性，则要用 pH=4 的缓冲溶液，反之则要用 pH=9 的缓冲溶液。将“斜率”电位器顺时针旋到底，“温度”电位器调到实测溶液的温度值。调节“定位”电位器，使数显所显示的 pH 为该温度下缓冲溶液的标准值，仪器标定结束，各个旋扭不能再动，此时就可以测量未知的被测溶液了。

b. 二点标定法。仪器拔去短路插头，接入复合电极，“斜率”电位器顺时针旋足，将“温度”电位器调到被测溶液的实际温度值，先将电极浸入 pH=7 的缓冲溶液中。调节“定位”电位器，使仪器数显 pH 为该缓冲溶液在此温度下的标准值，如被测溶液呈酸性，则将电极从 pH=7 的缓冲溶液中取出，用蒸馏水冲洗干净，然后插入 pH=4 的缓冲溶液中，如被测溶液呈碱性则应插入 pH=9 的缓冲溶液中，然后调节“斜率”电位器，使此时的数显为该温度下的标准值。反复进行上述两点校正，直到不用调节“定位”和“斜率”而两种缓冲溶液都能达到标准值为止。将电极从缓冲液中取出，用蒸馏水冲洗干净后就能测量未知的被测溶液了。

c. 三点标定法。根据设备制造商的手册，按二点标定法的方法，对标准缓冲溶液(pH 值为 4.01、7.01 和 10.01)进行校正。

③ 测量电极电位。拔去短路插头，接上各种合适的离子选择性电极和参比电极。仪器“选择”开关置“mV”档(此时“定位”、“斜率”和“温度”都不起作用)。将电极浸入被测溶液中，此时仪器显示的是该离子选择性电极的电极电位(mV 值)，并自动显示正负极性。

(2) 滴定分析

一般的仪器可以用于各种类型的电位滴定，用户根据电极的不同，插后面板的电极插孔。

① 按照说明，装好滴定装置(不同厂商的设备有所不同)，将电磁阀两头的硅胶管分别用力套入滴定管和滴液管的接头。

② 将电磁阀插入仪器后部的插孔中，在滴定管中加入标准溶液。

③ 按“快滴”键，调节电磁阀螺丝，使标准溶液流下，赶走液路部分全部气泡。

④ 按“慢滴”键，同样调节电磁阀螺丝，使慢滴速度为每滴 0.02mL 左右。

⑤ 重新加满标准溶液，按“短滴”键，将滴定管中的标准溶液调节到零刻度。

⑥“选择”开关置“预设”档，调节预设电位器至使用者所滴溶液的终点电位值，mV值和pH通用，如终点电位为－800mV，则调节终点电位器使数显为－800，如终点电位为8.5pH，则调节终点电位器使数显为850即可。

⑦ 预设好终点电位后，“选择”开关按使用要求置“mV”或“pH”档，此时就不能再动“预设”电位器了。

⑧ 在进行滴定分析时，为了保证滴定精度，不能提前到达终点也不能过滴，同时也不能使滴定一次的时间太长，仪器设有“长滴”控制电位器，即在远离终点电位时，滴定管溶液直通被滴液，在接近终点时滴定液短滴(每次约0.02mL)，逐步接近终点，到达终点时(±3mV或±0.03pH)停滴，延时20s左右，电位不返回即终点指示灯亮，蜂鸣器响。

3. 第45届世界技能大赛“化学实验室技术” 仪器、试剂和耗材

第45届世界技能大赛“化学实验室技术”仪器、试剂和耗材见表5-13。比赛中使用的电位滴定仪作为pH计，pH计校准采用二点或三点校正法，文件指示按照不同设备厂商的说明书进行校正。

表5-13 第45届世界技能大赛“化学实验室技术”仪器、试剂和耗材

仪器	耗材	试剂
磁力搅拌器，搅拌速度可调，磁力搅拌棒 带有可再填充pH电极液的pH计 实验室滴定管支架和夹具	不同规格的移液器 量筒，50mL，3个 滴定管，25mL和50mL 烧杯，100mL 不同规格的漏斗 移液器球(洗耳球)，小号	缓冲溶液（pH为4.01、7.01、6.86、10.01） 0.1mol/L的盐酸标准溶液 氢氧化钠溶液，$c(NaOH)=0.1mol/L$ 蒸馏水或去离子水

二、 仪器构造和操作指南

电位滴定仪种类比较多，进口设备的精度比较高，但是价格比较贵，国内优质品牌的设备功能比较齐全。第45届世赛使用的电位滴定仪是瑞士万通公司的产品，startermodelG2001-B。国内主要使用瑞士万通startermodelG20滴定仪，大部分院校使用上海雷磁电位滴定仪。本节以雷磁pHS-3C型pH计(酸度计)为例进行讨论，不同设备略有差异，使用时可参照说明书去完成实验。

1. pH计或电位滴定仪(pHS-3C型)构造

仪器的前、后面板图，见图5-4和图5-5。

2. pH计或电位滴定仪(pHS-3C型)操作指南

(1) 开机

成功的操作首先要正确地安装和维护pHS-3C型pH计。开机前，必须检查电源是否接妥，应保证仪器良好接地。电极的连接必须可靠，防止腐蚀性气体的侵袭。

仪器插入电源后，打开电源开关开机。仪器首先显示“pHS-3C”字样。稍等片刻，会显示上次标定后的斜率以及E_0值，仪器显示电极斜率示意图仪器显示电极E_0示意图，然后进入测量状态，显示当前的电位或者pH。

操作注意事项如下。

① 为了保护和更好地使用仪器，每次开机前，请检查仪器后面的电极插口，必须保证它们连接有测量电极或者短路插头，否则有可能损坏仪器的高阻器件。

② 仪器不使用时，短路插头也要接上，以免仪器输入开路而损坏仪器。

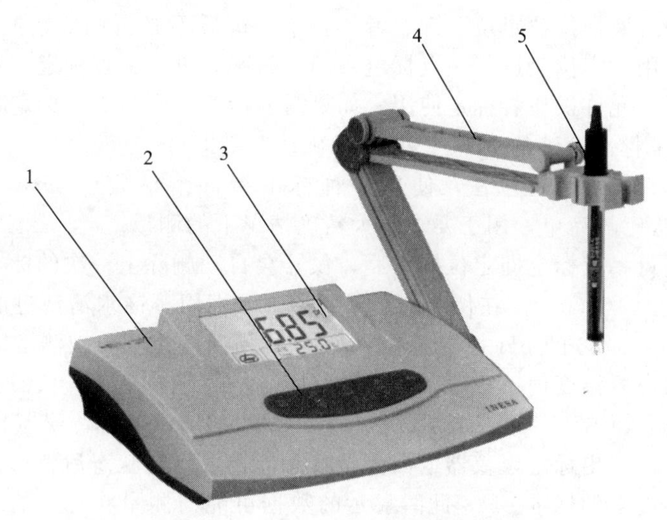

图 5-4　pHS-3C型pH计的前面板图

1—机箱；2—键盘；3—显示屏；4—多功能电机架；5—pH 复合电极

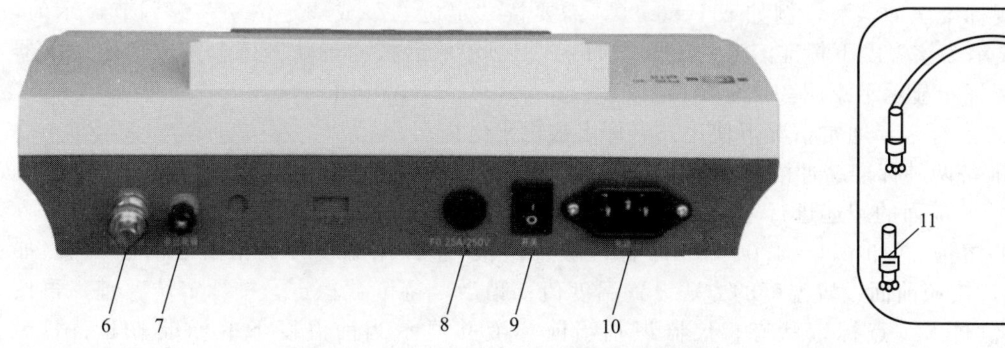

图 5-5　pHS-3C 型 pH 计的后面板图

6—测量电极插座；7—参比电极接口；8—保险丝；9—电源开关；10—电源插座；

11—Q9 短路插；12—E-201-C 型复合电极；13—电极保护瓶

③ 为了保证仪器的测量精度，建议操作者开机预热 0.5h 后再进行测量。其中显示屏上方为当前的电位值或者 pH，下方为设定温度值。在测量状态下，按“mV/pH”键可以切换显示电位以及 pH；按“温度”键设置当前温度值；按“定位”或“斜率”键标定电极斜率。

（2）功能设置

① 设置温度。如果用户需要设置温度，则先用温度计测出被测溶液的温度，然后按“温度△”或“温度▽”键调节显示值，使温度显示为被测溶液的温度，按“确认”键，即完成当前温度的设置，按“pH/mV”键放弃设置，返回测量状态。

② pH 电极的准备如下。

a. 将 pH 复合电极下端的电极保护瓶(13)(图 5-5)拔下，并且拉下电极上端的橡皮套使其露出上端小孔。

b. 用蒸馏水清洗电极。

（3）pH 电极的标定

仪器使用前首先要标定。一般情况下仪器在连续使用时，每天要标定一次。本仪器具有自动识别标准缓冲溶液的能力，可以识别 pH 为 4.00、6.86、9.18 的三种标液，因此对于上述三种标准缓冲溶液，按“定位”键或者“斜率”键后不必再调节数据，直接按“确认”键即可完成标定。用“定位”进行一点标定，用“斜率”进行二点标定。对于其他非常规标准缓冲溶液，仪器也允许操作者标定使用。如果需要标定，则只需在标定状态下调节显示的pH数据至该温度下标准溶液的pH，然后按“确认”键即可。

① 一点标定，即一点定位法，使用一种标准缓冲溶液定位 E_0，斜率设为默认的100.0%，这种方法比较简单，用于要求不太精确情况下的测量。

操作注意：进行一点标定即定位操作后，仪器会自动删除上一次的标定数据，一点标定后，斜率默认设置为100.0%。在仪器的测量状态下，把用蒸馏水清洗过的电极插入某种标准缓冲溶液(如pH=6.86的pH标准缓冲溶液)中；用温度计测出被测溶液的温度值，按前面设置温度的方法设置温度值；稍后，待读数稳定，按“定位”键，仪器会提示用户是否进行标定，显示“Std YES”字样，如果需要标定，则按“确认”键，仪器自动进入一点标定状态，否则按任意键退出标定，仪器返回测量状态。进入标定状态后，仪器会自动识别当前标液并显示当前温度下的标准pH，此时显示的数据可能与测量状态下的pH不同，按“确认”键，仪器存储当前的标定结果，并显示斜率和 E_0 值，返回测量状态；如果用户想放弃标定，可按“pH/mV”键，仪器退出标定状态，返回当前测量状态。如果用户使用的是其他非常规标准缓冲溶液，例如pH=6.80，需要按“定位△”或“定位▽”键调节显示值，使pH显示为该温度下标准溶液的pH（pH=6.80)，然后按“确认”键，完成标定。仪器提示是否标定显示示意图一点标定(定位)状态。

② 二点标定，通常情况下使用二点标定法标定电极斜率。

a. 准备两种标准缓冲溶液，如pH=4.00、pH=9.18等。

b. 按照前面的叙述进行一点标定：在仪器测量状态下，把用蒸馏水清洗过的电极插入标准缓冲溶液1(如pH=4.00的pH标准缓冲溶液)中；用温度计测出溶液的温度值(如25.0℃)，按照前面设置温度的方法设置温度值；稍后，待读数稳定，按“定位”键，再按“确认”键进入一点标定状态，仪器识别当前标液并显示当前温度下的标准pH（pH=4.00)；然后按“确认”键完成标定，仪器返回测量状态。

c. 同理，再次清洗电极并插入标准缓冲溶液2(pH=9.18的pH标准缓冲溶液)中；用温度计测出溶液的温度值(如25.2℃)，并设置温度值；稍后，待读数稳定后，按“斜率”键，再确认，仪器自动识别当前标液并显示当前温度下的标准pH(如pH=9.18)。

d. 然后按“确认”键完成标定，仪器存储当前的标定结果，并显示斜率和 E_0 值，然后返回测量状态。

e. 手动标定：如果用户使用的是其他标准缓冲溶液，例如溶液pH=6.80和pH=3.95，用前者定位，后者标定电极斜率。首先需要按“定位”键，仪器会提示用户是否进行标定，显示“Std YES”字样，然后需要按“定位△”或“定位▽”键调节显示值，使pH显示为该温度下标准溶液的pH，（如pH=6.80)，然后按“确认”键，完成标定。同理，再次清洗电极并插入标准缓冲溶液2(pH=3.95的标准缓冲溶液)中；用温度计测出溶液的温度值(如28.0℃)，并设置温度值；稍后，待读数稳定后，按“斜率”键，再确认，仪器自动识别当前标液并显示当前温度下的标准pH(如pH=3.95)，然后按“确认”键完成标定，仪器存储当前的标定结果，并显示斜率和 E_0 值，然后返回测量状态。

③ 电极斜率的复位。由于某些原因，如意外断电等导致当前电极斜率不正确(开机时会显示上次标定的电极斜率值)，有两种办法可以帮助恢复。

a. 按照前面的方法重新标定电极；

b. 按住任意键并再次开机，或者在测量状态下，按住“确认”键3s以上，仪器显示

“SYS rSt”字样表示系统复位(system reset)，此时放开“确认”键，稍等，仪器开始闪烁显示，如果用户此时按“确认”键，仪器将复位电极标定数据，并设为默认的pH=4.00和pH=9.18二点标定(斜率为100.0%，E_0为0mV)，然后回到测量状态；按其他键可以放弃复位操作。

(4) pH的测量

经标定的仪器，即可用来测量被测溶液，根据被测溶液与标定溶液温度是否相同，采用不同的测量步骤。具体操作步骤如下。

① 被测溶液与标定的溶液温度相同时，测量步骤如下。

a. 用蒸馏水清洗电极头部，再用被测溶液清洗一次；

b. 把电极浸入被测溶液中，用玻璃棒搅拌溶液，使溶液均匀，在显示屏上读出溶液的pH；

② 被测溶液和标定溶液温度不同时，测量步骤如下。

a. 用蒸馏水清洗电极头部，再用被测溶液清洗一次；

b. 用温度计测出被测溶液的温度值；

c. 按“温度”键，使仪器显示为被测溶液温度值，然后按“确认”键；

d. 把电极插入被测溶液内，用玻璃棒搅拌溶液，使溶液均匀后读出该溶液的pH。

(5) 电极电位(mV值)的测量

① 把测量电极(离子选择性电极或金属电极)和参比电极夹在电极架上；

② 用蒸馏水清洗电极头部，再用被测溶液清洗一次；

③ 把离子电极的插头插入测量电极插座(6)(图5-5)处；

④ 把参比电极接入仪器后部的参比电极接口(7)(图5-5)处；

⑤ 把两种电极插入被测溶液内，将溶液搅拌均匀后，即可在显示屏上读出该离子选择性电极的电极电位(mV值)，还可自动显示正负极性；

⑥ 如果被测信号超出仪器的测量范围，仪器将显示“Err”字样；

⑦ 使用金属电极测量电极电位时，用带夹子的Q9插头，Q9插头接入测量电极插座处，夹子与金属电极导线相接；或用电极转换器，电极转换器的一头接测量电极插座处，金属电极与转换器接续器相连接。参比电极接入参比电极接口处。

第三节 紫外-可见光谱法模块

一、 典型仪器设备

在这个模块中，典型仪器有许多品牌，有722型可见分光光度计，有紫外-可见分光光度计UV1800系列和TU1900系列。尽管紫外-可见分光光度计的种类和型号繁多，但仪器上旋钮和按键的功能基本相似，其操作方法仅略有不同。本节主要介绍两款机型供大家学习。

1. 722型可见分光光度计

722型可见分光光度计是较为常用的可见分光光度计之一，其外形及各旋钮、按键名称如图5-6所示。

常用分光光度计旋钮和按键的功能及一般操作方法如下。

(1) 旋钮和按键的功能

① 波长调节旋钮：旋转此旋钮可选择所需单色光的波长。

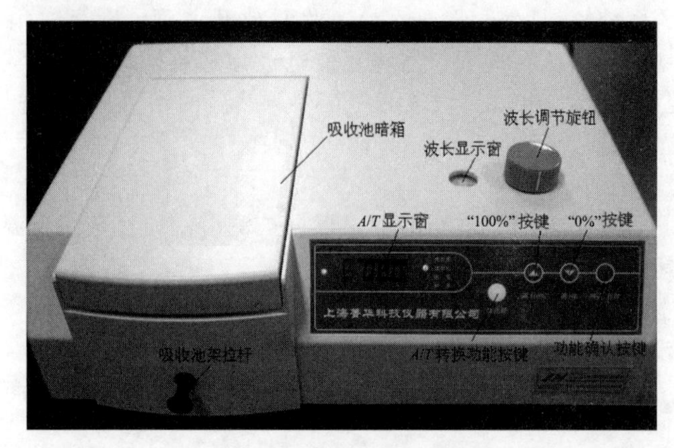

图 5-6　722 型可见分光光度计

② 波长显示窗：旋转波长调节旋钮时，在此读出所选择单色光的波长。

③ 吸收池架拉杆：拉动此拉杆可将吸收池依次推入光路。

④ 样品室(吸收池暗箱)：用于放置吸收池架和吸收池。

⑤ A/T 显示窗：显示测量数值(吸光度 A、透射比 T 等)。

⑥ A/T 转换功能按键：选择测量模式(吸光度 A、透射比 T 等)。

⑦ 功能确认按键：按此键可确认对仪器参数的设置操作。

⑧"0%"按键：仪器接通电源后，将黑色吸收池(遮光体)推入光路，盖上暗箱盖，按此键调节 $T=0$。

⑨"100%"按键：将参比溶液推入光路，盖上暗箱盖，用此按键调节 $T=100\%$。

(2) 操作方法

① 将吸收池架放入暗箱中，黑色吸收池插入吸收池架的第 1 格，推或拉入光路，盖上暗箱盖，仪器接通电源，打开电源开关，预热 20min。

② 洗涤吸收池，装溶液至其高度的 2/3～3/4，擦净吸收池外侧溶液，放入暗箱吸收池架的第 2 格，盖上暗箱盖。

③ 旋转"波长调节旋钮"，选择测量波长。

④ 按"A/T 转换功能"键，选择测量模式为透射比 T，按"0%"键使 $T=0$。

⑤ 将参比溶液推或拉入光路，按"100%"键，使 $T=100\%$。

⑥ 按"A/T 转换功能"键，选择测量模式为吸光度 A，此时 $A=0$。

⑦ 将被测溶液推或拉入光路，读取吸光度 A，并记录。

⑧ 测量完毕，取出吸收池，清洗、晾干，放入吸收池盒中。关闭电源，拔下电源插头，盖上仪器防尘罩，填写仪器使用记录。

2. UV1800 型分光光度计

UV1800 型分光光度计用得比较多的品牌：普析、北分瑞利、上海美谱达、上海元析，本节以各品牌 UV1800 型分光光度计共有的工作站内容说明机器使用过程。

(1) 紫外-可见分光光度计准备程序

① 开启紫外-可见分光光度计主机及电脑电源。

② 打开紫外-可见分光光度计后预热 30min。

③ 双击电脑桌面紫外-可见分光光度计软件控制图标，启动控制程序。

④ 仪器开始逐项自检，全部通过后，屏幕显示应用窗口。自检通过后有蜂鸣声提示。

自检全部完成后，方可继续操作。在自检时，如各项检查均正常，在各项检查项后均显示绿色图标；如存在故障，则该检查项后显示红色图标，排除故障后，方能进行测定。

（2）光谱测定操作

① 点击“连接”，使计算机和紫外-可见分光光度计联机。

② 选择主菜单“光谱”项，点击“方法”，设置光谱测定方法：扫描速度、波长范围、测量方式、狭缝宽度、采样间隔、测定方式。按“确定”完成参数设定，回到测定界面。

③ 样品室中放入标准白板，不放样品，执行“基线校正”，进行基线的初始化操作。

④ 基线校正完成后放入待测样品，盖好盒盖，点击“开始”，仪器开始测量。

⑤ 测量完成后界面显示测量条件和峰形图，选择处理条件：数据处理、选点检测、峰值检测、峰面积检测、执行结果查询。

⑥ 若要保存数据，点击“另存为”，将数据和条件保存在合适的文件夹中。

（3）关机操作

① 保存完数据，点击“断开”。

② 关闭软件，关闭计算机、显示器和紫外-可见分光光度计主电源。

3. 注意事项

① 对于有工作站的仪器配套的电脑不要作其他用途(使用U盘读取文件时尤其注意不要引入计算机病毒)，以防病毒污染。

② 计算机与仪器主机的连线切不可带电拔插，一定要关掉仪器主机电源后方能拔插，不然会烧坏电路接口。

③ 待测样品测试完毕后应及时取出，长时间放置在样品室内会污染光学系统，引起性能下降。

④ 仪器长时间开启时，切勿触碰光源盖，防止烫伤。

⑤ 使用时的环境温度：18～26℃。

⑥ 使用时的相对湿度：45％～80％。

⑦ 防止对影响仪器使用的振动和电磁干扰。

⑧ 保证室内无腐蚀性气体，有良好的通风装置。

⑨ 仪器长期停用时，要定期通电保养。

二、 仪器操作指南

在仪器操作指南中，以UV1800系列为例，详细说明定量测定样品中标准曲线法操作的要求。

1. 开机后准备工作

尽管现场工程师或经销商工程师已对机器进行了调试，仍然不能保证比赛机器精度和准确度符合选手的要求。因此必要的仪器调试校准是非常重要的。

① 开机后机器稳定。一般的说明都是开机自检后就可以使用，其实电讯号稳定需要平衡一段时间，一般的情况是到赛场后立即开机，然后让机器预热、平衡。笔者认为在比赛之前，应该让机器开机连续运转24h以上。选手在赛场上也应该让机器运转2h以上后才能够进行测定，尤其是进行定量分析时。

② 在和计算机联机之前，要做好分光光度计部分的“暗流校正”和“波长校正”，然后联机，准备测定。

2. 做好背景校正

如果是单光束的分光光度计，测定样品时要先做好背景校正。如果是一个标准系列，建议每次测定都要先做背景校正，然后再测定样品。

3. 样品测定透光率

样品测定时，一定要观察即刻的透光率，建议达到99%以上时，再点击测定。

4. 测定时的窗口

对于有曲线拟合的测定，最好打开当前的窗口测定，如果打开的窗口比较多，容易造成计算机死机。

5. 参数设定

一般来说吸光度要求“0.000”，小数点后面3位；浓度要根据要求去设定，设定“0.0000”，小数点后面4位居多，近来有的比赛要求“0.00000”，小数点后5位。

6. 出现脱机的应急处理

选手在赛场比赛时，计算机和分光光度计之间脱机的情况比较常见，影响选手的正常测定。此时选手要冷静，不要频繁点击“联机”和“测试”按钮，否则会造成计算机死机，正确的方式应该是：首先保存文件，等待1～3min，一旦出现异常可以关掉操作界面，重新打开软件，调出文件后继续操作。

7. 测定时的注意事项

① 配制系列溶液时，除了一般要求的准确外，还要注意使溶液尽量混匀。笔者认为，可以适当增加一点摇瓶力度，尤其是测定有机物质时，使其成为真正的“真溶液”。

② 配制溶液时一定让溶液有一段时间的“醒溶液”过程，这样的话溶液稳定性较好。

③ 样品测定时，一定要轻摇瓶，使溶液浓度没有“液层差”。

④ 样品测定时，容量瓶倒出的溶液应尽量满足黄金分割点0.618，也就是接近容量瓶1/3处的溶液。

三、 容量瓶配套使用

紫外-可见分光光度法定量测定中，标准曲线法考查选手溶液稀释倍数计算、移取溶液、放液速度、定容、测定等诸多环节。这几个环节中最重要的是定容。对于定容来说，关键是选取最合适的容量瓶。无论标准曲线法测定的是6个点或是7个点，这几个容量瓶必须一致，样品的平行测定也是如此。笔者根据几年的实践，有以下方法推荐使用。

1. 容量瓶的挑选

选择同批次的容量瓶，材质一样，刻度线基本在一个水平面上。最好选择硅-硼玻璃比例比较高的容量瓶。

2. 容量瓶的初校正

按照“绝对校正法”衡量标线下容量瓶真正的体积，挑选15个或多一点体积非常接近的容量瓶备用。

3. 容量瓶的配套校正

采用吸光光度法进行容量瓶的配套校正。分别精确移取4mL有色定量使用溶液，放入容量瓶中，加水至刻度线，定容，摇匀(通过计算、配制适当浓度的溶液，定容后溶液的吸光度控制在0.4～0.45)。放置20min后测定，设定吸光度“0.0000”，小数点后4位，记录测定数据。从配制溶液开始，再测定 1 次，记录数据。进行数据比较，数据最接近的容量瓶配套，绘制标准曲线或测定样品时使用，完全一致的容量瓶用于样品平行测定。

配套后的容量瓶，如果操作都基本到位，测定的相关性几乎都在 0.999990 以上。

第四节　有机试剂合成及提纯模块

一、 典型仪器设备

1. 玻璃仪器

（1）玻璃仪器的材质

有机合成实验中最常用的就是玻璃仪器。在合成反应中经常需要加热、冷却，要接触各种化学试剂，其中有许多腐蚀性的试剂，甚至要经受一定的压力，因此对玻璃仪器的质量、玻璃材质均要求较高。

有机合成实验的玻璃仪器对玻璃材质要求较高，需要较大的机械强度、较高的软化点、对化学试剂的耐受性高、对温度冲击的抵抗力高等，一般采用硼硅盐硬质 95 料或 GG-17 硬质玻璃制造。

（2）磨口型号

化学实验用玻璃仪器，按其口塞是否为标准磨口分为普通仪器及标准磨口仪器两类。标准磨口仪器可以互相连接，使用方便又严密安全，我国已普遍生产和使用，尤其在精细有机合成实验中已逐渐取代了普通玻璃仪器。

由于标准磨口玻璃仪器的用途、容量不同，标准磨口有不同的编号，如 10 号、14 号、19 号、24 号、29 号和 34 号等。这些编号是指磨口最大端的直径(单位为 mm,取最接近的整数)。有时也用两个数字表示标准磨口的规格，如：14/30 表示磨口最大端直径 D 为 14mm，磨口锥体长度 H 为 30mm。相同编号的内、外磨口可以紧密连接，磨口编号不同的仪器无法直接连接，但可以使用相应的不同编号的磨口接头使之连接。

（3）磨口的保护

仪器的磨口如不能很好地爱护，极易损坏。因此使用标准磨口仪器时必须注意以下几点。

① 磨口部分必须洁净，用毕立即洗净，若黏附有固体杂物，会使磨口对接不严密，导致漏气。若有硬质杂物，更会损坏磨口。洗涤前应先将涂过的真空脂擦尽，然后才能用洗涤剂清洗。长久放置，会使连接处粘牢，难以拆开。

② 洗涤磨口时不得用粗糙的去污粉，以免使磨口擦伤而漏气。

③ 进行真空减压操作时，磨口处应涂以真空润滑脂，以免漏气。一般用途可不涂润滑脂，以免玷污反应物或产物。若反应中有强碱，则应涂润滑剂，以免磨口连接处因碱腐蚀粘牢而无法拆开。

④ 安装标准磨口仪器时，应注意正确安装，整齐、稳妥，使磨口连接处不受歪斜的应力，否则易使仪器折断。

2. 常见的有机合成玻璃仪器

合成常用的仪器有冷凝管、恒压漏斗、分馏头、蒸馏头、干燥管、接头、空心塞、各式烧瓶、各种弯管等，如图 5-7～图 5-12 所示。

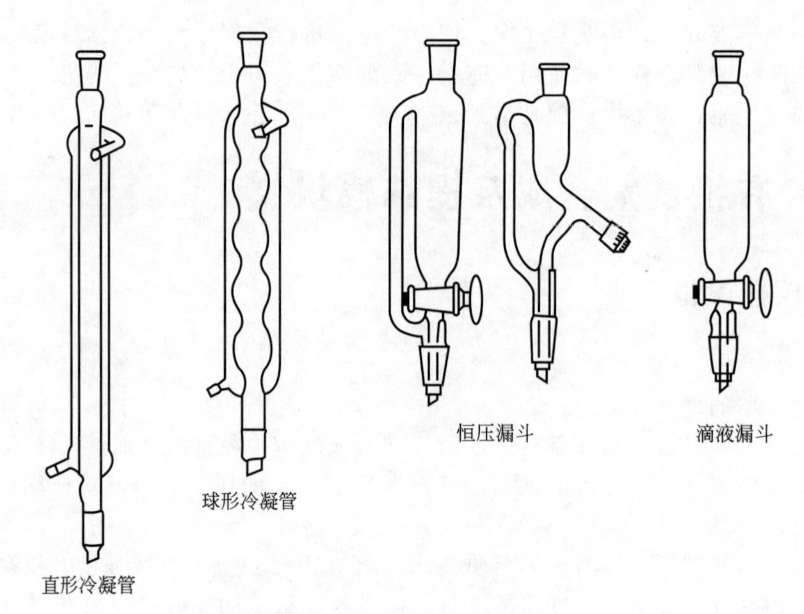

图 5-7 常见的冷凝管、恒压漏斗、滴液漏斗

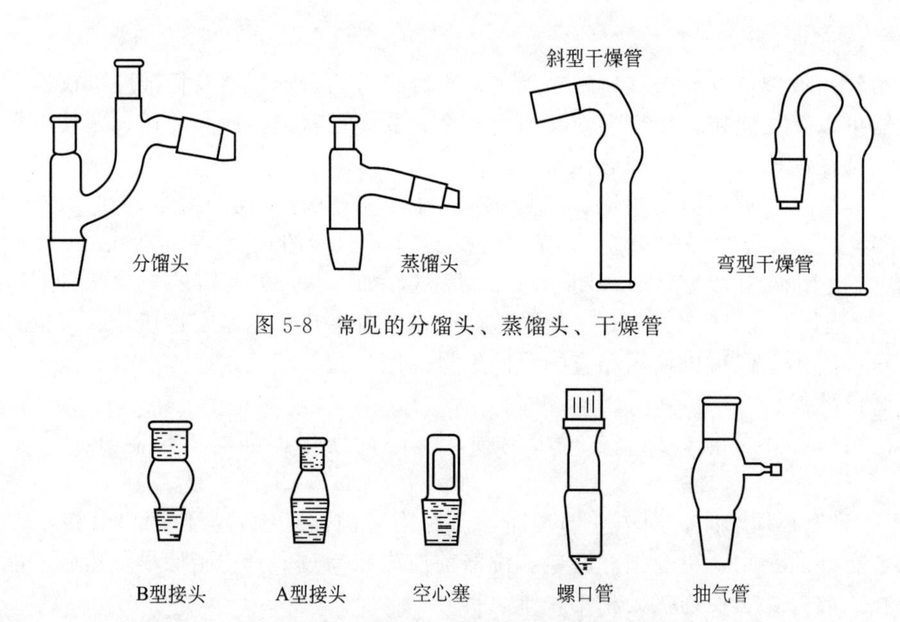

图 5-8 常见的分馏头、蒸馏头、干燥管

图 5-9 常见的接头、空心塞、螺口管、抽气管

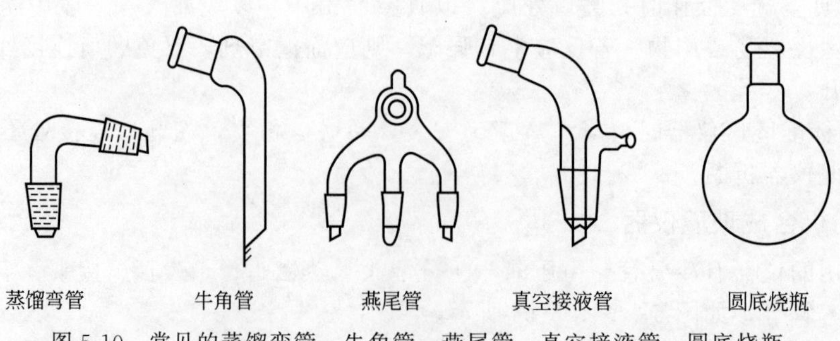

图 5-10 常见的蒸馏弯管、牛角管、燕尾管、真空接液管、圆底烧瓶

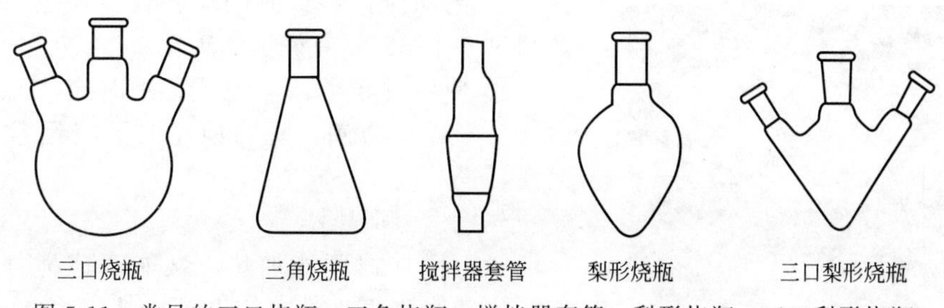

图 5-11　常见的三口烧瓶、三角烧瓶、搅拌器套管、梨形烧瓶、三口梨形烧瓶

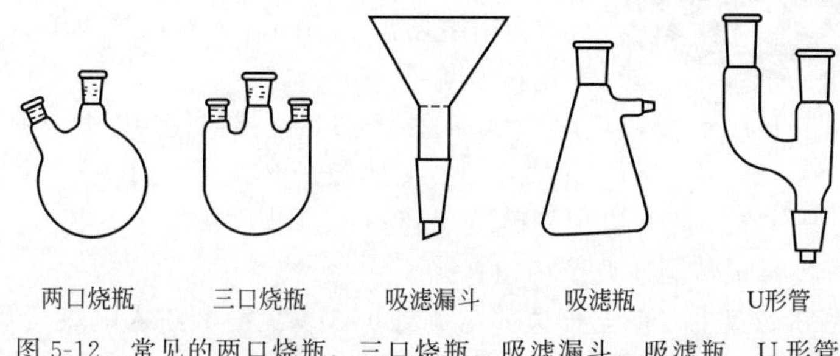

图 5-12　常见的两口烧瓶、三口烧瓶、吸滤漏斗、吸滤瓶、U 形管

3. 常见的主要设备

（1）烘箱

实验室一般使用恒温鼓风干燥箱。主要用来干燥玻璃仪器或烘干无腐蚀性、热稳定性比较好的药品。使用时应注意温度的调节与控制。干燥玻璃仪器时应先沥干再放入烘箱，温度一般控制在 100～110℃。而且干湿仪器要分开。

（2）电吹风

实验室中使用的电吹风应可吹冷风和热风，供干燥玻璃仪器用。

（3）红外灯

红外灯用于低沸点易燃液体的加热。使用红外灯加热，既安全又可避免水浴加热时水汽进入反应体系。加热温度易于调节，升温或降温速度快。使用时受热容器应正对灯面，中间留有空隙。红外灯也可用于固体样品的干燥。

（4）电加热套(电热幅)

电加热套是由玻璃纤维包裹着电热丝织成帽状的加热器。由于它不是明火，因此加热和蒸馏易燃有机物时，具有不易着火的优点，热效率也高。

电加热套相当于一个均匀加热的空气浴。加热温度通过调变电压控制。最高加热温度可达 400℃，是有机合成实验中一种简便、安全的加热装置。电热套的容积一般与烧瓶的容积相匹配。

电加热套主要用作回流加热的热源，见图 5-13。

（5）电动搅拌器

电动搅拌器是化学实验室常用的机械搅拌装置，通过变速器或外接调压变压器可任意调节搅拌速度。使用时应注意以下几点。

① 开启时应逐渐升速，搅拌速度不能太快，以免液体溅出。关闭时应逐渐减速，直至停止；

② 不能超负荷运转，也不能运转时无人照看；

图 5-13　电加热套

③ 电动搅拌器长时间运转往往使电机发热，不能超过 50～60℃(有烫手的感觉)；

④ 使用时必须接上地线；平时应注意经常保持清洁、干燥，防潮，防腐蚀；轴承应经常加油保持润滑。

(6) 磁力搅拌器

磁力搅拌器既能加热，又能调速搅拌，使用方便。旋转调速调节旋钮使电动机从慢到快带动磁钢，再带动玻璃容器中的搅拌磁子，达到搅拌的目的。它利用磁场盘下面的电阻丝加热溶液。使用时应注意以下几点。

a. 磁力加热搅拌器使用时加接地线；

b. 搅拌磁子必须冲洗干净，放置和取出搅拌磁子时应停止搅拌，动作要小心，以免打破玻璃容器；

c. 搅拌开始时慢慢旋转调速调节旋钮；

d. 如溶液洒落在磁盘上，应立即关闭电源处理，以免溶液渗入电热丝及电机部分。

二、 玻璃仪器的清洗和干燥

进行有机试剂合成实验时，为了避免杂质混入反应物中，必须使用清洁的玻璃仪器。简单而常用的洗涤方法是用试管刷，并借助于各种洗涤溶液刷洗。有时器皿壁上的杂物需用有机溶剂洗涤，因为残渣很可能溶于某种有机溶剂。装过溶剂的玻璃仪器有时需用洗涤剂溶液和水洗涤以除去残留的试剂。尤其是装过四氯化碳或氯仿之类的含氯有机溶剂后，特别需要再用水冲洗玻璃仪器。当用有机溶剂洗涤时要尽量用少量溶剂，丙酮是洗涤玻璃仪器时常用的溶剂，但价格较贵。

有时即使尽了最大努力仍然不能把顽固的黏附在玻璃仪器上的残渣或斑迹洗净，这时要使用铬酸洗涤液。该洗涤液由 35mL 重铬酸钾(钠)的饱和水溶液溶于 1L 浓硫酸制备。配制时应把浓硫酸加到重铬酸盐溶液中。

当使用洗涤液时，只能将少量洗涤液在玻璃仪器中旋摇几分钟，然后将残余洗涤液倒入废液瓶，要保证用大量水冲洗仪器。经这样处理的玻璃仪器，对于通常的有机合成试剂反应来说，残留的任何斑迹就不至于给随后的实验带来不良影响。

干燥玻璃仪器最简便的方法是使其放置过夜。一般洗净的仪器倒置一段时间后，若没有水迹，即可使用。若要求严格无水，可将所需使用的仪器放在玻璃仪器气流烘干器上烘干。

三、 仪器操作指南

1. 仪器安装注意事项

把各种仪器及配件装配成某一装置时，必须注意以下几点。

① 热源的选择。实验中用得最多的是水浴、油浴、电加热套、沙浴、空气浴。根据所需温度的高低和化合物的特性来决定。一般低于 80℃的用水浴，高于 80℃的用油浴。如果化合物比较稳定，沸点较高，可以用电加热套加热。

② 熟悉装置的仪器和配件。

③ 根据实验要求，选择干净、合适的仪器，做好装配前的一切准备工作。

④ 从安全、整洁、方便和留有余地的要求出发，大致安排台面和确定装配仪器的位置。

然后放好台支架，按照一定的要求和顺序，一般是从下到上、从左到右，先难后易逐个装配。拆卸时，按照与装配时相反的顺序，逐个拆除。

⑤ 玻璃仪器用铁夹牢固地夹住，不宜太松或太紧。铁夹不能与玻璃直接接触，应套上橡胶管，粘上石棉垫或者用石棉绳包扎起来。需要加热的仪器，应夹住仪器受热最低的位置。冷凝管则应夹中间部位。标准接口容器衔接处使用专用管口夹固定。

⑥ 装配完毕后必须对仪器和装置仔细地进行检查。检查每件仪器和配件是否合乎要求，有无破损；整个装配是否做到正确、整齐、稳妥、严密；再检查安全(包括仪器安全、系统安全和环境安全)，注意装置是否与大气相通，不能是封闭体系(除了在压力釜中的反应，剧毒的反应或十分贵重化合物的反应)。

经检查确认装置没有问题后方能使用。初次做合成实验者应请有经验的人员检查认可后，才可进行实验。

2. 仪器搭建

有机合成都是由几组标准的实验装置来完成。下面介绍几种常用装置。

(1) 回流冷凝装置

很多合成反应需要在反应体系溶剂或液体反应物的沸点附近进行。为了避免反应物或溶剂的蒸气逸出，需要使用回流装置，如图 5-14 所示。图 5-14(a)是可以隔绝潮气的回流装置；图 5-14(b)是可吸收反应中生成气体的回流装置；图 5-14(c)为回流时，可以同时滴加液体的装置。在上述各类回流冷凝装置中，球形冷凝管夹套中的冷却水自下而上流动。可根据烧瓶内液体的特性和沸点的高低选用水浴、油浴、石棉网直接加热等方式。在回流加热前，不要忘记在烧瓶内加入几粒沸石，以免暴沸。回流时以控制液体蒸气上升不超过两个球为宜。

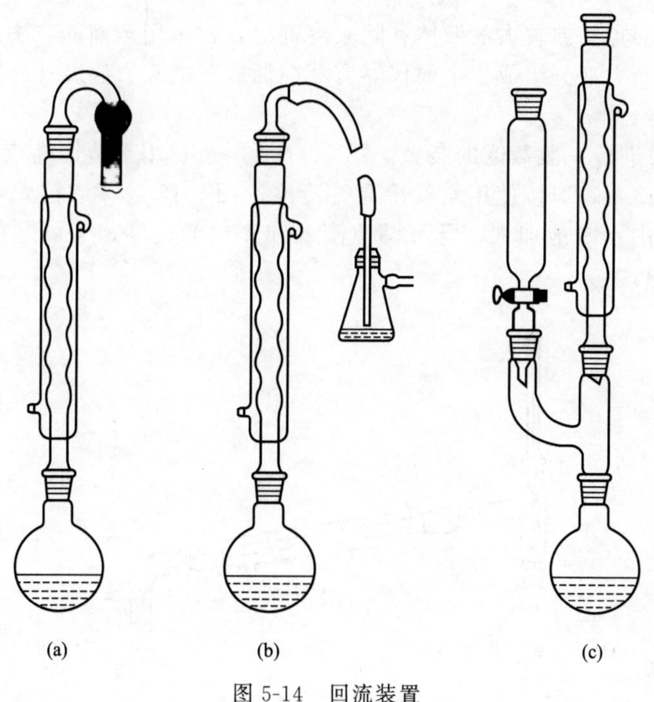

图 5-14　回流装置

(2) 搅拌装置

当反应在均相溶液中进行时，一般不用搅拌。但是，有很多合成反应是在非均相溶液中进行的，或反应物之一是逐渐滴加的。这种情况需要搅拌。搅拌使反应物各部分迅速均匀地混合，受热均匀，增加反应物之间的接触机会，从而使反应顺利进行，达到缩短反应时间、提高产率的目的。

常见的搅拌装置如图 5-15 所示。

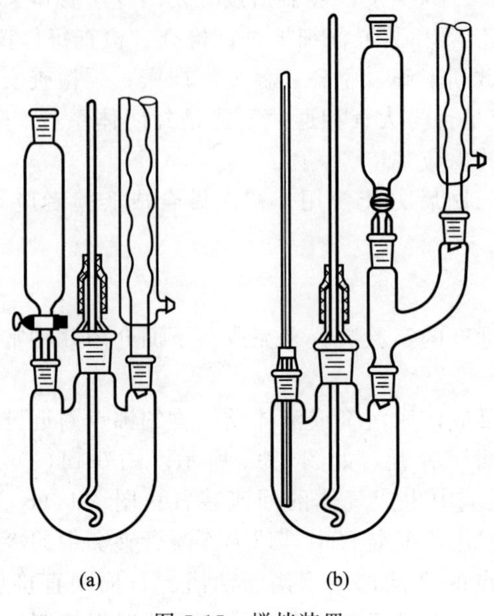

图 5-15　搅拌装置

(3) 蒸馏装置

分离两种以上沸点相差较大的液体和除去溶剂时，常采用蒸馏的方法。蒸馏装置主要由汽化、冷凝和接收三大部分组成。主要仪器有蒸馏瓶、蒸馏头、温度计、直形冷凝管、接液管、接收瓶等。

图 5-16 是用来进行一般蒸馏的装置。图 5-17 所示装置用于蒸馏沸点在 140℃以上的液体，这时不能用水冷凝，应该使用空气冷凝管冷凝。图 5-18 为蒸馏较大溶剂的装置。由于液体可自筒液漏斗中不断地加入，既可调节滴入和蒸出的速度，又可避免使用较大的蒸馏瓶，使蒸馏连续进行。

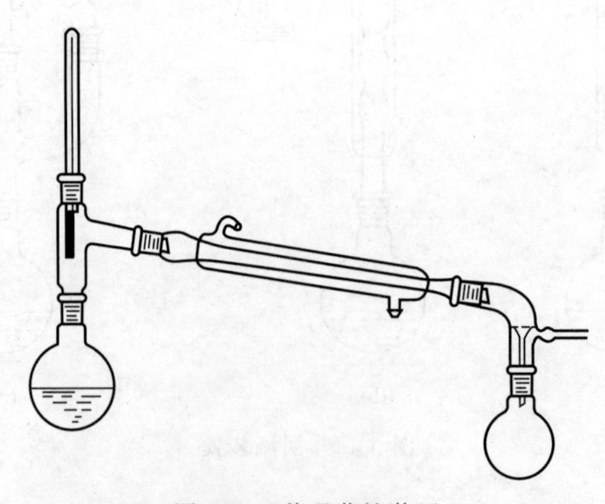

图 5-16　普通蒸馏装置

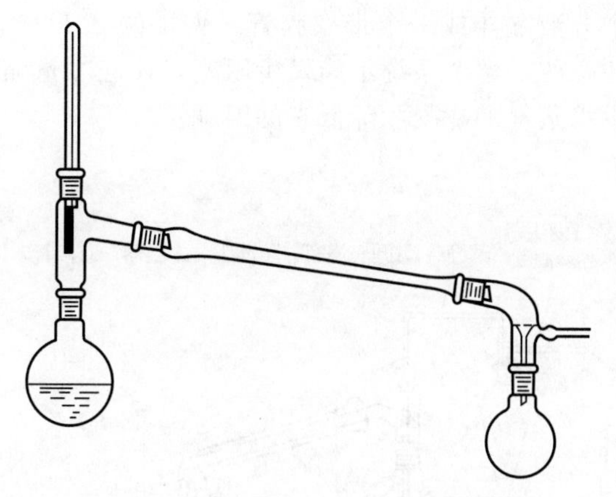

图 5-17　蒸馏沸点在 140℃以上液体装置

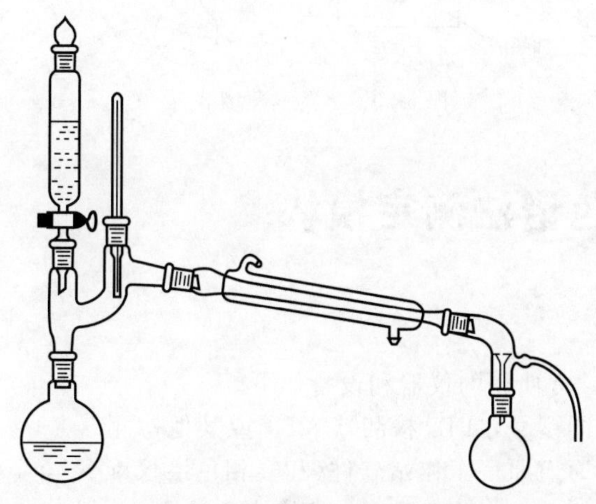

图 5-18　蒸馏较大溶剂的装置

(4) 减压蒸馏装置

当需要蒸馏一些在常压下未到达沸点，即已受热分解、氧化或聚合的液体时，需要使用减压蒸馏装置。图 5-19 是常用的减压蒸馏装置。整个装置由蒸馏、减压两部分组成。

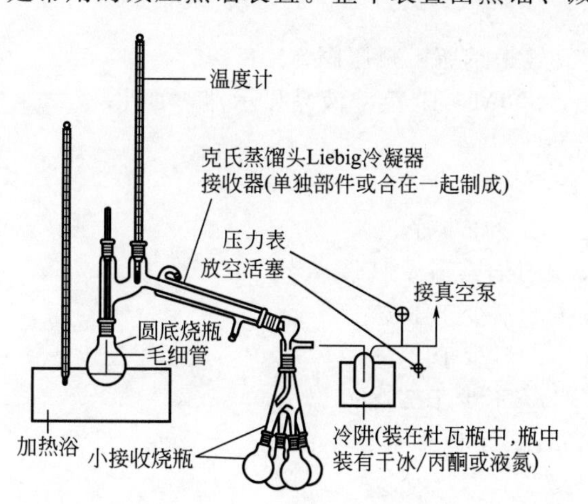

图 5-19　减压蒸馏装置

(5) 水蒸气蒸馏

图 5-20 是常用的水蒸气蒸馏装置。它由水蒸气发生器、蒸馏装置组成。水蒸气发生器

与蒸馏装置间安装了一个分液漏斗或一个带橡胶管、夹子的T形管，它们的作用是及时除去冷凝下来的水滴。应注意的是整个系统不能发生阻塞，还应尽量缩短水蒸气发生器与蒸馏装置之间的距离，以减少水蒸气的冷凝和降低它的温度。

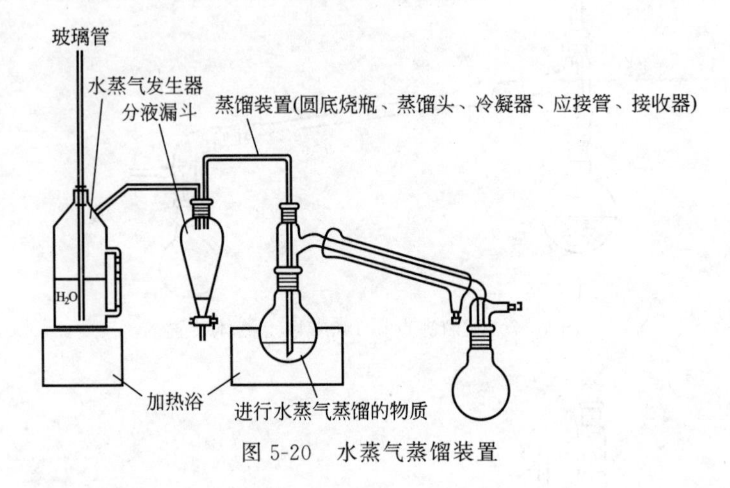

图 5-20　水蒸气蒸馏装置

第五节　气相色谱法测定模块

一、 典型仪器设备

在气相色谱测定中，常使用的仪器和设备如下。

① 气相色谱仪，不同型号，FID检测器×1，或其他检测器×1，1台；

② 工作站软件，单通道原厂工作站软件(和气相色谱仪配套)，1套；

③ 色谱柱，毛细管柱50m×0.25mm，或其他色谱柱，1根；

④ 氢气发生器，型号不同，两级过滤器、具有微量氧脱除剂，流量为0～300mL/min，1台；

⑤ 空气发生器，型号不同，自动放水、两级稳压、低压启动，流量为0～2000mL/min，1台；

⑥ 高纯氮气，高纯氮气+钢瓶+减压阀，1套；

⑦ 品牌工控机，2G，500M，19英寸液晶显示器，1台；

⑧ 品牌打印机，1台；

⑨ 备品备件箱，1套；

⑩ 容量瓶，100mL，不少于4个；

⑪ 容量瓶，10mL，不少于7个；

⑫ 刻度吸量管，1mL，不少于1支；

⑬ 刻度吸量管，2mL，不少于2支；

⑭ 微量进样器，10μL，不少于2支；

⑮ 移液枪，20～200μL，可以多备几支；

⑯ 一次性滴管。

二、 仪器操作指南

不同公司、不同型号的气相色谱仪在使用方法上有一定差异，但是基本操作是一致的。

1. 气相色谱仪(氢焰检测器)的基本操作

① 打开载气钢瓶总阀门(高压表指针指示钢瓶内的气压)，再沿顺时针方向打开减压阀门(低压表指针指示输出气压)输入载气(注意:气相色谱仪一定要先开载气后开电源)，打开仪器上控制载气的针形阀、稳压阀调节适宜流量。

② 打开主机电源总开关。

③ 打开计算机及色谱工作站，输入分析操作条件。加热柱箱、汽化室、氢焰检测器。

④ 柱温升至所设置温度后，稳定约 30min。

⑤ 打开无油空气压缩机电源开关。打开空气压缩机开关阀门，打开空气压缩机稳压阀调至适宜值。

⑥ 打开氢气发生器电源开关、打开气源开关阀门。

⑦ 沿逆时针方向打开空气针形阀和氢气稳压阀调至适宜值，并调节至所需流量(高端仪器由计算机键盘输入空气和氢气流量值,仪器自动完成控制)。

⑧ 打开点火开关，点燃氢火焰。

⑨ 待仪器稳定(基线平直)后，即可进样分析。

⑩ 样品分析完成后，关闭各个加热开关，打开柱箱门(加速降温)，当柱温降至室温后(约需 20～30min)，按与开机相反步骤关机。

2. 气相色谱仪(热导检测器)的基本操作

① 打开载气钢瓶总阀门输入载气，打开仪器上控制载气的针形阀、稳压阀调节适宜流量。

② 打开主机电源总开关。

③ 打开计算机及色谱工作站，输入分析操作条件。加热柱箱、汽化室、热导检测器。

④ 柱温升至所设置温度后，稳定约 30min。

⑤ 设定热导检测器适宜桥流值。

⑥ 待仪器稳定(基线平直)后，即可进样分析。

⑦ 样品分析完成后，关闭各个加热开关，打开柱箱门(加速降温)，当柱温降至室温后(约需 20～30min)，按与开机相反步骤关机。

三、 操作实例

气相色谱法(外标法)测定给定苯系物。

(1) 仪器设备

① 气相色谱仪，型号为 GC-4000A，FID 检测器×1，1 台；

② A5000 工作站软件，单通道原厂工作站软件，1 套；

③ 毛细管柱，SE-30，1 根；

④ 氢气发生器，型号为 EW-300HG，两级过滤器、具有微量氧脱除剂，流量为 0～300mL/min，1 台；

⑤ 空气发生器，型号为 EW-103AG，自动放水、两级稳压、低压启动，流量为 0～2000mL/min，1 台；

⑥ 高纯氮气，高纯氮气＋钢瓶＋减压阀，1 套；

⑦ 品牌工控机，2G，500M，19 英寸液晶显示器，1 台；

⑧ 品牌打印机，1 台；

⑨ 备品备件箱，1套；

⑩ 容量瓶，100mL，4个；

⑪ 容量瓶，10mL，14个；

⑫ 刻度吸量管，1mL，1支；

⑬ 刻度吸量管，2mL，2支；

⑭ 微量进样器，10μL，2支；

⑮ 移液枪，20～200μL；

⑯ 一次性滴管。

（2）试剂

除非另有说明，水为二次去离子水或重蒸馏水。使用的有机试剂均为色谱纯试剂。

① 苯，色谱纯；

② 甲苯，色谱纯；

③ 乙苯，色谱纯；

④ 对二甲苯，色谱纯；

⑤ 间二甲苯，色谱纯；

⑥ 邻二甲苯，色谱纯；

⑦ 苯乙烯，色谱纯；

⑧ 二硫化碳，分析纯；

使用分析纯二硫化碳时，如二硫化碳中有苯系物检出，则应做硝化提纯处理，具体方法是：在1000mL吸滤瓶中加入200mL二硫化碳和50mL浓硫酸，置于电磁搅拌器上，另取盛有50mL浓硝酸的分液漏斗置于吸滤瓶口，打开电磁搅拌器，抽真空升温至45℃，通过分液漏斗向溶液中滴加硝酸，静止5min，如此交替进行30min，将溶液转移到500mL分液漏斗中，水洗。

⑨ 无水硫酸钠，分析纯，350℃加热4h，冷却后放在干燥器中保存；

⑩ 待测苯系物样品溶液。

液-液萃取法配制苯系物贮备溶液。

各取10.0μL苯、甲苯、乙苯、对二甲苯、间二甲苯、邻二甲苯、苯乙烯色谱纯标准试剂并装入100mL容量瓶中，用二硫化碳稀释至刻度线。取上述标液10.0mL，放入100mL容量瓶中，用二硫化碳稀释至刻度线，此溶液中各标准物的含量如下：苯8.78μg/mL，甲苯8.66μg/mL，乙苯8.70μg/mL，对二甲苯8.62μg/mL，间二甲苯8.64μg/mL，邻二甲苯8.84μg/mL，苯乙烯9.06μg/mL。

液-液萃取法配制苯系物标准溶液。

分别取0mL、5.00mL、10.00mL、15.00mL、20.00mL、25.0mL上述苯系物贮备液于100mL容量瓶中，从低到高配成0～5号苯系物标准溶液。

（3）实验操作（参考方案）

① 仪器准备：

a. 安装色谱柱，准备好色谱柱后，打开柱箱门，先安装进样口端，套上螺母，套上石墨压环，进样口端从石墨压环顶端量取7cm，用手将连接螺母拧紧，扳手带紧；

b. 打开载气（N_2）：逆时针打开钢瓶总阀，总压表、分压表；顺时针旋转分压阀，调节分压在0.4～0.6MPa之间；

c. 调节仪器上载气压力为0.3MPa；

d. 调节柱前压调节阀至合适压力；

e. 通气后将毛细管柱出气口端伸入无水乙醇中，应有均匀气泡冒出，若无气泡，则应重新检查气路系统；

f. 连接柱出气口端，同样方式量取 11cm，安装方法同进气口端；

g. 用无水乙醇在色谱柱连接处检漏，关闭柱箱门；

h. 调节补充气针形阀至合适流量，调节分流阀至合适流量，可用皂膜流量计从分流出气口端测量分流流量。

② 开机：

a. 打开仪器电源；

b. 设置参数，点击进入定点温度控制界面，设置柱箱温度为 60～150℃，汽化室温度为 120℃，检测器温度为 150℃，点击【确定】，设置完成，点击【运行】，等待仪器就绪；

c. 柱箱、汽化室和检测器温度均达到设定值，准备点火；

d. 打开氢气发生器开关，打开起源开关阀门，调节分压在 0.4～0.6MPa 之间，打开空气开关阀门，调节分压在 0.4～0.6MPa 之间，同时对氮气连接处进行检漏，调节仪器上的空气压力为 0.2MPa，根据空气阀圈数-流量曲线调节空气流量，根据氢气压力-流量曲线调节氢气流量，空气流量为 400mL/min 时需通过流量曲线查拧圈数，氢气流量为 40mL/min 时压力为 0.06MPa；

e. 点火，将检测器高阻调为低档，然后按点火按钮数秒，点火完成；要证实火焰是否点着，可取一件冷金属或玻璃置于检测器筒体上方，若出现冷凝水证明火焰已点燃。

③ 采集基线：

a. 打开气相色谱工作站，启动通道 A，开始采集基线；

b. 30min 后，基线稳定，准备进样采集。

④ 绘制标准曲线

按照样品分析步骤，对标样从低浓度到高浓度进行分析。

标准曲线回归方程：

$$Y=a+bx$$

式中　b——标准曲线斜率，mV·mL/μg；

a——截距，mV；

x——样品浓度，μg/mL；

Y——峰高，mV。

⑤ 样品结果计算：

根据标准色谱图保留时间定性，根据峰高或峰面积定量。

第六节　高效液相色谱模块

一、典型仪器设备

高效液相色谱法测定样品组分含量，常用的仪器和设备如下：

① 高效液相色谱仪；

② 色谱工作站(LabSolutions)；

③ 十八烷基硅烷键合硅胶柱，C_{18} 柱，150mm×4.6mm，5μm；

④ 微量进样器，10μL，至少 1 支；

⑤ 吸量管，5mL，至少 4 支；

⑥ 容量瓶，100mL，至少 4 个；50mL，至少 4 个；

⑦ 量筒，1000mL，1 个；500mL，1 个；

⑧ 烧杯，1000mL，2 个；500mL，1 个；100mL，至少 4 个；

⑨ 具塞锥形瓶，50mL，2 个(承接滤液)；

⑩ 磨口试剂瓶，250mL，1 个；

⑪ 漏斗(大)，2 个；

⑫ 漏斗(小)，4 个；

⑬ 滤纸，Φ11cm；

⑭ 一次性注射器，5mL，至少 5 支；

⑮ 具塞小试管，4mL，至少 5 个；

⑯ 抽滤装置一套；

⑰ 滤膜(有机系，水系 0.45μm)；

⑱ 针筒式滤头(有机系，Φ13mm，0.45μm)；

⑲ 研钵，1 个；

⑳ 角匙，1 个；

㉑ 滤纸条，若干；

㉒ 超声波清洗仪。

二、 仪器操作指南

1. 开机

① 按要求对待测样品进行前处理，准备 HPLC 所需流动相，检查线路是否连接完好、废液瓶是否够用等。

② 开机。打开电脑、HPLC 各组件电源，打开软件。

③ 打开工作界面，按操作要求赶流动相气泡。

排气：打开“Purge”阀，点击“Pump”图标，点击“Setup pump”选项，进入泵编辑画面，设 Flow 为 3～5mL/min，点击“OK”。点击“Pump”图标，点击“Pump control”选项，选中“On”，点击“OK”，则系统开始 Purge，直到管线内(由溶剂瓶到泵入口)无气泡为止，切换通道(A-B-C)继续 Purge，直到所有要用通道无气泡为止。点击“Pump”图标，点击“Pump control”选项，选中“Off”，点击“OK”关泵，关闭 Purge valve。点击“Pump”图标，点击“Setup pump”选项，设 Flow 为 1.5mL/min。

④ 配置仪器。配置 1200 个系统模块，根据需要配置。

⑤ 建立平衡柱子分析方法，保存并运行。

2. 编辑方法及分析样品

① 方法信息：从“Method”菜单中选择“Edit entire method”项，选中除“Data analysis”外的三项，点击“OK”，进入下一画面。在“Method Comments”中写入方法的信息。点击“OK”进入下一画面。

② 自动进样器参数设定：选择合适的进样方式，“Standard Injection”只能输入进样体积，此方式无洗针功能。“Injection with Needle Wash”可以输入进样体积和洗瓶位置，此方式下针从样品瓶抽完样品后，会在洗瓶中洗针。“Use injector program”可以点击“Edit”键进行进样程序编辑。点击“OK”进入下一画面。

③ 泵参数设定：(以四元泵为例)在“Flow”处输入流量，如 1.5mL/min，在“SolventB”处输入 70，(A＝100-B-C-D)，也可 Insert 一行“Timetable”，编辑梯度。在

“Pressure Limits Max”处输入柱子的最大耐高压，以保护柱子。点击“OK”进入下一画面。

④ 柱温箱参数设定：在“Temperature”下面的空白方框内输入所需温度，并选中。

⑤ DAD检测器参数设定：检测波长一般选择最大吸收处的波长；样品带宽BW一般选择最大吸收值一半处的整个宽度；参比波长一般选择在靠近样品信号的无吸收或低吸收区域；参比带宽BW至少与样品信号的带宽相等，许多情况下用100nm作为缺省值；Peak width(Response time)其值尽可能接近要测的窄峰峰宽。Slit-狭缝窄，光谱分辨率高；宽时，噪声低。同时可以输入采集光谱方式，步长，范围，阈值。选中所用的灯。

⑥ FLD检测器参数设定：ExcitationA：激发波长，200～700nm，步长为1nm，或Zero Order。Emission：发射波长，280～900nm，步长为1nm，或Zero Order。同时可以输入范围Range、步长step、采集光谱。

⑦ 运行序列：新建序列，在序列参数中输入样品信息，在序列表中输入样品位置，方法等，运行该序列，等仪器显示ready，可运行样品。

3. 数据分析

① 从“View”菜单中，点击“Data analysis”进入数据分析画面。

② 从“File”菜单选择“Load signal”，选中您的数据文件名，则数据被调出。

③ 从“Integration”菜单中选择“Integration Events”选项。选择合适的“Slope sensitivity”，“Peak width”，“Area reject”，“Height reject”。

④ 从“Integration”菜单中选择“Integrate”选项，则数据被积分。

⑤ 如积分结果不理想，则修改相应的积分参数，直到满意为止。

4. 关机

① 关机前，先关灯，用相应的溶剂充分冲洗系统。

② 退出化学工作站，依提示关泵及其他窗口，关闭计算机(用shut down关)。

③ 关闭Agilent1200各模块电源开关。

5. 设备维护保养

① 色谱柱长时间不用，存放时，柱内应充满溶剂，两端封死(乙腈/甲醇适于反相色谱柱，正相色谱柱用相应的有机相)。

② 流动相使用前必须过滤，不要使用多日存放的蒸馏水(易长菌)。

③ 使用含盐流动相，要配制90%水+10%异丙醇，开启seal-wash清洗泵。

④ 溶剂不能干涸。

第六章 世界技能大赛评测策略和规范及评分细则

第一节 评测策略和规范概述

一、世界技能组织标准规范总则

世界技能组织标准规范（WSSS）规定了此项技术和职业最高国际水平所需的知识、理解力和具体技能。它必须能反映全球范围对该行业、工作或职位的理解。

技能大赛的目的是展现世界技能组织标准规范所述本项技能在世界上的最高水平，或至少在某种程度上能够对此予以展示。因此，该标准规范是该技能备赛和培训的指南。

在技能大赛上，选手对该项技能的知识和理解将通过现场表现予以考核，只有在具有非常重要理由的情况下，方可进行单独理论知识测试。

该标准规范被分成若干部分，均配有标题和编号，由一个百分数来表示每个部分在标准规范中的相对重要性，通常称为“权重”，百分比总和是100。

评分方案(marking scheme)和测试项目(test project)仅评定标准规范中所列出的技能。这些评分项将在技能大赛范围内尽可能全面地反映标准规范所描述的内容。

评分方案和测试项目将尽可能地遵循标准规范中的分值分配。分值比例在不妨碍标准规范所规定分值权重的前提下，可以有不超过5%的变化。

二、评测策略和规范

评测策略和规范总则如下。

评判应根据世界技能大赛的评判规则进行。该规则建立了世界技能评判与打分所必须遵循的原则和方法。

专家评分是世界技能大赛的核心和基础，因此，它也是专业持续发展和审查的主题。评判中新增的专业知识将引领着未来世界技能大赛主要评判工具的使用和发展方向：评分方案、测试项目和竞赛信息系统(CIS)。

世界技能大赛中的评判分为两大类：测量和评价。保证这两种类型评分质量的关键是确定各评分项清楚无误地参照标准进行。

评分方案必须遵循标准规范中的权重。测试项目是技能大赛的评估对象，它也应遵循标准规范。竞赛信息系统能够及时准确地记录分数，并具有扩展支持能力。

评分规则总体上指导了测试项目的设计。随后评分方案和测试项目需要在反复调整与验证的过程中设计开发，以确保它们都与标准规范和评分规则相符。为保证其质量以及和标准规范的一致性，它们须经过所有专家同意通过，并提交世界技能组织（WSI）批准。

在提交世界技能组织批准前，都要就评分方案和测试项目与 WSI 技术顾问进行沟通，以确保其能充分利用 CIS 的相关功能。

第二节　评分方案

一、评分总则

本节介绍评分方案的作用和地位，专家如何通过测试项目、评分程序和要求对参赛选手的工作进行评价。

评分方案是世界技能大赛的关键，因为它结合了评价和代表技能的标准。评分方案是按照标准规范中的权重对各项评分指标打分来设计的。

根据标准规范中规定的技能各方面的权重，评分方案确立了测试项目设计的各项参数。根据不同技能的自身特性及其评估要求，评分方案的初始设计应尽可能详尽，以作为测试项目设计的指南。或者，测试项目的初始设计也可以根据评分方案的概要进行制订。因此，评分规则和测试项目应一并开发。

如果没有可行的替代方案，标准规范中规定的技能各方面的权重与评分方案确立的测试项目设计的各项参数可能不完全一致。

评分方案和测试项目可能由一名、几名或全体专家完成开发。在送交独立的质量保障机构之前，详尽的评分方案和测试项目最终稿须经专家评委们一致通过。本流程的例外情况是当本项目技能大赛采用独立设计者开发的评分方案和测试项目时，详细信息请参阅大赛规则。

鼓励并要求专家们或独立设计者在大赛之前提交评分方案和测试项目，以征求意见或获得临时批准，以避免在最后阶段未能通过而导致的失望或挫折。同时，建议专家在中间阶段与竞赛信息系统(CIS)团队合作，充分利用并发挥 CIS 的性能。

无论如何，评分方案草案必须至少在竞赛前 8 周以 CIS 标准电子表格或其他规定方式导入 CIS 系统中。

二、评分标准

评分方案的主要标题就是评分标准，标题名称源于测试项目。在某些技能项目中，评分标准可能与标准规范中评分项的标题相似或相同；在某些技能项目中，两种标题的名称可能完全不一样。一般来说，评分标准应该为 5～9 个。无论其标题是否与测试项目符合，总的来说，评分方案必须反映标准规范所规定的权重。

评分标准由评分方案的开发者制定，他们有权自由定义其认为最适合测评项目的评估和得分标准。每项评分标准均由一个字母(A～I)代表。在本技术说明中，建议既不指定评测标准，也不分配分数或评测方法。

由CIS生成的分数汇总表包括了评分标准的系列表格。各项评分标准的分数由CIS计算。这些分数是评分标准中每个评分项的累积总和。

三、 子项标准

每项评分标准细拆分为一个或更多的子项标准，每个子项标准设定为世界技能大赛评分表的标题，每个评分表(子项标准)包括了需要测量或评价，或者同时需要测量和评价进行评测和打分的评分项(aspect)。

每个评分表(子项标准)指定了在某一天或某个赛位需要评分的内容，也指定了评分小组的身份。

四、 评分项

每个评分项都详细地说明了单个评分项目以及对应的分值，或者给出这项分值的方法，将通过测量或评价的方式对评分项进行打分。所有的评分表，细节上需要对每个需要打分的评分项指定所配分值。

各评分项的分数之和必须在标准规范对该部分技能所规定的分数范围之内。以下表格需在比赛的8周前，对评分方案进行检查时，显示在CIS总分统计表上，见表6-1。

表6-1 CIS总分统计表

		评判标准										
序号		A	B	C	D	E	F	G	H	小项分数	WSSS小项分数	变化
标准规范部分	1			2.75	1.00	1.25	0.25	1.00		6.25	6.00	0.25
	2		4.25			2.00		0.50	1.00	7.75	6.00	1.75
	3	11.00	9.75							20.75	22.00	1.25
	4			10.25	11.00					21.25	22.00	0.75
	5					9.50	10.00	1.50		21.00	22.00	1.00
	6					2.00		7.00	14.00	23.00	22.00	1.00
总分		11.00	14.00	13.00	12.00	14.75	10.25	10.00	15.00	100.00	100.00	6.00

五、 评测和打分

无论是使用评价打分，还是测量打分，或者同时使用两者，每个子项标准，都需要指定一个评分组；在任何情况下，都应由这个相同的评分组完成全体选手该子项标准的评分。在任何情况下，评分组都必须进行合理组织调整，本国专家不得为本国选手进行评分。

六、 评测及使用评价评分

评价评分实行0～3级制。为保证尺度的一致性和严谨性，评价评分必须按照如下要求进行：每个评分项的参照标准(要求)必须配有详细的说明指南(文字、图像、人工制品或单独的指导说明)。

0～3级尺度如下：

0：表现低于行业标准。

1：表现达到行业标准。

2：表现达到并在某些方面超过行业标准。

3：表现完全超过行业标准并视为完美。

七、评测及使用测量评分

每个评分项都需要3名专家进行评判。除非另有说明，只能给予满分或0分。如果需要使用0分到满分之间的分数，该项中应有清晰的解释说明。

八、测量评分和评价评分的用途

在设计大赛评分方案和测试项目的时候，设计并选定评测标准和评测方法。

九、技能评定细则的完成

评分方案的设计应从对世界技能标准规范（WSSS）中的权重配分开始，根据每个模块的范围，其配分结果应与权重相符。评分方案和模块将进行细节设计，并同时完成。这样将确保：

① 评分方案和世界技能标准规范完全匹配；

② 各模块之间的方法和标准保持一致；

③ 评测结果既反映细节也体现整体，真实反映选手就其工作角色的表现水平。WSSS的本质表明，为了体现有效性，测量和评价的比例应该为3.5∶1～4∶1。

十、技能评测程序

2019世界技能大赛中，测试项目由6个模块组成，在3天半的时间内完成。按照世界技能标准规范，各模块的时间可能不同，配分也可能不同，模块化方式将有利于降低每个模块中评测和打分裁判的数量。为了减少演示技能项目期间的相关限制，需要为每个模块指定一名骨干裁判，骨干裁判的任命主要基于其专业技术水平，他们将实施评测和打分。裁判们也将配对组合，必要的时候相互交换，以避免对本国选手进行打分。

当选手完成一个模块之后，裁判们将组成3人评分组，或由第4人进行监督、评测和对结果评分。这样有利于按照评测流程，并确保跨模块时评测和打分的一致性。

在场配备一名或多名独立评测员，以保证标准化和增加开放性。

经实验证明，这样的方法对于演示技能期间的打分是有效而且高效的。

第三节　第45届世界技能大赛评分方案

一、世界技能标准规范

每一届世赛的“化学实验室技术”赛项赋予每个技能的分数是有差异的，第45届世赛在世界技能标准规范的总体框架下略有调整，总体的变化分数是17.7。变化情况见表6-2。

表6-2　项目分数分配变化汇总

世界技能标准规范				
部分	世界技能标准规范内涵	WSSS分数	各项分数	变化
1	工作组织与管理	10.00	13.35	3.35
2	沟通和人际交往能力	10.00	4.00	6.00
3	技术、程序和方法	35.00	36.65	1.65
4	数据处理和记录保留	10.00	10.15	0.15

续表

世界技能标准规范				
部分	世界技能标准规范内涵	WSSS 分数	各项分数	变化
5	分析、解释和评估	15.00	18.70	3.70
6	应用科学方法解决问题	10.00	7.90	2.10
7	应用化学的趋势	10.00	9.25	0.75
总变化			17.7	

世界技能大赛“化学实验室技术”赛项赋予项目模块的分数，根据比赛内容的变化有一些调整。但是都是在世界技能标准规范的框架下略微调整。第 45 届世赛变化情况见表 6-3。

表 6-3 项目模块分数分配汇总

ID	名称	分数
A	氧化还原法测定样品中甘油的含量	24.00
B	分光光度法测定样品中总铁含量	16.00
C	电位滴定法测定磷酸和磷酸二氢钠混合物含量	18.00
D	溴乙烷的合成	12.00
E	测定样品中合成染料成分	12.00
F	测定样品中残留有机溶剂的含量	18.00
G		
H		
I		

二、 氧化还原法测定样品中甘油含量(A1)的评分细则

在化学分析模块中，第 45 届世赛选用的是氧化还原法测定。无论是配位滴定测定，或是酸碱滴定测定，还是沉淀滴定测定样品中的含量，其评分的主体框架基本上是一致的。氧化还原法测定样品中甘油含量的评分细则见表 6-4。

表 6-4 氧化还原法测定样品中甘油含量(A1)的评分细则

分项名称ID	分项标准名称和说明	日期标记	类型 M=测定 J=判定	分项描述	判定	额外方面描述(测定或判定) 或 判定分数描述(只限判定)	要求(仅限测定)	WSSS部分	计算行(仅限导出)	最大分数
A1	工作场所布置、设备准备和试剂制备									
			M	熟悉安全和环境保护		如果在开始工作之前未完成，则减去此项分数	Yes/No	1		0.50
			M	没有打碎玻璃仪器		如果打碎玻璃仪器，则减去此项分数	Yes/No	1		0.50
			M	实验室器具标签		如果至少有一件实验室器具没有标签，则减去此项分数	Yes/No	1		0.50

续表

分项名称ID	分项标准名称和说明	日期标记	类型 M＝测定 J＝判定	分项描述	判定	额外方面描述(测定或判定)或判定分数描述(只限判定)	要求(仅限测定)	WSSS部分	计算行(仅限导出)	最大分数
			M	工作场所清洁，无试剂溢出		如果没有满足，则减去此项分数	Yes/No	1		0.50
			M	淀粉溶液的制备		如果制备不符合程序，则减去此项分数	Yes/No	3		0.60
			M	淀粉的质量		如果不符合标称值，则减去此项分数	0.5g	3		0.60
			M	淀粉溶液的外观		如果不透明或包含未溶解的粒子，则减去此项分数	Yes/No	3		0.70
			M	在专用容器内处理废物		如果废物未在专用容器中处理，则减去此项分数		1		0.50
			J	工作场所组织与管理				1		0.50
					0	工作场所一片混乱。烧瓶、移液器或比色皿遗留在操作现场				
					1	工作场所保持有序状态。使用后，烧瓶、移液器和比色皿被送回原处。只允许单个无序容器留在测定场所				
					2	工作场所状况良好。玻璃器皿始终就位				
					3	工作场所状况良好。玻璃器皿始终就位。应用了有效的工作场所组织的其他方法				
A2	技术									
			M	称量重铬酸钾样品		如果值不在(0.0800～0.1000g)范围内，则减去一个样品的此项分数	3个操作	3		0.45
			M	硫代硫酸钠标准溶液：混合制备		如果不遵循该过程，则减去此项分数	3个操作	3		0.45
			M	硫代硫酸钠标准溶液：测定物生成		如果在黑暗中生成测定物的时间小于5min，则减去一个样品的此项分数	3个操作	3		0.45
			M	硫代硫酸钠标准溶液：滴定过程		如果不遵循该过程，则减去此项分数	3个操作	3		0.45
			M	重铬酸钾滴定过程中的化学计量点准确		如果颜色不符合(至浅绿色)，减去每个操作的此项分数	3个操作	3		0.50

续表

分项名称ID	分项标准名称和说明	日期标记	类型 M=测定 J=判定	分项描述	判定	额外方面描述(测定或判定)或判定分数描述(只限判定)	要求(仅限测定)	WSSS部分	计算行(仅限导出)	最大分数
			M	硫代硫酸钠标准溶液：滴定次数		如果滴定少于3次，则减去此项分数		3		0.60
			M	样品的制备：称量		如果值不在(2.0000±0.0050)g内，则减去一个样品的此项分数	2个操作	3		0.60
			M	样品和空白测定：加重铬酸钾溶液和硫酸		如果不遵循该过程，则减去此项分数	3个操作	3		0.60
			M	样品和空白测定：煮沸		如果偶尔观察到强烈的沸腾，则减去此项分数；此项样品点都保持在恒定的强烈沸腾状态，减去此项分数；如果烧瓶未覆盖，则减去一半分数(0.15)	3个操作	3		0.30
			M	样品和空白测定：转移到500mL容量瓶中		如果未定量转移（转移后未用水冲洗反应容器），则减去此项分数	3个操作	3		0.30
			M	样品和空白滴定：添加碘化钾和硫酸		如果不遵循该过程，则减去此项分数	3个操作	3		0.60
			M	样品和空白滴定：碘的生成		如果在黑暗中生成测定物的时间小于5min，则减去一个样品的此项分数	3个操作	3		0.60
			M	样品和空白滴定：滴定		如果不遵循该过程，则减去此项分数	3个操作	3		0.60
			M	样品和空白滴定过程的化学计量点准确		如果颜色不符合(至浅绿色)，减去每个操作的此项分数	3个操作	3		0.60
A3	处理、分析和报告结果									
			M	硫代硫酸钠校正系数的计算		如果计算错误，则减去一个测定的此项分数	3个操作	5		0.90
			M	检查校正因子的可靠性		如果未进行检查，则减去此项分数	Yes/No	6		0.90
			M	因子平行测定的算术平均值的计算		如果计算时不考虑因子之间的差异，或者至少有两个因子不符合标准，则减去此项分数	Yes/No	5		0.60

续表

分项名称ID	分项标准名称和说明	日期标记	类型 M=测定 J=判定	分项描述	判定	额外方面描述（测定或判定）或判定分数描述（只限判定）	要求（仅限测定）	WSSS部分	计算行（仅限导出）	最大分数
			M	正确记录因子		如果结果未记录到小数点后第四位，则减去此项分数	Yes/No	4		0.60
			M	样品中甘油含量的计算		如果计算不正确，则减去一个值的此项分数	2个操作	5		0.90
			M	样品结果可重复性的计算		＜1%，给全分；＜5%，给0.5分；＞5%，给0分		5		1.00
			M	甘油含量两个平行测定的算术平均值的计算		如果未进行计算或计算不正确，则减去此项分数	Yes/No	5		1.50
			M	正确记录甘油含量		如果结果未记录到小数点后第一位，则减去此项分数	Yes/No	4		0.60
			M	甘油含量符合产品规格		84%～88%，给全分 82%～90%，给1分 80%～92%，给0分		5		2.00
			M	化学反应方程式		小错误给半分，反应式如下： ① $3C_3H_8O_3+7K_2Cr_2O_7+28H_2SO_4 = 9CO_2+7Cr_2(SO_4)_3+7K_2SO_4+40H_2O$ ② $K_2Cr_2O_7+6KI+7H_2SO_4 = Cr_2(SO_4)_3+4K_2SO_4+3I_2+7H_2O$ ③ $I_2+2Na_2S_2O_3 = 2NaI+Na_2S_4O_6$	小错误给0.5分	7		1.00
			M	甘油计算的当量质量		6.5～6.7范围 $E_{q.wt.}=Mw/n$，其中：n 为电子数	Yes/No	7		1.00
			J	报告准备				4		1.00
					0	报告不包含理解和仿造工作所需的数据，结构不好				
					1	报告包含所有数据，但结构较差，前后表述不一致				
					2	报告包含所有数据，结构好，表述清晰				
					3	报告包含所有数据，结构合理，表述清晰，包含科学理由或其他意见				

三、 分光光度法测定样品中总铁含量(B1)的评分细则

在分光光度法中，无机离子测定使用的是可见光波长的光谱检测，而有机物的测定使用紫外光波长的光谱检测。一般来讲，有机物的检测比较难一点，因为大部分有机物难溶于水或水溶性差，形成的溶液需要一定的力度和方法去使其成为真溶液以进行检测。第 45 届世赛选用了比较容易测定的无机离子(铁)。测定的评分细则见表 6-5。

表 6-5　分光光度法测定样品中总铁含量(B1)的评分细则

分项名称ID	分项标准名称和说明	日期标记	类型 M=测定 J=判定	分项描述	判定	额外方面描述(测定或判定) 或 判定分数描述(只限判定)	要求(仅限测定)	WSSS部分	计算行(仅限导出)	最大分数
B1	工作场所布置、设备准备和试剂制备									
			M	熟悉安全和环境保护		如果在开始工作之前未完成，则减去此项分数	Yes/No	1		0.15
			M	没有打碎玻璃仪器		如果打碎玻璃仪器，则减去此项分数	Yes/No	1		0.15
			M	实验室器具标签		如果至少有一件实验室器具没有标签，则减去此项分数	Yes/No	1		0.15
			M	工作场所清洁，无试剂溢出		如果没有满足，则减去此项分数	Yes/No	1		0.15
			M	铁(Ⅲ)标准溶液的制备		如果制备不符合程序或制备试样不正确，则减去此项分数	25mL	3		0.25
			M	磺基水杨酸溶液的制备		如果制备不符合程序，则减去此项分数	Yes/No	3		0.50
			M	氯化铵溶液的制备		如果制备不符合程序或 NH_4Cl 的质量不正确，则减去此项分数	10.7g	3		0.50
			M	氢氧化铵溶液的制备		如果制备不符合程序或体积不正确，则减去此项分数		3		0.50
			M	在专用容器内处理废物		如果废物未在专用容器中处理，则减去此项分数		1		0.25
			J	工作场所组织与管理				1		0.50
					0	工作场所一片混乱。烧瓶、移液器或比色皿遗留在操作现场				

续表

分项名称ID	分项标准名称和说明	日期标记	类型 M=测定 J=判定	分项描述	判定	额外方面描述(测定或判定)或判定分数描述(只限判定)	要求(仅限测定)	WSSS部分	计算行(仅限导出)	最大分数
					1	工作场所保持有序状态。使用后将烧瓶、移液器和比色皿送回原处。离开现场时，有单个物品遗留				
					2	工作场所状况良好。玻璃器皿始终就位				
					3	工作场所状况良好。玻璃器皿始终就位。应用了有效的工作场所组织的其他方法				
B2	技术									
			M	工作标准溶液制备：等分体积的计算		如果计算不准确，则减去此项分数	2个操作	3		0.60
			M	工作标准溶液制备：试剂的添加		如果不遵循该过程，则减去此项分数	2个操作	3		0.50
			M	工作标准溶液制备：pH检查		如果 pH＜9，则减去此项分数	2个操作	3		1.00
			M	为测定选择最佳波长		如果选择的波长不是最大吸收波长，则减去此项分数	Yes/No	3		1.00
			M	样品制备：试剂添加		如果不遵循该过程，则减去此项分数	2个操作	3		0.70
			M	样品制备：最后体积		如果最终体积超过标记(在沸腾步骤中未减少足够)，则减去此项分数	2个操作	3		0.60
			M	空白制备		如果空白的制备方式与样本不同，而是使用水，则减去此项分数	Yes/No	3		0.50
B3	处理、分析和报告结果									
			M	标准工作曲线的图形和参数：校准点		标准工作曲线包含6个浓度点	2个操作	3		1.00
			M	标准工作曲线的图形和参数：相关性		相关系数＞0.9995，给满分；相关系数＞0.9990，给一半分数；相关系数＞0.9980，给0分	2个操作	3		1.00

续表

分项名称ID	分项标准名称和说明	日期标记	类型 M=测定 J=判定	分项描述	判定	额外方面描述(测定或判定)或判定分数描述(只限判定)	要求(仅限测定)	WSSS部分	计算行(仅限导出)	最大分数
			M	计算所得值的算术平均值		如果计算未完成,则减去此项分数	Yes/No	3		0.75
			M	样品结果可重复性的计算		<1%,满分;<5%,给一半分数;<10%,给0分		3		1.25
			M	未知样品浓度与实际浓度相符		<1%,满分;<5%,给一半分数;<10%,给0分		3		2.00
			J	报告准备				4		2.00
					0	报告不包含理解和仿造工作所需的数据,结构不好				
					1	报告包含所有数据,但结构较差,前后表述不一致				
					2	报告包含所有数据,结构好,表述清晰				
					3	报告包含所有数据,结构合理,表述清晰,包含科学理由或其他意见				

四、电位滴定法测定磷酸和磷酸二氢钠混合物含量(C1)的评分细则

电位滴定法可测定的物质比较多,一般多为单步滴定。世赛选用了两步滴定、难度适中的题目进行滴定。电位滴定法测定磷酸和磷酸二氢钠混合物含量(C1)的评分细则见表6-6。

表6-6 电位滴定法测定磷酸和磷酸二氢钠混合物含量(C1)的评分细则

分项名称ID	分项标准名称和说明	日期标记	类型 M=测定 J=判定	分项描述	判定	额外方面描述(测定或判定)或判定分数描述(只限判定)	要求(仅限测定)	WSSS部分	计算行(仅限导出)	最大分数
C1	工作场所布置、设备准备和试剂制备									

续表

分项名称ID	分项标准名称和说明	日期标记	类型 M=测定 J=判定	分项描述	判定	额外方面描述（测定或判定）或 判定分数描述（只限判定）	要求（仅限测定）	WSSS部分	计算行（仅限导出）	最大分数
			M	熟悉安全和环境保护		如果在开始工作之前未完成，则减去此项分数	Yes/No	1		0.25
			M	没有打碎玻璃仪器		如果打碎玻璃仪器，则减去此项分数	Yes/No	1		0.25
			M	实验室器具标签		如果至少有一件实验室器具没有标签，则减去此项分数	Yes/No	1		0.25
			M	工作场所清洁，无试剂溢出		如果没有满足，则减去此项分数	Yes/No	1		0.25
			M	记录校准间隔设置		如果未在测试报告中记录设置间隔，则减去此项分数	Yes/No	4		0.25
			M	针对控制溶液pH的检查		如果不在控制溶液pH ±0.05范围内，则减去此项分数	Yes/No	3		0.25
			M	在专用容器内处理废物		如果废物未在专用容器中处理，则减去此项分数		1		0.25
			J	工作场所组织与管理				1		0.75
					0	工作场所一片混乱。烧瓶、移液器或比色皿遗留在操作现场				
					1	工作场所保持有序状态。使用后将烧瓶，移液器和比色皿送回原处。离开现场时，有单个物品遗留				
					2	工作场所状况良好。玻璃器皿始终就位				
					3	工作场所状况良好。玻璃器皿始终就位。应用了有效的工作场所组织的其他方法				
C2	技术									
			M	溶液中电极的浸入程度		如果电极在工作过程中被至少放在空气中一次，则减去此项分数	Yes/No	3		1.25

续表

分项名称ID	分项标准名称和说明	日期标记	类型 M=测定 J=判定	分项描述	判定	额外方面描述(测定或判定)或判定分数描述(只限判定)	要求(仅限测定)	WSSS部分	计算行(仅限导出)	最大分数
			M	磁性搅拌器的使用		如果磁性搅拌棒至少碰撞电极一次，则减去此项分数	Yes/No	3		1.25
			M	氢氧化钠溶液的标定		如果未遵循该过程或滴定未完成，则减去一个样品的此项分数	3个操作	3		1.50
			M	样品的滴定		如果未遵循该过程或滴定未完成，则减去一个样品的此项分数	2个操作	3		2.00
C3	处理、分析和报告结果									
			M	氢氧化钠滴定终点的确定		如果未绘制图形或未建立化学计量点，则减去一个测量的此项分数	3个操作	7		0.75
			M	氢氧化钠校正因子的计算		如果未完成或计算不正确，则减去此项分数	3个操作	5		0.75
			M	检查校正因子结果的确定性		如果未执行检查，则减去此项分数	Yes/No	6		0.50
			M	因子平行测定的算术平均值的计算		如果计算时未考虑因子之间的差异，或者至少有两个因子不符合标准，则减去此项分数	Yes/No	5		1.00
			M	正确记录因子		如果结果未记录到小数点后的第4位，则减去此项分数	Yes/No	4		0.50
			M	等分滴定曲线的正确绘制 $\Delta E/\Delta V=f(V)$和终点的确定		如果未绘制图形或未建立化学计量点，则减去一个测量的此项分数	2个操作	4		0.70
			M	第一个终点和第二个终点之间体积差的计算		如果未计算或计算不正确，请减去此项分数。确保考虑了第一步磷酸滴定对第二步终点体积的贡献	2个操作	5		0.30
			M	每个样品中磷酸浓度的计算		如果计算不正确，则减去一个样品的此项分数	2个操作	5		0.50
			M	磷酸平均浓度的计算		如果未计算，则减去此项分数	Yes/No	5		0.50

续表

分项名称ID	分项标准名称和说明	日期标记	类型 M=测定 J=判定	分项描述	判定	额外方面描述(测定或判定)或判定分数描述(只限判定)	要求(仅限测定)	WSSS部分	计算行(仅限导出)	最大分数
			M	单个样品中磷酸二氢钠浓度的计算		如果计算不正确，则减去一个样品的此项分数	2个操作	5		0.50
			M	磷酸二氢钠平均浓度的计算		如果未计算，则减去此项分数	Yes/No	5		0.50
			M	磷酸结果可重复性计算		<1%，给满分；<5%，给一半分数；<10%，给0分		5		0.50
			M	磷酸二氢钠结果可重复性计算		<1%，给满分；<5%，给一半分数；<10%，给0分		5		0.50
			M	磷酸测量浓度与实际值的比较		<1%，给满分；>1%，给一半分数；>3%，给0分		7		0.50
			M	磷酸二氢钠测量浓度与实际值的比较		<1%，给满分；>1%，给一半分数；>3%，给0分		7		0.50
			M	化学反应方程式		小错误给一半分数，反应式如下： 第一个终点： $H_3PO_4 + NaOH \longrightarrow NaH_2PO_4 + H_2O$ 第二个终点： $NaH_2PO_4 + NaOH \longrightarrow Na_2HPO_4 + H_2O$	Yes/No	7		0.50
			J	报告准备				4		0.50
					0	报告不包含理解和仿造工作所需的数据，结构不好				
					1	报告包含所有数据，但结构较差，前后表述不一致				
					2	报告包含所有数据，结构好，表述清晰				
					3	报告包含所有数据，结构合理，表述清晰，包含科学理由或其他意见				

五、 溴乙烷合成(D1)的评分细则

有机试剂合成是一个比较简单的项目，但是合成试剂的范围很大，合成需要的条件也有比较大的差异，溴乙烷合成的考核点基本涵盖有机试剂合成的基本操作技能点。溴乙烷合成(D1)的评分细则见表6-7。

表 6-7　溴乙烷合成(D1)的评分细则

分项名称ID	分项标准名称和说明	日期标记	类型 M=测定 J=判定	分项描述	判定	额外方面描述(测定或判定) 或 判定分数描述(只限判定)	要求(仅限测定)	WSSS部分	计算行(仅限导出)	最大分数
D1	工作场所布置、设备准备和试剂制备									
			M	熟悉安全和环境保护		如果在开始工作之前未完成，则减去此项分数	Yes/No	1		0.25
			M	没有打碎玻璃仪器		如果打碎玻璃仪器，则减去此项分数	Yes/No	1		0.25
			M	实验室器具标签		如果至少有一件实验室器具没有标签，则减去此项分数	Yes/No	1		0.25
			M	工作场所清洁，无试剂溢出		如果没有满足，则减去此项分数	Yes/No	1		0.25
			M	起始物料计算		如果计算不正确(KBr为30 g，H_2SO_4为37 mL)，则减去此项分数	Yes/No	5		0.25
			M	在专用容器内处理废物		如果废物未在专用容器中处理，则减去此项分数		1		0.25
			M	在通风橱中使用有机物质		如果未满足，则减去此项分数		1		0.25
			J	工作场所组织与管理				1		0.50
					0	工作场所一片混乱。烧瓶、移液器或比色皿遗留在操作现场				
					1	工作场所保持有序状态。使用后将烧瓶，移液器和比色皿送回原处。离开现场时，有单个物品遗留				

续表

分项名称ID	分项标准名称和说明	日期标记	类型 M=测定 J=判定	分项描述	判定	额外方面描述(测定或判定)或判定分数描述(只限判定)	要求(仅限测定)	WSSS部分	计算行(仅限导出)	最大分数
					2	工作场所状况良好。玻璃器皿始终就位				
					3	工作场所状况良好。玻璃器皿始终就位。应用了有效的工作场所组织的其他方法				
D2	技术									
			M	符合合成程序		添加试剂的顺序与方法相对应	一次轻微错误给一半分数	3		0.25
			M	反应混合物的安全沸腾		使用磁性搅拌棒(搅拌)或沸石	2个操作	3		0.40
			M	产品分离		如果未分离，则减去此项分数。如果剩余产品部分留在水相漏斗中进入接收器，则减去一半分数		3		0.60
			M	氯化钙产物脱水		如果未执行或脱水未完成(水乳液仍然存在)，则减去此项分数	Yes/No	3		0.50
			M	符合蒸馏程序		如果未遵循该程序，温度间隔不正确或报告中未确定，则减去此项分数	Yes/No	3		0.50
			M	折射率测定		如果折射率没有正确确定并记录在报告中，则减去此项分数	2个操作	3		0.50
			J	蒸馏单元的正确组装(合成和蒸馏)				3		1.00
					0	蒸馏单元未组装				
					1	蒸馏单元组装和运行，但连接不能紧密配合/或存在一些错误				
					2	蒸馏单元组装和运行，连接紧密配合，无差错				

续表

分项名称ID	分项标准名称和说明	日期标记	类型 M=测定 J=判定	分项描述	判定	额外方面描述(测定或判定)或判定分数描述(只限判定)	要求(仅限测定)	WSSS部分	计算行(仅限导出)	最大分数
					3	蒸馏单元组装和运行，连接紧密配合，无差错且看起来非常好，此外使用其他设备来提高流程的效率				
D3	处理、分析和报告结果									
			M	产品产量		≥55%，给满分；≥45%，给1.5分；≥35%，给1分；否则减去此项分数		7		2.00
			M	折射率		如果为1.4240±0.0002，给全分；如果为1.4240±0.0005，给1.5分；如果为1.4240±0.0010，给1分；如果为1.4240±0.0015，给0.5分		7		2.00
			J	报告准备				4		2.00
					0	报告不包含理解和仿造工作所需的数据，结构不好				
					1	报告包含所有数据，但结构较差，前后表述不一致				
					2	报告包含所有数据，结构好，表述清晰				
					3	报告包含所有数据，结构合理，表述清晰，包含科学理由或其他意见				

六、 测定样品中合成染料成分(E1)的评分细则

对于有机混合物分离的检测，尤其是对化工染料、食品、药品方面的检测，第45届世赛只是让选手进行了溶液的前处理和后面的数据处理及计算，仪器操作由现场工程师进行。但是按照世界技能大赛“化学实验室技术”规范，选手作为应该掌握来处理。测定样品中合

成染料成分(E1)的评分细则见表 6-8。

表 6-8　测定样品中合成染料成分(E1)的评分细则

分项名称ID	分项标准名称和说明	日期标记	类型 M=测定 J=判定	分项描述	判定	额外方面描述(测定或判定) 或 判定分数描述(只限判定)	要求(仅限测定)	WSSS部分	计算行(仅限导出)	最大分数
E1	工作场所布置、设备准备和试剂制备									
			M	熟悉安全和环境保护		如果在开始工作之前未完成，则减去此项分数	Yes/No	1		0.30
			M	没有打碎玻璃仪器		如果打碎玻璃仪器，则减去此项分数	Yes/No	1		0.30
			M	实验室器具标签		如果至少有一件实验室器具没有标签，则减去此项分数	Yes/No	1		0.30
			M	工作场所清洁，无试剂溢出		如果没有满足，则减去此项分数	Yes/No	1		0.30
			M	在专用容器内处理废物		如果废物未在专用容器中处理，则减去此项分数		1		0.30
			J	工作场所组织与管理				1		0.50
					0	工作场所一片混乱。烧瓶、移液器或比色皿遗留在操作现场				
					1	工作场所保持有序状态。使用后将烧瓶，移液器和比色皿送回原处。离开现场时，有单个物品遗留				
					2	工作场所状况良好。玻璃器皿始终就位				
					3	工作场所状况良好。玻璃器皿始终就位。应用了有效的工作场所组织的其他方法				
E2	技术									
			M	制备标准溶液贮备液：每种染料的质量		如果计算不正确或溶液未制备，则减去该种染料的此项分数	5 个操作	2		0.75

续表

分项名称ID	分项标准名称和说明	日期标记	类型 M=测定 J=判定	分项描述	判定	额外方面描述(测定或判定)或判定分数描述(只限判定)	要求(仅限测定)	WSSS部分	计算行(仅限导出)	最大分数
			M	光谱记录		如果未记录，则减去该种染料的此项分数	5个操作	2		0.75
			M	波长设置		如果波长设置不是通过最大吸收选择的，则减去此项分数	Yes/No	2		0.90
			M	准备用于分析的标准工作溶液		轻微错误给一半分数		2		0.80
			M	样品制备		如果不遵循该程序，则减去此项分数	Yes/No	2		0.80
E3	处理、分析和报告结果									
			M	保留时间的计算		如果计算缺失或不正确，则减去此项分数	5个操作	5		1.00
			M	对称因子的计算		如果计算缺失或不正确，则减去此项分数	5个操作	5		1.00
			M	未知样品中的峰值识别		如果至少有一个峰值未分配正确值，则减去此项分数	Yes/No	6		1.50
			M	相邻峰值之间分辨率(R_S)的计算		如果未计算R_S值，则减去此项分数	Yes/No	5		1.50
			J	报告准备				4		1.00
					0	报告不包含理解和仿造工作所需的数据，结构不好				
					1	报告包含所有数据，但结构较差，前后表述不一致				
					2	报告包含所有数据，结构好，表述清晰				
					3	报告包含所有数据，结构合理，表述清晰，包含科学理由或其他意见				

七、测定样品中残留有机溶剂含量(F1)的评分细则

在这个模块中，第45届世赛只是让选手进行了溶液的前处理和后面的数据处理及计算，仪器操作由现场工程师进行。但是按照世界技能大赛“化学实验室技术”规范，选手作为应该掌握来处理。测定样品中残留有机溶剂含量(F1)的评分细则见表6-9。

表6-9　测定样品中残留有机溶剂含量(F1)的评分细则

分项名称ID	分项标准名称和说明	日期标记	类型 M=测定 J=判定	分项描述	判定	额外方面描述(测定或判定)或判定分数描述(只限判定)	要求(仅限测定)	WSSS部分	计算行(仅限导出)	最大分数
F1	工作场所布置、设备准备和试剂制备									
			M	熟悉安全和环境保护		如果在开始工作之前未完成，则减去此项分数	Yes/No	1		0.50
			M	没有打碎玻璃仪器		如果打碎玻璃仪器，则减去此项分数	Yes/No	1		0.50
			M	实验室器具标签		如果至少有一件实验室器具没有标签，则减去此项分数	Yes/No	1		0.50
			M	工作场所清洁，无试剂溢出		如果没有满足，则减去此项分数	Yes/No	1		0.50
			M	制备标准溶液		如果不遵循该过程，则减去一个溶液的分数	3个操作	3		0.50
			M	制备校准溶液		如果不遵循该过程，则减去一个溶液的分数	3个操作	3		0.50
			M	制备内标溶液		如果不遵循该过程，则减去一个溶液的分数	Yes/No	3		0.50
			M	在专用容器内处理废物		如果废物未在专用容器中处理，则减去此项分数		1		0.50
			J	工作场所组织与管理				1		0.50
					0	工作场所一片混乱。烧瓶、移液器或比色皿遗留在操作现场				
					1	工作场所保持有序状态。使用后将烧瓶，移液器和比色皿送回原处。离开现场时，有单个物品遗留				

续表

分项名称ID	分项标准名称和说明	日期标记	类型 M=测定 J=判定	分项描述	判定	额外方面描述(测定或判定) 或 判定分数描述(只限判定)	要求(仅限测定)	WSSS部分	计算行(仅限导出)	最大分数
					2	工作场所状况良好。玻璃器皿始终就位				
					3	工作场所状况良好。玻璃器皿始终就位。应用了有效的工作场所组织的其他方法				
F2	技术									
			M	通过折射测量鉴别标准		如果未正确识别，则减去每个溶剂的此项分数	4个操作	6		1.50
			M	有机溶剂保留时间的识别		如果未正确识别，则减去每个溶剂的此项分数	4个值	3		1.50
			M	样品分析		如果未进行或未正确进行样品分析，则减去此项分数	Yes/No	3		0.50
			M	校准溶液分析		如果未进行分析，则减去此项分数	3个操作	3		1.50
F3	处理、分析和报告结果									
			M	确定保留时间和标准峰面积		如果不确定，则减去每个溶剂的此项分数	4个操作	6		0.50
			M	标准工作溶液浓度的计算		如果计算缺失或不正确，则减去此项分数	4个操作	5		0.50
			M	标准校准溶液浓度的计算		如果一次校准缺少或不正确，则减去此项分数	3个操作	5		0.50
			M	计算样品对内标物的峰面积比		如果未完成，则减去此项分数	Yes/No	5		0.50
			M	计算校准溶液对内标物的峰面积比		如果一次校准缺少或不正确，则减去此项分数	3个操作	5		0.50
			M	校准曲线的图形和参数：校准点		校准曲线包含3个校准点	3个操作	7		0.50

续表

分项名称ID	分项标准名称和说明	日期标记	类型 M＝测定 J＝判定	分项描述	判定	额外方面描述(测定或判定)或判定分数描述(只限判定)	要求(仅限测定)	WSSS部分	计算行(仅限导出)	最大分数
			M	校准曲线的图形和参数：相关性		相关系数＞0.9995，给满分；＞0.9990，给一半分数；＞0.9980，给0分	3个操作	7		0.50
			M	计算样品中每种有机溶剂的质量		如果计算缺失或不正确，则减去此项分数	3个操作	5		0.50
			M	计算样品中每种有机溶剂的浓度		如果计算缺失或不正确，则减去此项分数	3个操作	5		0.50
			M	1-丙醇测量浓度与实际值的匹配		＜1%，满分；＞1%，0.5分；＞3%，0分	Yes/No	6		1.00
			M	2-丙醇测量浓度与实际值的匹配		＜1%，满分；＞1%，0.5分；＞3%，0分	Yes/No	6		1.00
			M	丙酮测量浓度与实际值的匹配		＜1%，满分；＞1%，0.5分；＞3%，0分	Yes/No	6		1.00
			J	报告准备				4		1.00
					0	报告不包含理解和仿造工作所需的数据，结构不好				
					1	报告包含所有数据，但结构较差，前后表述不一致				
					2	报告包含所有数据，结构好，表述清晰				
					3	报告包含所有数据，结构合理，表述清晰，包含科学理由或其他意见				

第七章　单模块作业指导

第一节　化学分析模块

一、赛题

1. 竞赛内容

使用所提供的仪器和设备，配制和标定氢氧化钠标准溶液。

本模块的总时间为180min。

2. 主要任务

（1）配制氢氧化钠溶液(1mol/L、0.5mol/L、0.1mol/L)

（2）标定1mol/L氢氧化钠溶液

（3）标定0.5mol/L氢氧化钠溶液

（4）标定0.1mol/L氢氧化钠溶液

（5）完成一份报告

3. 健康和安全

请说明该项目中有哪些必需的健康和安全措施。

4. 环保

请说明该项目操作过程中是否需要采取环保措施，请描述。

5. 物理常数

药品名称	分子式	摩尔质量/(g/mol)
氢氧化钠	NaOH	40.00
邻苯二甲酸氢钾	$C_6H_4COOHCOOK$	204.23

6. 实验操作过程

（1）配制

取适量氢氧化钠，加水振摇使其溶解成饱和溶液，冷却后，置于聚乙烯塑料瓶中，静置数日，澄清后备用。

配制 1mol/L 氢氧化钠滴定液：取澄清的氢氧化钠饱和溶液 56mL，加新沸过的冷水使成 1000mL，摇匀。

配制 0.5mol/L 氢氧化钠滴定液：取澄清的氢氧化钠饱和溶液 28mL，加新沸过的冷水使成 1000mL，摇匀。

配制 0.1mol/L 氢氧化钠滴定液：取澄清的氢氧化钠饱和溶液 5.6mL，加新沸过的冷水使成 1000mL，摇匀。

（2）标定

1mol/L 氢氧化钠滴定液的标定：取在 105℃下干燥至恒重的基准邻苯二甲酸氢钾约 6g，精密称定，加新沸过的冷水 50mL，振摇，使其尽量溶解；加 2 滴酚酞指示液，用本液滴定；在接近终点时，应使邻苯二甲酸氢钾完全溶解，滴定至溶液呈粉红色。1mL 氢氧化钠滴定液(1mol/L)相当于 204.23mg 的邻苯二甲酸氢钾。根据本液的消耗量与邻苯二甲酸氢钾的取用量，算出本液的浓度，即得。

0.5mol/L 氢氧化钠滴定液的标定：取在 105℃下干燥至恒重的基准邻苯二甲酸氢钾约 3g，照上法标定。1mL 氢氧化钠滴定液(0.5mol/L)相当于 102.12mg 的邻苯二甲酸氢钾。

0.1mol/L 氢氧化钠滴定液的标定：取在 105℃下干燥至恒重的基准邻苯二甲酸氢钾约 0.6g，照上法标定。1mL 氢氧化钠滴定液(0.1mol/L)相当于 20.42mg 的邻苯二甲酸氢钾。

如需用 0.05mol/L、0.02mol/L 或 0.01mol/L 的氢氧化钠滴定液，可取 0.1mol/L 氢氧化钠滴定液加新沸过的冷水稀释制成。必要时，可用盐酸滴定液(0.05mol/L、0.02mol/L 或 0.01mol/L)标定浓度。

7. 报告

请完成一份报告，其中包括赛卷中关于健康、安全和环保的问题，以及必要的实验记录、计算过程。

二、赛场使用仪器、设备清单

赛场提供的已知仪器、设备见表 7-1。

表 7-1　赛场提供的已知仪器、设备清单

序号	名称	数量	规格
1	精密分析天平	1 台	梅特勒，220g，实际分度值：0.1mg
2	滴定管(酸式)	1 支	50mL(附校正曲线)
3	滴定管(碱式)	1 支	50mL(附校正曲线)
4	容量瓶	1 个	250mL
5	分刻度吸量管	2 支	5mL
6	移液管	1 支	25mL
7	单刻度吸量管	1 支	10mL
8	烧杯	1 个	1000mL
9	烧杯	1 个	500mL
10	烧杯	2 个	250mL
11	烧杯	1 个	100mL
12	烧杯	1 个	50mL
13	玻璃棒	1 根	15cm
14	洗瓶	1 个	500mL
15	锥形瓶	4 个	250mL
16	滴瓶	2 个	60mL

续表

序号	名称	数量	规格
17	洗耳球	1个	60mL
18	滴定架	1套	附滴定管夹
19	试剂瓶	2个	500mL
20	电加热炉	1台	1000W
21	量筒	2个	10mL
22	百分之一天平	1台	DC622B,620g,实际分度值:0.01g
23	滤纸	10张	直径90mm
24	计算器	1个	无存储功能
25	橡胶塞	2个	
26	聚乙烯塑料瓶	1个	500mL
27	温度计	1支	0～100℃

说明：未知设备包括但不限于电热水锅、小型制冰机、布条抹布等实验室现有基础装备，选手需要使用时必须征得裁判长同意，由赛场工作人员负责操作。

三、 选手可自带的设备与工具

① 滴定管，50mL，最小分度值为0.10mL，1支；附体积校正曲线或校正数表；

② 单标线吸量管，1mL、2mL、25mL各1支；附体积校正值；

③ 分度吸量管，5mL，1支；

④ 容量瓶，250mL，1个，附体积校正值。

第二节　光谱分析模块

一、 赛题

1. 竞赛内容

使用所提供的仪器、设备，测定样品中的铁含量。

本模块的总时间为180min。

2. 主要任务

（1）配制铁(Ⅲ)标准贮备溶液和标准工作溶液

（2）配制显色剂A、显色剂B溶液，并进行定性选择

（3）绘制铁(Ⅲ)标准工作曲线

（4）测定试液中的铁含量

（5）完成一份报告

3. 健康和安全

请说明该项目中有哪些必需的健康和安全措施。

4. 环保

请说明该项目操作过程中是否需要采取环保措施，请描述。

5. 物质的量和物质结构

$M(\mathrm{Fe})=55.85\mathrm{g/mol}$；$M\ [\mathrm{NH_4Fe(SO_4)_2 \cdot 12H_2O}]\ =482.18\mathrm{g/mol}$

1,10-菲咯啉分子结构：

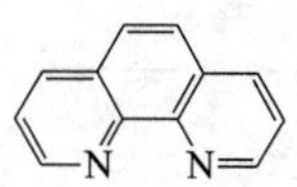

磺基水杨酸分子结构：

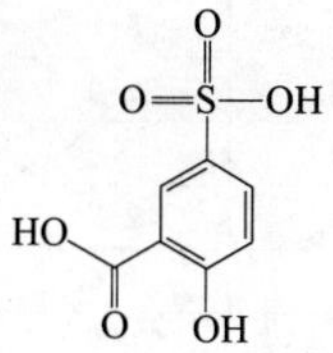

6. 实验操作过程

按照 GB/T 26791—2011《玻璃比色皿》中的方法进行比色皿的配套性检验。

铁标准工作溶液：用十二水硫酸铁铵准确配制 0.3000g/L 的铁(Ⅲ)标准贮备溶液 100mL；用该铁标准贮备溶液配制浓度为 30μg/mL 的铁标准工作溶液 100mL。

抗坏血酸溶液：配制 100mL，浓度为 100g/L 的抗坏血酸溶液。

显色剂 A 溶液：称取 0.2g 1,10-菲咯啉，溶于 200mL 水中，稀释到合适浓度。

显色剂 B 溶液：称取 0.2g 磺基水杨酸，溶于 200mL 水中，稀释到合适浓度。

在 200～700nm 范围内，绘制吸收曲线。根据显色剂 A、显色剂 B 的吸收曲线和 1,10-菲咯啉和磺基水杨酸的分子结构式，确定出 1,10-菲咯啉显色剂，并作为本次样品中铁含量测定所用的显色剂。

移取适量体积的铁标准工作溶液于 100mL 容量瓶中，加入 4mL 抗坏血酸溶液，摇匀；再加入 20mL HAc-NaAc 缓冲溶液、10mL 1,10-菲咯啉显色剂，用水稀释至刻度线，摇匀；放置不少于 15min，以试剂空白为参比，在 400～600nm 范围内绘制吸收曲线，确定最大吸收波长并作为定量测定波长。

分别移取不同体积的铁标准工作溶液于 7 个 100mL 容量瓶中，按上述方法进行显色，用水稀释至刻度线，摇匀，放置不少于 15min，在定量测定波长处，以试剂空白为参比，测定吸光度，并绘制工作曲线。

确定待测定样品试液稀释至合适的倍数，并移取一定量的样品试液于 100mL 容量瓶中，加 1mL 盐酸溶液(1+4)，超声 3min，在相同条件下进行显色，测定稀释溶液的吸光度，由工作曲线和样品试液的稀释倍数计算待测定样品试液中的铁含量。平行测定 3 次，并计算测定结果的重复性(以相对极差表示)。

7. 报告

请完成一份报告，其中包括赛卷中关于健康、安全和环保的问题，以及必要的实验记录。

二、 赛场使用仪器、设备、试剂清单

赛场提供的已知仪器、设备、试剂见表 7-2。

表 7-2　赛场提供的已知仪器、设备、试剂清单

序号	名称	规格	数量	备注
1	紫外-可见分光光度计	TU-1900	1 台	双波长双光束分光光度计
2	比色皿	1cm，石英	2 个	自带
3	移液管(单标线移液管、刻度移液管或移液枪及枪头)	各型号、规格	若干	自带，选手根据赛题的要求选择

续表

序号	名称	规格	数量	备注
4	量筒	20mL	1个	
5	量筒	10mL	1个	
6	量杯	5mL	1个	
7	烧杯	100mL	5个	
8	试剂瓶	250mL	2个	
9	容量瓶	100mL	15个	自带
10	玻璃棒		2根	
11	胶头滴管		2根	
12	洗耳球		2个	
13	滤纸		若干	
14	标签纸	普通	1张	
15	称量纸		若干	
16	洗瓶	聚乙烯塑料瓶	2个	
17	分析天平		1台	
18	擦镜纸		若干	
19	蒸馏水		若干	

第三节　电位滴定模块

一、　赛题

1. 竞赛内容

使用所提供的仪器、设备，测定样品中氯离子的含量。

本模块的总时间为 180min。

2. 主要任务

（1）配制 $AgNO_3$ 标准溶液

（2）标定 $AgNO_3$ 标准溶液

（3）测定样品试液中氯离子的含量

（4）完成一份报告

3. 健康和安全

请说明该项目中有哪些必需的健康和安全措施。

4. 环保

请说明该项目操作过程中是否需要采取环保措施，请描述。

5. 物质的量

$M(AgNO_3)=143.32g/mol$

M（NaCl）$=58.44g/mol$

6. 实验操作过程

按照 GB/T 601—2016《化学试剂　标准滴定溶液的制备》中的方法配制 0.1mol/L 待标定的标准溶液。

称取 0.58g(称准至 0.1mg)于 500～600℃高温炉中灼烧至恒重的工作基准试剂氯化钠，置于 50mL 烧杯中，用少量水溶解后分别转移至 100mL 容量瓶中，用水定容后摇匀。用单标线吸量管移取 25mL 上述溶液于锥形瓶中，加 50mL 水和 2mL 铬酸钾指示液，用被测的硝酸银溶液滴定至溶液出现砖红色，即滴定终点。记录消耗的硝酸银溶液体积，平行测定 3 次，同时进行空白试验。

安装好电位滴定仪，开启仪器。用单标线吸量管移取 25mL 含氯离子的未知试样于 150mL 烧杯中，加 30mL 水，并放于磁力搅拌器上，开启搅拌器，调至适当的搅拌速度，用测定好浓度的硝酸银溶液进行电位滴定，测定未知试样中氯离子的含量。做好滴定原始记录，并平行测定 2 次。用二阶微商法计算滴定终点时消耗的硝酸银溶液体积。

计算给定试样溶液中氯离子的含量，并计算测定结果的重复性(以氯离子含量的相对极差表示)。

7. 报告

请完成一份报告，其中包括赛卷中关于健康、安全和环保的问题，以及必要的实验记录。

二、 赛场使用仪器、设备、试剂清单

赛场提供的已知仪器、设备、试剂见表 7-3。

表 7-3　赛场提供的已知仪器、设备、试剂清单

序号	类型	名称	规格	数量	备注
1	主要设备及仪器	分析天平	精度 0.1mg	1 台	
2		pH 计	雷 PHS-3C	1 台	
3		银电极	216 型	1 个	
4		饱和甘汞电极	217 型	1 个	双盐桥
5		磁力搅拌器		2 台	配搅拌磁子
6		移液管	25mL	1 支	
7		滴定管	50mL	1 支	
8		锥形瓶	250mL	2 个	
9		烧杯	50mL	2 个	
10		烧杯	150mL	3 个	
11		量筒	5mL	1 个	
12		量筒	50mL	1 个	
13		洗瓶	500mL		
14		玻璃棒	15cm	2 根	
15		称量瓶	高型	1 个	
16		干燥器	26cm	1 个	公用
17	试剂	NaCl	瓶(50g)	1 瓶	工作基准物
18		$AgNO_3$	瓶(25g)		AR
19		K_2CrO_4 溶液	50g/L		

第四节　合成试剂模块

一、 赛题

1. 竞赛内容

使用所提供的合成设备，合成 1-溴丁烷，并计算其产率。

本模块的总时间为 240min。

合成的主反应：

$$H_2SO_4 + NaBr \xlongequal{} HBr + NaHSO_4$$

$$n\text{-}C_4H_9OH \xrightleftharpoons[\triangle]{H_2SO_4,\ NaBr} n\text{-}C_4H_9Br + H_2O$$

合成可能的副反应：

$$n\text{-}C_4H_9OH \xrightarrow{\text{浓 } H_2SO_4} C_2H_5CH{=}CH_2 + H_2O$$

$$2n\text{-}C_4H_9OH \xrightarrow{\text{浓 } H_2SO_4} C_4H_9OC_4H_9 + H_2O$$

$$2HBr + H_2SO_4 \overline{\overline{\quad}} Br_2 + SO_2 + 2H_2O$$

2. 主要任务

（1）计算所需正丁醇的体积

（2）合成 1-溴丁烷粗产物

（3）对 1-溴丁烷粗产物进行提纯

（4）计算精制 1-溴丁烷的产率，并测定其折射率

（5）完成一份报告

3. 健康和安全

请说明该项目中有哪些必需的健康和安全措施。

4. 环保

请说明该项目操作过程中是否需要采取环保措施，请描述。

5. 物理常数

药品名称	摩尔质量/(g/mol)	熔点/℃	沸点/℃	密度/(g/mL)
正丁醇	74.12	−88.9	117.25	0.8098
1-溴丁烷	137.03	−112.4	101.6	1.2758
溴化钠	102.89	—	—	—
浓硫酸	98	—	—	1.84

6. 实验操作过程

计算实际得到 6.9g 1-溴丁烷(理论产量 50%)所需正丁醇的体积。

在 100mL 圆底烧瓶中加入 12mL 水，小心地分多次加入过量 260% 的浓硫酸，充分混合、冷却。加入适量的正丁醇，混合均匀，然后将过量 120% 的研细的溴化钠分多次加入烧瓶，充分摇动，避免溴化钠结块。加入几粒沸石，安装带有 HBr 气体吸收的回流装置，小火加热至大部分溴化钠溶解。调节火力，使混合物平稳沸腾，回流 30～50min，其间要间歇摇动烧瓶。反应完成后，将反应物冷却 5min，加热蒸馏，蒸馏出粗产物 1-溴丁烷。

将馏液倒入分液漏斗中，用 8～10mL 水洗涤，小心地将粗产物分出，然后将 4mL 浓硫酸分两次加入锥形瓶内，同时充分摇动，并冷却，然后将混合物静置分层，分去浓硫酸层，油层依次用 12mL 水、6mL10% 的碳酸钠溶液、12mL 水洗涤，使其呈中性。将 1-溴丁烷粗产物放入锥形瓶中，加入约 1g 无水氯化钙，间歇振摇，直至液体澄清为止。

将干燥后的液体用滤纸通过漏斗过滤至干燥的 50mL 梨形烧瓶中，加入 2～3 粒沸石，加热蒸馏。收集 95～102℃ 的馏分，计算精制 1-溴丁烷的产率(以%表示)。

用阿贝折射仪测定所得 1-溴丁烷的折射率，并换算为 20℃ 时的折射率。折射率平行测定 3 次。不同温度下折射率的转换公式为：

$$n_D^{20} = n_D^t + 4 \times 10^{-4}(t - 20)$$

7. 报告

请完成一份报告，其中包括赛卷中关于健康、安全和环保的问题，以及必要的实验记

录、计算过程。

二、 赛场使用仪器、设备、试剂清单

赛场提供的已知仪器、设备、试剂见表 7-4。

表 7-4　赛场提供的已知仪器、设备、试剂清单

序号	名称	规格	数量	备注
1	温度计	0～100℃	1 根	
2	温度计	0～200℃	1 根	
3	分水器	19#×2	1 个	
4	温度计套管	螺口,19#	2 个	
5	球形冷凝管	直形 300mm,19#×2	1 根	
6	直形冷凝管	直形 300mm,19#×2	2 根	
7	圆底烧瓶	100mL/19#	2 个	
8	梨形烧瓶	60mL/19#	1 个	
9	量筒	10mL	1 个	
10	量筒	25mL	1 个	
11	玻璃塞	19#	3 个	
12	玻璃仪器连接夹	19#	3 个	
13	胶皮管	1.5m	2 根	
14	胶皮管	50cm	1 根	
15	药匙	不锈钢	1 个	
16	橡胶手套	耐酸碱	1 副	
17	剪刀	不锈钢	2 把	共用
18	磁子		1 个	
19	吸水纸	10×10mm	若干	
20	铁架台	国标标准款	2 台	
21	石棉网		1 个	
22	磁力搅拌器	可搅拌,可加热	1 台	
23	电热套	调温电热套,250mL	1 台	
24	烧瓶夹	普通	2 个	
25	冷凝管夹	普通	1 个	
26	双顶丝	普通	3 个	
27	升降台		2 台	
28	一次性滴管	耐酸碱,3mL	5 根	
29	一次性滴管	耐酸碱,5mL	3 根	
30	接引瓶	100mL/19#	1 个	
31	具塞锥形瓶	50mL/19#	2 个	
32	蒸馏头	19#×3	2 个	
34	尾接管	真空尾接管(双磨口)19#	2 个	
35	刺形分馏柱	300mm/19#	1 个	
36	分液漏斗	125mL(聚四氟乙烯旋塞)	1 个	
37	锥形瓶	250mL	1 个	
38	玻璃棒	磨头 15cm×7mm	1 根	
39	普通漏斗	50mL	2 个	
40	定量滤纸	7.0cm，中速	5 张	
41	称量纸	10cm×10cm	5 张	
42	标签纸	普通	1 张	
43	洗瓶	聚乙烯塑料瓶	1 个	
44	研钵		1 个	
45	分析天平		10 台	
46	玻璃仪器气流烘干仪	30 孔，不锈钢	2 台	共用

续表

序号	名称	规格	数量	备注
47	正丁醇	AR,500mL	1瓶	共用
48	溴化钠	AR	3瓶	共用
49	浓硫酸	AR,500mL	5瓶	共用
50	Na_2CO_3 溶液	10%(质量分数)	若干	
51	无水氯化钙	AR	5瓶	共用
52	沸石	约20粒,分装	1瓶	
53	蒸馏水	2L	1桶	
54	凡士林	500g,实验试剂	1盒	共用
55	阿贝折射仪		6台	共用

第五节　气相色谱模块

一、 赛题

1. 竞赛内容

使用所提供的仪器、设备，测定白酒样品中的组分含量。

本模块的总时间为180min。

2. 健康和安全

请说明该项目中有哪些必需的健康和安全措施。

3. 环保

请说明该项目操作过程中是否需要采取环保措施，请描述。

4. 目标

（1）制备酒样前处理待测样品

（2）安装色谱柱、设定仪器参数、采集基线

（3）建立定量方法、测定

（4）确定样品组分的保留时间

（5）确定样品中鉴定的组分含量

（6）制作报告

5. 基本原理

样品被汽化后，随载气进入色谱柱，利用被测定各组分在气液两相中具有的不同分配系数，在柱内形成迁移速度的差异而得到分离，分离后的组分先后流出色谱柱，进入氢火焰离子化检测器，将色谱图上各组分的保留值与标样相对照进行定性，利用峰面积或峰高，以内标法定量。

6. 色谱条件

气相色谱仪，型号为GC-4000A。

① 操作温度：室温＋5～420℃(最小增量1℃)。

② 控温精度：0.1%。

③ 最高升温速率：0.1～40℃/min任意设定(室温＋5～400℃)。

④ 程序升温阶数：10阶。程序升温重复性：0.2%。

从 400℃降至 50℃并达到稳定，在 10min 之内完成。

⑤ 氢火焰离子化检测器 FID。

⑥ 温控范围：室温＋5～420℃。

⑦ 最小检出限≤1×10^{-11}g/s(正十六烷)。

⑧ 基线噪声：≤5×10^{-14}A。

⑨ 基线漂移：≤2.5×10^{-13}A(30min)。

7. 操作过程

制备酒样前处理待测样品。将白酒慢慢倒入 10mL 容量瓶中，用一次性滴管定容至刻度线。定容后用移液枪准确移取 200μL，2%(体积分数)乙酸正丁酯内标溶液(内标浓度与酒样相同)，摇匀，待测。

安装色谱柱并检查仪器，打开氮气，调节分压为 0.4～0.6MPa。调节仪器上载气压力为 0.3MPa，调节柱前压调节阀至合适压力。调节补充气针形阀至合适流量，调节分流阀至合适流量，可用皂膜流量计从分流出气口端测定分流流量。

启动仪器。设置柱箱温度为 100℃，汽化室温度为 120℃，检测器温度为 120℃。运行后，柱箱、汽化室和检测器温度均达到设定值，准备点火。打开氢气钢瓶总阀，调节分压为 0.4～0.6MPa；打开空气钢瓶总阀，调节分压为 0.4～0.6MPa，调节仪器上的空气压力为 0.2MPa，调节空气流量为 250mL/min，氢气流量为 30mL/min。

点火，采集基线。建立方法：积分。建立组分表：输入组分名。乙酸正丁酯为内标，输入各组分浓度值，输入完毕，校准计算即可。然后保留方法。

分析白酒。吸取 1μL 白酒试样(酒样前处理中待测样品)进样，进样同时启动工作站，开始采集，18min 后出峰即完成，结束采集，存储谱图，选择路径并命名。

计算结果，写出报告，关闭仪器。

8. 报告

请完成一份报告，其中包括赛卷中关于健康、安全和环保的问题，以及必要的实验记录。

二、 赛场使用仪器、设备、试剂清单

① 移液枪，20～200μL，枪头；

② 容量瓶，10mL；

③ 一次性滴管；

④ 酒标样；

⑤ 酒内标(乙酸正丁酯)；

⑥ 待测酒样。

第六节　高效液相色谱模块

一、 赛题

1. 竞赛内容

使用所提供的仪器、设备，测定样品中甲硝唑片的含量。

本模块的总时间为 210min。

2. 健康和安全

请说明该项目中有哪些必需的健康和安全措施。

3. 环保

请说明该项目操作过程中是否需要采取环保措施，请描述。

4. 目标

（1）样品前处理

（2）安装色谱柱、设定仪器参数

（3）制备供试品溶液

（4）确定样品组分的保留时间

（5）确定样品中鉴定的组分含量

（6）制作报告

5. 基本原理

高效液相色谱法利用泵使含有样品混合物的加压液体溶剂通过填充有固体吸附剂材料的色谱柱。样品中的每种组分与吸附材料的相互作用都略有不同，这使得不同组分具有不同流速，从而当它们流出色谱柱时即可以实现分离。分离后将色谱图上测定组分的保留值与对照品保留值进行对比，利用峰面积以外标法定量。

6. 色谱条件与系统适用性试验

岛津液相色谱仪，型号为 LC-20A。

色谱条件与系统适用性试验通常包括理论塔板数、分离度、重复性和拖尾因子四个参数。以十八烷基硅烷键合硅胶为填充剂；以甲醇-水(20∶80)为流动相；检测波长为 320nm。理论塔板数按甲硝唑峰计算不低于 2000。甲硝唑峰与 2-甲基-5-硝基咪唑峰的分离度应大于 2.0。

7. 操作过程

取本品 20 片，精密称定，研细，精密称取(增量法)细粉适量(约相当于甲硝唑 0.25g)，置于 50mL 容量瓶中，加适量 50%（质量分数）甲醇，振摇使甲硝唑溶解，用 50%甲醇稀释至刻度线，摇匀，过滤，精密量取续滤液 5mL，置于 100mL 容量瓶中，用流动相稀释至刻度线，摇匀，作为供试品溶液，精密量取 10μL，注入液相色谱仪，记录色谱图；另取甲硝唑对照品适量，精密称定(增量法)，加流动相溶解并定量稀释制成 1mL 中约含 0.25mg 的溶液，同法测定。按外标法以峰面积计算，即得。

8. 报告

请完成一份报告，其中包括赛卷中关于健康、安全和环保的问题，以及必要的实验记录。

二、 赛场使用仪器、设备、试剂清单

（1）仪器

高效液相色谱仪(岛津 LC-20A 或岛津 LC-16)；色谱工作站(LabSolutions)；十八烷基硅烷键合硅胶柱(C_{18}柱，150mm×4.6mm，5μm)；微量进样器(10μL，1 支)。吸量管(5mL，4 支)；容量瓶(100mL，4 个；50mL，4 个)；量筒(1000mL，1 个；500mL，1 个)；烧杯(1000mL，2 个；500mL，1 个)；烧杯(100mL，4 个)；50mL 具塞锥形瓶(承接滤液)2 个；250mL 磨口试

剂瓶 1 个；漏斗(大)2 个；漏斗(小)4 个；滤纸（Φ11cm）；一次性注射器(5mL,5 支)；具塞小试管(4mL,5 个)；抽滤装置一套，滤膜(有机系,水系 0.45μm)，针筒式滤头(有机系，Φ13mm,0.45μm)；研钵 1 个；角匙 1 个；滤纸条若干；电子天平(精度 0.1mg,METTLER TOLEDO,LE204E)；超声波清洗仪。

(2) 试剂药品

甲硝唑对照品；甲硝唑片样品(规格:0.2g)；流动相：甲醇(色谱纯)，水(超纯水)；其他试剂为分析纯。

第八章　第45届世界技能大赛“化学实验室技术”赛项试题

第45届世界技能大赛“化学实验室技术”技能大赛考核共分6个模块，本章将世赛原试题和参考译文列出。参考译文中有的部分是按照我国出版印刷的习惯翻译的，有的部分是按照IUPAC原则翻译的。

第一节　试卷A

一、原文

Determination of the glycerol content in the sample **A1**

H & S

Please describe which H&S measures are necessary? Follow them accordingly!

Environmental protection

Please describe if environmental protection measures are needed?

Fundamentals

The method is based on the oxidation of glycerol in a test sample by acidified potassium dichromate solution when heated, followed by determination of the excess of potassium dichromate by iodometry. To do this, an excess of potassium dichromate is reduced by potassium iodide, the released iodine is titrated with standard sodium thiosulfate solution in the presence of starch as an indicator

Objectives

1. Prepare 0，5% starch solution
2. Standardize provided sodium thiosulfate solution against potassium dichromate

3. Determine glycerol content in the sample
4. Produce a report

Total time to complete work is **3** hours.

Equipment，reagent and solutions

Analytical balance with readability of 0. 1 mg;	Pipettes of different sizes;	Starch soluble, reagent grade;
Heating plate;	Volumetric flasks with stopper, nominal capacity of 250 and 500 cm^3	Potassium dichromate, 99. 95-100%;
Laboratory stands with clamps	Conical flasks with nominal capacity of 250 and 1000cm^3;	Potassium dichromate, 0,2549 M acidified solution;
	Measuring cylinders, 100cm^3;	Potassium iodide, 20% solution
	Burettes, 25 and 50cm^3;	Sodium thiosulfate, approx. c ($Na_2S_2O_3 \cdot 5H_2O$) = 0. 1mol/dm^3 solution;
	Beakers of different sizes;	Sulfuric acid solution1 : 3(vol/vol);
	Bottles weighing, with ground in stopper;	Distilled or deionized water
	Spatulas;	
	Watch glasses;	
	Funnels of different sizes	

Preparation of the solutions

Starch0，5%solution

1. Place 90 mL of distilled or deionized water in a beaker and bring to a boil on a hot plate.
2. Make a smooth paste with the required weighed portion of soluble starch and a small volume of distilled or deionized water.
3. Pour the starch paste into the boiling water and stir until all of the starch is dissolved. Bring the volume to approximately 100 cm^3. The resulting solution must be transparent without lumps or undissolved particles.

Assay

Standartization of sodium thiosulfate (approx. c ($Na_2S_2O_3 \cdot 5H_2O$) = 0.1 mol/dm^3) solution with potassium dichromate

Dissolve 0. 0800-0. 1000 g of potassium dichromate in 80 cm^3 of distilled or deionized water in a 250cm^3

Add 10，00 cm^3 of 20% potassium iodide solution and acidify with 5，00 cm^3 of sulfuric acid solution 1 : 3 (vol/vol)，close the flask and mix.

After 5 min incubation in the dark titrate the released iodine with sodium thiosulfate solution until the resulting mixture turns yellowish-green，then add 2cm^3 of 0，5% starch solution (colour should change to deep blue) and continue titration until the transition from deep blue colour to light green occurs.

Titration is carried out at least three times.

Calculate correction factor for sodium thiosulfate solution with an accuracy of up to four decimal places using the following equation:

$$F = \frac{m}{0.0049037 \times V}$$

where

m—the weight of potassium dichromate，g；

0，0049037 — the weight of potassium dichromate in grams equivalent to 1 cm^3 of 0. 1 mol/dm^3 (0. 1 N) sodium thiosulfate primary standard solution，

V — the volume of thiosulfate consumed for titration，cm^3.

Discrepancy between results should not exceed 0，003.

Calculate the arithmetic mean value for the estimated factors. Results should be rounded up to the fourth decimal place.

Analysis of the sample

Dilute 2，0000 ± 0，0050 g of sample with distilled or deionized water in a 250 cm^3 volumetric flask and make up the volume.

Pipette 25，00 cm^3 of prepared sample solution into a 250 cm^3 conical flask，add 25，00 cm^3 of potassium dichromate solution and 50，00 cm^3 of sulfuric acid solution 1：3 (vol/vol) and mix.

Bring the flask to a boil and keep it at a gentle boiling for 1 hour. Close the flask loosely to prevent excessive evaporation (with Alu foil，watch glass or similar). Do not overboil.

Transfer the entire contents of the conical flask into a 500 cm^3 volumetric flask，dilute and make up volume with distilled or deionized water.

Pipette 50，00 cm^3 of the prepared solution into a 1 dm^3 conical flask，add 10，00 cm^3 of 20% potassium iodide solution and acidify with 20，00 cm^3 of sulfuric acid solution 1：3 (vol/vol)，close the flask and mix.

After 5 min standing time in the dark，wash the stopper and the walls of the flask with water and adjust volume of obtained solution to approximately 500 cm^3 with water. Titrate the released iodine with sodium thiosulfate solution until the solution turns yellowish-green color，then add 2cm^3 of 0，5% starch solution (colour should change to deep blue) and continue titration until the transition from deep blue colour to light green occurs.

Please perform two independent determinations.

The control analysis is carried out in the same way but distilled water is used instead of the sample.

Calculation

The content of glycerol in % shall be given：

$$w\ (\%) = \frac{(V_{blank} - V_{sample}) \times F \times 0.00065783 \times N \times 100}{m}$$

where

V_{blank}—the volume of sodium thiosulfate solution consumed for the titration in the control analysis，cm^3；

V_{sample}—the volume of sodium thiosulfate solution consumed for the titration of the sample，cm^3；

F—correction factor of sodium thiosulfate solution；

m—weight of the sample，g；

0.00065783—the mass of glycerol in grams corresponding to 1 cm^3 of 0，1 mol/dm^3 of sodium thiosulfate primary standard solution.

100—percent conversion coefficient；

N—sample dilution ratio during analysis.

The convergence（repeatability）of the results of the analysis（A）in % is calculated by the equation：

$$A=\frac{2\ (X_1-X_2)}{X_1+X_2}\times 100$$

where X_1—greater result from two parallel measurements，X_2—smaller result from two parallel measurements.

Calculate the arithmetic mean value for the obtained results and round it to the first decimal place.

Report

Please produce a report，write down the equations of chemical reactions occurring during the determination and calculate the equivalent weight of glycerol in the oxidation reaction.

二、 参考译文

样品中甘油含量的测定 A1

健康和安全

请说明哪些是健康和安全措施所必需的。给出相应描述。

环保

请说明是否需要采取环保措施。

基本原理

在酸性条件下，重铬酸钾溶液加热时氧化样品中的甘油，然后加入碘化钾和过量的重铬酸钾反应，释放出单质碘，在淀粉（作指示剂）存在下，用标准硫代硫酸钠溶液对释放的碘进行定量测定。

目标

1. 制备0.5%（质量分数）的淀粉溶液
2. 提供和重铬酸钾反应的硫代硫酸钠标准溶液
3. 测定样品中的甘油含量
4. 生成报告

完成工作的总时间是3h

仪器设备、试剂和溶液

精度为0.1mg的分析天平；	不同规格的移液器；	可溶性淀粉，试剂级；
加热板；	具塞容量瓶，标称容量为250mL和500 mL；	重铬酸钾，99.95%～100%；
实验室铁架台和夹子	标称容量为250mL和1000mL的锥形烧瓶；	重铬酸钾，0.2549mol/L酸化溶液；
	量筒100 mL；	碘化钾，20%（质量分数）溶液；

续表

	吸量管，25mL 和 50 mL； 不同规格的烧杯； 称量瓶，带磨口塞； 药匙； 表面皿； 不同规格的漏斗	硫代硫酸钠溶液，$c(Na_2S_2O_3 \cdot 5H_2O) \approx$ 0.1 mol/L； 硫酸溶液 1∶3(体积比)； 蒸馏水或去离子水

溶液的制备

0.5 %淀粉溶液

① 将 90 mL 的蒸馏水或去离子水放入烧杯中，在加热板上煮沸。

② 用所需质量的可溶性淀粉和少量蒸馏水或去离子水，制作光滑的糊状物。

③ 将淀粉糊倒入沸水中搅拌，直到所有淀粉溶解。配制体积约为 100 mL，所得溶液必须是透明的，无块状或未溶解的颗粒。

实验

使用重铬酸钾溶液标定硫代硫酸钠标准溶液[$c(Na_2S_2O_3 \cdot 5H_2O) \approx 0.1$ mol/L]

在 250mL 锥形烧瓶中，加入 0.0800～0.1000g 重铬酸钾，加 80mL 蒸馏水或去离子水溶解。

加入 10.00mL 的 20%碘化钾溶液，并加入 5.00mL 硫酸溶液（体积比为 1∶3）酸化，盖上烧瓶塞子，混匀溶液。

在暗处反应 5min 后，生成的碘用硫代硫酸钠溶液滴定，直到混合物变成黄绿色，然后加入 2mL 的 0.5%淀粉溶液（颜色应变为深蓝色），并继续滴定，直到溶液从深蓝色变到浅绿色为止。

滴定至少进行 3 次。

使用以下等式计算硫代硫酸钠溶液的校正系数（F），精度要求保留 4 位小数：

$$F=\frac{m}{0.0049037\times V}$$

式中　m ——重铬酸钾的质量，g；

0.0049037 ——相当于 1mL 0.1mol/L 硫代硫酸钠标准溶液的重铬酸钾质量（g）；

V——滴定消耗硫代硫酸钠标准溶液的体积，mL。

结果之间的差异不应超过 0.003。

计算校正系数的算术平均值。结果应四舍五入到小数点后第 4 位。

样品分析

用蒸馏水或去离子水在 250mL 锥形烧瓶中稀释（2.0000±0.0050）g 样品。

用移液器移取 25.00mL 制备的样品溶液，放入 250mL 锥形烧瓶中，加入 25.00mL 重铬酸钾溶液和 50.00mL 硫酸溶液（体积比 1∶3）并混合均匀。

实验

将锥形烧瓶煮沸，继续再温和煮沸 1h。盖上烧瓶口，以防止过度蒸发（使用铝箔、表面皿或类似物体）。不要过度沸腾。

将锥形烧瓶的全部内容物转移到 500mL 容量瓶中，用蒸馏水或去离子水稀释并补足体积。

将 50.00mL 制备溶液放入 1L 锥形烧瓶中，加入 10.00mL 20%碘化钾溶液与 20.00mL 硫酸溶液（体积比 1∶3），塞上烧瓶塞子并混合均匀。

在暗处反应 5min 后，用水清洗塞子、烧瓶壁，并将所得溶液的体积用水调整到大约 500 mL。用硫代硫酸钠滴定释放的碘，直到烧瓶内溶液变成黄绿色，然后添加 2 mL 0.5% 淀粉溶液（颜色应变为深蓝色），并继续滴定，直到溶液从深蓝色变到浅绿色为止。

平行滴定 2 次。

控制分析以同样的方式进行，使用蒸馏水代替样品做空白试验。

计算

计算甘油含量，以%表示：

$$w\ (\%) = \frac{(V_{空白} - V_{样品}) \times F \times 0.00065783 \times N \times 100}{m}$$

式中　$V_{空白}$——在对照分析中使用硫代硫酸钠溶液的体积，mL；

$V_{样品}$——滴定样品时使用硫代硫酸钠溶液的体积，mL；

F——硫代硫酸钠溶液的校正系数；

m——样品的质量，g；

0.00065783——相当于 1mL 的 0.1mol/L 硫代硫酸钠标准溶液的甘油质量(g)；

100——百分转换系数；

N——分析过程中样品的稀释比。

分析结果(A)的收敛性(可重复性)通过下式计算，以 %表示：

$$A = \frac{2\ (X_1 - X_2)}{X_1 + X_2} \times 100$$

式中　X_1——两个平行测量中较大的结果；

X_2——两个平行测量中较小的结果。

计算所得结果的平均值，并将其四舍五入到小数点后第 1 位。

报告

请写出一份报告，记下测定过程中发生的化学反应方程式，并计算甘油在氧化反应中的当量质量。

第二节　试卷 B

一、 原文

Determination of the total iron content in the sample B1

H & S

Please describe which H & S measures are necessary? Follow them accordingly!

Environmental protection

Please describe if environmental protection measures are needed?

Fundamentals

The method is based on the interaction of iron (III) ion in an alkaline medium at pH ≥

9 with sulfosalicylic acid with a formation of a yellow colored complex.

$$3\ \text{HO}_3\text{S-C}_6\text{H}_3\text{(OH)COOH} + FeCl_3 + 6NH_4OH \xrightarrow{pH \geq 9.0} (NH_4)_3\left[\left(\text{HO}_3\text{S-C}_6\text{H}_3\text{(O)COO}\right)Fe\right]_3 + 3NH_4Cl + 6H_2O$$

Absorbance values of this complex measured at a wavelength of 410-440 nm conform to Beer's law.

Objectives

1. Prepare 0，005 g/dm^3 standard iron（III） ions solution
2. Prepare 5-sulfosalicylic acid solution
3. Prepare 2，0 M ammonium chloride solution
4. Prepare 7，0M ammonium hydroxide solution
5. Determine iron（III） concentration in the sample（mg/dm^3）
6. Produce a report

Total time to complete work is 3 hours.

Equipment，reagent and solutions

Analytical balance with readability of 0. 1 mg；	Pipettes of different sizes；	Hydrochloric acid，1 ∶ 4 solution
Balance with readability of 1. 0 mg；	Volumetric flasks with stopper，capacity of 50，100 and 500cm^3；	Ammonium chloride，reagent grade；
Heating plate；	Conical flasks with capacity of 100cm^3；	Ammonia solution 25%；
Spectrophotometer with cuvettes	Measuring cylinders，50 cm^3；	5-Sulfosalicylic acid dihydrate，reagent grade；
Laboratory stand with clamps	Burettes，25 cm^3；	Primary standard iron（III）ions solution，0，1g/dm^3；
	Beakers of different sizes；	Distilled or deionized water；
	Bottles weighing，with ground in stopper；	pH-indicator strips
	Spatulas；	
	Watch glasses；	
	Funnels of different sizes	

Preparation of the solutions

0，005 g / dm^3 iron （III） ions standard solution

Calculate and dilute aliquot of 0，1g/dm^3 iron（III） ions primary standard solution in distilled or deionized water in a 500cm^3 volumetric flask. Make up the volume with water and mix.

5-*Sulfosalicylic acid solution*

Dissolve 20，0g of 5-sulfosalicylic acid dihydrate in distilled or deionized water in a 100cm^3 volumetric flask. Make up the volume with water and mix.

Ammonium chloride，2，0M solution

Dissolve the calculated amount of ammonium chloride in distilled or deionized water in a 100cm^3 volumetric flask. Make up the volume with water and mix. Filter the prepared solution using paper filter if it is cloudy.

Ammonium hydroxide 7，0Msolution

Dilute the calculated amount of 25% ammonia solution (density is 0，9070 g/cm^3) with distilled or deionized water in a 100cm^3 volumetric flask. Make up the volume with water and mix.

Assay

Calculate 0.005g/dm^3 iron (III) ions standard solution aliquot volumes to prepare 50cm^3 each of iron (III) ions solutions with concentrations 0，0；0，1；0，2；0，5；1，0；1，5；2，0 mg/dm^3 respectively.

Pour aliquots of 0.005 g/dm^3 iron (III) ions standard solution in 50 cm^3 volumetric flasks, add distilled or deionized water to approximately 40cm^3.

Add 1，00cm^3 of 2，0M ammonium chloride solution，1，00cm^3 of sulfosalicylic acid solution，adjust the pH of this solution to >9.0 with at least 1，00cm^3 7，0Mammonium hydroxide solution. Make up the volume with water. Mix thoroughly after addition of each reagent.

Incubate for 5 min to develop the color. The solution is stable for at least 10 hours.

Prepare two series of standard solutions.

Transfer an aliquot of one of the 2，0mg/dm^3 iron (III) ions standard solution to a 5 cm cuvette. Measure absorbance at 410-440 nm in 5 nm step against the blank solution prepared in the same way but containing no iron (III) ions. Choose the wavelength that gives the maximum absorbance value.

Measure the absorbance of the all colored iron (III) ions standard solutions at the selected wavelength and light path length against a blank solution.

Analysis of sample

Pipette 50，00 cm^3 of sample into a 100cm^3 conical flask，add 1，00 cm^3 of 1∶4 hydrochloric acid solution (vol/vol) and mix.

The flask is then heated until it begins to boil. Reduce heat and keep at a low boiling until volume reduces to 35-40cm^3.

Cool the solution to room temperature and transfer the entire contents of the conical flask into a 50 cm^3 volumetric flask，rinse of the conical flask 2 -3 times with 1cm^3 of distilled water.

Add 1，00cm^3 of ammonium chloride 2，0M solution，1，00cm^3 of sulfosalicylic acid solution，adjust the pH of this solution to >9.0 with not less than 1，00cm^3 7，0Msolution of ammonium hydroxide. Make up the volume with water. Mix thoroughly after addition of each reagent.

Incubate for 5 min to develop the color. The solution is stable for at least 10 hours.

Sample preparation is carried out in duplicate.

Measure the absorbance of the sample at the selected wavelength and light path length against a blank solution（use distilled or deionized water instead of sample）.

Calculation

Prepare a calibration line for your standards：plot obtained absorbance values against iron（III）concentrations for 0，1-2，0mg/dm³ standard solutions（6 values）. Draw a "best-fit" straight line through the data points by linear regression method.

Results

The iron（III）concentration in the sample（mg/dm^3）is evaluated using obtained equation of linear regression and taking into account the dilution factor.

The convergence（repeatability）of the results of the analysis（A）in % is calculated by the formula：

$$A=\frac{2\,(X_1-X_2)}{X_1+X_2}\times 100$$

where X_1—greater result from two parallel measurements，X_2—smaller result from two parallel measurements

Take the arithmetic mean value for the estimated results and round it to the first decimal place.

Report

Please produce a report.

二、 参考译文

测定样品中的总铁含量 B1

健康和安全

请说明哪些是健康和安全措施所必需的。给出相应描述！

环保

请说明是否需要采取环保措施。

基本原理

该方法基于 pH≥ 9 的碱性介质中铁（III）离子与磺基水杨酸的相互作用，其形成黄色复合物。

$$3\,[\text{OH},\ \text{COOH},\ \text{SO}_3\text{H}] + FeCl_3 + 6NH_4OH \xrightarrow{pH\geqslant 9.0} (NH_4)_3\left[\left(\text{O—Fe},\ \text{COO},\ \text{SO}_3\text{H}\right)_3\right] + 3NH_4Cl + 6H_2O$$

在 410～440 nm 波长下测量的该复合物的吸光度值符合比尔定律。

目标

1. 制备 0.005g /L 标准铁（III）离子溶液
2. 制备 5-磺基水杨酸溶液
3. 制备 2.0mol/L 氯化铵溶液
4. 制备 7.0mol/L 氢氧化铵溶液
5. 测定铁（III）在样品中的含量（mg/L）
6. 制作报告

完成工作的总时间为 3h

仪器设备、试剂和溶液

分析天平，精度为 0.1mg； 天平，精度为 1.0mg； 加热板； 分光光度计与比色皿； 带夹子的实验室支架台	不同规格的移液器； 具塞容量瓶，容量为 50mL，100mL 和 500mL； 100mL 锥形瓶； 量筒，50mL； 滴定管，25mL； 不同规格的烧杯； 称量瓶，具塞带磨口； 药匙； 表面皿； 不同规格的漏斗	盐酸，1∶4 溶液（体积比）； 氯化铵，试剂级； 25%（质量分数）氨溶液； 5-磺基水杨酸二水合物，试剂级； 初级标准铁（III）离子溶液，0.1g /L； 蒸馏水或去离子水； pH 试纸

制备溶液

0.005g/L 铁（III）离子标准溶液

计算 0.1g/mL 铁（III）离子初级标准溶液体积并将其移取至 500mL 容量瓶中，加入蒸馏水或去离子水定容和混合。

5-磺基水杨酸溶液

将 20.0g 的 5-磺基水杨酸二水合物溶解并转移至 100mL 容量瓶中，加入蒸馏水或去离子水定容并混合。

氯化铵，2.0mol/L 溶液

溶解计算量的氯化铵，在 100mL 容量瓶中加入蒸馏水或去离子水定容并混合。如果溶液浑浊，请使用滤纸过滤。

氢氧化铵，7.0mol/L 溶液

在 100mL 容量瓶中稀释计算量的 25%（质量分数）氨溶液（密度为 0.9070g/mL），用蒸馏水或去离子水定容并混合。

实验

计算所需移取 0.005g/L 铁（Ⅲ）离子标准溶液试样的体积，以分别制备 50mL 铁（Ⅲ）离子浓度的系列溶液：0.0mg/L、0.1mg/L、0.2mg/L、0.5mg/L、1.0mg/L、1.5mg/L、2.0mg/L。

分别移取上述计算量的 0.005g/L 铁（Ⅲ）离子标准溶液于 50mL 容量瓶中，添加蒸馏水或去离子水至大约 40mL。分别添加 1.00mL 的 2.0mol/L 氯化铵溶液，1.00mL 的磺基水杨酸溶液，用至少 1.00mL 7.0mol/L 氢氧化铵溶液调整该溶液的 pH＞9.0。用水添加到刻度线。加入每种试剂后混合均匀。静置 5min 以显色，该溶液稳定至少 10h。

准备两个系列的标准溶液。

移取其中之一的 2.0mg/L 铁（Ⅲ）离子标准溶液至 5cm 比色皿中，以相同方法制备但不含有铁（Ⅲ）离子溶液做空白溶液，在 410～440nm，5nm 吸收间隔下测定吸光度。产生最大吸光度值的波长作为最大吸收波长。

测量所有铁（Ⅲ）离子标准系列溶液在选定波长和光程长度对空白溶液的吸光度。

样品分析

用移液管移取50.00mL的样品，放入100mL的锥形烧瓶中，加1mL 1∶4(体积比)的盐酸溶液并混合。加热烧瓶至开始沸腾。减少热量并保持在一个较低沸点直到体积减少到35～40mL。

将溶液冷却至室温，并将锥形烧瓶的全部内容物转移到50mL容量瓶中，用1mL蒸馏水冲洗锥形烧瓶2～3次。添加1.00mL 2.0mol/L的氯化铵溶液、1.00mL的磺基水杨酸溶液，用至少1.00mL 7.0mol/L氢氧化铵溶液调节该溶液的pH>9.0。用水添加到刻度线。加入每种试剂后混合均匀。

静置5min以显色，该溶液稳定至少10h。准备2份样品溶液。

在空白溶液(使用蒸馏水或去离子水代替样品)下，在选定的波长和光程长度测量样品的吸光度。

计算

绘制标准曲线：绘制以0.1～2.0mg/L标准溶液（6组数值）获得的吸光度值与铁(III)溶液含量的关系曲线。通过线性回归方法在数据点中绘制“最佳拟合”直线。

结果

用获得的线性回归方程评估样品中的铁（Ⅲ）含量（mg/L）并考虑稀释因素

分析结果（A）的收敛性(重复性)以%表示，计算公式如下：

$$A=\frac{2(X_1-X_2)}{X_1+X_2}\times 100$$

式中　X_1——两个平行测量中较大的结果；

　　　X_2——两个平行测量中较小的结果。

计算所得结果的平均值，并将其四舍五入到小数点后第1位。

报告

请写出一份报告。

第三节　试卷C

一、原文

Potentiometric titration of a phosphoric acid and sodium dihydrogen phosphate mixture **C1**

H & S

Please describe which H & S measures are necessary? Follow them accordingly!

Environmental protection

Please describe if environmental protection measures are needed?

Fundamentals

The method is based on the neutralization of a phosphoric acid and sodium dihydrogen phosphate with alkali in water. Sodium dihydrogen phosphate is neutralized together with the product of the neutralization of phosphoric acid in the first step.

Objectives

1. Calibrate the pH-meter
2. Standardize the sodium hydroxide solution
3. Determine molar concentration of phosphoric acid and sodium dihydrogen phosphate in the sample
4. Produce a report

Total time to complete work is **3** hours.

Equipment, reagent and solutions

Magnetic stirrer with adjustable stirring speed and magnetic stir bar;	Pipettes of different sizes;	Standard buffer solutions (4.01, 7.01, 6.86, 10.01),
pH-meter with Refillable pH Electrode;	$50cm^3$ measuring cylinders	0,1 N Hydrochloric acid standard solution
Laboratory stands with clamps	25 and 50 cm^3 burettes	Sodium hydroxide solution, $c(NaOH)$ = 0,1 mol/dm^3
	100 cm^3 beakers	Distilled or deionized water
	Funnels of different sizes; Pipette bulbs	

Assay

Calibration of pH meter

Calibrate pH meter with two or three (depending on the manufacturer manual) standard buffer solutions (pH values are 4.01, 7.01 and 10.01) in accordance with the equipment manufacturer' s manual. Check the pH of the control buffer solution (pH=6.86). The obtained value should be within ±0, 05 units of the nominal value.

Standardize the sodium hydroxide solution (approx. $c(NaOH)=0.1\ mol/dm^3$) with 0, 1N hydrochloric acid primary standard solution

Place 10, 00-15, 00 cm^3 of the 0.1N hydrochloric acid primary standard solution in a 100 cm^3 beaker and add distilled or deionized water to $50cm^3$

Carefully drop a magnetic stirring bar into the beaker containing the solution and place the beaker on the magnetic stirrer.

Immerse the electrode in the solution. Carefully turn on the stirring motor and adjust the desired stirring speed making sure the stirrer bar is not going to hit the electrode. Make sure the pH-meter is functioning properly and allow reading on the display to stabilize.

While stirring continuously deliver aliquots of sodium hydroxide solution in small increments from the burette. Record the volume in cm^3 of titrant added and pH values after addition of each aliquot of titrant.

After endpoint is reached continue the titration for at least another 5，00cm^3.
Titration is carried out at least three times.
Plot a graph of pH (on the Y-axis) vs volume of titrant (on the X-axis) using Excel or graph paper and determine the equivalence point graphically.
Calculate the correction factor of sodium hydroxide solution considering law of equivalents：
Results should be rounded up to the fourth decimal place.
Discrepancy between results should not exceed 0，003.
Take the arithmetic mean value for the calculated factors.

Analysis of the sample

Pipette 10，00 cm^3 of the sample in a 100 cm^3 beaker，add 40cm^3 of distilled or deionized water.
With continuous stirring，add small aliquots of sodium hydroxide solution from the burette.
Record the volume in cm^3 of titrant added (V) and voltage values (E) in mV after addition of each aliquot of titrant.
After reaching the first endpoint continue the titration until the second endpoint is reached.
After the second endpoint continue the titration for at least another 5，00cm^3 of titrant.
Titration is carried out at least two times.
Upon completion of the titration，the speed of the magnetic stirrer is set to "0" . Remove the pH electrode and the magnetic stirrer bar from the beaker and rinse thoroughly with distilled water.

Calculation

Plot a graph of $\Delta E/\Delta V$(on the Y-axis) vs V of titrant(on X-axis) using Excel or graph paper and determine the equivalence points. The endpoints are established by the first derivative method as indicated by two maxima of the first derivative value. Maximum values are determined graphically or by interpolation.
Calculate the concentration of phosphoric acid in the sample (in mol/dm^3) by volume of 0. 1M sodium hydroxide solution consumed for titration to the first endpoint of the titration curve. Calculate the concentration of sodium dihydrogen phosphate (in mol/dm^3) by the difference between volumes of 0. 1M sodium hydroxide solution consumed for titration to the first and second endpoints.

The convergence (repeatability) of the results of the analysis (A) in % is calculated by the equation：

$$A=\frac{2(X_1-X_2)}{X_1+X_2}\times 100$$

where X_1— greater result from two parallel measurements，X_2—smaller result from two parallel measurements.

Calculate the arithmetic mean value of the obtained results and round to the second decimal place.

Report

Please produce a report and write down the equations of chemical reactions that take place in the course of determination.

二、参考译文

电位滴定法测定磷酸和磷酸二氢钠混合物 C1

健康和安全

请说明哪些是健康和安全措施所必需的。给出相应描述。

环保

请说明是否需要采取环保措施。

基本原理

该方法基于用碱溶液中和磷酸和磷酸二氢钠。在第一步中，磷酸二氢钠和磷酸一起被碱中和。

目标

1. 校准 pH 计
2. 标定氢氧化钠溶液
3. 测定样品中磷酸和磷酸二氢钠的物质的量浓度❶
4. 制作报告

完成工作的总时间为 3h

仪器设备、试剂和溶液

磁力搅拌器,搅拌速度可调,磁力搅拌棒； 带有可再填充 pH 电极液的 pH 计； 实验室滴定管支架和夹具	不同规格的移液器； 量筒,50mL,3 个； 滴定管,25mL 和 50mL； 烧杯,100mL； 不同规格的漏斗； 移液器球(洗耳球),小号	缓冲溶液（pH 为 4.01、7.01、6.86、10.01)； 0.1mol/L 的盐酸标准溶液❷； 氢氧化钠溶液,c(NaOH)＝0.1mol/L； 蒸馏水或去离子水

实验

pH 计的校准

根据设备制造商手册，使用两种或三种标准缓冲溶液(pH 为 4.01、7.01 和 10.01)校准 pH 计。检查对照缓冲溶液的 pH（pH ＝ 6.86)。获得的值应在标称值的±0.05 单位内。

标定氢氧化钠标准溶液

用 0.1mol/L 盐酸一级标准溶液标定氢氧化钠标准溶液[c(NaOH)＝0.1mol/L]，将 10.00～15.00mL 的 0.1mol/L 盐酸一级标准溶液置于 100mL 烧杯中，加蒸馏水或去离子水至 50mL，小心地将磁力搅拌棒放入含有溶液的烧杯中，并将烧杯放在磁力搅拌器上。将电极浸入溶液。小心地打开搅拌电机开关，调节所需的搅拌速度，确保搅拌棒不会碰到电极、显示屏上的读数稳定、pH 计正常工作。

在连续搅拌的同时，从滴定管以小的增量连续输送等份的氢氧化钠溶液。在加入每份滴定剂后记录加入滴定剂的体积（mL）和 pH。

---

❶ 原文中，“dm^3”一律译作“L”；“cm^3”一律译作“mL”。

❷ 文中盐酸浓度“N”,应该改为“mol/L”。

达到终点后，继续滴定至少 5.00mL。滴定至少进行 3 次。

使用 Excel 或方格纸绘制 pH（在 Y 轴上）与滴定剂体积（在 X 轴上）的图，并以图形方式确定化学计量点。

考虑到等效定律，计算氢氧化钠溶液的校正系数，结果应四舍五入到小数点后第 4 位。结果之间的差异不应超过 0.003。取计算因子的算术平均值。

样品分析

在 100mL 烧杯中移取 10.00mL 样品，加入 40mL 蒸馏水或去离子水。

在连续搅拌下，从滴定管中加入少量氢氧化钠溶液。在加入每份滴定剂后记录加入的滴定剂的体积 V（mL）和以 mV 为单位的电压值 E。

到达第一个终点后继续滴定，直至达到第二个终点。在第二个终点后继续滴定至少 5.00 mL 的滴定剂。

滴定至少进行 2 次。

滴定完成后，将磁力搅拌器的速度设定为"0"。从烧杯中取出 pH 电极和磁力搅拌棒，并用蒸馏水彻底冲洗。

计算

使用 Excel 或方格纸绘制 $\Delta E/\Delta V$（在 Y 轴上）与滴定剂体积 V（在 X 轴上）的图，并确定化学计量点。端点由一阶导数方法建立，如一阶导数值的两个最大值所示。最大值以图形方式或通过插值确定。

通过消耗滴定至滴定曲线第一个终点的 0.1mol/L 氢氧化钠溶液的体积，计算样品中磷酸的浓度（以 mol/L 计），通过滴定至第一和第二端点所消耗的 0.1mol/L 氢氧化钠溶液的体积之差计算磷酸二氢钠的浓度（以 mol/L 计）。

分析结果（A）的收敛性（可重复性）通过下式计算，以％表示：

$$A=\frac{2\ (X_1-X_2)}{X_1+X_2}\times 100$$

式中，X_1 为两次平行测量结果的最大值；X_2 为两次平行测量结果的最小值。

计算所得结果的算术平均值并四舍五入到小数点后第 2 位。

报告

请完成一份报告，并写下在测定过程中发生的化学反应方程式。

第四节　试卷 D

一、原文

Ethyl bromide synthesis D1

H & S

Please describe which H & S measures are necessary? Follow them accordingly!

Environmental protection

Please describe if environmental protection measures are needed?

Fundamentals

The method of synthesis of saturated halogenated hydrocarbons is based on the substitution reaction of the hydroxyl group of a primary alcohol with halogen when reacted with hydrogen halide.

Chemical equation:

$$H_3C-CH_2-OH \xrightarrow[H_2O]{H_2SO_4,KBr} H_3C-CH_2-Br$$

Constants

Molecular formula	Mw	Density, g/cm³ (20C)	Boiling point, ℃	n_D^{20}	Solubility, g/100 g
C_2H_5OH	46,07	0,7893	78,4	1,361	Unlimited
C_2H_5Br	108,98	1,456	38,4	1,4242	0,9
H_2SO_4	98,08	1,830	330	—	Unlimited
KBr	119,01	2,75	1380	—	39
H_2O	18,02	0,997	100	—	Unlimited

注：表格中的逗号为中文里的点号。

Objectives

1. Calculate the required quantity of the potassium bromide to yield 15 g (10，3 ml) of ethyl bromide (theoretical yield of 55%)
2. Carry out the synthesis of ethyl bromide according to the procedure
3. Calculate the yield of ethyl bromide in %
4. Determine n_D^{20} of ethyl bromide
5. Produce a report

Total time to complete work is **4** hours.

Equipment, reagent and solutions

Magnetic stirrer with heating or heating plate; Flask heating block; Water and sand bath; Laboratory stands with clamps; Balance with readability of 1.0 mg	Measuring cylinders of different sizes; Round bottom flasks with nominal capacity of 100 and 250 cm³; Distilling heads; Liebig condenser; Receiver adapters; Delivery adapters; Conical flasks of different sizes; 100 cm³ beakers; Funnels of different sizes; Separating funnel; Thermometers; Glass beads; Stoppers; Porcelain mortar with pestle; Spatula	Sulphuric acid; 93,6% Potassium bromide; Ethanol; 96% Anhydrous calcium chloride; Ice; Distilled or deionized water

Synthesis

Place 28 ml of ethanol and 20 ml of cold water in a round bottom flask. Carefully add 160% excess of sulfuric acid with continuous stirring and cooling. The mixture is cooled to room temperature and calculated amount of crushed potassium bromide is added. Assemble the

unit for distillation at atmospheric pressure. The receiving flask should be almost completely filled with cold water and placed in an ice bath. During the reaction the product is distilled and collected in the receiver. The reaction mixture is heated until the oily droplets stop dripping into the receiver. In case of too intense boiling of the reaction mixture reduce heat or stop heating for a while. When the reaction is completed collected ethyl bromide is separated from the water with a separating funnel into a dry flask and dried with anhydrous calcium chloride (approximately 5g). If necessary, add more anhydrous calcium chloride. The resulting solution must be clear. The dried raw product is filtered into a distillation flask and then distilled. The fraction between 36 and 41 ℃ is collected. To reduce product losses, the receiver is placed in an ice water bath.
Weight the product and calculate yield of the reaction in %.
Determine refractive index of the obtained products. Measurements should be performed in triplicate. Calculate the average refractive index. A match to the third decimal place to the nominal value indicates a high purity of the product.

Report

Please produce a report.

二、 参考译文

溴乙烷合成 **D1**

健康和安全

请说明哪些是健康和安全措施所必需的。给出相应描述。

环保

请说明是否需要采取环保措施。

基本原理

饱和卤化烃的合成方法基于当与卤化氢反应时伯醇羟基与卤素的取代反应。

化学方程式：

$$H_3C-CH_2-OH \xrightarrow[H_2O]{H_2SO_4,KBr} H_3C-CH_2-Br$$

常数

分子式	摩尔质量 /(g/mol)	密度(20℃) /(g/cm³)	沸点/℃	折射率(n_D^{20})	溶解度 /(g/100g)
C_2H_5OH	46.07	0.7893	78.4	1.361	无限
C_2H_5Br	108.98	1.456	38.4	1.4242	0.9
H_2SO_4	98.08	1.830	330	—	无限
KBr	119.01	2.75	1380	—	39
H_2O	18.02	0.997	100	—	无限

目标

1. 计算溴化钾所需的质量，以产生 15g（10.3mL）的乙基溴化物（理论产量 55%）
2. 按照程序进行乙基溴化物的合成
3. 计算乙基溴化物的收率（以%表示）
4. 确定乙基溴化物的 n_D^{20}

5. 制作报告

完成工作的总时间为 4h

仪器设备、试剂和溶液

带加热或加热板的磁力搅拌器； 玻璃加热块； 水浴和沙浴； 实验室烧瓶夹子； 天平，精度 1.0mg	不同规格量筒； 容量为 100mL 和 250mL 的圆底烧瓶； 蒸馏头； 利比格冷凝器； 接收器；转移器； 不同规格的锥形瓶； 100 mL 烧杯； 不同规格的漏斗； 分液漏斗； 温度计； 玻璃珠子； 塞子； 瓷研钵杵； 刮板	硫酸，93.6%（质量分数）； 溴化钾； 乙醇，96%（质量分数）； 无水氯化钙； 冰； 蒸馏水或去离子水

合成

将 28mL 乙醇和 20mL 冷水放入圆底烧瓶中。在连续搅拌和冷却的情况下小心地添加 160% 的硫酸。混合物冷却至室温，添加计算量的粉末溴化钾，组装的蒸馏装置在大气压力下进行蒸馏。接收瓶应几乎完全装满冷水，并置于冰浴中。反应过程中，将产物蒸馏并收集在接收器中。加热反应混合物，直到油性液滴出现，停止加热。在反应混合物沸腾过强的情况下，减少热量或停止加热一段时间。当反应完成后，用分液漏斗将收集的溴乙烷从水中分离到干燥的烧瓶中，并用无水氯化钙（约 5g）干燥。如有必要，加入更多无水氯化钙。由此产生的解决方案必须清晰。将干燥的粗产物过滤到蒸馏瓶中，然后蒸馏。收集 36～41℃ 的馏分。为了减少产品损失，把接收器放置在冰水浴中。

对产品进行称量，并计算反应的收率（以%表示）。

确定获得产品的折射率。测量应一式三份进行。计算平均折射率。与标称值小数点后第 3 位相匹配的表示产品的纯度高。

报告

请出具报告。

第五节　试卷 E

一、 原文

Determination of the synthetic dyes identity in the sample **E1**

H & S

Please describe which H & S measures are necessary? Follow them accordingly!

Environmental protection

Please describe if environmental protection measures are needed?

Fundamentals

Reversed-phase chromatography is based on separation of compounds passing through a column with conditions in which a nonpolar stationary phase is used in conjunction with a polar mobile phase. Stationary phase is octadecyl chains chemically bound on silica gel. The mobile phase is a mixture of water with organic solvent in a presence of ion-pair reagent for improving separation of organic ions and partly ionized organic analytes.

Identification is carried out using spectrophotometric detection at appropriate wavelengths.

Objectives

1. Choose detection wavelengths
2. Prepare standard solutions of known dyes
3. Identify unknowns in the provided sample
4. Produce a report

Total time to complete work is **4 hours.**

Chromatographic conditions

Injection volume: 20 μL

Flow: 1cm^3/min

Column temperature: 40 ℃

Mobile Phase A: 0，001 M Tetrabutylammonium hydroxide in 0，01M sodium dihydrogenphosphate solution, pH= 4. 3-4. 4

Mobile Phase B: Acetonitrile

Liquid composition: Gradient

Time, min	Volume fraction, %	
	A	B
0,01	70	30
12,5	50	50
13,5	20	80
15,5	20	80
17,5	70	30
19,5	70	30

List of compounds

Compound name	Structural formula	Compound name	Structural formula
E110 (Sunset Yellow)	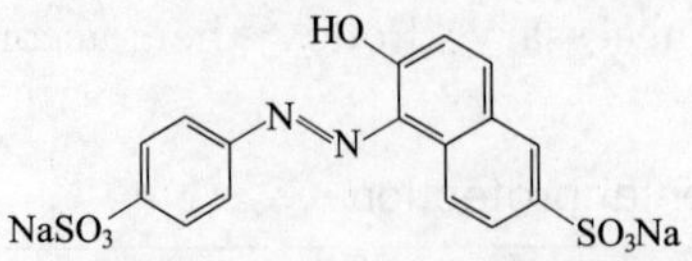	E122 (Azorubine)	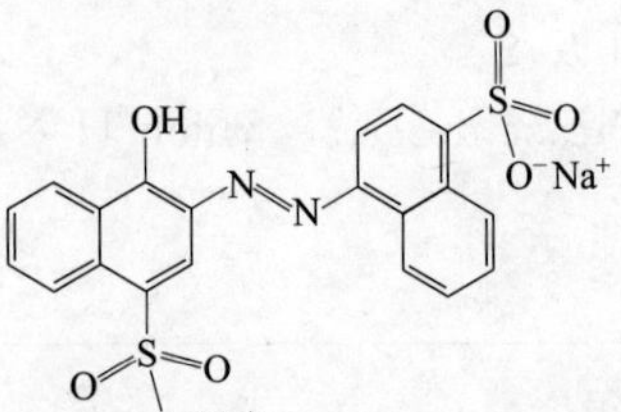

E124（Ponceau 4R）

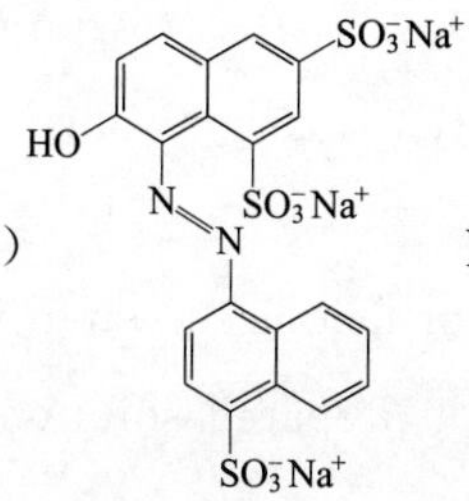

E 131（Patent Blue V）

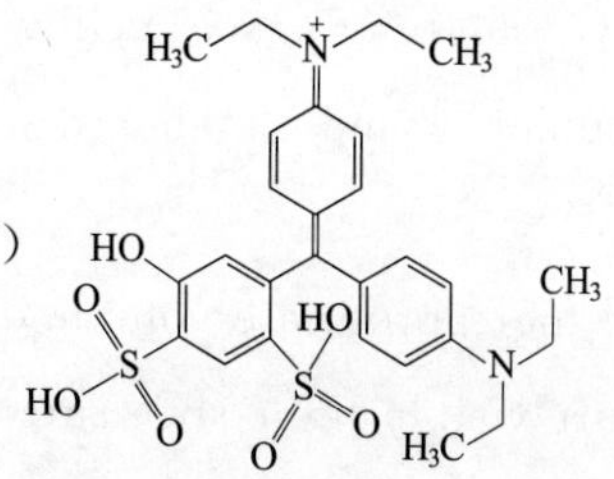

E129（Allura Red AC）

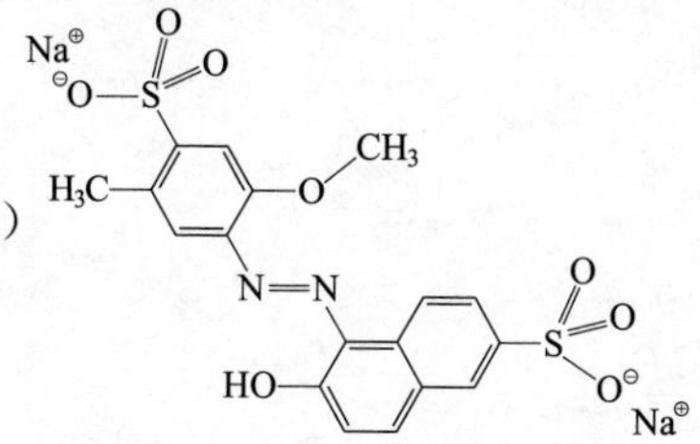

Equipment，reagent and solutions

Analytical balance with readability of 0.1 mg；	Pipettes of different sizes；	E110(Sunset Yellow)，food *colouring*；
Spectrophotometer with glass cuvettes；	Volumetric flasks with stopper，of different sizes；	E124(Ponceau 4R)，food *colouring*；
HPLC System：LC-20 Prominence，Shimadzu；	Beakers of different size；	E129(Allura Red AC)，food *colouring*；
Column：Luna®，particle shape-sphere，particle size-5μm，phase C18，pore size-100Å，dimensions -250×4.6 mm；	Standard screw-thread autosampler vials with cap and septa，12 × 32 mm，volume 2mL，glass；	E122(Azorubine)，food *colouring*；
Security Guard C18 4.0×3.0MM；	Syringe Filters：*Phenex-RC*，diameter-4mm，pore size-0.45u，Non-Sterile，Luer/Slip；	E 131(Patent Blue V)，food *colouring*；
Single Channel Pipettes	Syringes； Bottles weighing，with ground in stopper； Spatulas； Funnels of different sizes； Measuring cylinders of different sizes； Tips for pipettes	Distilled or deionized water

All manipulations with the HPLC System are performed by a technical expert. The competitor prepares samples and indicates the detection wavelengths，but couldn’t change the mentioned chromatographic conditions.

Competitor should think over the design of the experiment in order to fit into the total time，e.g. which solutions to prepare，the number of repeated measurements，the sequence of probe injection on a chromatograph.

Assay

Analysis of the standard solutions by spectrophotometry

Prepare 4 stock standard solutions of approximately 1，25g/L containing the following substances：E110（Sunset Yellow），E124（Ponceau 4R），E129（Allura Red AC），E122（Azorubine），and 1 standard solution of approximately 0，25 g/l containing E 131（Patent Blue V）.

Dilute the appropriate volume of each dye in distilled or deionized water 50 times，mix.

Measure visible light spectrum（380-740 nm）of each prepared solution individually using spectrophotometer with 1-cm cuvettes. Dilute more if necessary.

Read out two absorption wavelengths from the obtained spectrums，which will be used to detect dyes in all tested probes by HPLC.

Analysis of the standard solutions by HPLC

Prepare working standard solutions of one dye or mix of tested dyes.

Prepare a solution of 25 mg/dm^3 for HPLC Analyse for E110，E124，E129 and E 122. And for E131 you have to take a concentration of 5mg/dm^3

Filter obtained solutions using syringe filters，transfer 2cm^3 of filtrates to the vials and screw the cap.

The prepared solutions are analysed by HPLC.

Analysis of the sample

Dilute the sample with distilled or deionized water 2 times，mix.

Filter obtained solution using syringe filters，transfer 2cm^3 of filtrate to the vial and screw the cap.

The prepared solution is analyzed by HPLC.

Calculation

From the obtained chromatograms read out or calculate following parameters of the 5 substances：

retention time（t_R）and *symmetry* factor（A_s）.

The measurement results are summarized in a table and used to allocate peaks in the sample.

Identify peaks in the sample and calculate resolution（R_S）between neighboring peaks.

List all dyes that are present in the sample.

Report

Please produce a report.

二、 参考译文

测定样品中合成染料的成分 E1

健康和安全

请说明哪些是健康与安全措施所必需的。给出相应描述。

环保

请说明是否需要采取环保措施。

基本原理

反相色谱是基于一定条件下通过色谱柱的化合物分离，其中非极性固定相与极性流动相结合使用。固定相是化学键合到硅胶上的十八烷基链。流动相是水与有机溶剂的混合物，用于提高有机离子和部分离子化有机物的分离。

使用分光光度法在适当波长下进行鉴别。

目标

1. 选择检测波长
2. 制备已知染料的标准溶液
3. 识别提供样品中的未知物
4. 制作报告

完成工作的总时间为 4h

色谱条件

<table>
<tr><td>注射量</td><td>20μL</td></tr>
<tr><td>流速</td><td>1mL/min</td></tr>
<tr><td>柱温</td><td>40℃</td></tr>
<tr><td>流动相 A</td><td>0.001mol/L 氢氧化四丁基铵溶解在 0.01mol/L 磷酸二氢钠溶液中，pH ＝ 4.3～4.4</td></tr>
<tr><td>流动相 B</td><td>乙腈</td></tr>
<tr><td>液体成分</td><td>梯度
<table>
<tr><td rowspan="2">时间/min</td><td colspan="2">体积分数/%</td></tr>
<tr><td>A</td><td>B</td></tr>
<tr><td>0.01</td><td>70</td><td>30</td></tr>
<tr><td>12.5</td><td>50</td><td>50</td></tr>
<tr><td>13.5</td><td>20</td><td>80</td></tr>
<tr><td>15.5</td><td>20</td><td>80</td></tr>
<tr><td>17.5</td><td>70</td><td>30</td></tr>
<tr><td>19.5</td><td>70</td><td>30</td></tr>
</table>
</td></tr>
</table>

化合物清单

化合物名称	结构式	化合物名称	结构式
E110(日落黄)	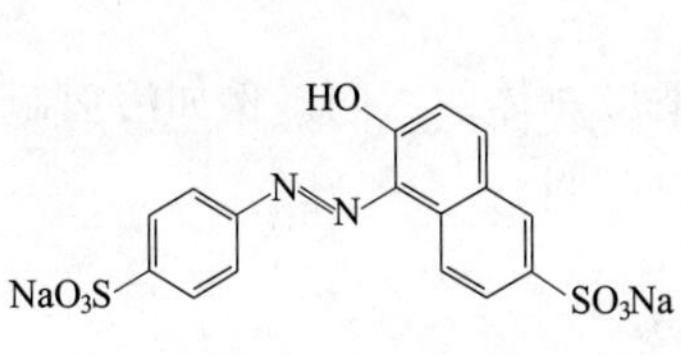 HO, N=N, NaO_3S, SO_3Na	E122(偶氮玉红)	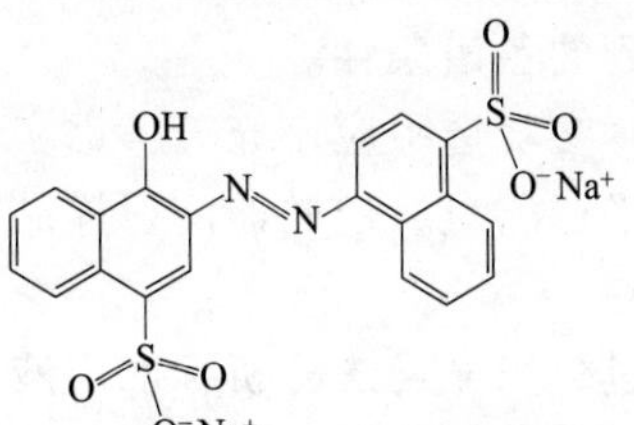 OH, N=N, O^-Na^+, O^-Na^+

续表

化合物名称	结构式	化合物名称	结构式
E124(胭脂红)	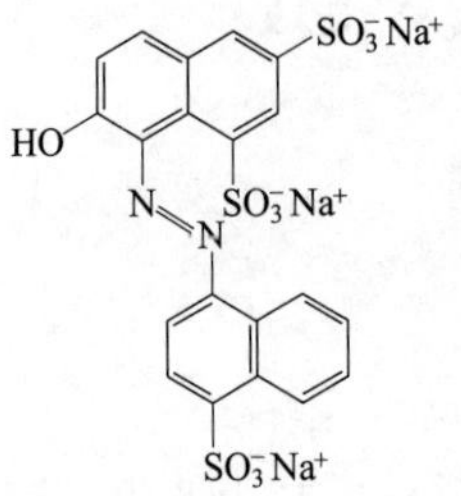 $SO_3^- Na^+$ HO N N $SO_3^- Na^+$ $SO_3^- Na^+$	E 131(专利蓝 V)	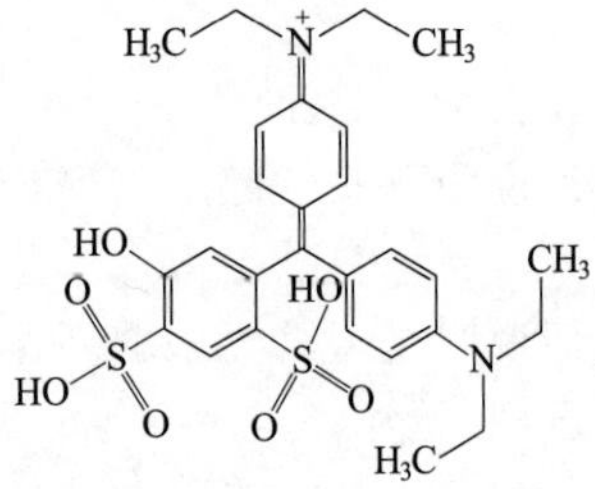 H_3C N^+ CH_3 HO O HO HO O O CH_3 N H_3C HO
E129(诱惑红)	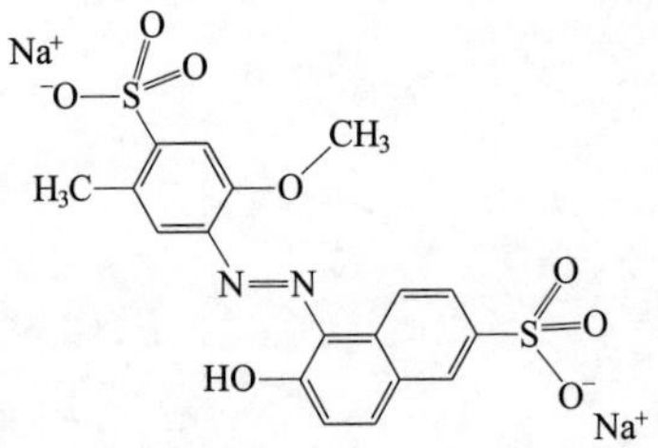 Na^+ O ^-O S O CH_3 H_3C O N N O HO S O O^- Na^+		

仪器设备、试剂和溶液

分析天平,精度为 0.1mg;	不同规格的移液器;	E110(日落黄),食用色素;
分光光度计用玻璃比色皿;	具有不同规格具塞容量瓶;	E124(胭脂红),食用色素;
HPLC 系统:LC-20 Prominence,Shimadzu;	不同规格的烧杯;	E129(诱惑红),食用色素;
色谱柱:Luna®,颗粒形状-球形,粒径为 5μm,固定相为 C_{18},孔径为 100Å,尺寸为 250mm×4.6mm;	带盖和隔垫的标准螺纹自动进样器样品瓶,玻璃材质,12mm × 32 mm,容积 2mL;	E122(偶氮玉红),食用色素;
后卫柱 C_{18} 4.0mm×3.0mm;	注射器微孔过滤器:Phenex-RC,直径为 4mm,孔径为 0.45μm,非无菌,可锁套口;可松开套口;	E 131(专利蓝 V),食用色素;
单通道移液器	注射器;	蒸馏水或去离子水
	称量瓶,平底带塞子;	
	角匙;	
	不同规格的漏斗;	
	不同规格的量筒;	
	移液器	

HPLC 系统的所有操作均由技术专家执行。参赛选手准备样品和标示检测波长，但不能改变提到的色谱条件。

参赛选手应该充分考虑实验操作的设计，以适应总体的时间。例如溶液制备、一定数目的平行测量、进样器注射样品在色谱仪的排列运行时间。

实验

通过分光光度法分析标准溶液

制备 4 种标准溶液贮备液，浓度约为 1.25g/L，包含下列物质：E110（日落黄），E124

（胭脂红），E129（诱惑红），E122（偶氮玉红）和1种含有E131（专利蓝V）标准溶液，浓度约为0.25g/L。

每个染料分别用蒸馏水或去离子水稀释50倍，混合。

使用带1cm比色皿的分光光度计，分别测量每种制备溶液的可见吸收光谱（380～740nm），必要时稀释更大倍数。

从所获得的光谱中读出两个吸收波长，通过HPLC检测染料在所有测试的吸收光谱。

通过HPLC分析标准溶液

准备一种染料或染料混合物的标准工作溶液。

准备25mg/L的溶液用于HPLC分析E110、E124、E129和E 122。对于E131，必须准备浓度为5 mg/L的溶液。

使用注射器过滤器过滤获得的溶液，将2mL的滤液转移到小瓶中并拧上盖子。

通过HPLC分析制备的溶液。

分析样本

用蒸馏水或去离子水稀释样品2次，混合。

使用注射器过滤器过滤所获得的溶液，将2mL的滤液转移到小瓶中并拧紧盖子。

通过HPLC分析制备的溶液。

计算

从获得的色谱图中读出或计算5种物质的以下参数。

保留时间（t_R）和对称因子（A_s）。

测定结果总结在一个表中，并用于分配样品中的峰。

识别样本中的峰并计算相邻峰之间的分辨率（R_S）。

列出样品中存在的所有染料。

报告

请写出一份报告。

第六节　试卷F

一、原文

Determination of the residual organic solvents content in the sample **F1**

H & S

Please describe which H & S measures are necessary? Follow them accordingly!

Environmental protection

Please describe if environmental protection measures are needed?

Fundamentals

The method is based on distribution of components when passing through capillary column between the two phases: high polar stationary phase (nitroterephthalic-acid-modified polyethylene glycol) and the mobile phase which is carrier gas nitrogen, N_2. Compounds that have greater affinity for the stationary phase spend more time in the column and thus elute later and have a longer retention time than samples that have higher affinity for the mobile phase.

Headspace injection system is used to effectively and reproducibly transfer of aliquot of vapor phase, which is produced as a result of heating sample at temperature of 80 ℃ in sealed vial, to the inlet of gas chromatograph.

Identification of substances is carried out using Flame Ionization Detector (FID). Quantitative determination of organic compounds is carried out by the internal standard method.

The *working range of method for* determining the acetone, propanol-2 and propanol-1 content *is from* 0, 1 to $10mg/cm^3$.

Objectives

1. Identify standard solutions by refractometry
2. Prepare standard solutions, calibration solution and internal standard
3. Determine retention time of organic solvents
4. Identify solvents in the provided sample
5. Determine content of the identified solvents in the sample
6. Produce a report

Total duration of work is **5** hours.

Chromatographic conditions

Headspace Oven temperature:	80℃
Loop temperature:	120℃
Transfer line temperature:	120℃
Heating time:	19. 0min
Inject time:	0. 5min
GC cycle time:	18. 0min
Vial shaking	no
Injections per vial:	1
Inlet:	Split/splitless
Split mode:	1 : 100
Inlet temperature:	200℃
Carrier gas pressure:	76. 7kPa
Column temperature:	120℃
Detector temperature:	200℃
Signals:	FID, 50Hz

Refractive index solvents (according to database https://pubchem. ncbi. nlm. nih. gov/)

Solvents	Refractive index(20℃)
Acetone	1. 3588
Propanol-2	1. 3772
Propanol-1	1. 3862
Methylcarbinol	1. 3611

Equipment, reagent and solutions

Analytical balance with readability of 0.1mg	Pipettes of different sizes	Acetone，≥99,5 %
GC System：GC-2010 Plus with Headspace Sampler HS-10 and Flame Ionization Detector(FID)，Shimadzu	Volumetric flasks with stopper，of different sizes	Propanol-2，≥99,5%
Column：Phenomenex Zebron ZB-FFAP，length -50m；internal diameter-0，32mm；film thickness-0，5μm；composition-Nitroterephthalic Acid Modified Polyethylene Glycol；polarity-58(Polar)	Beakers of different sizes；	Propanol-1，≥99,5%
	Headspace Crimp Vials，20mm，23 × 75 mm，volume 20mL，glass	Methylcarbinol，≥99,5 %
Manual crimper，size of 20mm	Aluminum Seals with Septa，20 mm，pre-assembled	Distilled or deionized water
Manual decapper，size of 20mm	Syringes with needle；	Sample，containing unknown organic solvents and ethanol of 1mg/cm^3
Single Channel Pipettes of different sizes	Funnels of different sizes；	
Refractometer	Measuring cylinders of different sizes；	
	Tips for pipettes	

All manipulations with the GC System are performed by a technical expert. The competitor prepares samples，sends them for analysis and indicates the injection order of the samples，but couldn’t change the mentioned chromatographic conditions.

The participant should think over the design of the experiment in order to fit into the total time，e.g. which solutions to prepare，the number of repeated measurements，the sequence of probe injection etc.

Analysis of the standard solutions by refractometry

Measure the refractive index of standard solutions of organic solvents and identify individual compounds.

Preparation of the solutions

Preparation of standards solutions

Place 20，0cm^3 of distilled or deionized water in a 50 cm^3 volumetric flask. Weigh the flask and record the mass.

Add approximately 2，5000 g of each organic solvent standard：2-Propanol，1-Propanol and acetone. Record masses of all additives. Make up the volume，mix.

Preparation of calibration solutions of standards

Calculate the volume of standard solutions for the preparation of 50cm^3 of calibration solutions of each organic solvent with concentration 0.5，1.0，and 2.0mg/cm^3.

Place 20cm^3 of distilled or deionized water in a 50 cm^3 volumetric flask，add the calculated volume of standard solution，make up the volume，mix.

Preparation of internal standard solution

Place 20cm^3 of distilled or deionized water in a 100 cm^3 volumetric flask，weigh the flask and record the mass.

Add approximately 0，5000 g of methylcarbinol，weigh the flask and record the mass.

Make up the volume, mix.

Assay

Analysis of the sample

Place 5cm^3 of sample in the vial and crimp the cap, mix.
The prepared probe is analysed by GC.

Determination of the retention time of the organic solvents

Prepare solutions of one or mixture of tested organic solvents: 2-Propanol, 1-Propanol, acetone and Methylcarbinol.
Place 5cm^3 of distilled or deionized water in the vial and add 20mm^3 of organic solvent, crimp the cap and mix.
The prepared probes are analyzed by GC.

Analysis of the calibration solutions

Place 4cm^3 of calibration solution in the vial, add 1cm^3 of internal standard solution and crimp the cap, mix.
The prepared probes are analysed by GC.

Calculation

From the obtained chromatograms of standard solutions read out or calculate following parameters of each organic solvent:
retention time (t_R), peak area (Area).
The measurement results are summarized in a table and used for the allocation of the peaks of the sample which has to be identified.

The content of organic solvents in standard solutions or internal standard solution (in mg/cm^3) shall be calculated:

$$c_i = \frac{m_i \times w_i}{V \times 100}$$

where
V—the volume of working solution of standards or internal standard solution, cm^3;
w_i—content of i-th organic solvent in % according quality certificate;
m_i—weight of i-th organic solvent additive, mg;
100—percent conversion coefficient;
Results should be rounded up to the first decimal place.

The content of each organic solvent in j-th calibration solutions (in mg/cm^3) shall be calculated:

$$c_i^j = \frac{c_i \times V_w}{V_j}$$

where

V_j—the volume of calibration solution, cm^3;

V_w—the volume of aliquot of working solution, cm^3;

c_i—content of i-th organic solvent in working solution, mg/cm^3;

Results should be rounded up to the first decimal place.

Mass of organic solvents or internal standard (in mg) in samples for analysis shall be calculated:

$$m_i = c_i^j \times V_a$$

where

V_a—the volume of aliquot of j-th calibration solution or internal standard solution or sample, cm^3;

c_i—content of i-th organic solvent in j-th calibration solution or internal standard solution or sample, mg/cm^3;

Results should be rounded up to the first decimal place.

From the obtained chromatograms of sample and calibration solutions containing internal standard read out or calculate following parameters of each organic solvent:

retention time (t_R), peak area (Area), ratio area of i-th organic solvent peak to area of internal standard peak (Area ratio).

The measurement results are summarized in a table.

Plot for each tested organic solvent a graph of Area ratio (on X-axis) vs ratio mass of corresponding organic solvent to mass of internal standard (on Y-axis) using Excel and determine linear regression equation coefficients (a, b) and regression coefficient (r).

Mass of organic solvents (in mg) in probe of sample shall be given:

$$m_i = \left(\frac{S_i}{S_{st}} \cdot a + b\right) \cdot m_{st}$$

where

m_i—mass of i-th organic solvent in probe of sample, mg;

S_i—area of i-th organic solvent peak from the obtained chromatograms of probes of sample;

S_{st}— area of internal standard peak from the obtained chromatograms of probes of sample;

m_{st}—mass of internal standard in sample probe, mg;

a and b—linear regression coefficients.

Results should be rounded up to the first decimal place.

The content of each organic solvent in sample (in mg/cm^3) shall be given:

$$c_i = \frac{m_i}{V_{sample}}$$

where

V_{sample}—the volume of sample aliquot, cm^3;

m_i—mass of i-th organic solvent in sample probe, mg;

Results should be rounded up to the first decimal place.

Results

List of organic solvents that are present in the sample and their content.

Report

Please produce a report.

二、 参考译文

测定样品中残留有机溶剂的含量 F1

健康和安全

请说明哪些是健康和安全措施所必需的。给出相应描述。

环保

请说明是否需要采取环保措施。

基本原理

该方法基于化合物组分通过毛细管柱时在两相之间进行选择性分配：高极性固定相为硝基对苯二甲酸改性聚乙二醇，流动相是载体气体氮气（N_2）。对固定相具有更高亲和力的化合物比对流动相具有更高亲和力的样品在色谱柱中移动的时间更长，因此洗脱更晚，保留时间更长。

顶空进样系统用于有效和可重复地转移等分的气体，使其进入气相色谱仪的入口。该等分的气体是由在80℃下加热密封小瓶中样品而产生的。

使用氢火焰离子化检测器（FID）进行物质鉴定。通过内标法进行有机化合物的定量测定。

该方法确定丙酮、2-丙醇和1-丙醇含量范围是0.1～10mg/mL。

目标

1. 通过折射法识别标准溶液
2. 制备标准溶液、校准溶液和内标溶液
3. 确定有机溶剂的保留时间
4. 确定所提供样品中的溶剂
5. 确定样品中鉴定溶剂的含量
6. 制作报告

完成工作的总时间为5h

色谱条件

顶空炉温度/℃	80
回路温度/℃	120
传输线温度/℃	120
加热时间/min	19.0
注入时间/min	0.5
GC循环时间/min	18.0
样品小瓶摇晃	没有

续表

每瓶注射	1
进样口	分流/不分流
分流模式	1∶100
进口温度/℃	200
载气压力/kPa	76.7
柱温/℃	120
检测器温度/℃	200
信号	FID,50Hz

折射率溶剂（根据数据库 https://pubchem.ncbi.nlm.nih.gov/）

溶剂	折射率(20℃)
丙酮	1.3588
2-丙醇	1.3772
1-丙醇	1.3862
乙醇	1.3611

仪器设备、试剂和溶液

分析天平,精度为0.1mg	不同规格的移液器	丙酮,≥99.5%
GC系统:带顶空进样器HS-10和氢火焰离子化检测器(FID)的GC-2010 Plus,Shimadzu	不同规格的具塞容量瓶	2-丙醇,≥99.5%
色谱柱:Phenomenex Zebron ZB-FFAP,长度为50m;内径为0.32mm;薄膜厚度为0.5μm;组合物为硝基对苯二甲酸改性聚乙二醇;极性-58(Polar)	不同规格的烧杯;顶空压盖小瓶,20mm,23×75mm,体积20mL,玻璃	1-丙醇,≥99.5% 乙醇,≥99.5%
手动压接器,规格为20mm	带有隔垫的铝制钳口盖,20 mm,预装配	蒸馏水或去离子水
手动开盖器,规格为20mm	带针注射器	样品,含有1未知有机溶剂和乙醇(mg/mL)
不同体积单通道移液器	不同规格的漏斗	
折射仪	不同规格的量筒	
	移液器	

GC系统的所有操作均由技术专家执行。所有参赛选手准备样品，将其报送进行分析，并指明样品测试的顺序，但不能改变提到的色谱条件。

参赛选手应该充分考虑实验操作总体设计，以适应总体时间。例如：溶液制备，重复测量次数、进样顺序和样品测定运行时间等。

通过折射法分析标准溶液

测量有机试剂标准溶液的折射率以确定每个化合物。

溶液制备

标准溶液的制备

取20.0mL的蒸馏水或去离子水于50mL容量瓶中。称量容量瓶并记录质量。加入约2.5000g的下列每种有机标准溶剂：2-丙醇、1-丙醇和丙酮。记录所有物质的质量，补足体积，混合均匀。

校准溶液的制备

计算配制下列浓度（0.5mg/mL、1.0mg/mL 和 2.0mg/mL）校准有机溶液所取上述制备的 50mL 标准溶液的体积。

取 20mL 的蒸馏水或去离子水于 50mL 容量瓶中，添加所计算出体积的标准溶液，补足体积，混合均匀。

内标溶液的制备

取 20mL 的蒸馏水或去离子水于 100mL 容量瓶中，称量容量瓶并记录质量。添加约 0.5000g 的乙醇于容量瓶中，并记录质量。补足体积，混合均匀。

实验

样品分析

移取 5mL 样品，放入小瓶中，并压紧瓶盖，混合。

通过 GC 分析检测。

确定有机溶剂的保留时间

准备一种或混合测试有机溶剂：2-丙醇、1-丙醇，丙酮和乙醇。

移取 5mL 的蒸馏水或去离子水于小瓶中，加入 20mL 的有机溶剂，压紧瓶盖并混合。

用气相色谱仪对所制备的溶液进行分析。

分析校准溶液

移取 4mL 的校准溶液于小瓶中，加入 1mL 的内标溶液并压紧瓶盖，混合。

用气相色谱仪对所制备的溶液进行分析。

计算

从获得的标准溶液色谱图中读出或计算每种有机溶剂的以下参数：保留时间（t_R）、峰面积。

测量结果总结在表中，并用于被识别样品峰。

计算有机溶剂在标准溶液或内标溶液的含量（mg/mL）。

$$c_i=\frac{m_i \times w_i}{V \times 100}$$

式中 V——标准溶液或内标溶液的体积，mL；

w_i——第 i 个有机溶剂的质量分数；

m_i——第 i 个有机溶剂的质量，mg；

100——转换系数。

结果应四舍五入到小数点后的第 1 位。

计算有机校准溶剂 j 的含量（mg/mL）。

$$c_i^{\mathrm{j}}=\frac{c_i \times V_{\mathrm{w}}}{V_{\mathrm{j}}}$$

式中 V_j——校准溶液的体积，mL；

V_{w}——工作溶液加入试样的体积，mL；

c_i——工作溶液中第 i 个有机溶剂加入的含量，mg/mL。

结果应四舍五入到小数点后的第 1 位。

计算有机溶剂或内标在样品中的质量（mg）。

$$m_i=c_i^j \times V_a$$

式中 V_a——第 j 个校准溶液或内标溶液或样品加入的体积，mL；

c_i^j——第 i 个有机溶剂在第 j 个校准溶液或内标溶液或样品中的含量，mg/mL。

结果应四舍五入到小数点后的第 1 位。

从获得的含有内标的校准溶液和样品色谱图读出或计算每种有机溶剂的以下参数：保留时间（t_R）、峰面积，第 i 个有机溶剂峰与内标峰面积的比例面积（面积比）。

测量结果总结在表中。

使用 Excel 绘制每种测试有机溶剂的面积比（在 X 轴上）与相应有机溶剂与内标质量的比（在 Y 轴上）的比较图并确定线性回归方程系数（a，b）和回归系数（r）。

有机溶剂的质量（mg）将在样品测定中给出：

$$m_i=\left(\frac{S_i}{S_{st}}\cdot a+b\right)\cdot m_{st}$$

式中　m_i——样品测定中第 i 个有机溶剂的质量，mg；

S_i——从获得的样品测定色谱图中得到的第 i 个有机溶剂峰的面积；

S_{st}——从获得的样品测定色谱图中得到的内标峰的面积；

m_{st}——样品测定内标的质量，mg；

a，b——线性回归系数。

结果应四舍五入到小数点后的第 1 位。

计算各有机溶剂中在样品中的含量（mg/mL）：

$$c_i=\frac{m_i}{V_{样品}}$$

式中　$V_{样品}$——加入样品试样的体积，mL；

m_i——第 i 个有机溶剂在试样测定中的质量，mg。

结果应四舍五入到小数点后的第 1 位。

结果

列表写出样品中存在的有机溶剂及其含量。

报告

请写出一份报告。

参考文献

[1] 王炳强，谢茹胜．全国职业院校技能竞赛“药品检测技术”赛项指导书．北京：高等教育出版社，2018.
[2] 王炳强，谢茹胜．全国职业院校技能竞赛药品检测技术试题集．北京：高等教育出版社，2018.
[3] 王炳强，曾玉香．全国职业院校技能竞赛“工业分析检验”赛项指导书．北京：化学工业出版社，2015.
[4] 王炳强．农产品分析检测技术．北京：化学工业出版社，2018.
[5] 王炳强．化学分析与电化学分析技术及应用．北京：化学工业出版社，2018.
[6] 王炳强，张正兢．药物分析．3 版，北京：化学工业出版社，2016.
[7] GB/T 678—2002. 化学试剂　乙酸酐．
[8] GB/T 9724—2007. 化学试剂　pH 值测定通则．
[9] GB/T 9726—2007. 化学试剂　电位滴定法通则
[10] 王炳强．仪器分析-色谱分析技术．北京：化学工业出版社，2011.
[11] 王炳强．仪器分析-光谱与电化学分析技术，北京：化学工业出版社，2010.
[12] 黄一石，吴朝华，杨小林．仪器分析．3 版．北京：化学工业出版社，2013.
[13] GB/T 26791—2011. 玻璃比色皿．
[14] GB/T 601—2016. 化学试剂　标准滴定溶液的制备．
[15] GB/T 12805—2011. 实验室玻璃仪器　滴定管．
[16] GB 12807—91. 实验室玻璃仪器　分度吸量管．
[17] GB/T 12806—2011. 实验室玻璃仪器　单标线容量瓶．